现代数学基础

国家科学技术学术著作出版基金资助出版

80

有限域上的代数曲线：理论和通信应用

■ 冯克勤　刘凤梅　廖群英

中国教育出版传媒集团
高等教育出版社·北京

图书在版编目（CIP）数据

有限域上的代数曲线：理论和通信应用 / 冯克勤，刘凤梅，廖群英著. -- 北京：高等教育出版社，2023.7

ISBN 978-7-04-060339-2

Ⅰ. ①有… Ⅱ. ①冯… ②刘… ③廖… Ⅲ. ①代数曲线 Ⅳ. ① O187.1

中国国家版本馆 CIP 数据核字（2023）第 062455 号

有限域上的代数曲线
YOUXIANYU SHANG DE DAISHU QUXIAN

策划编辑 吴晓丽　责任编辑 吴晓丽　封面设计 张 楠　版式设计 杜微言
责任校对 胡美萍　责任印制 朱 琦

出版发行 高等教育出版社
社　　址 北京市西城区德外大街4号
邮政编码 100120
印　　刷 大厂益利印刷有限公司
开　　本 787mm×1092mm 1/16
印　　张 17.5
字　　数 270千字
购书热线 010-58581118
咨询电话 400-810-0598
网　　址 http://www.hep.edu.cn
http://www.hep.com.cn
网上订购 http://www.hepmall.com.cn
http://www.hepmall.com
http://www.hepmall.cn
版　　次 2023年7月第1版
印　　次 2023年7月第1次印刷
定　　价 69.00元

物 料 号 60339-00

前　言

设 $\mathbb{F}_q$ 为 q 元有限域, 其中 $q=p^l$ (p 为素数, l 为正整数), $f(X,Y)\in\mathbb{F}_q[X,Y]$ 是系数属于 $\mathbb{F}_q$ 的关于 X 和 Y 的多项式 (次数 $\geqslant 1$), 则

$$C: f(X,Y)=0$$

叫作定义在 $\mathbb{F}_q$ 上的一条平面代数曲线. 若 $a,b\in\mathbb{F}_q$ 并且 $f(a,b)=0$, 则称 $(X,Y)=(a,b)$ 是曲线 C 上的一个 $\mathbb{F}_q$-点. C 上的 $\mathbb{F}_q$-点只有有限多个 (不超过 $\mathbb{F}_q^2$ 中的点数 q^2). 以 $N_q(C)$ 表示曲线 C 上 $\mathbb{F}_q$-点的个数. 这个数有何性质?

对于最简单的曲线, 即直线 $aX+bY+c=0$ ($a,b,c\in\mathbb{F}_q$ 并且 a 和 b 不同时为 0), 它有 q 个 $\mathbb{F}_q$-点. 如果考虑射影直线, 还要增加一个无穷远点, 总共有 $q+1$ 个点. 20 世纪 30 年代后期法国数学家韦伊 (André Weil, 1906—1998) 在法国斯特拉斯堡教书, 他和 H. Cartan, J. Dieudonné 等人建立了著名的 Bourbaki 数学小组. 1940 年他在遭受诸多惊险之后移居美国, 研读了高斯的两篇文章后用数论中的高斯和以及雅可比和, 计算了两类曲线 (Fermat 曲线和 Artin-Schreier 曲线) 在有限域上点数的确切值. 基于这些计算他于 1941 年提出了一个猜想——韦伊猜想. 形象地说, 他猜想定义在 $\mathbb{F}_q$ 上的一条 "好" 的曲线 C 不论如何 "弯曲", 只要处处 "光滑", 它在 $\mathbb{F}_q$ 上的点数 (加上无穷远点) 和最 "平直" 的射影直线上的点数 $q+1$ 相差不多. 确切地说, 韦伊猜想 (1941 年) 是说: 设 C 是定义于 $\mathbb{F}_q$ 上的一条绝对不可约的非奇异平面代数曲线, $N_q(C)$ 为 C 上的射影 $\mathbb{F}_q$-点的个数. 则

$$|N_q(C)-(q+1)|\leqslant 2g\sqrt{q},$$

其中 $g=g(C)$ 是曲线 C 的亏格 (genus, 为德国数学家黎曼给出的曲线双有理不变量).

直线的亏格为 0, 于是对于直线 C, $N_q(C) = q + 1$. 亏格为 1 的曲线叫作椭圆曲线. 在 20 世纪 30 年代, Davenport (英) 和 Hasse (德) 对于椭圆曲线的情形就证明了韦伊猜想. 对于一般情形, 这个猜想是韦伊本人于 1948 年证明的. 为了证明这个猜想, 韦伊发展了代数几何中的许多新概念, 采用了近世代数和交换代数工具, 并且专门写了一本书《代数几何基础》(*Foundation on Algebraic Geometry*). 这本书的价值不仅在于证明了韦伊猜想, 并且和意大利几何学派一起, 把代数几何的研究推进到了近世代数几何的新阶段.

韦伊猜想本身是通俗易懂的. 但是韦伊的证明采用了许多艰深的代数几何知识. 在 1948 年之后, 人们仍然致力于寻求韦伊猜想 (已成为韦伊定理) 更为初等的证明. 经过许多人的努力, 证明不断被简化. 韦伊定理可看成希尔伯特于 1900 年提出的著名的 23 个数学问题中第 8 问题的一部分, 这个问题是说: 有理数域 $\mathbb{Q}$ 和有理整数环 $\mathbb{Z}$ 上的数论问题 (如黎曼猜想、素数分布等) 能否推广到任意数域和代数整数环上? 韦伊定理可看成黎曼猜想 (它至今未解决) 在函数域上的推广. 1979 年, 世界数学家们在美国开会, 讨论希尔伯特 23 个数学问题已解决到何种程度. 菲尔兹奖得主 Bombieri (意) 在会上给出韦伊定理的一个初等证明, 只用到代数曲线的最基本结果 (黎曼–罗赫定理) 和解析数论的一点技巧.

本书的目的是双重的. 第一个目的是在理论方面, 以韦伊定理为目标, 介绍有限域上平面代数曲线的几何、数论的代数性质和概念. 而韦伊定理是几何、数论和代数的结晶, 这种结合生长出纯粹数学的一个新的交叉分支: 算术代数几何. 事实上, 韦伊于 1941 年对于有限域上的高维代数簇也提出了类似的猜想 (代数曲线相当于一维情形), 而高维韦伊猜想于 1973 年才由 Deligne 所证明, 这项工作获得了 1978 年菲尔兹奖. Deligne 的工作采用了法国数学家 Grothendieck 和 J.-P. Serre (均是菲尔兹奖得主) 创建的代数几何的概型 (scheme) 语言, 标志现代的代数几何步入世界舞台. 与此同时, 朗兰兹 (Langlands, 美) 提出了一个宏大的研究纲领, 用群表示理论来审视数论和代数几何. 现代数论和现代代数几何在 20 世纪末取得了一系列重要成果, 重要的标志之一是怀尔斯 (Andrew Wiles, 英) 证明了费马猜想. 本书可以作为了解近世代数几何的起点和入门书.

本书的第二个目的是使应用领域 (特别是通信领域) 的年轻学子能够了解和掌握有限域上的代数曲线理论, 成为他们研究通信中各种问题的数学工具. 1960 年以来, 由于数字通信和数字计算技术的进步, 信息以离散信号形式传输和处理, 离散型的数学 (组合数学包括图论、数论、代数以及有限域上的代数几何等) 成为通信的重要数学工具. 20 世纪 70 年代的后期, 苏联数学家 Goppa 采用有限域上代数曲线的黎曼–罗赫定理, 构作了代数几何码, 它是纠错码理论的重大突破. 韦伊定理用来对于特征和进行计算和估计, 在通信理论中有诸多的应用. 1976 年人们发明了公开密钥的加密新体制, 用有限域上椭圆曲线构作的公钥体制成为目前最实用的加密方案之一 (另一方案是基于大数分解的 RSA 体制). 1980 年以后, 有限域上的代数曲线在信息安全领域有愈来愈多的应用 (数字签名和认证、秘密共享、量子纠错和加密等), 近年来又用于大数据压缩和提取, 网络通信等诸多方面, 表明有限域上代数曲线理论是通信领域中很有威力的数学工具.

目前国外已有不少讲述这一理论和应用的专著, 这本书的对象主要是国内从事通信应用领域的年轻研究人员和学生. 作者从 20 世纪 80 年代开始在中国科学技术大学和清华大学为高年级本科生和研究生讲授代数曲线课程, 了解我国高校代数学教育的现状, 根据目前高校近世代数课程的教学内容, 在本书的前两章介绍了本书所需要的关于交换环和域扩张的进一步知识. 从第三章开始讲述本书的主体内容. 有一些结果没有给出严格的证明, 但是对于出现的概念和所得结论均予以确切的定义和解释, 并且用实例予以说明. 希望这样的处理方式对于初学者可以更为方便. 读者在入门后若希望进一步深造, 可以读其他有关文章和专著 ([3–9]).

正文分为两部分: 第一部分是理论, 讲述有限域上代数曲线的几何性质及双有理分类和函数域的代数性质之间的联系; 第二部分是在通信中的某些应用. 有限域上的代数曲线理论在通信上有非常广泛而深刻的应用, 我们只挑选了其中的一部分, 它们是重要的, 而且这些应用所归结的数学问题比较容易叙述, 不需要介绍太多的应用上的技术手段和背景.

除了在中国科学技术大学和清华大学的教学之外, 作者在浙江大学、首都师范大学、南京大学、西北大学以及多次举办的研究生暑期学校中讲授过本书的部分内容. 作者欣喜地看到, 近年来有不少年轻学子采用有限域上代数曲线的数学知识, 在通信的许多领域得到出色的研究成果. 这次出版得到国家自然科学基金重点项目 “现代密码学中的几个基础数学问题” (编号 12031011) 的资助. 作者希望在出版后得到广大读者的意见和建议, 以便把本书改得更好.

冯克勤, 于清华园

二〇二一年四月

目　　录

预备知识

预备知识

第一章 交换环

我们假定读者熟悉群论的基本概念和结果 (群和子群、陪集分解、正规子群和商群、群的同构和同态、同态基本定理、有限交换群的结构), 本章和第二章我们复习一下环论和域论的一些基本概念和结果, 这些知识对于学习代数数论和代数几何是至关重要的.

1.1 交换环和它的理想

粗糙地说, 一个集合叫作环, 是指其中有加、减、乘法运算, 并且这些运算满足一些通常的运算规律 (结合律、交换律和分配律). 确切地说, 我们有如下的定义.

定义 1.1.1 集合 R 叫作环 (ring), 是指其上有两个二元运算 $+$ (加法) 和 $\cdot$ (乘法), 并且满足以下条件:

(i) $(R,+)$ 是交换群. 从而有 (唯一的) 零元素 0, 使得对每个 $a\in R$, $0+a$ $(=a+0)=a$. 而 a 的负元素表示成 $-a$, 加法的逆运算即为减法.

(ii) $(R,\cdot)$ 是含 1 半群, 并且 $1\neq 0$. 即乘法满足结合律 $a(bc)=(ab)c$, 并且有 (唯一的) 幺元素 1, 使得对每个 $a\in R$, $1\cdot a=a\cdot 1=a$.

(iii) 分配律: 对于 $a,b,c\in R$, $a(b+c)=ab+ac$, $(b+c)a=ba+ca$.

注记 (1) 在定义 1.1.1 中我们要求加法满足交换律, 但是不要求乘法满足交换律. 如果乘法也满足交换律, 即 $ab=ba$, 称 R 为交换环, 今后若不声明, 我们涉及的环 R 都是交换环.

(2) 环 R 对乘法不能为群, 这是因为对每个 $a\in R$, $0\cdot a=a\cdot 0=0$. 所以 0 对于乘法是不可逆元素. 环 R 中对乘法可逆的元素 a (即存在 (唯一的元素) $b\in R$ 使得 $ab=ba=1$), 叫作环 R 中的单位 (unit), 而 b 叫作 a 的逆元素, 表示成 a^{-1}. R 中的全体单位形成一个乘法群, 叫作环 R 的单位群, 表示成 R^* 或者 $U(R)$. 单位群愈大, 则环 R 中做除法 (乘法的逆运算) 愈灵活. 如果每个非零元素均为单位, 便称交换环 R 为域 (field). 这时, 每个非零元素 a 都可以除 b, 得到 $ba^{-1}(=a^{-1}b)$, 也表示成 $\frac{b}{a}$.

(3) 设 N 是加法 (交换) 群 $(R,+)$ 的一个子群, 则我们有集合 $\frac{R}{N}$, 它的元素是 R 对子群 N 的一个陪集 $a+N$ $(a\in R)$, 这个元素也表示成 $\overline{a}$. $\overline{a}=\overline{b}$ 当且仅当 $a-b\in N$. 我们在每个陪集中取出一个元素, 它们所构成的集合 S 叫作一个完全代表系, 这时集合 $\frac{R}{N}$ 为 $\{\overline{a}:a\in S\}$, 并且所有陪集 $\{a+N:a\in S\}$ 是集合 R 的一个分拆, 也就是说, 不同陪集彼此不相交, 并且所有陪集的并集为环 R. 在集合 $\frac{R}{N}$ 中定义加法运算 $\overline{a}+\overline{b}=\overline{a+b}$, 可以验证这个运算是可以定义的, 即和代表元的选取方式无关. 由此使 $\frac{R}{N}$ 成为群, 叫作加法群 R 对于子群 N 的商群.

能否把环 R 中的乘法运算也自然地引入到 $\frac{R}{N}$ 中来呢? 即对于 $\overline{a}$ 和 $\overline{b}$, 我们能否定义 $\overline{a}\cdot\overline{b}=\overline{a\cdot b}$? 如果 N 只是 R 的一个加法子群, 这个运算不总是可以定义的, 即当 $\overline{a}=\overline{a'}$, $\overline{b}=\overline{b'}$ 时, $\overline{ab}$ 不一定等于 $\overline{a'b'}$. 例如取 R 为复数域 $\mathbb{C}$, 取 N 为实数域 $\mathbb{R}$, 则 $\mathbb{R}$ 为 $\mathbb{C}$ 的加法子群. 在加法商群 $\frac{\mathbb{C}}{\mathbb{R}}$ 中, $\overline{0}=\overline{1},\overline{i}=\overline{i+1}$ (其中 $i=\sqrt{-1}$). 但是 $\overline{0\cdot i}=\overline{0}$ 不等于 $\overline{1\cdot(i+1)}=\overline{i+1}$, 因为 $(i+1)-0$ 不是实数. 为了使环中乘法运算自然地引入到 $\frac{R}{N}$ 中来, 需要子群 N 具有更强的条件, 这就需要引入环论中一个重要的概念: 理想.

定义 1.1.2 交换环 R 中的一个非空子集 I 叫作环 R 的一个理想 (ideal), 是指它满足以下两个条件:

(1) I 是 R 的加法子群, 即对于 $a,b\in I, a\pm b\in I$. 这也表示成 $I\pm I\subseteq I$.

(2) 对于 $a\in I, b\in R, ab\in I$. 这也表示成 $IR\subseteq I$.

对每个交换环 R, $\{0\}$ 和 R 均是 R 的理想, $\{0\}$ 叫作零理想, 不为 R 的理想叫作真理想 (proper ideal).

可以证明: 若 I 为交换环 R 的一个理想, 则在加法商群 $\frac{R}{I}$ 中可以自然地定义乘法 $\overline{a}\cdot\overline{b}=\overline{ab}$, 即这个定义和 $\overline{a},\overline{b}$ 中代表元 a,b 的选取方式无关. 并且 $\frac{R}{I}$ 对于加法 $\overline{a}+\overline{b}=\overline{a+b}$ 和乘法 $\overline{a}\cdot\overline{b}=\overline{ab}$ 形成交换环, 叫作 R 对于理想 I

的商环.

环论的基本任务是研究环的性质和代数结构, 和数学的其他学科一样, 我们要在各种环之间的联系当中来把握环的性质和结构, 这种联系要与环之间的运算相容, 确切地说, 我们有以下的定义.

定义 1.1.3 设 R 和 S 是两个环, 映射 $\varphi: R \to S$ 叫作由 R 到 S 的一个环同态 (homomorphism of rings), 是指对任何 $a, b \in R$,

$$\varphi(a)+\varphi(b)=\varphi(a+b), \quad \varphi(a)\varphi(b)=\varphi(ab),$$
$$\varphi(a^{-1})=\varphi(a)^{-1} \quad (\text{当 } a \in R^* \text{ 时})$$

(如此可推出 $\varphi(0)=0, \varphi(-a)=-\varphi(a)$, $\varphi(1)=1$). 进而若 φ 是单射, 则 φ 叫作单同态 (monomorphism). 若 φ 是满射, 则 φ 叫作满同态 (epimorphism). 如果 φ 是双射, 则 φ 称为环的同构, 表示成 $\varphi: R \cong S$, 这时 $\varphi^{-1}: S \xrightarrow{\sim} R$ 也是环的同构.

在环论中, 我们将同构的环看成同一个 (抽象的) 环, 它们有同样的代数结构. 环论的一个重要事情是发现不同环 R 和 S 之间的同态, 由此来把握环 R 或 S 的性质和结构. 所以下面的结果是环论的核心.

定理 1.1.4 (环的同态定理) 设 $\varphi: R \to S$ 是交换环的同态, 则

(1) S 中零元素 0 的原像集合 $\varphi^{-1}(0)=\{a \in R: \varphi(a)=0\}$ 是 S 的一个理想, 叫作同态 φ 的核 (kernel), 表示成 $\ker(\varphi)$.

(2) φ 的像集合 $\mathrm{Im}(\varphi)=\varphi(R)=\{\varphi(a): a \in R\}$ 是 S 的一个子环 (即 S 的子集合 $\mathrm{Im}(\varphi)$ 对于 S 中的运算形成环).

(3) 可以定义自然映射

$$\overline{\varphi}: \frac{R}{\ker(\varphi)} \to \mathrm{Im}(\varphi), \ \overline{\varphi}(\overline{a})=\varphi(a) \quad (\text{对于} a \in R),$$

并且 $\overline{\varphi}$ 是环的同构. 特别地,

若 $\varphi: R \to S$ 是环的单同态, 则 $\varphi(R)$ 是 S 的一个子环, 并且同构于 R.

若 $\varphi: R \to S$ 是环的满同态, 则商环 $\frac{R}{\ker(\varphi)}$ 和环 S 同构.

现在介绍交换环的理想之间可以定义的一些运算. 设 R 为交换环.

(I) 设 A 和 B 是环 R 的两个理想, 不难验证集合

$$A+B=\{a+b:a\in A,b\in B\}$$

也是环 R 的理想, 叫作理想 A 与 B 的*和*. 类似可以定义多个理想之和. 并且有交换律和结合律: $A+B=B+A$, $(A+B)+C=A+(B+C)$.

(Ⅱ) 对于环 R 的两个理想 A 和 B, 不难验证它们的交集 $A\cap B$ 也是环 R 的理想, 叫作理想 A 和 B 的*交*.

(Ⅲ) 设 A 和 B 是环 R 的理想. 集合 $\{ab:a\in A,\ b\in B\}$ 一般来说不一定为环 R 的理想, 因为 $a_1b_1+a_2b_2$ $(a_1,a_2\in A,\ b_1,b_2\in B)$ 不一定能表示成 ab $(a\in A,\ b\in B)$ 的形式. 但是比它更大的集合

$$AB=\left\{\sum_{i=1}^{n}a_ib_i:a_i\in A,b_i\in B,\ n\geqslant 1\right\}$$

是环 R 的理想, 叫作理想 A 和 B 的*积*. 类似可定义多个理想的乘积, 并且满足 $AB=BA, A(BC)=(AB)C$.

从集合大小的角度来看, 零理想 $\{0\}$ 和 R 分别是交换环 R 的最小和最大理想, 而对于 R 的理想 A 和 B, 我们有

$$AB\subseteq A\cap B\subseteq A(\text{或 }B)\subseteq A+B.$$

如果 $A+B=R$, 我们称 A 和 B 是*互素*的理想.

设 R 和 S 是两个环, 在集合

$$R\oplus S=\{(r,s):r\in R,s\in S\}$$

当中定义运算

$$(r,s)+(r',s')=(r+r',s+s'),\quad (r,s)(r',s')=(rr',ss'),$$

则 $R\oplus S$ 对于上述运算形成环, 零元素和幺元素分别为 $(0_R,0_S)$ 和 $(1_R,1_S)$. 并且 $R\oplus S$ 为交换环当且仅当 R 和 S 均为交换环. $R\oplus S$ 叫作环 R 和 S 的*直和*. 类似可定义多个环的直和.

下面结果是初等数论中关于整数同余性质的中国剩余定理在环论中的推广.

定理 1.1.5 (中国剩余定理) 设 $A_1, \cdots, A_n$ 是交换环 R 的理想, 并且当 $1 \leqslant i \neq j \leqslant n$ 时, A_i 和 A_j 互素, 则有环同构

$$\varphi: \frac{R}{\bigcap\limits_{i=1}^{n} A_i} \stackrel{\sim}{\to} \frac{R}{A_1} \oplus \frac{R}{A_2} \oplus \cdots \oplus \frac{R}{A_n} \quad (n \text{ 个商环的直和}),$$

其中对于 $a \in R$,

$$\varphi\left(a + \bigcap_{i=1}^{n} A_i\right) = (a + A_1, a + A_2, \cdots, a + A_n).$$

定义 1.1.6 交换环 R 叫作整环 (domain), 是指对于 $a,\ b \in R$, 如果 $ab = 0$, 则 $a = 0$ 或者 $b = 0$. 换句话说, 对于 R 中任意两个非零元素 a 和 b, ab 也是非零元素.

注记 (1) 对于环 R 中两个非零元素 a 和 b, 如果 $ab = 0$, 我们称 a (和 b) 为环 R 中的一个零因子. 所以 R 为整环当且仅当 R 是没有零因子的交换环. 交换环 R 中的每个单位 $a \in R^*$ (即乘法可逆元) 都不是零因子, 因若 $ab = 0$, 则 $b = 0 \cdot a^{-1} = 0$. 对于任意域 F, F 中非零元素都是乘法可逆的, 从而 F 以及 F 的每个子环都是整环.

(2) 在整环 R 中我们有乘法消去律: 设 $a, b, c \in R,\ a \neq 0$, 如果 $ab = ac$, 则 $b = c$.

(3) 最典型的整环例子是整数环 $\mathbb{Z}$ 以及域 F 上的多项式环 $F[x]$. 不是整环的最简单例子是同余类环 $Z_4 = \frac{\mathbb{Z}}{4\mathbb{Z}} = \{\overline{0}, \overline{1}, \overline{2}, \overline{3}\}$, 其中 $\overline{2} \cdot \overline{2} = \overline{0}$, 但是 $\overline{2} \neq \overline{0}$.

我们可以把初等数论中的整除概念推广到任意整环中来.

定义 1.1.7 设 R 为整环, $a, b \in R$ 并且 $a \neq 0$. 我们称 a 整除 b (或者说 b 被 a 整除), 是指存在 $c \in R$ 使得 $ac = b$, 表示成 $a|b$. 如果 a 不整除 b, 则表示成 $a \nmid b$. 当 $a|b$ 时, a 叫 b 的因子, b 叫 a 的倍元.

在整环 R 中整除性有初等数论中所学过的类似性质. 今后在记号 $a|b$ 中我们总假定 $a \neq 0$.

练习 1 设 a, b, c 为整环 R 中的元素. 则

(1) 若 $a|b, b|c$, 则 $a|c$.

(2) 若 $a|b$, 则对每个单位 $\varepsilon \in R^*$, $a\varepsilon|b, a|b\varepsilon$. 特别地, R 中的单位可整除 R 中的任何元素. 而 $a|1$ 当且仅当 a 为环 R 中的单位.

(3) 若 $a|b$ 并且 $b|a$, 则存在 $\varepsilon \in R^*$ 使得 $a = b\varepsilon$.

基于上述练习, 我们将整环 R 中的所有非零元素做如下的分类.

定义 1.1.8 设 a 和 b 是整环 R 中的非零元素. 我们称 a 和 b 是相伴的, 是指存在单位 $\varepsilon \in R^*$, 使得 $a = b\varepsilon$. a 和 b 相伴表示成 $a \sim b$.

不难验证相伴关系是集合 $R \setminus \{0\}$ 上的一个等价关系, 即对于 $a, b, c \in R \setminus \{0\}$,

(Ⅰ) (自反性) $a \sim a$.

(Ⅱ) (对称性) 若 $a \sim b$, 则 $b \sim a$.

(Ⅲ) (传递性) 若 $a \sim b$, $b \sim c$, 则 $a \sim c$.

由此把集合 $R \setminus \{0\}$ 分拆成一些相伴 (等价) 类, 不同相伴类彼此没有公共元素. 1 所在的相伴类即是单位群 R^*, 而对任意 $a \in R \setminus \{0\}$, a 所在的相伴类为 aR^*. 而练习 1(3) 可叙述成: R 中的非零元素 a 和 b 彼此互为因子, 当且仅当 $a \sim b$. 而练习 1(2) 可叙述成: 若 $a|b, a \sim a', b \sim b'$, 则 $a'|b'$.

在整数环 $\mathbb{Z}$ 中, 单位元只有 1 和 -1, 从而每个整数 n 的相伴类均有两个元素 $\{n, -n\}$ $(n \neq 0)$. 如果我们限定正整数, 则不同的正整数彼此不相伴, 所以在整数环中不必引入相伴的概念. 但是在一般的整环 R 中, 可以有许多单位元素, 所以在研究任意整环 R 中的整除性和因子分解 (见 1.2 节) 时, 需要考虑非零元素的相伴类.

本节最后我们再介绍两类重要的理想.

定义 1.1.9 设 A 是交换环 R 中的理想.

(1) 称 A 为环 R 的一个**素理想** (prime ideal), 是指对于 $a, b \in R$, 如果 $ab \in A$, 则 $a \in A$ 或者 $b \in A$.

(2) 称 A 为环 R 的一个**极大理想** (maximal ideal), 是指 $A \neq R$ 并且 R 不存在理想 B, 使得 $A \subsetneqq B \subsetneqq R$.

下面定理用来判别交换环的一个理想是否为素理想或极大理想.

定理 1.1.10 设 A 是交换环 R 的一个理想. 则

(1) A 为环 R 的素理想当且仅当商环 $\frac{R}{A}$ 为整环.

(2) A 为环 R 的极大理想当且仅当商环 $\frac{R}{A}$ 为域.

由于域是整环, 可知极大理想一定是素理想. 但反之不然, 例如考虑多项式环 $\mathbb{Z}[x]$, 常数项为零的多项式 $\sum_{i=1}^{n} a_i x^i \quad (a_i \in \mathbb{Z}, n \geqslant 1)$ 组成的集合 A 是环 $\mathbb{Z}[x]$ 的理想. 用环的同态定理可知 $\frac{\mathbb{Z}[x]}{A} \cong \mathbb{Z}$ 是整环但不是域, 从而 A 是环 $\mathbb{Z}[x]$ 的素理想但不是极大理想.

以上是本书讲述代数数论所需要的最基本的环论概念和结果. 习题 1.1 给出了一些具体例子, 以便对它们有一些直观的感受. 我们在下节还要讲述代数数论和代数几何中最常用到的一些特殊的整环.

习题 1.1

1. (整数环 $\mathbb{Z}$, 初等数论)

(a) 证明环 $\mathbb{Z}$ 中所有理想为 (0) 和 $(n) = n\mathbb{Z}$ (n 为正整数).

(b) 设 n 和 m 为非零整数, 则

$$(n) \subseteq (m) \Leftrightarrow m|n.$$

特别地, $(n) = (m) \Leftrightarrow n \sim m$ (即 $n = m$ 或 $-m$).

(c) 设 n 和 m 为非零整数, (m, n) 和 $[m, n]$ 分别表示最大公因数和最小公倍数, 则

$$(n)(m) = (nm), \quad (n) \cap (m) = ([m, n]), \quad (n) + (m) = ((m, n)).$$

特别地, 理想 (n) 和 (m) 互素 (即 $(n) + (m) = \mathbb{Z}$) 当且仅当 m 和 n 互素.

(d) 设 $n \geqslant 0$, 则 (n) 为 $\mathbb{Z}$ 中的素理想当且仅当 $n = 0$ 或 n 为素数. (n) 为 $\mathbb{Z}$ 中的极大理想当且仅当 n 为素数. (从而零理想为 $\mathbb{Z}$ 的素理想但不是极大理想, 而 $\mathbb{Z}$ 的任何非零素理想均是极大理想.)

2. (多项式环) 设 F 为域 , $R = F[x]$ 为 F 上的多项式环.

(a) $R = F[x]$ 为整环, 并且单位群 R^* 为 $F^* = F \setminus \{0\}$.

(b) 证明多项式环 R 中有如下形式的带余除法: 对于 R 中多项式 $f(x)$ 和 $g(x)$, 其中 $g(x) \neq 0$, 存在唯一的 (商式) $q(x) \in F[x]$ 和 (余式) $r(x) \in F[x]$, 使得

$$f(x) = q(x)g(x) + r(x), \text{ 其中 } \deg r(x) < \deg g(x).$$

这里 $\deg r(x)$ 表示多项式 $r(x)$ 的次数, 并且规定 $\deg 0=-\infty$.

(c) 利用 (b) 中的带余除法证明: 多项式环 $R=F[x]$ 中的所有理想为零理想 (0) 和 $(p(x))=p(x)R$, 其中 $p(x)$ 过 R 中所有首 1 (即最高次项系数为 1) 多项式.

(d) 设 $p(x)$ 和 $q(x)$ 为 $F[x]$ 中的两个首 1 多项式, 则

$$(p(x))\subseteq(q(x))\Leftrightarrow q(x)|p(x),$$
$$(p(x))(q(x))=(p(x)q(x)),\quad (p(x))\cap(q(x))=([p(x),q(x)]),$$
$$(p(x))+(q(x))=((p(x),q(x))).$$

$(p(x))$ 和 $(q(x))$ 是互素的理想当且仅当 $p(x)$ 和 $q(x)$ 是互素的多项式, 即 $(p(x),q(x))=1$. 其中 $[p(x),q(x)]$ 和 $(p(x),q(x))$ 分别表示 $p(x)$ 和 $q(x)$ 的最小公倍式和最大公因式.

进而, 对于 $f(x)\in F[x]$,

$(f(x))$ 为环 $F[x]$ 的素理想当且仅当 $f(x)$=0 或者 $f(x)$ 为 $F[x]$ 中的不可约多项式;

$(f(x))$ 为环 $F[x]$ 的极大理想当且仅当 $f(x)$ 为 $F[x]$ 中的不可约多项式.

(e) 设 $f_1(x),\cdots,f_l(x)$ 是环 $F[x]$ 中两两互素的非零多项式, 则有环同构

$$\frac{F[x]}{(f_1(x)\cdots f_l(x))}\cong\frac{F[x]}{(f_1(x))}\oplus\frac{F[x]}{(f_2(x))}\oplus\cdots\oplus\frac{F[x]}{(f_l(x))}.$$

3. 证明: 含幺元素的有限交换环中素理想必是极大理想.

4. 设 P 是交换环 R 中的理想, 则下面两个条件彼此等价:

(a) P 是环 R 的素理想;

(b) 对于环 R 的任意两个理想 A 和 B, 如果 $AB\subseteq P$, 则必然 $A\subseteq P$ 或者 $B\subseteq P$.

5. 设 D 为交换环, 证明

(a) 对于 $D[x]$ 中的两个非零多项式 $f(x)$ 和 $g(x)$, $\deg(fg)\leqslant\deg f+\deg g$. 若 D 为整环, 则等式成立.

(b) 若 D 为整环, 则 $D[x]$ 也是整环.

6. 一个交换环 R 叫作*局部环*, 是指 R 有唯一的极大理想. (除了域之外, 局部环是结构最简单的环.) 证明:

(a) 如果 $R\backslash R^*$ 是交换环 R 的理想, 则 R 是局部环.

(b) 对于正整数 $n\geqslant 2$, $Z_n=\frac{\mathbb{Z}}{n\mathbb{Z}}$ 是局部环当且仅当 $n=p^m$, 其中 p 为素数且 $m\geqslant 1$.

7. (形式幂级数环) 设 F 为域, 考虑 F 上的 (形式) 幂级数

$$a(x)=\sum_{n=0}^{\infty}a_nx^n=a_0+a_1x+\cdots+a_nx^n+\cdots\quad(a_n\in F)$$

全体组成的集合 $F[[x]]$, 在其上定义如下的运算: 对于 $a(x) = \sum\limits_{n=0}^{\infty} a_n x^n$ 和 $b(x) = \sum\limits_{n=0}^{\infty} b_n x^n$ $(a_n, b_n \in F)$, 定义

$$\begin{aligned} a(x)+b(x) &= \sum_{n=0}^{\infty}(a_n+b_n)x^n, \\ a(x)b(x) &= \left(\sum_{n=0}^{\infty} a_n x^n\right)\left(\sum_{m=0}^{\infty} b_m x^m\right) \\ &= \sum_{n,m=0}^{\infty} a_n b_m x^{n+m} = \sum_{k=0}^{\infty} c_k x^k, \end{aligned}$$

其中对每个 $k \geqslant 0$, $c_k = \sum\limits_{\substack{n,m=0 \\ n+m=k}}^{\infty} a_n b_m = a_0 b_k + a_1 b_{k-1} + \cdots + a_{k-1} b_1 + a_k b_0$.

(a) 证明 $F[[x]]$ 对于上面定义的运算是整环.

(b) 证明 $\sum\limits_{n=0}^{\infty} a_n x^n$ 为环 $F[[x]]$ 中的单位当且仅当 $a_0 \neq 0$.

(c) 证明 $F[[x]]$ 是局部环.

(d) 决定环 $F[[x]]$ 中的所有理想, 其中哪些是素理想?

8. 设 D 为整环. 对于 D 中的非零元素 a, b 和任意元素 c, d, 定义 (c,a) 和 (d,b) 是等价的, 表示成 $(c,a) \sim (d,b)$, 是指 $ad = bc$. 证明这是一个等价关系. 从而集合 $S = \{(c,a) : c, a \in D, a \neq 0\}$ 分成一些等价类. 我们以 $\frac{c}{a}$ 表示 (c,a) 所在的等价类, 以 K 表示 S 的所有等价类组成的集合. 证明:

(1) K 对于运算 $\frac{c}{a} + \frac{d}{b} = \frac{cb+da}{ab}$, $\frac{c}{a} \cdot \frac{d}{b} = \frac{cd}{ab}$ 是域, 叫作整环 D 的分式域, 其中零元素为 $\frac{0}{a}$ $(a \in D \setminus \{0\})$. 而对于 $a, b \in D \setminus \{0\}$, $(\frac{a}{b})^{-1} = \frac{b}{a}$.

(2) 映射 $D \to K$: $a \mapsto \frac{a}{1}$ 是环的单同态, 从而 D 可看成 K 的子环.

1.2 主理想整环、唯一因子分解整环、戴德金整环和诺特整环

本节介绍在代数几何中涉及最多的四类整环.

设 $a_1, a_2, \cdots, a_n$ 为交换环 R 中的元素. 不难看出, 环 R 中包含 $a_1, a_2, \cdots, a_n$ 的最小理想, 即是

$$A = a_1 R + a_2 R + \cdots + a_n R = \{a_1 x_1 + a_2 x_2 + \cdots + a_n x_n : x_1, \cdots, x_n \in R\}.$$

我们称这个理想 A 为由元素 $a_1, a_2, \cdots, a_n$ 生成的理想, 表示成 $(a_1, a_2, \cdots, a_n)$.

定义 1.2.1 交换环 R 中由一个元素 a 生成的理想 $(a) = aR$ 叫作**主理想**. 如果 R 中每个理想都是主理想, 称 R 为**主理想环**. 主理想整环今后简记为 PID (principal ideal domain).

PID 的典型例子为整数环 $\mathbb{Z}$ 和域 F 上的多项式环 $F[x]$. (见习题 1.1 中的 2.)

设 D 为主理想整环, 其中两个理想 $(a) = aD$ 和 $(b) = bD$, $a, b \in D$. 则 $(a) = (b)$ 当且仅当 $a \sim b$ (即 a 和 b 相伴). 并且若 $b \neq 0$, 则 $(a) \subseteq (b)$ 当且仅当 $b|a$. 因此若 a 和 b 不全为零, 则理想 $(a) + (b)$ 也是主理想. 设

$$(a) + (b) = (d) \quad (d \in D),$$

即

$$aR + bR = dR.$$

元素 d 有如下的性质:

(1) d 是 a 和 b 的公因子, 即 $d|a$ 并且 $d|b$. 这是由于 $(d) \supseteq (a)$ 并且 $(d) \supseteq (b)$.

(2) 若 d' 也是 a 和 b 的公因子, 则 $d'|d$. 这是由于若 $(d') \supseteq (a)$ 并且 $(d') \supseteq (b)$, 则 $(d') \supseteq (a) + (b) = (d)$.

我们称满足性质 (1) 和 (2) 的 d 是 a 和 b 的**最大公因子**, 表示成 $d = (a, b)$. 满足 (1) 和 (2) 的最大公因子是一个相伴类, 即 d 决定的相差一个单位元素的因子.

完全类似地, 设 a 和 b 是主理想整环 D 中的两个非零元素. 则理想 $(a) \cap (b)$ 也是主理想 $(m) = mD$. 由于 $ab \neq 0$ 并且 $ab \in (a) \cap (b)$, 可知 $m \neq 0$. 元素 m 满足以下两个性质:

(1′) m 是 a 和 b 的公共倍元素, 即 $a|m$ 并且 $b|m$;

(2′) 若 $m' \in D$ 是 a 和 b 的公共倍元素, 则 $m|m'$.

满足这样两个性质的元素 m 叫作 a 和 b 的**最小公倍元**, 表示成 $m = [a, b]$. 它也是一个相伴类. 综合上述我们得到:

定理 1.2.2 设 D 为 PID, 则

(1) 对于 D 中两个不全为零的元素 a 和 b, 存在它们的最大公因子 $d=(a,b)$, 并且 $(a)+(b)=(d)$.

(2) 对于 D 中两个非零元素 a 和 b, 存在它们的最小公倍元 $m=[a,b]$, 并且 $(a)\cap(b)=(m)$.

系 1.2.3 设 D 为 PID, 则

(1) 对于 D 中两个不全为零的元素 a 和 b, 记 $d=(a,b)$. 则对 D 中每个元素 c, 方程 $ax+by=c$ 在 D 中有解 (x,y) 的充分必要条件是 $d|c$.

(2) 对于 D 中两个非零元素 a 和 b, 记 $m=[a,b]$. 则对 D 中每个元素 c, 方程组 $ax=c$ 和 $by=c$ 在 D 中有解 (x,y) 的充分必要条件是 $m|c$.

现在介绍第二类整环, 即考虑把整数环 $\mathbb{Z}$ 中的唯一因子分解性质推广到一般的整环上. 对于整环 D 中的每个非零元素 a, 如果 a 在 D 中可分解成 $a=bc$ $(b,c\in D)$, 则对于每个单位 $\varepsilon\in D^*$, $a=(\varepsilon b)(\varepsilon^{-1}c)$. 本质上, 我们应当把这两个分解看成一个分解. 同样地, 整数环 $\mathbb{Z}$ 中的素数要推广成下面定义的不可约元素.

定义 1.2.4 整环 D 中的非零元素 π 叫作**不可约元素**, 是指 π 不是单位, 并且若 $\pi=bc$ $(b,c\in D)$, 则 b 和 c 当中必有一个为单位 (从而另一个和 π 相伴).

定义 1.2.5 整环 D 叫作唯一因子分解整环 (uniquely factorization domain, 简记为 UFD), 是指它满足以下两个条件: 对于每个非零并且不是单位的元素 a,

(1) a 可以表示成有限个不可约元素的乘积: $a=\pi_1\pi_2\cdots\pi_n$.

(2) (唯一性) 如果 a 又可表示成 $a=\pi_1'\pi_2'\cdots\pi_m'$, 其中 π_i' 也是不可约元素, 则 $n=m$, 并且适当改变 $\pi_1',\cdots,\pi_n'$ 的次序可以使 $\pi_i\sim\pi_i'$ $\quad(1\leqslant i\leqslant n)$.

UFD 的典型例子为整数环 $\mathbb{Z}$ 和域 F 上的多项式环 $F[x]$. 更一般地可以证明:

定理 1.2.6 (1) 每个主理想整环必是唯一因子分解整环. 并且对于主理想整环 D, 理想 $(a)(a\in D)$ 为素理想当且仅当 $a=0$ 或 a 为不可约元素. 而 (a) 为

极大理想当且仅当a为不可约元素. 所以主理想整环中每个非零素理想都是极大理想.

(2) (高斯引理) 如果D是唯一因子分解整环, 则多项式环$D[x]$也是唯一因子分解整环. 从而对每个正整数n, $D[x_1, x_2, \cdots, x_n]$是唯一因子分解整环.

由高斯引理可知 UFD 不必为 PID: 因为对每个域 F, $F[x,y]$ 和 $\mathbb{Z}[x]$ 均为 UFD. 但是请读者证明它们都不是 PID.

每个唯一因子整环 D 中, 任何两个不全为零的元素都存在最大公因子, 任何两个非零元素都存在最小公倍元. 事实上, 对于非零元素 a, $(a,0)=a$. 而对于两个非零元素 a 和 b, 它们可分解成

$$a=\varepsilon_1\pi_1^{n_1}\pi_2^{n_2}\cdots\pi_l^{n_l}, \quad b=\varepsilon_2\pi_1^{m_1}\pi_2^{m_2}\cdots\pi_l^{m_l},$$

其中 $\varepsilon_1, \varepsilon_2$ 是单位, $\pi_1, \cdots, \pi_l$ 是彼此不相伴的不可约元素, $l \geqslant 0, n_i, m_i \geqslant 0$. 不难看出:

$$(a,b)=\varepsilon\pi_1^{r_1}\pi_2^{r_2}\cdots\pi_l^{r_l}, \text{ 其中 } \varepsilon\in D^*, r_i=\min\{n_i,m_i\} \quad (1\leqslant i\leqslant l),$$

$$[a,b]=\varepsilon'\pi_1^{s_1}\pi_2^{s_2}\cdots\pi_l^{s_l}, \text{ 其中 } \varepsilon'\in D^*, s_i=\max\{n_i,m_i\} \quad (1\leqslant i\leqslant l).$$

现在我们介绍第三类整环, 通常它在抽象代数课程中不会讲到, 但是在代数数论中是至关重要的.

定义 1.2.7 整环D叫作戴德金整环 (Dedekind domain, 简记为 DD), 是指D中每个非零真理想A ($A\neq(0)$, $A\neq D$) 均可唯一地表示成有限个 (非零) 素理想的乘积. 确切地说,

(1) $A=P_1P_2\cdots P_l$, 其中$P_1, \cdots, P_l$均为D中素理想, $l\geqslant 1$.

(2) 如果又有$A=Q_1Q_2\cdots Q_s$, 其中$s\geqslant 1, Q_1, \cdots, Q_s$均为$D$中素理想, 则$s=l$, 并且适当改变$Q_1, \cdots, Q_l$的次序, 可使$P_i=Q_i$ $(1\leqslant i\leqslant l)$.

可以证明戴德金整环有下列性质.

定理 1.2.8 (1) 若D为戴德金整环, 则

(i) D中每个非零素理想都是极大理想.

(ii) D中每个理想A都是有限生成的, 即存在有限个元素$a_1, \cdots, a_n\in A$, 使

得 $A=(a_1,\cdots,a_n)=a_1D+a_2D+\cdots+a_nD$.

(2) 每个唯一因子分解整环都是戴德金整环. 另一方面, 如果 D 是戴德金整环并且也是唯一因子分解整环, 则 D 是主理想整环. 我们可以简单地表示成:

$$\text{PID} \Rightarrow \text{UFD} \Rightarrow \text{DD} \Rightarrow \text{D}\ (\text{整环}); \quad \text{DD}+\text{UFD} \Rightarrow \text{PID}.$$

我们略去这个定理的证明, 只是对这个定理做如下的一些解释.

注记 (1) 戴德金整环 D 除了具有定理 1.2.8 中的性质 (i) 和 (ii) 之外, 还具有第三个性质.

(iii) D 是整闭的.

我们将在正式讲述代数数论 (第四章) 时再介绍 "整闭" 这个概念. 这里只是告诉读者, 性质 (i), (ii) 和 (iii) 合在一起也是 D 为戴德金整环的充分条件. 即通常的《交换代数》书上大都用满足这三条性质的整环作为戴德金整环的定义. 由这三条性质可推出定义 1.2.7 中的素理想唯一分解性质. 关于用定义 1.2.7 推出性质 (i), (ii) 和 (iii), 可见 [1a] 第八章第 6 节.

(2) 由性质 (ii) 可知戴德金整环 D 中每个理想 A 都是有限生成的. 事实上, 可以证明 A 必可由 2 元生成, 即存在 $a,b\in A$, 使得 $A=(a,b)=aD+bD$.

(3) 我们有 PID $\Rightarrow$ UFD $\Rightarrow$ DD $\Rightarrow$ D. 现在我们要说明其中每个箭头反过来都是不成立的. 我们已给出 $\mathbb{Z}[x]$ 和 $F[x,y]$ (F 为域), 它们是 UFD 但不是 PID. 容易得到是整环但不是 DD 的例子: 对于任何域 F, 考虑添加无限多个 $x_1,\cdots,x_n,\cdots$ 的多项式环 $D=F[x_1,x_2,\cdots,x_n,\cdots]$. 不难证明这是整环, 但它不是 DD, 因为理想 $A=(x_1,x_2,\cdots,x_n,\cdots)$ 不是有限生成的, 即不满足性质 (ii). 最后我们给出是 DD 但不是 UFD 的例子.

考虑 $D=\mathbb{Z}+\sqrt{-6}\mathbb{Z}=\mathbb{Z}[\sqrt{-6}]=\{a+\sqrt{-6}b: a,b\in\mathbb{Z}\}$. 它是域 $K=\mathbb{Q}(\sqrt{-6})=\{x+\sqrt{-6}y: x,y\in\mathbb{Q}\}$ 的子环, 从而为整环. 可以证明这是戴德金整环 (这是代数数论的一个重要结果). 我们证明它不是 UFD. 为此我们考虑映射 (令 $\mathbb{Z}_{\geqslant 0}$ 表示非负整数集合)

$$\begin{aligned} N: D\to\mathbb{Z}_{\geqslant 0}, \quad N(a+b\sqrt{-6}) &= |a+b\sqrt{-6}|^2=(a+b\sqrt{-6})(a-b\sqrt{-6}) \\ &= a^2+6b^2 \quad (a,b\in\mathbb{Z}). \end{aligned}$$

不难看出, 对于 $\alpha,\beta\in D, N(\alpha\beta)=N(\alpha)N(\beta)$. 我们先决定整环 D 的单位群 D^*.

(i) $D^*=\{\pm1\}$.

证明 显然 1 和 -1 为环 D 中的单位. 现在设 $\varepsilon=a+\sqrt{-6}\,b\ (a,b\in\mathbb{Z})$ 是 D 中的单位, 则有 $\eta\in D$ 使得 $\varepsilon\eta=1$. 于是 $N(\varepsilon)N(\eta)=N(\varepsilon\eta)=N(1)=1$. 由于 $N(\varepsilon)$ 和 $N(\eta)$ 都是整数, 从而 $N(\varepsilon)=1$. 即 $a^2+6b^2=1$. 易知它只有整数解 $a=\pm1$ 和 $b=0$. 因此 $\varepsilon=a+b\sqrt{-6}=\pm1$. 这就证明了 $D^*=\{\pm1\}$. ▮

现在考虑 D 中的元素 6, 它在环 D 中有两个分解:

$$6=(-\sqrt{-6})(\sqrt{-6}),\quad 6=2\cdot3.$$

我们现在证明:

(ii) $\pm\sqrt{-6},2,3$ 均是整环 D 中的不可约元素, 并且 $\sqrt{-6}$ 和 $2,3$ 均不相伴.

证明 设 $\sqrt{-6}=\alpha\beta\ (\alpha,\beta\in D)$. 则 $N(\alpha)N(\beta)=N(\sqrt{-6})=6$. 于是 $N(\alpha)\in\{1,2,3,6\}$. 若 $N(\alpha)=2$, 令 $\alpha=a+b\sqrt{-6}\ (a,b\in\mathbb{Z})$, 则 $a^2+6b^2=2$. 但是不存在整数 a 和 b 满足这个方程, 从而 $N(\alpha)\neq2$. 同样可知 $N(\alpha)\neq3$. 因此 $N(\alpha)=1$ (此时 α 为单位) 或者 $N(\alpha)=6$ (此时 $N(\beta)=1$, 即 β 为单位). 这就表明 $\sqrt{-6}$ 是整环 $D=\mathbb{Z}[\sqrt{-6}]$ 中的不可约元素. 类似可证 $-\sqrt{-6},2,3$ 也是不可约元素.

由于 $\frac{\sqrt{-6}}{2}$ 不是 D 中的单位 (因为它甚至不属于 D), 可知 $\sqrt{-6}$ 和 2 在 D 中不相伴. 同样可证 $\sqrt{-6}$ 和 3 也不相伴. 这就证明了 (ii).

由 (ii) 可知 $6=(-\sqrt{-6})(\sqrt{-6})$ 和 $6=2\cdot3$ 本质上是 6 在整环 $\mathbb{Z}[\sqrt{-6}]$ 中两个不同的分解式. 所以 $\mathbb{Z}(\sqrt{-6})$ 不是 UFD. ▮

下面考虑整环 $\mathbb{Z}[\sqrt{-6}]$ 中主理想 (6) 的素理想分解. 我们有

(iii) $P=(2,\sqrt{-6})$ 和 $Q=(3,\sqrt{-6})$ 均是环 $\mathbb{Z}[\sqrt{-6}]$ 中的素理想, 并且 $(-\sqrt{-6})=(\sqrt{-6})=PQ,\quad (2)=P^2,\quad (3)=Q^2$.

证明 我们有环同构

$$\frac{\mathbb{Z}[\sqrt{-6}]}{(2,\sqrt{-6})}\cong\frac{\mathbb{Z}}{2\mathbb{Z}},\quad \frac{\mathbb{Z}[\sqrt{-6}]}{(3,\sqrt{-6})}\cong\frac{\mathbb{Z}}{3\mathbb{Z}}.$$

它们都是域, 从而 P 和 Q 都是 $\mathbb{Z}[\sqrt{-6}]$ 的极大理想, 因此也都是素理想. 进而由理想乘积 $(a_1,a_2)(b_1,b_2)=(a_1b_1,a_1b_2,a_2b_1,a_2b_2)$ 可知

$$\begin{aligned}
PQ&=(2,\sqrt{-6})(3,\sqrt{-6})=(6,2\sqrt{-6},3\sqrt{-6},-6)\\
&=(6,\sqrt{-6})\quad(\text{因为 }3\sqrt{-6}-2\sqrt{-6}=\sqrt{-6})\\
&=(\sqrt{-6})\quad(\text{因为在 }\mathbb{Z}[\sqrt{-6}]\text{ 中 }\sqrt{-6}|6),\\
P^2&=(2,\sqrt{-6})(2,\sqrt{-6})=(4,2\sqrt{-6},6)=(2)\quad(\text{因为 }6-4=2),\\
Q^2&=(3,\sqrt{-6})(3,\sqrt{-6})=(9,3\sqrt{-6},6)=(3).
\end{aligned}$$

这就证明了 (iii).

由 (iii) 可知元素分解 $6=(-\sqrt{-6})(\sqrt{-6})$ 给出理想分解 $(6)=PQPQ$, 而元素分解 $6=2\cdot3$ 给出理想分解 $(6)=P^2Q^2$. 所以元素 6 的两个不同的分解式给出理想 (6) 的同一个素理想分解式. ∎

最后介绍代数几何中最基本的一类交换整环: 诺特整环.

定义 1.2.9 含幺交换环 R 叫作诺特环 (Noetherian ring), 是指 R 的每个理想都是有限生成的.

主理想环都是诺特环, 因为每个理想都是 1 元生成的.

戴德金整环都是诺特环, 因为可以证明每个理想都是 2 元生成的.

可以证明: 若 D 是诺特整环, 则 $D[x]$ 也是诺特整环. 于是对任何正整数 $n, D[x_1,\cdots,x_n]$ 也是诺特整环.

如果 F 为域, 则 $F[x_1,\cdots,x_n]$ 是唯一因子分解整环 (UFD). 由上述可知它也是诺特整环. 另一方面, 在域 F 中添加无穷多个未定元得到的 $D=F[x_1,\cdots,x_n,\cdots]$ 是 UFD, 但它不是诺特整环, 比如说 D 中由无穷多未定元生成的理想 $(x_1,\cdots,x_n,\cdots)$ 不是有限生成的.

不难证明: 若 D 是诺特环, I 是 D 的一个理想, $I \neq D$, 则商环 $\frac{D}{I}$ 也是诺特环. 这是因为: 设 $f: D \to \frac{D}{I}, f(a) = \overline{a}$ (其中 $\overline{a} = a + I$ 为 $\frac{D}{I}$ 中的元素). 对于 $\frac{D}{I}$ 中的每个理想 A, A 在 D 中的原像 $f^{-1}(A) = B$ 为 D 的理想, $\overline{B} = A$. 由于 D 是诺特环, 从而 B 是有限生成的, 即 $B = (a_1, \cdots, a_n)$ (对某个正整数 $n, a_i \in B$). 于是 $A = \overline{B} = (\overline{a}_1, \cdots, \overline{a}_n)$ 也是 $\frac{D}{I}$ 中有限生成的理想. 即 $\frac{D}{I}$ 是诺特环.

现在设 $f(X, Y)$ 是多项式环 $\mathbb{F}_q[X, Y]$ 中的不可约多项式. 我们称

$$C: f(X, Y) = 0$$

是定义在 $\mathbb{F}_q$ 上 (即多项式 $f(X, Y)$ 的系数均属于有限域 $\mathbb{F}_q$) 的一条不可约曲线. 由 $f(X, Y)$ 在 $\mathbb{F}_q[X, Y]$ 中不可约, 可知 $\mathbb{F}_q[X, Y]$ 中的主理想 $(f(X, Y))$ 是素理想. 于是 $\mathbb{F}_q[X, Y]/(f(X, Y)) = R$ 是整环, 令 $x = \overline{X}$ 和 $y = \overline{Y}$ 分别是 $\mathbb{F}_q[X, Y]$ 中的元素 X 和 Y 在商环 R 中的像, 则 $R = \mathbb{F}_q[x, y]$, R 叫作曲线 C 的多项式函数环, 由上述可知 R 是诺特整环. 由于 $f(X, Y)$ 为不可约多项式, $\deg f \geqslant 1$. 从而 f 对于 X 或 Y 的次数 $\geqslant 1$. 不妨设 f 对于 Y 的次数大于 0, 表示成 $\deg_Y f \geqslant 1$. 即

$$f(X, Y) = a_0(X)Y^n + a_1(X)Y^{n-1} + \cdots + a_n(X),$$
$$a_i(X) \in \mathbb{F}_q[X] \quad (0 \leqslant i \leqslant n),\ a_0(X) \neq 0,\ n \geqslant 1.$$

则在环 $R = \mathbb{F}_q[x, y]$ 中, x 是 $\mathbb{F}_q$ 上的超越元素, 而 y 满足

$$0 = f(x, y) = a_0(x)y^n + a_1(x)y^{n-1} + \cdots + a_n(x).$$

由于 $a_0(x) \neq 0$, 可知 y 在有理函数域 $K = \mathbb{F}_q(x)$ 上是代数元素, 并且次数为 n, 令 $L = \mathbb{F}_q(x, y)$ 为整环 R 的分式域, 叫作不可约代数曲线 C 的有理函数域. $\frac{L}{K}$ 是域的 n 次扩张.

曲线 C 的多项式函数环 $R = \mathbb{F}_q[x, y]$ 和有理函数域 $L = \mathbb{F}_q(x, y)$ 是曲线 C 最基本的代数研究对象.

习题 1.2

1. 证明 $\mathbb{Z}[x]$ 和 $F[x,y]$ (F 为域) 均不是 PID.

2. 考虑高斯整数环 $D=\mathbb{Z}[i]$ ($i=\sqrt{-1}$). 证明:

(a) $D^*=\{\pm 1,\pm i\}$.

(b) (带余除法) 对于 $\alpha,\beta\in D,\beta\neq 0$. 则存在唯一的 $\gamma,\delta\in D$, 使得 $\alpha=\gamma\beta+\delta$, 并且 $|\delta|<|\beta|$ (这里 $|\delta|$ 表示复数 δ 的绝对值).

(c) $\mathbb{Z}[i]$ 为 PID.

3. 证明整环 $\mathbb{Z}[\sqrt{-10}]=\mathbb{Z}+\sqrt{-10}\mathbb{Z}=\{a+b\sqrt{-10}:a,b\in\mathbb{Z}\}$ 不是 UFD.

第二章 域的代数扩张

2.1 域的代数扩张

设 L 为域, 如果 K 为 L 的子集合, 并且 K 对于 L 中的运算也是域, 则称 K 为 L 的子域, L 为 K 的扩域, 并且将这个扩张表示成 L/K. 这时, L 为 K 上的向量空间, 其维数 $\dim_K L$ 表示成 $[L:K]$, 叫作域扩张 L/K 的次数. 如果 $[L:K]$ 有限, 称 L/K 为有限 (次) 扩张, 否则 L/K 叫无限次扩张.

域的扩张分为两大类: 代数扩张和超越扩张. 首先介绍什么是代数元和超越元.

定义 2.1.1 设 L/K 为域的扩张. L 中的元素 α 叫作在 K 上是代数的, 是指存在环 $K[x]$ 中的非零多项式 $f(x)$, 使得 $f(x)=0$. 否则 α 叫作在 K 上是超越的.

如果 L 中的每个元素在 K 上均是代数的, 称 L/K 为代数扩张. 反之, 若 L 中存在元素在 K 上是超越的, 则 L/K 是超越扩张.

K 中的每个元素 α 在 K 上都是代数的. 因为 α 是 $K[x]$ 中多项式 $x-\alpha$ 的根. 又如, 域 $K=\mathbb{Q}(i)=\{a+bi : a,b\in\mathbb{Q}\}$ $(i=\sqrt{-1})$ 是 $\mathbb{Q}$ 的代数扩张, 因为 K 中的每个数 $\alpha=a+bi$ $(a,b\in\mathbb{Q})$ 是 $\mathbb{Q}[x]$ 中的多项式 $f(x)=(x-\alpha)(x-\overline{\alpha})=x^2-2ax+a^2+b^2$ 的根. K 为 $\mathbb{Q}$ 上的 2 维向量空间, $\{1,i\}$ 是一组基, 即 $[\mathbb{Q}(i):\mathbb{Q}]=2$. 更一般地, 我们有:

定理 2.1.2 域的有限 (次) 扩张 L/K 必是代数扩张.

证明 设 L/K 的扩张次数为 $[L:K]=n$ (正整数), 即 L 是 K 上的 n 维向量空间. 于是对 L 中每个元素 α, $\{1,\alpha,\alpha^2,\cdots,\alpha^n\}$ 这 $n+1$ 个元素在 K 上是线性相关的. 从而有不全为零的元素 $c_0,c_1,\cdots,c_n\in K$, 使得

$$c_0+c_1\alpha+\cdots+c_n\alpha^n=0.$$

换句话说, 我们有 $K[x]$ 中的非零多项式 $f(x)=c_0+c_1x+\cdots+c_nx^n$, 使得 $f(\alpha)=0$. 这说明 L 中的每个元素 α 在 K 上都是代数的, 于是 L/K 为代数扩张. ∎

由这个定理可知, 超越扩张 L/K 一定是无限次扩张. 设 α 为 L 中的一个在 K 上超越的元素, 则环 $K[\alpha]$ 同构于通常的多项式环 $K[x]$, 而它的分式域 $K(\alpha)$ 同构于有理函数域

$$K(x)=\left\{\frac{f(x)}{g(x)}:f(x),g(x)\in K[x],g(x)\neq 0\right\}.$$

特别地, $K[\alpha]\neq K(\alpha)$, 并且 $K(\alpha)/K$ 是无限次扩张, $\{1,\alpha,\alpha^2,\cdots,\alpha^n,\alpha^{n+1},\cdots\}$ 是域 $K(\alpha)$ 的一组 K-基. 但是当 L 中的元素 α 在 K 上是代数的时, 情形有很大不同.

定理 2.1.3 设 K 为域, α 是 K 的某个扩域中的元素, 并且 α 在 K 上是代数的. 则

(1) $K[x]$ 中存在唯一的次数最小的首 1 多项式 $p(x)$, 使得 $p(\alpha)=0$, 并且若 $n=\deg p$, 则 $\{1,\alpha,\cdots,\alpha^{n-1}\}$ 为域 $K(\alpha)$ 的一组 K-基, 于是 $[K(\alpha):K]=n$.

(2) $K[\alpha]=K(\alpha)\cong\frac{K[x]}{(p(x))}$, 即环 $K[\alpha]$ 实际上为域.

证明 我们要证 $K[\alpha]$ 是域. 为此考虑映射

$$\varphi:K[x]\longrightarrow K[\alpha],\ \varphi\left(\sum_{i=0}^{n}c_ix^i\right)=\sum_{i=0}^{n}c_i\alpha^i\quad(c_i\in K).$$

这是环的满同态. 它的核 $A=\ker\varphi=\{f(x)\in K[x]:f(\alpha)=0\}$ 是多项式环 $K[x]$ 的理想. 由于 α 在 K 上是代数的, 从而存在 $0\neq f(x)\in K[x]$, 使得 $f(\alpha)=0$. 因此 $f(x)\in A$, 即 $A\neq(0)$. 进而若 $f(x),g(x)\in K[x],fg\in A$, 则 $(fg)(\alpha)=f(\alpha)g(\alpha)=0$. 于是 $f(\alpha)=0$ 或者 $g(\alpha)=0$, 即 $f\in A$ 或者 $g\in A$. 这表明 A 是环 $K[x]$ 的非零素理想. 于是 $A=(p(x))$, 其中 $p(x)$ 是 $K[x]$ 中的首 1 不可约多项式, 并且由 A 唯一决定. 进而对每个首 1 多项式 $f(x)\in K[x]$, 如果 $f(\alpha)=0$, 则 $f\in A$. 由于 $p(x)$ 是主理想 A 的生成元, 可知 $p(x)|f(x)$, 即 $f(x)=p(x)h(x)$, 其中 $h(x)\in K[x]$. 由于 $K[x]$ 为整环而 $f(x)\neq 0$, 可知 $h(x)\neq 0$, 即 $\deg h\geqslant 0$. 于是 $\deg f=\deg p+\deg h\geqslant\deg p$.

这就表明 $p(x)$ 是满足 $p(\alpha)=0$ 的次数最小的多项式.

考虑映射

$$\varphi: K[x] \to K[\alpha], f(x) \mapsto \varphi(f)=f(\alpha).$$

这是环的满同态, 并且 $\ker(\varphi)=A$. 于是有环同构 $\frac{K[x]}{A} \cong K[\alpha]$. 但是 A 为 $K[x]$ 的非零素理想, 而主理想整环 $K[x]$ 中的非零素理想都是极大理想, 从而 A 为极大理想, 于是 $\frac{K[x]}{A}$ 为域, 即 $K[\alpha]$ 为域, 这就证明了 $K[\alpha]=K(\alpha)$.

进而, 域 $K(\alpha)=K[\alpha]$ 中的每个元素 β 均可表示成 $\beta=f(\alpha)$, 其中 $f(x) \in K[x]$. 利用带余除法, 我们有 $q(x), r(x) \in K[x]$ 使得

$$f(x)=q(x)p(x)+r(x),\ \deg r(x)<\deg p(x)=n.$$

于是 $r(x)=r_0+r_1x+\cdots+r_{n-1}x^{n-1}$ $(r_i \in K)$. 而 $\beta=f(\alpha)=q(\alpha)p(\alpha)+r(\alpha)=r(\alpha)=r_0+r_1\alpha+\cdots+r_{n-1}\alpha^{n-1}$ (注意 $p(\alpha)=0$). 这表明域 $K(\alpha)$ 中的每个元素都可表示成 $\{1,\alpha,\cdots,\alpha^{n-1}\}$ 的 K-线性组合. 另一方面, 如果有 $c_0+c_1\alpha+\cdots+c_{n-1}\alpha^{n-1}=0$, 其中 $c_i \in K$, 则多项式 $f(x)=c_0+c_1x+\cdots+c_{n-1}x^{n-1} \in K[x]$ 并且 $f(\alpha)=0$. 于是 $f \in A$. 从而 $p(x)|f(x)$. 但是 $\deg p(x)=n>n-1 \geqslant \deg f(x)$, 可知只能是 $f(x)=0$, 即 $c_0,c_1,\cdots,c_{n-1}$ 均为零. 这表明 $\{1,\alpha,\cdots,\alpha^{n-1}\}$ 在 K 上是线性无关的. 综合上述, 可知 $\{1,\alpha,\cdots,\alpha^{n-1}\}$ 是 K-向量空间 $K(\alpha)$ 的一组基, 因此 $[K(\alpha):K]=n=\deg p(x)$. ▮

定义 2.1.4　设 α 是域 K 的某个扩域中的元素, 并且 α 在 K 上是代数的, 我们把定理 2.1.3 中的 "$K[x]$ 中的首 1 不可约多项式 $p(x)$" 叫作 α 在 K 上的最小多项式. 它是 $K[x]$ 中由 α 唯一决定的首 1 多项式, 满足以下两个条件:

(1) $p(\alpha)=0$;

(2) 若 $f(x)$ 是 $K[x]$ 中的非零多项式, $f(\alpha)=0$, 则 $p(x)|f(x)$. 特别地, $\deg f(x) \geqslant \deg p(x)$.

系 2.1.5　设 L/K 是域的扩张. 如果 L 中的元素 α 和 β 在 K 上均是代数的, 则 $\alpha\pm\beta$ 和 $\alpha\beta$ 在 K 上也是代数的. 又若 $\alpha \neq 0$, 则 α^{-1} 在 K 上也是代数的. 因此, L 中的所有在 K 上是代数的元素组成的集合 M 是 L 的一个子域, 它是 K 在 L 中的最大代数扩域.

证明 令 $S=K(\alpha)$, $T=S(\beta)=K(\alpha,\beta)$. 由于 α 在 K 上是代数的, $K(\alpha)/K$ 是有限次扩张 (定理 2.1.3), 即次数 $[K(\alpha):K]=n$ 为正整数. 又因为 β 在 K 上是代数的, β 在 K 的扩域 S 上也是代数的 (为什么?). 因此 $[S(\beta):S]=m$ 也是正整数. 熟知 $[T:K]=[T:S]\cdot[S:K]=mn$, 即 T/K 为域的有限次扩张. 于是 $T=K(\alpha,\beta)$ 中的每个元素在 K 上均是代数的 (定理 2.1.2). 因为 α, $\beta\in T$, 可知 $\alpha\pm\beta$, $\alpha\beta\in T$ 并且当 $\alpha\neq 0$ 时 $\alpha^{-1}\in T$. 从而这些元素在 K 上均是代数的. 证毕. ▮

由系 2.1.5 的证明可知, 对于每个域 K, K 中的元素在 K 上均是代数的, 如果在 K 之外还有在 K 上代数的元素 α_1, 将 α_1 添加到 K 上得到 K 的扩域 $S=K(\alpha_1)$, S 中的所有元素在 K 上均是代数的. 如果在 S 之外还有在 K 上代数的元素 α_2, 则得到更大的域 $T=S(\alpha_2)$, T 中的所有元素在 K 上也都是代数的. 如此继续下去, 我们把在 K 上代数的所有元素都添加到 K 上, 得到一个域 Ω, 它具有如下的性质:

(1) Ω 中的所有元素在 K 上都是代数的;

(2) 在 K 上代数的元素均属于 Ω.

即 Ω 是由在 K 上代数的全部元素组成的域. 这个域如果不计同构是唯一决定的. Ω 叫作域 K 的代数闭包. (以上的论述在数学逻辑上是不严密的, 由于域通常是不可数集合, 严格的论述和推理需要比通常数学归纳法更高级的 "超限归纳法".)

习题 2.1

1. 设 M/K 和 L/M 均是域的有限次扩张, 证明 $[L:K]=[L:M]\cdot[M:K]$.

2. 求 $\alpha=\sqrt{2}+\sqrt{3}$ 在有理数域 $\mathbb{Q}$ 上的最小多项式; 求 α 在 $\mathbb{Q}(\sqrt{2})$ 上的最小多项式; 求 α 在域 $\mathbb{Q}(\sqrt{6})$ 上的最小多项式.

3. (a) 证明 $f(x)=x^3-3x-1$ 是 $\mathbb{Q}[x]$ 中的不可约多项式.

(b) 设复数 α 是 $f(x)$ 的一个根. 证明 $\beta=3\alpha^2+7\alpha+5\neq 0$.

(c) 将 β^{-1} 表示成 $a_0+a_1\alpha+a_2\alpha^2$ 的形式, 其中 $a_0,a_1,a_2\in\mathbb{Q}$.

4. 一个域 K 叫作*代数封闭域*, 是指 K 等于它的代数闭包. 求证下面三个条件是彼此等价的.

(a) K 是代数封闭域.

(b) $K[x]$ 中的每个次数 $\geqslant 1$ 的多项式在 K 中都有根.

(c) $K[x]$ 中的不可约多项式都是 1 次多项式.

(**注记** 熟知复数域 $\mathbb{C}$ 是代数封闭域, 从而 $\mathbb{Q}$ 的代数闭包 Ω 为 $\mathbb{C}$ 的子域. 但是 Ω 比 $\mathbb{C}$ 小很多, 因为 Ω 是可数集合 (为什么?), 而 $\mathbb{C}$ 是不可数集合. Ω 中的元素 (即在 $\mathbb{Q}$ 上代数的数) 叫作*代数数*, 而在 $\mathbb{Q}$ 上超越的数 $\alpha \in \mathbb{C} \setminus \Omega$ 叫作*超越数*, 熟知圆周率 π 和自然对数的底 e 均是超越数).

5. 设 L/M 和 M/K 均是域的代数扩张 (不必是有限次扩张), 证明 L/K 也是代数扩张.

2.2 伽罗瓦扩张

本节我们介绍域论的一个重要内容: 域扩张的伽罗瓦理论.

我们在抽象代数中学过群的同态基本定理和环的同态基本定理 (定理 1.1.4), 但是没有听说过 "域的同态基本定理". 这是由于域之间的 "同态" 只有两种简单的情形.

设 K 和 L 为两个域, 而 $\varphi: K \to L$ 是环的同态, 于是核 $\ker(\varphi) = \{a \in K : \varphi(a) = 0\}$ 是环 K 的理想, 并且有环同构 $\frac{K}{\ker(\varphi)} \cong \mathrm{Im}(\varphi) \subseteq L$. 如果 $\ker(\varphi) = (0)$, 则 $\frac{K}{(0)} = K$ 同构于 $\mathrm{Im}(\varphi)$, 即通过 φ 可以把 K 看成 L 的子域 $\mathrm{Im}(\varphi)$, 称单同态 $\varphi: K \hookrightarrow L$ 为域的*嵌入*. 如果 $\ker(\varphi) \neq (0)$, 即理想 $\ker(\varphi)$ 中有非零元素 $\alpha \in K$. 由于 α 在域 K 中可逆, 即存在 $\beta \in K$ 使得 $\alpha\beta = 1$, 于是 $1 = \alpha\beta \in \ker(\varphi)$, 因此 $\ker(\varphi) = K$. 这表明 φ 是一个映射, 它把 K 中的所有元素都映成零. 所以除了这个平凡情形之外, 我们只需要研究域的嵌入即可.

设 L/K 是代数扩张, 我们今后主要考虑在 K 上代数的元素, 所以取 L 的一个代数闭包 Ω (它也是 K 的代数闭包) 或者取 Ω 的一个更大的扩域 (比如对于 $K = \mathbb{Q}$, 我们常取复数域 $\mathbb{C}$, 这是比 $\mathbb{Q}$ 的代数闭包更大的域), 然后考虑 L 到 Ω 中的所有嵌入.

定义 2.2.1 设 L/K 为域的扩张, 域 Ω 包含 L 的代数闭包. 域的嵌入 $\sigma : L \to \Omega$ 叫作 K-嵌入, 是指 σ 在 K 上的限制是恒等映射, 即对每个 $a \in K$, $\sigma(a) = a$. 进而, 若 $\sigma(L) = L$, 则称 σ 为域 L 的 K-自同构.

定理 2.2.2 设 L/K 是域的有限扩张, $[L : K] = n$, 则 L 到 Ω 的 K-嵌入最多有 n 个. 特别地, L 的 K-自同构最多有 n 个.

证明 我们只对单扩张 $L = K(\alpha)$ 的情形给出证明 (一般情形可以用数学归纳法和域论的一些技巧来完成), 以说明其中的道理. 设 $L = K(\alpha)$. L 中的元素唯一表示成

$$\gamma = c_0 + c_1\alpha + \cdots + c_{n-1}\alpha^{n-1} \quad (c_i \in K). \tag{2.1}$$

现在设 $\sigma : L \to \Omega$ 为 L 的一个 K-嵌入. 记 $\sigma(\alpha) = \beta$, 则嵌入 σ 由 β 所完全决定, 因为对形如 (2.1) 的每个元素 $\gamma \in L$,

$$\begin{aligned}\sigma(\gamma) &= \sigma(c_0) + \sigma(c_1)\sigma(\alpha) + \cdots + \sigma(c_{n-1})\sigma(\alpha^{n-1}) \\ &= c_0 + c_1\beta + \cdots + c_{n-1}\beta^{n-1} \quad (\text{由于 } \sigma(c_i) = c_i, \quad \sigma(\alpha^s) = \sigma(\alpha)^s = \beta^s).\end{aligned}$$

所以 K-嵌入 σ 的个数等于 $\sigma(\alpha) = \beta$ 有多少可能的取值.

令 $f(x) = x^n + b_1x^{n-1} + \cdots + b_{n-1}x + b_n$ 为 α 在 K 上的最小多项式 $(b_i \in K)$, 这是 $K[x]$ 中 n 次不可约首 1 多项式. 我们有

$$0 = f(\alpha) = \alpha^n + b_1\alpha^{n-1} + \cdots + b_{n-1}\alpha + b_n,$$

将 K-嵌入 σ 作用于等式两边, 可得 $0 = \sigma(\alpha)^n + b_1\sigma(\alpha)^{n-1} + \cdots + b_{n-1}\sigma(\alpha) + b_n = f(\sigma(\alpha))$. 这就表明 $\sigma(\alpha)$ 也是 $f(x)$ 的一个根. 但是 n 次多项式 $f(x)$ 在 Ω 中最多有 n 个不同的根, 这就表明 $\sigma(\alpha)$ 至多有 n 个选取的可能. 从而 L 的 K-嵌入至多有 n 个. 证毕. ▮

注记 不难证明: L 的所有 K-自同构组成的集合 $\mathrm{Gal}(L/K)$ 对于自同构的复合运算形成群, 叫作 L/K 的伽罗瓦群, 此群最多有 n 个元素.

定义 2.2.3 域的有限次扩张 L/K 叫作伽罗瓦 (Galois) 扩张, 是指 L 的 K-自同构共有 $[L : K]$ 个, 即 $|\mathrm{Gal}(L/K)| = [L : K]$.

例 1 设 $d\in\mathbb{Z},\sqrt{d}\notin\mathbb{Z}$, 则 $K=\mathbb{Q}(\sqrt{d})$ 是有理数域 $\mathbb{Q}$ 的 2 次扩域. 因为 $f(x)=x^2-d$ 是 $\sqrt{d}$ 在 $\mathbb{Q}$ 上的最小多项式, 于是 $\{1,\sqrt{d}\}$ 为 K 的一组基, 即

$$K=\mathbb{Q}\oplus\mathbb{Q}\sqrt{d}=\{a+b\sqrt{d}:\ a,\ b\in\mathbb{Q}\}.$$

$f(x)$ 在 $\mathbb{C}$ 中有两个不同的根 $\sqrt{d}$ 和 $-\sqrt{d}$, 从而 K 到 $\mathbb{C}$ 的 $\mathbb{Q}$-嵌入共有两个 σ_1 和 σ_2, 其中 $\sigma_1(\sqrt{d})=\sqrt{d}$, 从而 $\sigma_1(a+b\sqrt{d})=a+b\sqrt{d}$ $(a,b\in\mathbb{Q})$, 即 σ_1 为 L 上的恒等映射. 而 $\sigma_2(\sqrt{d})=-\sqrt{d}$, 从而 $\sigma_2(a+b\sqrt{d})=a-b\sqrt{d}$. 由于 $-\sqrt{d}\in K$, 可知 $\sigma_2(K)=K$, 即 σ_2 是 K 的 $\mathbb{Q}$-自同构. 这表明 $K/\mathbb{Q}$ 的伽罗瓦群 $\mathrm{Gal}(K/\mathbb{Q})$ 的阶为 $2=[K:\mathbb{Q}]$, 因此 $\mathbb{Q}(\sqrt{d})/\mathbb{Q}$ 是伽罗瓦扩张.

例 2 考虑 $K=\mathbb{Q}(\sqrt[3]{2})$, $\sqrt[3]{2}$ 在 $\mathbb{Q}$ 上的最小多项式为 $f(x)=x^3-2$, 这是因为由 Eisenstein 判别法可知 $f(x)$ 为 $\mathbb{Q}[x]$ 中的不可约多项式并且 $f(\sqrt[3]{2})=0$. 于是 $[K:\mathbb{Q}]=3$. $f(x)$ 在 $\mathbb{C}$ 中有 3 个不同的根 $\sqrt[3]{2}$, $\sqrt[3]{2}\omega$ 和 $\sqrt[3]{2}\omega^2$, 其中 $\omega=e^{\frac{2\pi i}{3}}$. 从而 K 到 $\mathbb{C}$ 的 $\mathbb{Q}$-嵌入共有三个 $\sigma_0,\sigma_1,\sigma_2$, 其中 $\sigma_0(\sqrt[3]{2})=\sqrt[3]{2}$, $\sigma_1(\sqrt[3]{2})=\sqrt[3]{2}\omega$ 和 $\sigma_2(\sqrt[3]{2})=\sqrt[3]{2}\omega^2$. 由于 $\sqrt[3]{2}\omega$ 和 $\sqrt[3]{2}\omega^2$ 不是实数, 它们不属于 $K(\subset\mathbb{R})$, 所以 $\sigma_i(K)=\mathbb{Q}(\sqrt[3]{2}\omega^i)\neq K$ (对于 $i=1,2$). 即伽罗瓦群 $\mathrm{Gal}(\mathbb{Q}(\sqrt[3]{2})/\mathbb{Q})$ 只有一个元素 σ_0 (恒等自同构), 而 $[\mathbb{Q}(\sqrt[3]{2}):\mathbb{Q}]=3$, 因此 $\mathbb{Q}(\sqrt[3]{2})/\mathbb{Q}$ 不是伽罗瓦扩张.

设 L/K 为 n 次扩张. 对于每个 $\alpha\in L$, 设 $f(x)$ 是 α 在 K 上的最小多项式. $f(x)$ 在 Ω 中有 m 个不同的根 $\alpha_1,\cdots,\alpha_m$ $(m\leqslant\deg f(x),\ \alpha=\alpha_1)$.

我们称 $\alpha_1,\cdots,\alpha_m$ 为 α 的 K-共轭元素. 而对于每个 K-嵌入 $\sigma:L\to\Omega$, $\sigma(L)$ 叫作 L 的 K-共轭域. 特别当 $L=K(\alpha)$ 时, L 共有 m 个不同的嵌入 $\sigma_i:L\to\Omega$, 其中 $\sigma_i(\alpha)=\alpha_i$. 而 σ_i 为 L 的 K-自同构当且仅当 $\alpha_i\in L$. 所以 $K(\alpha)/K$ 是伽罗瓦扩张当且仅当 α 在 K 上的最小多项式 $f(x)$ 的 $[K(\alpha):K]$ $(=\deg f(x))$ 的 n 个根彼此不同, 并且这些根均属于 $K(\alpha)$. 即 α 有 $[K(\alpha):K]$ 个 K-共轭元素, 并且它们均属于 $K(\alpha)$.

下面是域扩张伽罗瓦理论的最基本结果.

定理 2.2.4 (伽罗瓦扩张的基本定理)

设 L/K 是域的有限次伽罗瓦扩张. $n=[L:K]$, $G=\mathrm{Gal}(L/K)$.

(1) 对 G 的每个子群 H, 定义 H 的固定集合

$$\mathrm{Fix}(H)=\{\alpha\in L: 对每个\ \sigma\in H,\ \sigma(\alpha)=\alpha\},$$

这是一个域, 并且是 L 和 K 的中间域, 即 $K\subseteq \mathrm{Fix}(H)\subseteq L$. 另一方面, 对于 L 和 K 的每个中间域 M, 定义 M 的固定集合

$$\mathrm{Fix}(M)=\{\sigma\in G: 对每个\ \alpha\in M,\ \sigma(\alpha)=\alpha\}=\mathrm{Gal}(L/M),$$

这是 G 的一个子群. 进而, 若以 $\mathscr{M}$ 表示 K 和 L 的中间域组成的集合, 以 $\mathscr{H}$ 表示 G 的全部子群组成的集合, 则

$$\begin{aligned}\varphi:\mathscr{M}\to\mathscr{H},\quad & M\mapsto \mathrm{Fix}(M),\\ \psi:\mathscr{H}\to\mathscr{M},\quad & H\mapsto \mathrm{Fix}(H)\end{aligned}$$

是互逆的映射. 从而它们给出集合 $\mathscr{M}$ 和 $\mathscr{H}$ 之间的一一对应. 而且这个对应是反序的, 也就是说: 若 $M_1\subseteq M_2$, 则 $\mathrm{Fix}(M_1)\supseteq \mathrm{Fix}(M_2)$. 而若 $H_1\subseteq H_2$, 则 $\mathrm{Fix}(H_1)\supseteq \mathrm{Fix}(H_2)$. 特别地, 我们有

$\mathrm{Fix}(G)=K$ (即 L 中的元素 α 属于 K 当且仅当对每个 $\sigma\in G$, $\sigma(\alpha)=\alpha$),

$$\begin{array}{ll} L & \mathrm{Gal}(L/L)=\{I\}\quad (I\ 为\ L\ 的恒等自同构)\\ | & \qquad\quad | \\ M & H=\mathrm{Gal}(L/M)\\ | & \qquad\quad | \\ K & G=\mathrm{Gal}(L/K).\end{array}$$

(2) 设中间域 M 对应于 G 的子群 H, 即 $H=\mathrm{Gal}(L/M)$, $M=\mathrm{Fix}(H)$, 则 $\mathrm{Gal}(L/M)$ 是伽罗瓦扩张, 从而 $|\mathrm{Gal}(L/M)|=[L:M]$, 于是 $[M:K]=[G:H]$. 进而, M/K 是伽罗瓦扩张当且仅当 H 是 G 的正规子群. 并且当 H 是 G 的正规子群时, $\mathrm{Gal}(M/K)$ 同构于商群 $\frac{G}{H}=\frac{\mathrm{Gal}(L/K)}{\mathrm{Gal}(L/M)}$. 一般地, 若 H_1 和 H_2 是 G 中的共轭子群, 则它们对应的中间域是 K-共轭域.

我们略去定理 2.2.4 的证明, 下面只想试图说明一下这个定理为什么被公认是一个十分重要且非常漂亮的数学结果.

设 L/K 是域的有限次扩张, 一个很基本的问题是它们有多少中间域? 如果 K 是无限域, 当 $n=[L:K]\geqslant 2$ (即 $L\neq K$) 时, 从集合论的观点, K

和 L 的中间集合有无穷多个. 即使从线性代数的角度, 每个中间域 M 是 L 的 K-向量子空间, 它们也有无穷多个. 但是当 L/K 是伽罗瓦扩张的时候, 上述定理是说 L/K 的中间域和有限群 $G=\mathrm{Gal}(L/K)$ 的子群之间是一一对应的. 而 G 的子群只有有限多个, 从而 L/K 的中间域也只有有限多个. 并且通过定理中的互逆映射 φ 和 ψ, 我们可以由 G 的所有子群把 L/K 的所有中间域完全决定出来. 进而, 对于任意有限扩张 L/K (不必为伽罗瓦扩张), 我们总可以找到 L 的一个有限次扩域 F, 使得 F/K 为 (有限次) 伽罗瓦扩张, $K\subseteq L\subseteq F$, 于是 F/K 只有有限个中间域, 从而任意有限次扩张 L/K 也只有有限多个中间域. 所以定理 2.2.4 的重要意义是把域论的许多问题归结为相对简单的有限群问题.

在进一步欣赏伽罗瓦基本定理之前, 我们还是举两个简单而典型的例子.

例 3　考虑 $K=\mathbb{Q}(\sqrt{2},\sqrt{3})$, 我们先计算 $[K:\mathbb{Q}]$. 它们有中间域 $M=\mathbb{Q}(\sqrt{2})$. 由于 $\sqrt{2}$ 在 $\mathbb{Q}$ 上的最小多项式为 x^2-2, 可知 $[M:\mathbb{Q}]=2$. 进而, x^2-3 是 $\sqrt{3}$ 在 $\mathbb{Q}$ 上的极小多项式. 请读者证明 $\pm\sqrt{3}\notin M=\mathbb{Q}(\sqrt{2})$, 可知 x^2-3 在 $M[x]$ 中也不可约, 从而 x^2-3 也是 $\sqrt{3}$ 在 M 上的最小多项式, 于是 $[K=M(\sqrt{3}):M]=2$, 所以 $[K:\mathbb{Q}]=[K:M][M:\mathbb{Q}]=4$.

$\sqrt{2}$ 的 $\mathbb{Q}$-共轭元素 $\pm\sqrt{2}$ 和 $\sqrt{3}$ 的 $\mathbb{Q}$-共轭元素 $\pm\sqrt{3}$ 均属于 K, 可知 K/Q 是 4 次伽罗瓦扩张, 伽罗瓦群 $G=\mathrm{Gal}(K/Q)$ 有 4 个自同构元素. 每个自同构由它在 $\sqrt{2}$ 和 $\sqrt{3}$ 上的作用完全决定. 即 G 中的 4 个元素为恒等自同构 $I(I(\sqrt{2})=\sqrt{2},\ I(\sqrt{3})=\sqrt{3})$ 和

$$\begin{aligned}
&\sigma:\sigma(\sqrt{2})=\sqrt{2},\quad \sigma(\sqrt{3})=-\sqrt{3};\\
&\tau:\tau(\sqrt{2})=-\sqrt{2},\quad \tau(\sqrt{3})=\sqrt{3};\\
&\sigma\tau=\tau\sigma:\sigma\tau(\sqrt{2})=-\sqrt{2},\quad \sigma\tau(\sqrt{3})=-\sqrt{3}.
\end{aligned}$$

更确切地说, 由于 $\{1,\sqrt{2}\}$ 是 M 的一组 $\mathbb{Q}$-基, 而 $\{1,\sqrt{3}\}$ 是 K 的一组 M-基, 可知 $\{1,\sqrt{2},\sqrt{3},\sqrt{6}\}$ 是 K 的一组 $\mathbb{Q}$-基, 即 K 中的每个元素唯一表示成

$$\alpha=a_0+a_1\sqrt{2}+a_2\sqrt{3}+a_3\sqrt{6}\quad (a_i\in\mathbb{Q}).$$

而 $I(\alpha)=\alpha,\ \sigma(\alpha)=a_0+a_1\sqrt{2}-a_2\sqrt{3}-a_3\sqrt{6},\ \tau(\alpha)=a_0-a_1\sqrt{2}+a_2\sqrt{3}-$

$a_3\sqrt{6}$, $\sigma\tau(\alpha) = a_0 - a_1\sqrt{2} - a_2\sqrt{3} + a_3\sqrt{6}$.

由于 $\sigma^2 = \tau^2 = (\sigma\tau)^2 = I, \sigma\tau = \tau\sigma$, 可知 G 是由 σ 和 τ 生成的两个 2 阶循环群的直积. 除了 G 和 $\{I\}$ 之外, G 还有三个子群, 即分别由 σ, τ 和 $\sigma\tau$ 生成的 2 阶子群, 它们对应的中间域分别为 $\mathrm{Fix}(\sigma) = \mathbb{Q}(\sqrt{2})$, $\mathrm{Fix}(\tau) = \mathbb{Q}(\sqrt{3})$ 和 $\mathrm{Fix}(\sigma\tau) = \mathbb{Q}(\sqrt{6})$. 这就表明 $K = \mathbb{Q}(\sqrt{2}, \sqrt{3})$ 和 $\mathbb{Q}$ 之间除了 K 和 $\mathbb{Q}$ 之外只有三个中间子域 $\mathbb{Q}(\sqrt{2}), \mathbb{Q}(\sqrt{3})$ 和 $\mathbb{Q}(\sqrt{6})$ (见下图).

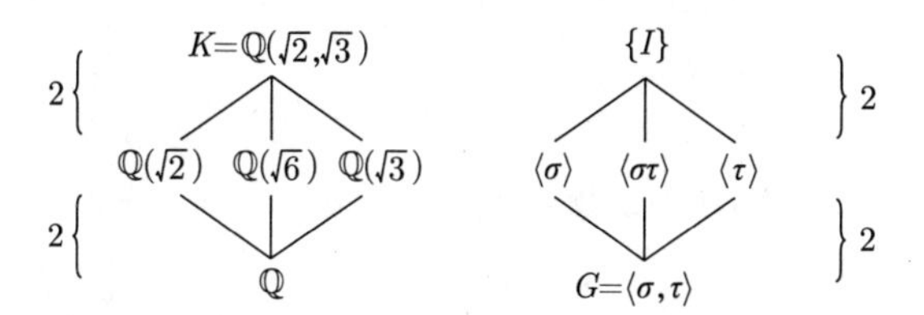

由于 G 是交换群, G 的每个子群都是正规子群, 所以 $\mathbb{Q}(\sqrt{2})$, $\mathbb{Q}(\sqrt{3})$ 和 $\mathbb{Q}(\sqrt{6})$ 都是 $\mathbb{Q}$ 的伽罗瓦扩张.

例 4 例 2 表明域 $K = \mathbb{Q}(\sqrt[3]{2})$ 是 $\mathbb{Q}$ 的三次扩域, $\sqrt[3]{2}$ 的共轭元素为 $\sqrt[3]{2}, \sqrt[3]{2}\omega$ 和 $\sqrt[3]{2}\omega^2$, 其中 $\omega = e^{\frac{2\pi i}{3}}$, $[K:\mathbb{Q}] = 3$. 由于 $\sqrt[3]{2}\omega \notin K$, 可知 K/Q 不是伽罗瓦扩张. 但是考虑 K 的扩域 $L = K(\omega) = \mathbb{Q}(\sqrt[3]{2}, \omega)$, 由于 ω 在 $\mathbb{Q}$ 上的最小多项式为 $x^2 + x + 1$, 它的根 $\omega \notin K$, 可知 $x^2 + x + 1$ 也是 ω 在 K 上的最小多项式, 因此, $[L:K] = 2$, 从而 $[L:\mathbb{Q}] = [L:K][K:\mathbb{Q}] = 6$. 由于 $\sqrt[3]{2}$ 和 ω 的共轭元素均属于 L, 可知 L/Q 为伽罗瓦扩张, 其伽罗瓦群 $G = \mathrm{Gal}(L/Q)$ 为 6 阶群, 每个自同构 φ 都由在 $\sqrt[3]{2}$ 和 ω 上的作用所完全决定. 由于 $\varphi(\sqrt[3]{2})$ 只能为 $\sqrt[3]{2}, \sqrt[3]{2}\omega$ 和 $\sqrt[3]{2}\omega^2, \varphi(\omega)$ 只能为 ω 和 ω^2. 这一共有 6 种可能, 所以每种可能均为自同构. 它们是

φ	$\varphi(\alpha_0 = \sqrt[3]{2})$	$\varphi(\omega)$	$\varphi(\alpha_1 = \sqrt[3]{2}\omega)$	$\varphi(\alpha_2 = \sqrt[3]{2}\omega^2)$	置换表示	
I	α_0	ω	α_1	α_2	I	
σ	α_0	ω^2	α_2	α_1	(12)	$\begin{pmatrix}\sigma^2 = 1\\ \tau^3 = 1\end{pmatrix}$
τ	α_1	ω	α_2	α_0	(012)	
$\tau\sigma$	α_1	ω^2	α_0	α_2	(01)	
τ^2	α_2	ω	α_0	α_1	(021)	
$\tau^2\sigma$	α_2	ω^2	α_1	α_0	(02)	

由于 $\alpha_0=\sqrt[3]{2}$, $\alpha_1=\sqrt[3]{2}\omega$ 和 $\alpha_2=\sqrt[3]{2}\omega^2$ 是彼此共轭的元素, 可以将每个自同构 φ 看成它们的置换, 简记成对应下标 $0,1,2$ 之间的置换. 写在表格的最右侧. 由此可看出 G 是 $\{0,1,2\}$ 的全体置换构成的群 S_3. 它有 4 个非平凡的子群: 由 $\sigma=(12)$, $\tau\sigma=(01)$ 和 $\tau^2\sigma=(02)$ 生成的三个 2 阶子群和由 $\tau=(012)$ 生成的 3 阶子群. 从而 $\mathbb{Q}(\sqrt[3]{2},\omega)$ 和 $\mathbb{Q}$ 之间有 4 个非平凡的中间域. 其伽罗瓦对应列成下表

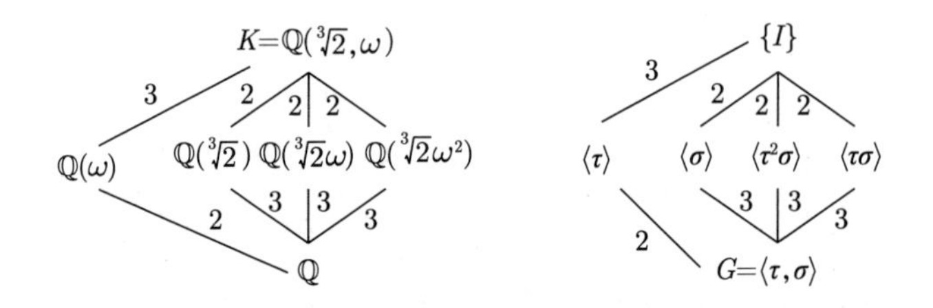

例如对于二元群 $\langle\tau\sigma\rangle$, 对应的中间域为 $H=\{\alpha\in K:\tau\sigma(\alpha)=\alpha\}$. 并且 $[H:\mathbb{Q}]=[G:\langle\tau\sigma\rangle]=\frac{6}{2}=3$. 由 $\tau\sigma(\alpha_2)=\alpha_2$ $(\alpha_2=\sqrt[3]{2}\omega^2)$ 可知 $\mathbb{Q}(\sqrt[3]{2}\omega^2)\subseteq H$. 但是 $[\mathbb{Q}(\sqrt[3]{2}\omega^2):\mathbb{Q}]=3$. 从而 $H=\mathbb{Q}(\sqrt[3]{2}\omega^2)$. 类似地可决定其他中间域.

$\langle\tau\rangle$ 是 G 的正规子群, 从而 $\mathbb{Q}(\omega)/\mathbb{Q}$ 为 2 次伽罗瓦扩张. 另一方面, $\langle\sigma\rangle$, $\langle\tau^2\sigma\rangle$ 和 $\langle\tau\sigma\rangle$ 是彼此共轭的三个子群, 从而 $\mathbb{Q}(\sqrt[3]{2})$, $\mathbb{Q}(\sqrt[3]{2}\omega)$ 和 $\mathbb{Q}(\sqrt[3]{2}\omega^2)$ 是三个不同的共轭域. 因此它们都不是 $\mathbb{Q}$ 的伽罗瓦扩域.

历史上, 域扩张的伽罗瓦理论来源于法国的伽罗瓦 (Galois, 1811—1832) 和挪威的阿贝尔 (Abel, 1802—1829) 研究高次方程 $x^n+a_1x^{n-1}+\cdots+a_{n-1}x+a_n=0$ 在复数域上的根式求解问题. 当 $n=2$ 时, 熟知 $x^2+ax+b=0$ 有求解公式 $x=\frac{-a\pm\sqrt{a^2-4b}}{2}$. 后来人们得到 $n=3$ 和 $n=4$ 的求解公式, 根由方程的系数经过四则运算、开平方和开立方运算表达出来. 此后很长时间, 人们希望对于 $n\geqslant 5$, 找到 n 次一般方程用系数的四则运算和根式运算表达根的公式. 但是伽罗瓦和阿贝尔证明了这样的求解公式是不存在的. 伽罗瓦的方法是像例 4 中展开的那样, 研究方程 n 个根 $x_1,\cdots,x_n$ 之间的置换. 这些置换对于合成运算满足一些性质 (结合律、幺元素、逆运算), 这就产生了群的概念, 成为古典代数学到近世代数学的重要转折点和里程碑.

我们简单介绍一下伽罗瓦是如何解决上述的根式求解问题的. 设 F 为域, $f(x) = x^n + a_1x^{n-1} + \cdots + a_{n-1}x + a_n \in F[x]$, 并且 $a_1, \cdots, a_n \in F$. $x_1, \cdots, x_n$ 是 $f(x)$ 的 n 个根. 则 $K(x_1, \cdots, x_n)/K$ 是伽罗瓦扩张, 并且当系数 $a_1, \cdots, a_n$ 是 K 中 "一般" 的元素, 这个扩张的伽罗瓦群 G 中每个 K-自同构看成 $x_1, \cdots, x_n$ 的置换时, G 为所有置换组成的置换群 S_n, 于是 $[K(x_1, \cdots, x_n) : K] = |G| = |S_n| = n!$. 伽罗瓦证明了方程 $f(x) = 0$ 根式可解当且仅当 S_n 是可解群, 即 S_n 有一个子群序列

$$G_0 = \{I\} \subset G_1 \subset G_2 \subset \cdots \subset G_l = S_n,$$

使得每个 G_i 都是 G_{i+1} 的正规子群, 并且商群 G_{i+1}/G_i 为循环群. 但是当 $n \geqslant 5$ 时, S_n 不是可解群, 从而次数 $n \geqslant 5$ 的一般高次方程是根式不可解的.

例 5 (三次方程求解公式) 三次一般方程

$$f(x) = x^3 + ax^2 + bx + c = 0$$

的根式求解公式 (不妨设解为复数) 是由意大利人 Cardano 给出的. 现在我们用伽罗瓦理论来推导这个公式. 设 x_1, x_2, x_3 是上述方程的三个根, 令

$$y_i = x_i - \frac{1}{3}a \quad (i = 1, 2, 3), \tag{2.2}$$

则 y_1, y_2, y_3 是方程

$$g(y) = f\left(x - \frac{1}{3}a\right) = y^3 + py + q = 0 \quad (\text{去掉了二次项})$$

的三个根, 其中

$$p = b - \frac{a^2}{3}, \quad q = c - \frac{ab}{3} + \frac{2a^3}{27}, \tag{2.3}$$

问题化为计算 y_1, y_2, y_3. 由于它们是 $g(y) = y^3 + py + q$ 的三个根, 韦达定理给出

$$\begin{aligned} \sigma_1 &= y_1 + y_2 + y_3 = 0, \\ \sigma_2 &= y_1y_2 + y_2y_3 + y_3y_1 = p, \\ \sigma_3 &= y_1y_2y_3 = -q. \end{aligned} \tag{2.4}$$

令 $F=\mathbb{Q}(p,q,\omega)$, $K=F(y_1,y_2,y_3)$, 其中

$$\omega=e^{\frac{2\pi i}{3}}=\frac{-1+\sqrt{-3}}{2},$$

$$\begin{array}{ccc} K=F(y_1,y_2,y_3) & & \{I\} \\ | & & | \\ M & & A_3=\langle(123)\rangle \\ | & & | \\ F=\mathbb{Q}(p,q,\omega) & & G=S_3, \end{array}$$

则 $\omega^2=\frac{-1-\sqrt{-3}}{2}$, 并且 $1+\omega+\omega^2=0$, $\omega^3=1$. K/F 是伽罗瓦扩张, 其伽罗瓦群为 $G=\mathrm{Gal}(K/F)=S_3$, 这里把 y_1,y_2,y_3 之间的置换简写为 $1,2,3$ 的置换. 于是 $[K:F]=|S_3|=6$. 群 S_3 有子群 $A_3=\{I,(123),(132)\}$. 对于子群列

$$\{I\}\subset A_3\subset S_3,$$

商群 $A_3/\{I\}=A_3$ 和 S_3/A_3 分别是 3 阶和 2 阶循环群, 从而 S_3 是可解群. 记 M 为对应于子群 A_3 的中间域. 我们确定这个子域. 为此, 考察多项式 $g(y)=(y-y_1)(y-y_2)(y-y_3)=x^3+px+q$ 的"判别式"

$$d=(y_1-y_2)(y_2-y_3)(y_3-y_1),$$

不难看出, 对于 $\sigma\in S_3$,

$$\sigma(d)=\begin{cases} d, & 若\ \sigma\ 为偶置换,\ 即\ \sigma\in A_3, \\ -d, & 若\ \sigma\ 为奇置换,\ 即\ \sigma\in S_3\setminus A_3. \end{cases}$$

于是对每个 $\sigma\in S_3$, $\sigma(d^2)=d^2$. 由伽罗瓦理论, d^2 应当属于域 F. 事实上, $d^2=(y_1-y_2)^2(y_2-y_3)^2(y_3-y_1)^2$ 是关于 y_1,y_2,y_3 的对称函数, 它应当能用 (2.4) 式给出的初等对称函数表示: 由于 d^2 是 y_1,y_2,y_3 的 6 次齐次多项式, 从而

$$d^2=A\sigma_3^2+B\sigma_3\sigma_2\sigma_1+C\sigma_3\sigma_1^3+D\sigma_2^3+F\sigma_2^2\sigma_1^2+G\sigma_2\sigma_1^4+H\sigma_1^6,$$

从而在 $\sigma_1=y_1+y_2+y_3=0$ 条件下, 有恒等式

$$d^2=A\sigma_3^2+D\sigma_2^3\quad(A,D\in\mathbb{Q}).$$

取 $y_1 = 0$, $y_2 = 1$, $y_3 = -1$, 上式得出 $4 = D\cdot(-1)$, 即 $D = -4$. 再取 $y_1 = y_2 = 1$, $y_3 = -2$, 又得到 $0 = 4A - 27D = 4(A+27)$, 即 $A = -27$. 于是由 (2.4) 式

$$d^2 = -27\sigma_3^2 - 4\sigma_2^3 = -27q^2 - 4p^3. \tag{2.5}$$

由于元素 $d = \sqrt{-27q^2 - 4p^3}$ 被子群 A_3 的作用所固定, 由伽罗瓦理论可知 $d \in M$, 由 $d \notin F$ 可知 $[F(d):F] \geqslant 2$, 但是 $[M:F] = [S_3:A_3] = 2$, 而 $F(d) \subseteq M$, 可知 $F(d) = M$, 即我们确定了中间域 $M = F(d) = \mathbb{Q}(p,q,\omega,d)$, $d = \sqrt{-27q^2-4p^3}$.

现在考虑扩张 K/M, $\mathrm{Gal}(K/M) = A_3$. 对于元素

$$z_3 = y_1 + y_2 + y_3 = 0, \quad z_1 = y_1 + \omega y_2 + \omega^2 y_3, \quad z_2 = y_1 + \omega^2 y_2 + \omega y_3 \tag{2.6}$$

和 A_3 的生成元 $\sigma = (123)$, 我们有

$$\sigma(z_1) = y_2 + \omega y_3 + \omega^2 y_1 = \omega^2 z_1, \quad \sigma(z_2) = \omega z_2,$$

从而 $\sigma(z_1^3) = z_1^3$, $\sigma(z_2^3) = z_2^3$, 于是 $z_1^3, z_2^3 \in M$. 事实上, 可以算出 (利用 $\omega^2 + \omega = -1$)

$$\begin{aligned} z_1^3 + z_2^3 &= (y_1 + \omega y_2 + \omega^2 y_3)^3 + (y_1 + \omega^2 y_2 + \omega y_3)^3 \\ &= 2(y_1^3 + y_2^3 + y_3^3) + 12 y_1 y_2 y_3 - 3U, \end{aligned} \tag{2.7}$$

其中 $U = y_1^2 y_2 + y_1 y_2^2 + y_2^2 y_3 + y_2 y_3^2 + y_3^2 y_1 + y_3 y_1^2$ 是 y_1, y_2, y_3 的 3 次齐次对称函数, 从而可表示成初等对称函数 σ_1, σ_2 和 σ_3 的 3 次齐次多项式, 系数为有理数. 由于 $\sigma_1 = 0$, 可知有恒等式 $U = c\sigma_3$, $c \in \mathbb{Q}$. 取 $y_1 = y_2 = 1$, $y_3 = -2$, 代入 U 和 σ_3 可知 $6 = c\cdot(-2)$, 于是 $c = -3$, 从而 (2.7) 式给出 $U = -3\sigma_3$. 同样方法可得 $y_1^3 + y_2^3 + y_3^3 = 3\sigma_3$. 代入 (2.7) 式便算出

$$z_1^3 + z_2^3 = 18\sigma_3 + 9\sigma_3 = -27q. \tag{2.8}$$

进而我们有

$$\begin{aligned} z_1 z_2 &= (y_1 + \omega y_2 + \omega^2 y_3)(y_1 + \omega^2 y_2 + \omega y_3) = y_1^2 + y_2^2 + y_3^2 - \sigma_2 \\ &= \sigma_1^2 - 3\sigma_2 = -3\sigma_2 = -3p, \end{aligned} \tag{2.9}$$

从而 $z_1^3 z_2^3 = -27p^3$. 由 (2.8) 式可知 z_1^3 和 z_2^3 是二次方程 $Z^2+27qZ-27p^3=0$ 的两个根. 因此

$$\{z_1^3, z_2^3\} = \frac{1}{2}(-27q \pm \sqrt{4 \cdot 27p^3 + 27^2q^2})$$

(注记: 由 (2.5) 式可知 $z_1^3, z_2^3 \in M$). 令

$$A = \left(-\frac{27}{2}q + \sqrt{\frac{27}{4}(4p^3+27q^2)}\right)^{\frac{1}{3}}, \quad B = \left(-\frac{27}{2}q - \sqrt{\frac{27}{4}(4p^3+27q^2)}\right)^{\frac{1}{3}}, \tag{2.10}$$

则 $z_1 = A\omega^i$, $z_2 = B\omega^j$ $(0 \leqslant i, j \leqslant 2)$. 注意 (2.9) 式给出 $z_1z_2 = -3p$, 可知只有三种可能性:

$$(z_1, z_2) = (A, B), (\omega A, \omega^2 B), (\omega^2 A, \omega B). \tag{2.11}$$

回到 y_1, y_2, y_3: 由 (2.6) 中的线性方程组可解出

$$\begin{aligned} y_1 &= \frac{1}{3}(z_1+z_2+z_3) = \frac{1}{3}(z_1+z_2), \\ y_2 &= \frac{1}{3}(\omega^2 z_1+\omega z_2+z_3) = \frac{1}{3}(\omega^2 z_1+\omega z_2), \\ y_3 &= \frac{1}{3}(\omega z_1+\omega^2 z_2+z_3) = \frac{1}{3}(\omega z_1+\omega^2 z_2). \end{aligned}$$

由 (2.11) 式我们就得到 Cardano 的求解公式: 方程 $x^3+px+q=0$ 的三个根为

$$\frac{1}{3}(A+B), \quad \frac{1}{3}(\omega A+\omega^2 B), \quad \frac{1}{3}(\omega^2 A+\omega B),$$

其中 $\omega = \frac{1}{2}(-1+\sqrt{-3})$, $\omega^2 = \frac{1}{2}(-1-\sqrt{-3})$, 而 A 和 B 由公式 (2.10) 所定义.

本节的最后我们要回答善于思考的读者可能会问到的一个问题. 我们在定理 2.2.2 的证明中说, 域 K 上的一个 n 次不可约多项式 $f(x)$ $(n \geqslant 1)$ (在 K 的代数闭包中) 有 m 个不同的根, 其中 $m \leqslant n$. 而读者过去的经验似乎应当 $m=n$, 即不可约多项式 $f(x)$ 的 n 个根应当没有重根. 读者的经验来自 K 是有理数域 $\mathbb{Q}$ 的情形. 这时 $f(x)$ 的导函数 $f'(x)$ 为 $n-1$ 次多项式. 熟知 $f(x)$ 有重根当且仅当 $f(x)$ 和 $f'(x)$ 不互素. 但是 $\deg f'(x) = n-1 \geqslant 0$, 可

知 $f'(x) \neq 0$. 而 $f(x)$ 不可约, 从而若 $f(x)$ 和 $f'(x)$ 不互素, 必然 $f|f'$. 但是 $\deg f' = n-1 < n = \deg f$, 从而 $f|f'$ 是不可能的. 这就证明了 $\mathbb{Q}[x]$ 中的 n 次不可约多项式没有重根, 即它有 n 个不同的根.

但是对于一般的域 K, $K[x]$ 中不可约多项式可以有重根. 为此我们要介绍域论中的一个基本概念: 域的特征.

设 K 为域, 考虑映射

$$\varphi : \mathbb{Z} \to K,$$

它把整数 n 映成 $n \cdot 1_K$, 其中 1_K 是域 K 中的幺元素, 在 n 为正整数时, $n \cdot 1_K$ 为 n 个 1_K 之和, 而 $(-n) \cdot 1_K = -(n \cdot 1_K)$, $0 \cdot 1_K = 0$. 我们今后也把 $n \cdot 1_K$ 简记为 n. φ 是环的同态, 从而 $\ker(\varphi)$ 是整数环 $\mathbb{Z}$ 中的理想. 于是 $\ker(\varphi) = (n) = n\mathbb{Z}$, 其中 $n \geqslant 0$. 如果 $\ker(\varphi) = (0)$, 则 φ 是环的单同态, 因此 $\mathbb{Z}$ 可看成域 K 的子环 (将 $n \in \mathbb{Z}$ 等同于 $n \cdot 1_K \in K$), 所以有理数域 $\mathbb{Q}$ 是 K 的子域. 这时我们称 K 是特征为 0 的域. 如果 $\ker(\varphi) = (n)$, n 为正整数, 则由环的同态基本定理, 商环 $Z_n = \mathbb{Z}/n\mathbb{Z}$ 是域的子环, 从而 Z_n 必为整环, 于是 n 必为素数 p. 所以 (有限) 域 $Z_p = \{0, 1, 2, \cdots, p-1\}$ 是 K 的子域, 并且 p 是在 K 中为 0 的最小正整数, 这时称 K 是*特征为素数 p* 的域. 特征 p 域有一些特殊的性质 (见习题 2.2 的 5).

对于特征为 0 的域 K, $K[x]$ 中不可约多项式是没有重根的, 其证明和前面 $K = \mathbb{Q}$ 的情形是一样的. 下面例子表明在特征 p 域上情形不同.

例 6 设 Z_p 为 p 元有限域 $\mathbb{Z}/p\mathbb{Z}$. 考虑有理函数域 $K = Z_p(x)$. 我们先证多项式 $X^p - x$ 是 $K[X]$ 中的不可约多项式. 易知 $\alpha = x^{\frac{1}{p}}$ 是 $X^p - x$ 的一个根, 从而在扩域 $K(\alpha)$ 中分解为

$$X^p - x = X^p - \alpha^p = (X-\alpha)^p \quad (\text{注意 } K(\alpha) \text{ 是特征为 } p \text{ 的域}). \tag{2.12}$$

如果 $X^p - x$ 在 $K[X]$ 中可约, 则它必有因子 $(X-\alpha)^m$, 其中 $1 \leqslant m \leqslant p-1$. 但是 $(X-\alpha)^m$ 的常数项 $(-\alpha)^m = (-1)^m x^{m/p}$ 不属于 $K = Z_p(x)$. 因此 $(X-\alpha)^m$ 不属于 $K[X]$. 这个矛盾推出 $X^p - x$ 是 $K[X]$ 中的不可约多项式. 而由 (2.12) 式可知 α 是它的 p 重根.

习题 2.2

1. 设 K 为域, $f(x)$ 是 $K[x]$ 中的 $n(\geqslant 1)$ 次不可约多项式, $\alpha_1, \cdots, \alpha_n$ 是 $f(x)$ 在 K 的某个扩域中的全部根. $L = K(\alpha_1, \cdots, \alpha_n)$ (叫作 $f(x)$ 在 K 上的分裂域). 证明 $[L:K] \leqslant n!$ (n 的阶乘), 并且 L/K 是伽罗瓦扩张.

2. 设 L/K 是伽罗瓦扩张, $G = \mathrm{Gal}(L/K)$ 是它的伽罗瓦群. 又设 M_1 和 M_2 为 L/K 的两个中间域, 在伽罗瓦对应下它们分别对应于 G 的子群 G_1 和 G_2. 证明:

(a) 域 $M_1 \cap M_2$ 对应于 G 的子群 G_1G_2 (这是 G 中包含 G_1 和 G_2 的最小子群, 叫作 G_1 和 G_2 的合成).

(b) 域 M_1M_2 (这是包含 M_1 和 M_2 的最小中间域, 叫作 M_1 和 M_2 的合成) 对应于 G 的子群 $G_1 \cap G_2$.

3. 设 L 和 M 均是域 E 的子域, $L/(L\cap M)$ 是有限伽罗瓦扩张. 证明 $(LM)/M$ 也是有限伽罗瓦扩张, 并且 $\mathrm{Gal}((LM)/M)$ 同构于 $\mathrm{Gal}(L/(L\cap M))$.

4. 令 $K = \mathbb{Q}(\sqrt{2}, \sqrt{3}, \sqrt{5})$, $M = \mathbb{Q}(\sqrt{6}+\sqrt{10}+\sqrt{15})$,

(a) 求证 $K/\mathbb{Q}$ 和 $M/\mathbb{Q}$ 均是伽罗瓦扩张, 确定它们的伽罗瓦群.

(b) 证明 $\sqrt{6} \in M$.

(c) 求 $\sqrt{2}+\sqrt{3}$ 在 M 上的最小多项式.

5. 例 5 中的三次方程求解公式对于特征不为 3 的域 K 都是适用的, 因为推导中要用到 $3 \neq 0$, 并且域 K 的扩域中存在元素 ω 满足 $\omega \neq 1, \omega^3 = 1$. 当 K 的特征为 3 时, 对于系数属于 K 的一般三次多项式, 是否有根的类似求解公式?

6. 证明 S_4 是可解群, 并由伽罗瓦理论对于一般四次方程, 给出根式求解公式.

7. 令 $\zeta = e^{\frac{2\pi i}{8}}$, $K = \mathbb{Q}(\zeta)$.

(a) 证明 $K/\mathbb{Q}$ 是伽罗瓦扩张, 并且 $K = \mathbb{Q}(\sqrt{-1}, \sqrt{2})$.

(b) 计算 $K/\mathbb{Q}$ 的伽罗瓦群, 确定 ζ 的全部共轭元素.

2.3 有限域

本节介绍由有限个元素组成的域及其基本性质.

初等数论已经提供了有限域的最基本例子: 对于每个素数 p, 模 p 的 p 个同余类构成的集合 $Z_p = \mathbb{Z}/p\mathbb{Z}$ 是 p 元有限域. 今后把它记成 $\mathbb{F}_p$, 因为 p 元域不计同构是唯一的.

是否还有其他的有限域? 我们的第一个任务是确定全部有限域. 设 F 是一个有限域, 则 F 的特征一定是素数 p, 因为特征零的域包含无穷多元素的整数环 $\mathbb{Z}$. 从而 F 有子域 $\mathbb{F}_p$. 于是 F 为 $\mathbb{F}_p$ 上的向量空间, 并且由于 F 是有限的, 从而维数 (即域 $F/\mathbb{F}_p$ 的扩张次数) $[F:\mathbb{F}_p]$ 也是有限的, 令它为正整数 n, 则 F 有一组 $\mathbb{F}_p$-基 $v_1,\cdots,v_n$, 而 F 中的每个元素唯一表示成 $a_1v_1+\cdots+a_nv_n$, 其中 $a_i\in\mathbb{F}_p$, 这就表明 $|F|=|\mathbb{F}_p|^n=p^n$. 换句话说, 有限域中的元素个数必为素数的某个方幂. 下面要证反过来, 对每个 $q=p^n$, 均存在着唯一的 q 元有限域. 我们固定 $\mathbb{F}_p$ 的一个代数闭包 Ω_p.

定理 2.3.1 (1) 对于每个素数幂 $q=p^n$, Ω_p 中有唯一的 q 元有限域 $\mathbb{F}_q$, 它是由 $x^{p^n}-x$ 在 Ω_p 中的全部根所构成的域.

(2) $\mathbb{F}_{p^n}/\mathbb{F}_p$ 为 (n 次) 伽罗瓦扩张, 并且伽罗瓦群 $G=\mathrm{Gal}(\mathbb{F}_{p^n}/\mathbb{F}_p)$ 是由 σ 生成的 n 阶循环群, 其中 $\sigma:\mathbb{F}_{p^n}\to\mathbb{F}_{p^n}$ 定义为 $\sigma(\alpha)=\alpha^p$.

证明 (1) 多项式 $f(x)=x^{p^n}-x$ 的微商为 $f'(x)=p^nx^{p^n-1}-1=-1\neq 0$, 从而 $(f(x),f'(x))=1$, 因此 $f(x)$ 没有重根, 即 $f(x)$ 在 Ω_p 中有 $\deg f=q$ 个不同的根, 令这个集合为 $\mathbb{F}_q$, 于是对于 $\alpha\in\Omega_p$, 则 $\alpha\in\mathbb{F}_q$ 当且仅当 $\alpha^q=\alpha$.

设 $a,b\in\mathbb{F}_q$, 则 $a^{p^n}=a$, $b^{p^n}=b$, 于是 $(a\pm b)^{p^n}=a^{p^n}\pm b^{p^n}=a\pm b$. 这就表明 $a\pm b\in\mathbb{F}_q$. 又 $(ab)^q=a^qb^q=ab$, 从而 $ab\in\mathbb{F}_q$. 如果 $a\neq 0$, 则 $a^q=a$ 给出 $a^{q-1}=1$, 因此 $(a^{-1})^{q-1}=1$, 即 $(a^{-1})^q=a^{-1}$. 这表明 $a^{-1}\in\mathbb{F}_q$. 这就证明了 $\mathbb{F}_q$ 为域. 最后对于 Ω_p 中的每个 q 元域 $\mathbb{F}$, $0=0^q$, 而对于 F 中每个非零元素 a, 由于乘法群 $F^*=\mathbb{F}\setminus\{0\}$ 的阶为 $q-1$, 可知 $a^{q-1}=1$, 因此 $a^q=a$. 这表明 F 的所有元素即是 x^q-1 在 Ω_p 中的全部根, 即 $F=\mathbb{F}_q$. 从而对每个 $q=p^n$, 在 Ω_p 中存在唯一的 q 元有限域.

(2) 考虑映射 $\sigma:\mathbb{F}_q\to\mathbb{F}_q$, $\sigma(\alpha)=\alpha^p$. 则 $\sigma^2(\alpha)=\sigma(\alpha^p)=\sigma(\alpha)^p=\alpha^{p^2}$, 对每个正整数 m, $\sigma^m(\alpha)=\alpha^{p^m}$. 于是对每个 $\alpha\in\mathbb{F}_q$, $\sigma^n(\alpha)=\alpha^{p^n}=\alpha$, 即 σ^n 为 $\mathbb{F}_q$ 上的恒等映射. 从而 σ 是可逆的, 逆映射为 σ^{n-1}. 不难验证 σ 是域 $\mathbb{F}_q$ 的自同态, 从而 σ 是域 $\mathbb{F}_q$ 的自同构. 当 $\alpha\in\mathbb{F}_p$ 时, $\sigma(\alpha)=\alpha^p=\alpha$, 即 σ 是 $\mathbb{F}_p$ 上的恒等映射, 从而 σ 是 $\mathbb{F}_q$ 的 $\mathbb{F}_p$-自同构, 即 $\sigma\in\mathrm{Gal}(\mathbb{F}_q/\mathbb{F}_p)$. 最后当 $1\leqslant m\leqslant n-1$ 时, 对于 $\alpha\in\mathbb{F}_q$, $\sigma^m(\alpha)=\alpha^{p^m}$. 因此 $\sigma^m(\alpha)=\alpha$ 当且仅当

$\alpha^{p^m}=\alpha$, 即当且仅当 $\alpha\in\mathbb{F}_{p^m}$. 由 $m\leqslant n-1$ 知 $\mathbb{F}_q=\mathbb{F}_{p^n}$ 中有元素 α 不属于 $\mathbb{F}_{p^m}$, 即 $\sigma^m(\alpha)\neq\alpha$. 这表明 $\sigma^m\neq I$, 而 $\sigma^n=I$. 从而 σ 是 n 阶元素, 即 σ 生成 $\mathrm{Gal}(\mathbb{F}_q/\mathbb{F}_p)$ 的 n 阶循环子群. 但是 $|\mathrm{Gal}(\mathbb{F}_q/\mathbb{F}_p)|\leqslant[\mathbb{F}_q:\mathbb{F}_p]=n$. 从而 $\mathrm{Gal}(\mathbb{F}_q/\mathbb{F}_p)$ 即是由 σ 生成的 n 阶循环群, 于是 $\mathbb{F}_q/\mathbb{F}_p$ 为伽罗瓦扩张. ∎

现在谈有限域的代数结构.

定理 2.3.2 设 $q=p^n$, 则

(1) 有限域 $\mathbb{F}_q$ 的加法群是 n 个 p 阶循环群的直和.

(2) $\mathbb{F}_q$ 的非零元素乘法群 $\mathbb{F}_q^*=\mathbb{F}_q\setminus\{0\}$ 是 $q-1$ 阶循环群.

证明 (1) 由于 $\mathbb{F}_q$ 是 $\mathbb{F}_p$ 上的 n 维向量空间, 可知存在一组 $\mathbb{F}_p$-基 $v_1,\cdots,v_n$, 使得 $\mathbb{F}_q=v_1\mathbb{F}_p\oplus\cdots\oplus v_n\mathbb{F}_p$, 而每个 $v_n\mathbb{F}_p=\{sv_n:0\leqslant s\leqslant p-1\}$ 是 p 阶加法循环群.

(2) 事实上, 对于任意域 K, K^* 的每个有限乘法子群都是循环群. 证明留给读者. ∎

注记 (1) 乘法循环群 $\mathbb{F}_q^*$ 的每个生成元 α 都叫作有限域 $\mathbb{F}_q$ 的一个本原元素. 当 q 为素数 p 时, $\mathbb{F}_p^*=(\mathbb{Z}/p\mathbb{Z})^*$ 的生成元就是初等数论中的模 p 原根.

(2) 设 α 是有限域 $\mathbb{F}_q$ 的一个本原元素, 则 α 的阶为 $q-1$, $\mathbb{F}_q^*=\langle\alpha\rangle=\{\alpha^0=1,\alpha,\alpha^2,\cdots,\alpha^{q-2}\}$. 因此 $\mathbb{F}_q=\{0,1,\alpha,\alpha^2,\cdots,\alpha^{q-2}\}=\mathbb{F}_p(\alpha)$. 令 $p(x)\in\mathbb{F}_p[x]$ 为 α 在 $\mathbb{F}_p$ 上的最小多项式, 则 $\deg p(x)=[\mathbb{F}_q:\mathbb{F}_p]=n$, 并且有域同构 $\frac{\mathbb{F}_p[x]}{(p(x))}=\mathbb{F}_p[\alpha]=\mathbb{F}_p(\alpha)=\mathbb{F}_q$ (定理 2.1.3).

以 $\mathbb{F}_q$ 中本原元素为根的 n 次不可约多项式 $p(x)\in\mathbb{F}_p[x]$ $(n=[\mathbb{F}_q:\mathbb{F}_p])$ 叫作 $\mathbb{F}_p[x]$ 中的本原多项式. 上面我们用 $\mathbb{F}_p[x]$ 中的 n 次本原多项式 $p(x)$ 构作了 $q=p^n$ 元域 $\mathbb{F}_{q^n}=\frac{\mathbb{F}_p[x]}{(p(x))}=\mathbb{F}_p(\alpha)$, $p(\alpha)=0$. 事实上, 我们可以用 $\mathbb{F}_p[x]$ 中任何 n 次不可约多项式 $f(x)$ 来构作有限域 $\mathbb{F}_{p^n}$. 因为由定理 2.1.3 可以直接推出:

定理 2.3.3 设 $f(x)$ 为 $\mathbb{F}_p[x]$ 中的一个 n 次不可约多项式, α 是 $f(x)$ 在 Ω_p 中的一个根, 则 $\frac{\mathbb{F}_p[x]}{(f(x))}=\mathbb{F}_p[\alpha]=\mathbb{F}_p(\alpha)=\mathbb{F}_{p^n}$, 并且 $\{1,\alpha,\alpha^2,\cdots,\alpha^{n-1}\}$ 是 $\mathbb{F}_{p^n}$ 的一组 $\mathbb{F}_p$-基.

例 1 现在我们用定理 2.3.3 来明显地构作 q 元域 $\mathbb{F}_q$. 考虑多项式 $p(x) = x^2+1 \in \mathbb{F}_3[x]$. 由于 $p(0)=1$, $p(\pm 1) = 2 \neq 0$, 可知 x^2+1 是 $\mathbb{F}_3[x]$ 中的不可约多项式. 令 α 为它的一个根, 即 $\alpha^2 = -1(=2)$. 则 $\mathbb{F}_q = \mathbb{F}_3(\alpha)$, $\mathbb{F}_q$ 中的每个元素唯一表示成 $c_0 + c_1\alpha$. 我们将它等同于 $\mathbb{F}_3^2$ 中的向量 (c_0, c_1). 于是 $0=(0,0)$, $1=(1,0)$, $\alpha=(0,1)$, $\alpha^2 = 2 = (2,0)$, $\alpha^4 = 1$. 从而 α 不是 $\mathbb{F}_q$ 中的本原元素 (因为本原元素的阶应当为 $9-1=8$). 即 $\mathbb{F}_3[x]$ 中的不可约多项式 x^2+1 不是本原多项式. 但是考虑元素 $\gamma = 1+\alpha \neq 0$, 则 $\gamma^8 = 1$, 而 $\gamma^4 = (1+\alpha)^4 = (1+2\alpha+\alpha^2)^2 = (2\alpha)^2 = \alpha^2 = 2 \neq 1$. 从而 γ 是 8 阶元素, 即是 $\mathbb{F}_q$ 中的本原元素. $\gamma = 1+\alpha$ 的另一个共轭元素为 $\sigma(\gamma) = \gamma^3 = (1+\alpha)^3 = 1+\alpha^3 = 1+2\alpha (\neq 1+\alpha)$. 从而 γ 在 $\mathbb{F}_3$ 上的最小多项式为

$$p(x) = (x-\gamma)(x-\gamma^3) = x^2+ax+b,$$

其中 $a = -(\gamma+\gamma^3) = -(1+\alpha+1+2\alpha) = 1$, $b = \gamma\cdot\gamma^3 = \gamma^4 = 2$, 即 $p(x) = x^2+x+2$ 是 $\mathbb{F}_3[x]$ 中的 2 次本原多项式.

设 $q=p^m$, L 为 $\mathbb{F}_q$ 的扩域, 由于 L 的特征也是 p, 从而 $L = \mathbb{F}_Q$, 其中 $Q = p^n$. 并且由集合论的观点, $|L| \geqslant |\mathbb{F}_q| = p^m$, 从而 $n \geqslant m$. 但 $n \geqslant m$ 不是 L 为 K 元扩域的充分条件.

定理 2.3.4 设 $q=p^m$, $Q=p^n$. 则 $L=\mathbb{F}_Q$ 为 $K=\mathbb{F}_q$ 的扩域当且仅当 $m|n$.

证明 设 $L \supseteq K$, 则 L 是 K 上的向量空间, 设维数为 l, 则 L 中元素个数 p^n 为 $|K|^l = p^{ml}$. 于是 $ml=n$, 即 $m|n$. 反之若 $m|n$, 令 $n=ml$. 对于 K 中的每个元素 α, $\alpha^q = \alpha^{p^m} = \alpha$. 于是 $\alpha^{p^{2m}} = (\alpha^{p^m})^{p^m} = \alpha^{p^m} = \alpha$. 归纳下去可知 $\alpha^{p^n} = \alpha^{p^{ml}} = \alpha$. 这表明 $\alpha \in \mathbb{F}_{p^n} \in L$, 即 K 为 L 的子域. ∎

定理 2.3.5 设 L/K 是有限域的扩张, 其中 $K=\mathbb{F}_q$, $L=\mathbb{F}_Q$, $q=p^m$, $Q=p^n$, $n=ml$. 对每个 $\alpha\in L$, 令

$$\begin{aligned} T_{L/K}(\alpha) &= \alpha + \alpha^q + \alpha^{q^2} + \cdots + \alpha^{q^{l-1}}, \\ N_{L/K}(\alpha) &= \alpha\cdot\alpha^q\cdot\alpha^{q^2}\cdot\cdots\cdot\alpha^{q^{l-1}} = \alpha^{\frac{Q-1}{q-1}}. \end{aligned}$$

则

(1) $T_{L/K}$ 和 $N_{L/K}$ 都是由 L 到 K 的映射.

(2) $T_{L/K}: L \to K$ 是 K-线性满同态, 并且 $\ker(T_{L/K}) = \{\alpha \in L :$ 存在 $\beta \in L$ 使得 $\alpha = \beta^q - \beta\}$.

(3) $N_{L/K}: L^* \to K^*$ 是乘法群的满同态, 并且 $\ker(N_{L/K}) = \{\alpha \in L^* :$ 存在 $\beta \in L^*$ 使得 $\alpha = \beta^{q-1}\}$.

(4) 若 F/L 也是有限域的扩张, 则对于 $\alpha \in F$,

$$N_{F/K}(\alpha) = N_{L/K}(N_{F/L}(\alpha)), \quad T_{F/K}(\alpha) = T_{L/K}(T_{F/L}(\alpha)).$$

特别地, 若 $\alpha \in L$, 则 $N_{F/K}(\alpha) = N_{L/K}(\alpha)^s$, $T_{F/K}(\alpha) = sT_{L/K}(\alpha)$, 其中 $s = [F : L]$.

证明 (1) 我们知道 $G = \mathrm{Gal}(L/K) = \{I, \sigma, \cdots, \sigma^{l-1}\}$, 其中对 $\alpha \in L$, $\sigma(\alpha) = \alpha^q$. 并且 $\sigma^l = 1$, $l = [L : K]$. 而由定义可知

$$T_{L/K}(\alpha) = \alpha + \sigma(\alpha) + \cdots + \sigma^{l-1}(\alpha),$$

从而

$$\begin{aligned} T_{L/K}(\alpha)^q = \sigma(T_{L/K}(\alpha)) &= \sigma(\alpha) + \sigma^2(\alpha) + \cdots + \sigma^{l-1}(\alpha) + \sigma^l(\alpha) \\ &= \sigma(\alpha) + \sigma^l(\alpha) + \cdots + \sigma^{l-1}(\alpha) + \alpha = T_{L/K}(\alpha). \end{aligned}$$

这就表明 $T_{L/K}(\alpha) \in \mathbb{F}_q = K$, 即 $T_{L/K}$ 把 L 映到 K. 证明 $N_{L/K}$ 把 L 映到 K 更容易, 留给读者完成.

(2) 对于 $\alpha, \beta \in L$, $a \in K$, 我们有

$$\begin{aligned} T_{L/K}(\alpha + \beta) &= \sum_{i=0}^{l-1} (\alpha + \beta)^{q^i} = \sum_{i=0}^{l-1} (\alpha^{q^i} + \beta^{q^i}) = T_{L/K}(\alpha) + T_{L/K}(\beta), \\ T_{L/K}(a\alpha) &= \sum_{i=0}^{l-1} (a\alpha)^{q^i} = \sum_{i=0}^{l-1} a\alpha^{q^i} = aT_{L/K}(\alpha), \end{aligned}$$

所以 $T_{L/K} : L \to K$ 是 K-线性映射. 令 $A = \ker(T_{L/K})$, 则加法商群 L/A 可以看成 K 的加法子群, 即有加法单同态 $T : L/A \hookrightarrow K$. 于是 $|\frac{L}{A}| \leqslant |K|$, 即 $|A| \geqslant \frac{|L|}{|K|} = \frac{Q}{q} = q^{l-1}$. 另一方面, 对于 $\alpha \in L$, 则 $\alpha \in A$ 当且仅当

$0=T_{L/K}(\alpha)=\alpha+\alpha^q+\cdots+\alpha^{q^{l-1}}$. 至多有 q^{l-1} 个这样的 α, 于是 $|A|\leqslant q^{l-1}$, 从而 $|A|=q^{l-1}$ 并且 $T_{L/K}:L\to K$ 像集合的元素个数为 $|L/A|=\frac{|L|}{|A|}=\frac{q^l}{q^{l-1}}=q=|K|$. 这就表明 $T_{L/K}:L\to K$ 是满射.

最后考虑映射

$$\varphi:L\to L,\quad \varphi(\beta)=\beta^q-\beta,$$

这是 K-线性映射. 由于 $\beta\in\ker(\varphi)\Leftrightarrow\beta^q-\beta=0\Leftrightarrow\beta\in\mathbb{F}_q=K$, 于是 $\ker(\varphi)=K$. 从而 $|\mathrm{Im}(\varphi)|=\frac{|L|}{|K|}=q^{l-1}$. 另一方面, 对于 $\mathrm{Im}(\varphi)$ 中的每个元素 $\alpha=\beta^q-\beta$, $T_{L/K}(\alpha)=T_{L/K}(\beta^q)-T_{L/K}(\beta)=T_{L/K}(\beta)^q-T_{L/K}(\beta)=0$ (因为 $T_{L/K}(\beta)\in K=\mathbb{F}_q$), 于是 $\mathrm{Im}(\varphi)\subseteq\ker(T_{L/K})$, 这就表明 $q^{l-1}=|\mathrm{Im}(\varphi)|\leqslant|\ker(T_{L/K})|=q^{l-1}$. 因此 $\mathrm{Im}(\varphi)=\ker(T_{L/K})$, 即对每个 $\alpha\in L$, $T_{L/K}(\alpha)=0$ 当且仅当存在 $\beta\in L$ 使得 $\alpha=\beta^q-\beta$.

(3) 可用类似于 (2) 的方法证明, 留给读者.

(4) 设 $[F:L]=s$, 则 $F=\mathbb{F}_{Q^s}$, $Q^s=q^{ls}$, 并且 $[F:K]=[F:L][L:K]=ls$. 于是对于 $\alpha\in F$,

$$\begin{aligned}N_{L/K}(N_{F/L}(\alpha))&=N_{L/K}\left(\sum_{i=0}^{s-1}\alpha^{Q^i}\right)=\sum_{j=0}^{l-1}\left(\sum_{i=0}^{s-1}\alpha^{q^{li}}\right)^{q^j}\\&=\sum_{i=0}^{s-1}\sum_{j=0}^{l-1}\alpha^{q^{li+j}}=\sum_{\lambda=0}^{ls-1}\alpha^{q^\lambda}=N_{F/K}(\alpha).\end{aligned}$$

特别当 $\alpha\in L$ 时, $N_{F/K}(\alpha)=N_{L/K}(N_{F/L}(\alpha))=N_{L/K}(\alpha^s)=N_{L/K}(\alpha)^s$. ∎

类似可证关于 $T_{L/K}$ 的论断.

定义 2.3.6 定理 2.3.5 中的映射 $T_{L/K}$ 和 $N_{L/K}$ 分别称为由 L 到 K 的迹映射 (trace) 和范映射 (norm).

最后介绍有限域上不可约多项式的一些特殊性质.

定理 2.3.7 设 $p(x)$ 是 $\mathbb{F}_q[x]$ 中 n 次不可约多项式 $(n\geqslant 1)$, $p(x)\neq x$. α 为 $p(x)$ 在 $\mathbb{F}_q$ 的代数闭包中的一个根, 则

(1) α 是乘法有限阶元素. 设 α 的阶为 d, 则 $n(=\deg f(x))$ 是 q 模 d 的阶, 即 $(d,q)=1$ 并且 n 是满足 $q^m\equiv 1\pmod d$ 的最小正整数 m.

(2) $p(x)$ 有 n 个不同的根, 它们是 $\alpha, \alpha^q, \cdots, \alpha^{q^{n-1}}$.

证明 (1) 我们有 $\frac{\mathbb{F}_q[x]}{(p(x))} \cong \mathbb{F}_q[\alpha] = \mathbb{F}_{q^n}$, 并且由 $p(x) \neq x$ 可知 $\alpha \neq 0$. 于是 $\alpha \in \mathbb{F}_{q^n}^*$. 由于 $\mathbb{F}_{q^n}^*$ 为 $q^n - 1$ 阶循环群, 可知 α 的阶 d 为 $q^n - 1$ 的因子. 所以 $(d, q) = 1$, 并且 $q^n \equiv 1 \pmod{d}$. 另一方面, 若 m 为正整数使得 $q^m \equiv 1 \pmod{d}$. 则 $q^m - 1 = dl$ $(l \in \mathbb{Z})$. 于是 $\alpha^{q^m - 1} = (\alpha^d)^l = 1$, 即 $\alpha^{q^m} = \alpha$, 这表明 $\alpha \in \mathbb{F}_{q^m}$. 从而 $\mathbb{F}_{q^n} = \mathbb{F}_q[\alpha] \subseteq \mathbb{F}_{q^m}$. 这就表明 $n|m$. 因此 n 是满足 $q^m \equiv 1 \pmod{d}$ 的最小正整数.

(2) 不妨设 $p(x)$ 为 n 次首 1 不可约多项式. 令 $p(x) = x^n + c_1x^{n-1} + \cdots + c_{n-1}x + c_n$ $(c_i \in \mathbb{F}_q)$. 则 $\alpha \in \mathbb{F}_{q^n}$, 并且

$$0 = p(\alpha) = \alpha^n + c_1\alpha^{n-1} + \cdots + c_{n-1}\alpha + c_n,$$

$\mathbb{F}_{q^n}/\mathbb{F}_q$ 的伽罗瓦群是由 σ 生成的 n 阶循环群, 其中对 $\gamma \in \mathbb{F}_{q^n}$, $\sigma(\gamma) = \gamma^q$. 将上式两边作用自同构 σ, 由 $c_i \in \mathbb{F}_q$ 可知 $\sigma(c_i) = c_i$. 从而得到

$$0 = \sigma(\alpha)^n + c_1\sigma(\alpha)^{n-1} + \cdots + c_{n-1}\sigma(\alpha) + c_n = p(\sigma(\alpha)),$$

这就表明 $\sigma(\alpha) = \alpha^q$ 也是 $p(x)$ 的一个根. 从而对每个正整数 m, $\sigma^m(\alpha) = \alpha^{q^m}$ 都是 $p(x)$ 的根. 由于 $\sigma^n = I$, 可知 $\alpha^{q^n} = \sigma^n(\alpha) = \alpha$. 另一方面, 对于 $0 \leqslant i < j \leqslant n-1$, 若 $\alpha^{q^i} = \alpha^{q^j}$, 即 $\sigma^i(\alpha) = \sigma^j(\alpha)$, 则 $\sigma^{j-i}(\alpha) = I(\alpha) = \alpha$, 其中 $1 \leqslant j-i \leqslant n-1$. 由于 $\mathbb{F}_q[\alpha] = \mathbb{F}_{q^n}$, 可知 σ^{j-i} 是 $\mathbb{F}_{q^n}$ 上的恒等自同构, 这与 σ 的阶为 n 相矛盾. 以上证明了 $\{\sigma^l(\alpha) = \alpha^{q^l} : 0 \leqslant l \leqslant n-1\}$ 是 n 个彼此不同的元素, 它们均为 n 次多项式 $p(x)$ 的根, 从而也就是 $p(x)$ 的全部根. 证毕. ▮

例 2 将 $x^{30} - 1$ 在 $\mathbb{F}_3[x]$ 中分解成一些首 1 不可约多项式的乘积.

解 在 $\mathbb{F}_3[x]$ 中 $x^{30} - 1 = (x^{10} - 1)^3$. 我们只需分解 $x^{10} - 1$.

3 模 10 的阶为 4, 因为 $3^2 \not\equiv 1 \pmod{10}$ 而 $3^4 \equiv 1 \pmod{10}$. 从而取 α 为 $\mathbb{F}_3$ 的扩域中一个 10 次本原单位根, 则 $x^{10} - 1$ 的全部根为 $\alpha^0 = 1$, $\alpha, \alpha^2, \cdots, \alpha^9$ $(\alpha^{10} = 1)$. 并且 $\mathbb{F}_3(\alpha) = \mathbb{F}_{3^4}$. 这就表明对每个 α^i, $\mathbb{F}_3(\alpha^i)$ 是 $\mathbb{F}_{3^4}$ 的子域 $\mathbb{F}_{3^4}$, $\mathbb{F}_{3^2}$ 或 $\mathbb{F}_3$. 由定理 2.3.7 便知 $x^{10} - 1$ 的首 1 不可约多项式因

子的次数只能是 1,2 或 4. 对每个 α^i, 它的共轭元素类为 $\{\alpha^i, \alpha^{3i}, \cdots, \alpha^{3^l i}\}$, 其中 l 是满足 $3^l i \equiv i \pmod{10}$ 的最小正整数 l. 以这些元素为根的多项式给出 $x^{10}-1$ 在 $\mathbb{F}_3[x]$ 中的一个 l 次不可约多项式因子. $x^{10}-1$ 的全部根 α^i $(0 \leqslant i \leqslant 9)$ 分成如下一些共轭类:

$C_0 = \{\alpha^0 = 1\}$, 对应不可约多项式 $x-1$,

$C_1 = \{\alpha, \alpha^3, \alpha^9, \alpha^{27} = \alpha^7\}$, $(\alpha^{7\cdot 3} = \alpha)$, 对应 4 次不可约多项式 $p_1(x)$,

$C_2 = \{\alpha^2, \alpha^6, \alpha^8, \alpha^4\}$, $(\alpha^{4\cdot 3} = \alpha^2)$, 对应 4 次不可约多项式 $p_2(x)$,

$C_3 = \{\alpha^5\}$, $(\alpha^{15} = \alpha^5 = -1)$, 对应不可约多项式 $x+1$.

于是, 在 $\mathbb{F}_3[x]$ 中

$$x^{10}-1 = (x+1)(x-1)p_1(x)p_2(x), \tag{2.13}$$

其中 $p_1(x)$ 和 $p_2(x)$ 是 $\mathbb{F}_3[x]$ 中两个首 1 不可约 4 次多项式, 它们的根集合为 $\{\alpha, \alpha^3, \alpha^9, \alpha^7\}$ 和 $\{\alpha^2, \alpha^6, \alpha^8, \alpha^4\}$. 每个集合对于 "取逆" 运算都是封闭的, 即若 β 属于某个集合, 则 β^{-1} 也属于此共轭元素集合. 这表明若 β 为 $p_i(x)$ 的根, 则 β^{-1} 也是 $p_i(x)$ 的根 $(i = 1,2)$. 从而 $p_1(x)$ 和 $p_2(x)$ 都是 "自反" 多项式, 即 $p_i(x) = x^4 + ax^3 + bx^2 + cx + d$ $(a,b,c,d \in \mathbb{F}_3, d = \pm 1)$ 等于和它的反向多项式 $\widehat{f}(x) = dx^4 + cx^3 + bx^2 + ax + 1$ 相伴的首 1 多项式 $d^{-1}\widehat{f}(x)$. 从而不可约多项式 $p_1(x)$ 和 $p_2(x)$ 只有如下两个可能的 $p(x)$:

(Ⅰ) 当 $d = 1$ 时, $p(x) = x^4 + ax^3 + bx^2 + ax + 1$.

(Ⅱ) 当 $d = -1$ 时, $p(x) = x^4 + ax^3 - ax - 1$.

但是对于共轭类 C_1 中的 α, $-\alpha = \alpha^5\alpha = \alpha^6 \in C_2$, 可知 $p_1(x)$ 中的根和 $p_2(x)$ 中的根彼此相差一个符号. 于是 $p_1(x) = p_2(-x)$. 对于情形 (Ⅱ), $x^4 + ax^3 - ax - 1$ 可被 $x^2 - 1$ 整除, 从而只有情形 (Ⅰ) 才是不可约多项式. 因此 $p_1(x)$ 和 $p_2(x)$ 分别为多项式 $f(x) = x^4 + ax^3 + bx^2 + ax + 1$ 和 $f(-x) = x^4 - ax^3 + bx^2 - ax + 1$, 其中 $a, b \in \mathbb{F}_3^* = \{\pm 1\}$. 我们不妨设 $a = 1$. 于是由 (2.13) 式给出

$$\begin{aligned}&(x^4 + x^3 + bx^2 + x + 1)(x^4 - x^3 + bx^2 - x + 1)\\ =\ & p_1(x)p_2(x) = \frac{x^{10}-1}{x^2-1} = x^8 + x^6 + x^4 + x^2 + 1,\end{aligned}$$

比较两边 x^6 的系数, 得到 $2b-1=1$, 即 $b=1$. 这就给出了

$$x^{10}-1=(x-1)(x+1)(x^4+x^3+x^2+x+1)(x^4-x^3+x^2-x+1),$$

其中 $x^4\pm x^3+x^2\pm x+1$ 均是 $\mathbb{F}_3[x]$ 中的不可约多项式. 而 $x^{30}-1$ 在 $\mathbb{F}_3[x]$ 中的分解式为

$$x^{30}-1=(x-1)^3(x+1)^3(x^4+x^3+x^2+x+1)^3(x^4-x^3+x^2-x+1)^3.$$

注记 我们也可用另外办法看出 $x^4+x^3+x^2+x+1$ 在 $\mathbb{F}_3[x]$ 中是不可约的: 由于 $x^4+x^3+x^2+x+1=\frac{x^5-1}{x-1}$, 从而它的根 γ 是 5 次本原单位根. 由于 3 模 5 的阶为 4 (即 $3^2\not\equiv 1 \pmod 5$, $3^4\equiv 1 \pmod 5$)). 从而 γ 在 $\mathbb{F}_3$ 上的极小多项式为 4 次不可约多项式 $f(x)$. 于是 $f(x)=x^4+x^3+x^2+x+1$, 即 $x^4+x^3+x^2+x+1$ 不可约. 然后便直接看出 $f(-x)=x^4-x^3+x^2-x+1$ 在 $\mathbb{F}_3[x]$ 中也不可约.

习题 2.3

1. 设 $q=p^n$, $\alpha\in\mathbb{F}_q$. 证明:

(a) 对每个正整数 m, $\mathbb{F}_q$ 中均存在唯一元素 β 使得 $\beta^{p^m}=\alpha$.

(b) 设 Ω_p 为 $\mathbb{F}_p$ 的代数闭包. 证明对每个正整数 m, 当 $p|m$ 时 Ω_p 中不存在 m 次本原单位根 (即乘法 m 阶元素). 而当 $(p,m)=1$ 时, Ω_p 中存在 m 次本原单位根.

2. 设 p 为素数, m 和 n 为正整数, $m|n$, $F=\mathbb{F}_q$, $K=\mathbb{F}_Q$, 其中 $q=p^m$, $Q=p^n$. 证明:

(a) K/F 是 $l=\frac{n}{m}$ 次伽罗瓦扩张, 并且伽罗瓦群 $\mathrm{Gal}(K/F)$ 是由 $\sigma_q: K\rightarrow K$ 生成的循环群, 其中对于 $\alpha\in K$, $\sigma_q(\alpha)=\alpha^q$.

(b) 对每个正整数 l, $F[x]$ 中均存在 l 次首 1 不可约多项式 $p(x)$. 并且对 $p(x)$ 在 F 的代数闭包中的一个根 α, $F[\alpha]=K$.

3. 试构作一个 8 元域和一个 25 元域.

4. 列出 $\mathbb{F}_2[x]$ 中所有的 4 次不可约多项式, 其中哪些是本原多项式?

5. 证明 $\mathbb{F}_q$ 中本原元素的个数为 $\varphi(q-1)$, 其中 $\varphi(n)$ $(n\geqslant 1)$ 为欧拉函数, 即为 $\{1,2,\cdots,n\}$ 当中和 n 互素的元素个数. 由此证明 $\mathbb{F}_q[x]$ 中 n 次本原多项式的个数为 $\frac{\varphi(q-1)}{n}$.

6. 将 $x^{15}+1$ 在 $\mathbb{F}_2[x]$ 中因式分解成不可约多项式的乘积.

7. 设 $f(x) \in \mathbb{F}_q[x]$, $f(0) \neq 0$. 求证:

(a) 存在正整数 d, 使得 $f(x)|(x^d - 1)$, 以 d 表示满足此条件的最小正整数 (叫作多项式 $f(x)$ 的周期 (period)).

(b) 对每个正整数 m, $f(x)|(x^m - 1)$ 当且仅当 $d|m$.

(c) 若 $p(x)$ 为 $\mathbb{F}_q[x]$ 中的 n 次不可约多项式, $p(x) \neq x$. 则 $p(x)$ 的周期为 $q^n - 1$ 的一个因子.

(d) 设 $p(x)$ 为 $\mathbb{F}_q[x]$ 中的不可约多项式, $p(x) \neq x$, q 为素数 p 的方幂, d 为 $p(x)$ 的周期. 则对每个正整数 b, $p(x)^b$ 的周期为 dp^t, 其中 t 是满足 $p^t \geqslant b$ 的最小正整数.

(e) 设 $f_1(x)$ 和 $f_2(x)$ 是 $\mathbb{F}_q[x]$ 中彼此互素的多项式, $f_1(x) \neq x$, $f_2(x) \neq x$. 则 $f_1 f_2$ 的周期是 f_1 和 f_2 的周期的最小公倍数.

(f) 求 $\mathbb{F}_2[x]$ 中多项式 $f(x) = (x^2 + x + 1)^3(x^4 + x + 1)$ 的周期.

8. 设 $f(x)$ 是 $\mathbb{F}_q[x]$ 中的 n 次不可约多项式, k 为正整数, $d = (n, k)$. 证明 $f(x)$ 是 $\mathbb{F}_{q^k}[x]$ 中 d 个 $\frac{n}{d}$ 次不可约多项式的乘积.

9. 有限域 $\mathbb{F}_q$ 的代数闭包为 $\Omega_q = \bigcup_{n \geqslant 1} \mathbb{F}_{q^n}$, 即 $\mathbb{F}_q$ 的所有有限次扩域 $\mathbb{F}_{q^n} (n = 1, 2, \cdots)$ 的并集所构成的域.

第一部分　理　　论

本书需要抽象代数知识, 由于国内抽象代数课中所讲的环和域的知识甚少, 我们在预备知识中介绍了交换环和域的代数扩张的基本知识. 代数几何的基本代数对象是诺特交换环和函数域. 所以我们所需要的某些代数知识超出了通常抽象代数的范围, 属于 “交换代数” 的内容.

有限域 $\mathbb{F}_q$ 上的不可约代数曲线和函数域是相互对应的, 这里的函数域 L 是指有理函数域 $K = \mathbb{F}_q(X)$ 的有限次扩域, 我们在第三章讲述最简单的情形: (射影) 直线和它的函数域 $K = \mathbb{F}_q(X)$. 我们要介绍直线上的点和有理函数域 $\mathbb{F}_q(X)$ 中一种对象 (素除子) 之间的对应关系. 所谓射影直线上的 “算术” 理论, 即指域 $\mathbb{F}_q(X)$ 的各种数论和代数性质. 这些性质包括: 素除子和除子类群, 局部化和黎曼–罗赫定理. 对于有理函数域 $K = \mathbb{F}_q(X)$, 这些概念很容易理解也很直观, 甚至于不需要这些术语, 用朴素的语言就可以叙述. 但是当我们研究有限域上任意代数曲线时, 曲线上的点和函数域 L 之间的对应关系就变得复杂, 上面的概念 (素除子和除子类群、指数赋值和局部化、黎曼–罗赫定理等) 就变得非常重要了. 我们希望在第三章先讲直线的情形, 能够使读者更容易把握曲线的情形.

函数域 L 是有理函数域 $K = \mathbb{F}_q(X)$ 的有限次扩域, 这类似于在代数数论中, 代数数域 L 是有理数域 $\mathbb{Q}$ 的有限扩域. 在第四、五章讲述函数域 L 的数论, 熟悉代数数域经典内容的读者可以发现, 这部分内容和经典代数数论是一致的, 讲述函数域 L 的整元素环 (相当于代数数域的代数整数环) 和其中的素理想分解规律、理想类群、指数赋值和局部化理论. 唯一不同的是: 为了得到有限域上代数曲线和函数域之间几何与代数之间的更完善的对应关系, 我们

要把曲线增加一些 “无穷远点” 而扩大成射影曲线. 相应地, 要把素理想扩大成素除子集合, 加进一些 “无限” 素除子 (每个素理想是 “有限” 素除子). 除了数论中的理想类群之外, 要考虑除子类群. 由此给出代数几何中的核心结果: 黎曼–罗赫定理.

第六章以后开始研究曲线的几何与函数域上代数性质的各种联系, 比如说, 曲线上的奇点性质用函数域的指数赋值和局部化域来描述, 因为奇点是曲线上的局部性质, 最后借助于黎曼创建的解析数论的思想, 引进有限域上曲线的 zeta 函数, 得到代数曲线深刻的结果: 韦伊定理, 把数论、代数以及有限域上曲线的几何奇妙地结合在一起.

第三章 射影直线 $\mathbb{P}(\Omega_q)$ 上的算术

3.1 射影直线 $\mathbb{P}(\Omega_q)$ 和有理函数域 $\mathbb{F}_q(x)$

由全体实数组成的实数轴, 在几何上叫作一条 (实) 直线, 确切地说, 叫作一条实仿射直线 $\mathbb{R}$. 一般地, 对每个域 F, 在几何上也叫作一条 F 上的仿射直线, 其上的点就是域 F 中的元素, 本书涉及的域 F 为有限域 $\mathbb{F}_q$ ($q=p^n$ 是素数幂) 以及 $\mathbb{F}_q$ 的代数闭包

$$\Omega_q=\bigcup_{n\geqslant 1}\mathbb{F}_{q^n}.$$

与仿射直线 Ω_q 相应的代数对象是有理函数域 $\mathbb{F}_q(X)$ 和其中的多项式环 $\mathbb{F}_q[X]$. $\mathbb{F}_q(X)$ 是 $\mathbb{F}_q[X]$ 的分式域, 即 $\mathbb{F}_q(X)$ 中的任意有理分式均是 $\mathbb{F}_q[X]$ 中的两个多项式之商.

$R=\mathbb{F}_q[X]$ 是主理想整环, 从而有唯一的因式分解: 每个次数 $\geqslant 1$ 的首 1 多项式 $f(x)\in R$, 不计因子的次序可以唯一表示成有限个首 1 不可约多项式的乘积. 如果将相同的不可约因子合并, 便有标准的分解式

$$f(X)=p_1(X)^{e_1}\cdots p_g(X)^{e_g},\tag{3.1}$$

其中 $p_1(X),\cdots,p_g(X)$ 是 R 中彼此不同的首 1 不可约多项式, 而 $e_i\geqslant 1$ $(1\leqslant i\leqslant g)$.

根据有限域 $\mathbb{F}_q$ 和多项式环 $R=\mathbb{F}_q[X]$ 的性质, 我们有如下的基本事实.

(Ⅰ) 对于 Ω_q 中的每个元素 α,α 在 $\mathbb{F}_q$ 上是代数的, 于是 $\mathbb{F}_q(\alpha)(=\mathbb{F}_q[\alpha])=\mathbb{F}_{q^n}$ (这是 $\mathbb{F}_q$ 的 n 次扩域), 而 α 在 $\mathbb{F}_q$ 上的最小多项式为 $R=\mathbb{F}_q[x]$ 中的 n 次首 1 不可约多项式 $p(x)$. 有限域扩张 $\mathbb{F}_{q^n}/\mathbb{F}_q$ 的伽罗瓦群是由 σ_q 生成的 n 阶循环群, 其中对每个 $a\in\mathbb{F}_{q^n}$, $\sigma_q(a)=a^q$. 而 $p(x)$ 的全部零点为两两不同的 $\mathbb{F}_{q^n}$ 中的元素 $\alpha,\sigma_q(\alpha)=\alpha^q,\sigma_q^2(\alpha)=\alpha^{q^2},\cdots,\sigma_q^{n-1}(\alpha)=\alpha^{q^{n-1}}(\sigma_q^n(\alpha)=$

$\alpha^{q^n}=\alpha$).

对于 Ω_q 中的两个元素 a 和 b, 称它们是 σ_q-等价的, 是指存在整数 l, 使得 $a=\sigma_q^l(b)=b^{q^l}$. 这是域 Ω_q 中的等价关系, 综合上述, 可知:

仿射直线 Ω_q 上的元素 σ_q-等价类一一对应于环 $\mathbb{F}_q[X]$ 中的首 1 不可约多项式 $p(x)$. $p(x)$ 在 Ω_q 中的所有零点就是对应 σ_q-等价类的全部元素, 从而 $p(x)$ 的次数 n 等于该等价类中的元素个数. 若 α 是此等价类中的一个元素, 则 $\mathbb{F}_q(\alpha)=\mathbb{F}_{q^n}$.

(Ⅱ) 设 $F(X)=af(X)$ 是 $\mathbb{F}_q[X]$ 中次数 $\geqslant 1$ 的多项式, 其中 $a\in\mathbb{F}_q^*$ ($=\mathbb{F}_q\setminus\{0\}$), 而 $f(X)$ 为首 1 多项式并且标准分解式如 (3.1) 式所示.

对于每个 i, $1\leqslant i\leqslant g$, $p_i(X)^{e_i}|F(X)$, 但是 $p_i(X)^{e_i+1}\nmid F(X)$. 我们把这件事表示成 $p_i(X)^{e_i}\|F(X)$. $p_i(X)$ 的每个零点 α 是多项式 $F(X)$ 的零点, $F(\alpha)=0$, 并且重数是 e_i, 也称 α 是 $F(X)$ 的 e_i 阶零点. 于是 α 所在的 σ_q-等价类中全部 $\deg p_i(X)$ 个元素都是 $F(X)$ 的 e_i 阶零点. 所以若考虑重数, $F(X)$ 的零点个数为

$$\sum_{i=1}^{g}\deg p_i(X)\cdot e_i=\sum_{i=1}^{g}\deg p_i^{e_i}(X)=\deg F(X).$$

对于域 $K=\mathbb{F}_q(X)$ 中每个有理函数 $h(X)=a\cdot\frac{g(X)}{f(X)}$, 其中 $a\in\mathbb{F}_q^*$, 而 $g(X)$ 和 $f(X)$ 是 $\mathbb{F}_q[X]$ 中互素的首 1 多项式 (互素指 $g(X)$ 和 $f(X)$ 没有公共的不可约多项式因子, 即它们的最大公因子 $\gcd(g(X),f(X))$ 为 1). 设 (3.1) 式为 $f(X)$ 的标准分解式. 对于 $p_i(X)$ 在 Ω_q 中的零点 α, 它是 $f(X)$ 的 e_i 阶零点, $f(\alpha)$=0. 由 $f(X)$ 和 $g(X)$ 互素可知 α 不是 $g(X)$ 的零点, $g(\alpha)\neq 0$. 从而 $h(\alpha)=\infty$. 我们称 α 是有理函数 $h(X)$ 的 e_i 阶极点, α 所在的 σ_q-等价类中每个元素均是 $h(X)$ 的 e_i 阶极点. $h(X)$ 的极点总数 (考虑重数) 为 $\deg f(X)$. 而 $h(x)$ 的零点总数为 $\deg g(X)$.

现在我们把仿射直线 Ω_q 加上一个无穷远点 ∞, 得到射影直线 $\mathbb{P}(\Omega_q)=\Omega_q\cup\{\infty\}$. 为考虑这个无穷远点 ∞ 的价值, 我们令 $T=\frac{1}{X}$, 则 $\mathbb{F}_q(X)=\mathbb{F}_q(T)$. 我们考虑多项式环 $R'=\mathbb{F}_q[T]$. $p(T)=T$ 是环 R' 中的首 1 不可约多项式, 它的零点是 $T=0$, 由于 $X=\frac{1}{T}$, 所以对于 X 来说就是无穷远点 $X=\infty$. 现

在对于 $K=\mathbb{F}_q(X)$ 中的有理函数

$$\begin{aligned}
h(X) &= \frac{f(X)}{g(X)}, \\
f(X) &= a_0X^m + a_1X^{m-1} + \cdots + a_m \in \mathbb{F}_q[X], \\
g(X) &= b_0X^n + b_1X^{n-1} + \cdots + b_n \in \mathbb{F}_q[X],
\end{aligned}$$

其中 $a_0 \neq 0$, $b_0 \neq 0$, 从而 $\deg f(X)=m, \deg g(X)=n$, 代入 $X=T^{-1}$ 得到关于 T 的有理分式

$$\begin{aligned}
h(T^{-1}) &= \frac{a_0T^{-m} + a_1T^{-(m-1)} + \cdots + a_m}{b_0T^{-n} + b_1T^{-(n-1)} + \cdots + b_n} \\
&= T^{n-m}\frac{a_0 + a_1T + \cdots + a_mT^m}{b_0 + b_1T + \cdots + b_nT^n}.
\end{aligned}$$

当 $T=0$ 时, 右边分子分母分别取非零值 a_0 和 b_0. 所以当 $n>m$ 时, $T=0$ 是上式右边的 $n-m$ 阶零点, 这时称无穷远点 ∞ 是 $h(X)$ 的 $n-m$ 阶零点, $n-m=\deg g(X)-\deg f(X)$. 当 $n<m$ 时, $T=0$ 为上式右边的 $m-n$ 阶极点, 这时称 ∞ 是 $h(X)$ 的 $m-n$ 阶极点. 当 $n=m$ (即 $\deg f(X)=\deg g(X)$) 时, 取 $T=0$, 则上式右边为 $\frac{a_0}{b_0}\neq 0$. 这时无穷远点 ∞ 既不是 $h(X)$ 的零点也不是极点.

有了无穷远点 ∞ 之后, 我们便有如下简洁的结果.

定理 3.1.1 对于 $K=\mathbb{F}_q(X)$ 中的每个非零有理函数 $h(X)$, 如果考虑重数, $h(X)$ 在射影直线 $\mathbb{P}(\Omega_q)$ 上所有零点的个数等于所有极点的个数.

证明 设 $h(X)=\frac{f(X)}{g(X)}$, $f(X), g(X) \in \mathbb{F}_q[X]$. $h(X)$ 在仿射直线 Ω_q 上零点的个数为 $m=\deg f(X)$, 极点的个数为 $n=\deg g(X)$. 如果 $n>m$, 则 ∞ 是 $h(X)$ 的 $n-m$ 阶零点. 从而 $h(X)$ 的零点和极点的个数均为 n. 若 $n<m$, 则 ∞ 是 $h(X)$ 的 $m-n$ 阶极点, 从而 $h(X)$ 的零点和极点的个数均是 m. 最后, 若 $m=n$, 则 ∞ 不是 $h(X)$ 的零点和极点, 所以 $h(X)$ 在射影直线 $\mathbb{P}(\Omega_q)=\Omega_q\cup\{\infty\}$ 上的零点和极点的个数也一样多. ▮

这只是一个简单的例子, 当我们考虑曲线的时候, 我们需要在其上添加多个无穷远点, 变成射影曲线, 才能完美地研究各种性质.

习题 3.1

设 $Z=\{z_1,\cdots,z_k\}$ 和 $Y=\{y_1,\cdots,y_l\}$ 是射影直线 $\mathbb{P}(\Omega_q)$ 中的两个不相交的子集合, $\{n_1,\cdots,n_k\}$ 和 $\{m_1,\cdots,m_l\}$ 是两个正整数集合, 则: $(*)$ 存在有理函数 $h(X)\in\mathbb{F}_q(X)$ 使得 z_i 为 $h(X)$ 的 n_i 阶零点 $(1\leqslant i\leqslant k)$, y_j 为 $h(X)$ 的 m_j 阶极点 $(1\leqslant j\leqslant l)$, 此外 $h(X)$ 在 $\mathbb{P}(\Omega_q)$ 中没有其他零点和极点, 当且仅当下列两个条件成立.

(Ⅰ) Z 和 Y 都是 $\mathbb{P}(\Omega_q)$ 中一些 σ_q-等价类之并 (无穷远点 ∞ 自身为一个 σ_q-等价类). 并且若 z_i 和 $z_{i'}$ 在同一个 σ_q-等价类中, 则 $n_i=n_{i'}$. 若 y_j 和 $y_{j'}$ 在同一个 σ_q-等价类中, 则 $m_j=m_{j'}$.

(Ⅱ) $\sum\limits_{i=1}^{k}n_i=\sum\limits_{j=1}^{l}m_j$.

进而, 若条件 (Ⅰ) 和 (Ⅱ) 成立, 而 $h(X)$ 和 $h'(X)$ 均是满足 $(*)$ 中所述的零点和极点及重数条件的两个有理函数, 则 $h(X)=\alpha h'(X)$, 其中 $\alpha\in\mathbb{F}_q^*$.

3.2 有理函数域 $\mathbb{F}_q(x)$ 的指数赋值

定义 3.2.1 有理函数域 $\mathbb{F}_q(x)$ 的一个 (离散) 指数赋值是指一个满射

$$V:\mathbb{F}_q(x)\to\mathbb{Z}\cup\{\infty\},$$

并且满足以下三条性质: 对于 $\alpha,\beta\in\mathbb{F}_q(x)$,

(Ⅰ) $V(\alpha)=\infty$ 当且仅当 $\alpha=0$.

(Ⅱ) $V(\alpha\beta)=V(\alpha)+V(\beta)$ (对于 $n\in\mathbb{Z}$, 规定 $n+\infty=\infty+n=\infty+\infty=\infty$).

(Ⅲ) (非阿基米德性质)

$$V(\alpha+\beta)\geqslant\min\{V(\alpha),V(\beta)\}\quad(\text{对于 } n\in\mathbb{Z},\ \text{规定 } \infty>n).$$

注记 (1) 由性质 (Ⅰ) 和 (Ⅱ) 可知 V 是由乘法群 $\mathbb{F}_q(x)^*=\mathbb{F}_q(x)\backslash\{0\}$ 到整数加法群 $\mathbb{Z}$ 的满同态. 从而 $V(1)=0$, 并且对于 $0\neq\alpha\in\mathbb{F}_q(x)$, $V(\alpha^{-1})=-V(\alpha)$. 进而对每个 $a\in\mathbb{F}_q^*, a^{q-1}=1$. 因此 $0=V(1)=V(a^{q-1})=(q-1)V(a)$. 由此可知 $V(a)=0$. 换句话说: V 把 $\mathbb{F}_q$ 中的非零元素均映成 0. 特别

地, $V(-1)=0$. 因此对每一个 $\alpha\in\mathbb{F}_q(x), V(-\alpha)=V(-1)+V(\alpha)=V(\alpha)$.

(2) 任取实数 ε, $0<\varepsilon<1$. 定义

$$|\alpha|=\varepsilon^{V(\alpha)}\quad(\text{规定}|0|=\varepsilon^{\infty}=0).$$

则关于指数赋值的三条性质转化为映射 $|\cdot|$: $\mathbb{F}_q(x)\to\mathbb{R}_{\geqslant 0}$ (非负实数集合), $\alpha\mapsto|\alpha|$ 具有如下三条性质: 对于 $\alpha,\beta\in\mathbb{F}_q(x)$,

(Ⅰ$'$) $|\alpha|\geqslant 0$, 并且 $|\alpha|=0$ 当且仅当 $\alpha=0$.

(Ⅱ$'$) $|\alpha\beta|=|\alpha|\cdot|\beta|$.

(Ⅲ$'$) (非阿基米德性质) $|\alpha+\beta|\leqslant\max\{|\alpha|,|\beta|\}$.

映射 $|\cdot|$ 叫作域 $\mathbb{F}_q(x)$ 的一个赋值 (valuation). 由 $|\alpha|,|\beta|\geqslant 0$ 和性质 (Ⅲ$'$) 可推出 $|\alpha+\beta|\leqslant|\alpha|+|\beta|$, 这叫 “三角不等式”, 从而由此可以定义出域 $\mathbb{F}_q(x)$ 上的一个 “距离”: 对于 $\alpha,\beta\in\mathbb{F}_q(x)$, 它们的距离

$$d(\alpha,\beta)=|\alpha-\beta|$$

满足以下三个条件: 对于 $\alpha,\beta,\gamma\in\mathbb{F}_q(x)$,

(Ⅰ$''$) $d(\alpha,\beta)\geqslant 0$, 并且 $d(\alpha,\beta)=0$ 当且仅当 $\alpha=\beta$.

(Ⅱ$''$) (对称性) $d(\alpha,\beta)=d(\beta,\alpha)$ (因为 $V(-1)=0$, 从而 $|-1|=1$, 于是 $d(\alpha,\beta)=|\alpha-\beta|=|-1|\cdot|\beta-\alpha|=|\beta-\alpha|=d(\beta,\alpha)$).

(Ⅲ$''$) (非阿基米德性质) (图 3.1)

$$d(\alpha,\gamma)\leqslant\max\{d(\alpha,\beta),d(\beta,\gamma)\}\leqslant d(\alpha,\beta)+d(\beta,\gamma).$$

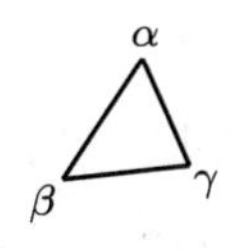

图 3.1

从而由此给出域 $\mathbb{F}_q(x)$ 的一个拓扑, 使 $\mathbb{F}_q(x)$ 成为一个豪斯多夫 (Hausdorff) 拓扑空间, 对每个 $\alpha\in\mathbb{F}_q(x)$, 所有开球 $B(\alpha,\delta)=\{\beta\in\mathbb{F}_q(x):d(\alpha,\beta)<\delta\}$ (δ 为正实数) 构成 α 的一个基本邻域系.

上述距离具有比三角不等式更强的非阿基米德性质 (三角形任何一边不大于另两边的最长者), 所以这个拓扑空间具有一些非寻常的性质. 下面是其

中两个重要的性质 (其他见习题 3.2 的 1 和 2).

引理 3.2.2　设 V 是域 $\mathbb{F}_q(x)$ 的一个指数赋值, $|\cdot|$ 是由 V 给出的赋值. 则

(1) 对于 $\alpha,\beta\in\mathbb{F}_q(x)$, 若 $V(\alpha)\neq V(\beta)$, 则 $V(\alpha+\beta)=\min\{V(\alpha),V(\beta)\}$. 换句话说, 若 $|\alpha|\neq|\beta|$, 则 $|\alpha+\beta|=\max\{|\alpha|,|\beta|\}$.

(2) 设 $n\geqslant 2,\alpha_1,\cdots,\alpha_n\in\mathbb{F}_q(x)$ 并且 $\alpha_1+\cdots+\alpha_n=0$, 则 $V(\alpha_1),\cdots,V(\alpha_n)$ 当中至少有两个达到它们的最小值. 换句话说, 在 $|\alpha_1|,\cdots,|\alpha_n|$ 当中至少有两个达到它们的最大值.

证明　(1) 不妨设 $V(\alpha)>V(\beta)$. 则 $V(\alpha+\beta)\geqslant\min\{V(\alpha),V(\beta)\}=V(\beta)$. 如果 $V(\alpha+\beta)>V(\beta)$, 则

$$V(\beta)=V(\alpha+\beta-\alpha)\geqslant\min\{V(\alpha+\beta),V(-\alpha)\}=\min\{V(\alpha+\beta),V(\alpha)\}.$$

这和 $V(\alpha)>V(\beta)$ 与 $V(\alpha+\beta)>V(\beta)$ 相矛盾, 因此 $V(\alpha+\beta)=V(\beta)=\min\{V(\alpha),V(\beta)\}$.

(2) 记 $m=\min\{V(\alpha_1),\cdots,V(\alpha_n)\}$. 若 $\alpha_1,\cdots,\alpha_n$ 均为 0, 则 $m=\min\{V(\alpha_1),\cdots,V(\alpha_n)\}=\infty$, 而 $V(\alpha_1)=V(\alpha_2)=\infty$. 下设 $\alpha_1,\cdots,\alpha_n$ 不全为 0, 则 $m\in\mathbb{Z}$. 如果只有一个 (不妨设为 α_1) 满足 $V(\alpha_1)=m$, 而 $V(\alpha_i)>m\quad(2\leqslant i\leqslant n)$, 则

$$V(\alpha_2+\cdots+\alpha_n)\geqslant\min\{V(\alpha_j):2\leqslant i\leqslant n\}>m=V(\alpha_1).$$

但是 $\alpha_2+\cdots+\alpha_n=-\alpha_1$, 从而 $V(\alpha_2+\cdots+\alpha_n)=V(-\alpha_1)=V(\alpha_1)=m$. 这导致矛盾. 所以存在 $1\leqslant i<j\leqslant n$, 使得 $V(\alpha_i)=V(\alpha_j)=m$. 证毕. ∎

现在给出域 $\mathbb{F}_q(x)$ 的指数赋值的一些例子.

例 1　取 $\mathbb{F}_q[x]$ 中的一个 d 次首 1 不可约多项式 $p(x)(d\geqslant 1)$. 则 $\mathbb{F}_q[x]$ 中的每个非零多项式 $f(x)$ 都可唯一表示成

$$f(x)=p(x)^l g(x)\quad(l\geqslant 0,\ p(x)\nmid g(x),\ g(x)\in\mathbb{F}_q[x]).$$

我们定义 $V_p(f)=l$. 对于 $\mathbb{F}_q(x)$ 中的非零有理函数 $\alpha(x)=\frac{f(x)}{g(x)}$ $(f(x),g(x)\in\mathbb{F}_q[x],\ fg\neq 0)$, 定义 $V_p(\alpha)=V_p(f)-V_p(g)$. 请验证这个定义不依赖于 $\alpha(x)$ 表示成多项式商的方式, 即若又有 $\alpha(x)=\frac{A(x)}{B(x)},A(x),B(x)\in\mathbb{F}_q[x]$, 则 $V_p(f)-$

$V_p(g)=V_p(A)-V_p(B)$. 由此可知, 非零有理函数可唯一表示成

$$\alpha(x)=p(x)^l\frac{f(x)}{g(x)}\quad (l\in\mathbb{Z},\ f(x),g(x)\in\mathbb{F}_q[x],\ p(x)\nmid f(x)g(x)),$$

则 $V_p(\alpha)=l$. 最后令 $V_p(0)=\infty$. 我们证明:

$$V_p:\mathbb{F}_q(x)\to\mathbb{Z}\cup\{\infty\}$$

是域 $\mathbb{F}_q(x)$ 的一个指数赋值.

首先: 对每个 $l\in\mathbb{Z}, V_p(p(x)^l)=l$. 所以 V_p 是满射, 并且对于 $\alpha\in\mathbb{F}_q(x), V_p(x)=\infty$ 当且仅当 $\alpha=0$.

进而, 对于 $\alpha,\beta\in\mathbb{F}_q(x)$, 需证 $V_p(\alpha\beta)=V_p(\alpha)+V_p(\beta)$. 当 α 或 β 为 0 时, 此式两边均为 ∞. 下设 $\alpha\beta\neq 0$. 这时

$$\alpha=p(x)^l\frac{f(x)}{g(x)},\quad \beta=p(x)^s\frac{A(x)}{B(x)},$$

其中 $f(x),g(x),A(x),B(x)$ 均是和 $p(x)$ 互素的 $\mathbb{F}_q[x]$ 中的多项式. 于是 $\alpha\beta=p(x)^{l+s}\frac{f(x)A(x)}{g(x)B(x)}$, 从而 $V_p(\alpha+\beta)=s+l=V_p(\alpha)+V_p(\beta)$.

最后要证非阿基米德性质 $V_p(\alpha+\beta)\geqslant\min\{V_p(\alpha),V_p(\beta)\}$. 证明留给读者.

以上我们对于 $\mathbb{F}_q[x]$ 中的每个首 1 不可约多项式 $p(x), V_p$ 都是域 $\mathbb{F}_q(x)$ 的一个指数赋值, 叫作 p-adic 指数赋值. 取实数 $\gamma, 0<\gamma<1$, 则 $|\alpha|_p=\gamma^{V_p(\alpha)}$ 定义出 $\mathbb{F}_q(x)$ 的一个赋值, 叫 p-adic 赋值. 这个名称 “p-adic (p 进)” 的来源是: 每个非零多项式 $f(x)\in\mathbb{F}_q[x]$ 用 $p(x)$ 去除, 依次用带余除法可得到 $f(x)$ 的 p-adic 展开式:

$$f(x)=A_l(x)p(x)^l+A_{l+1}(x)p(x)^{l+1}+\cdots+A_{l+s}(x)p(x)^{l+s},$$

其中 $l,s\geqslant 0, A_i(x)\in\mathbb{F}_q[x], \deg A_i(x)\leqslant\deg p(x)-1$ $(l\leqslant i\leqslant l+s)$, 并且 $A_l(x)\neq 0$. 易知这时 $V_p(f)=l$.

对于非零有理函数 $\alpha(x)\in\mathbb{F}_q(x)$, $V_p(\alpha)=d\in\mathbb{Z}$. 不难看出, 对于 $p(x)$ 在 Ω_q 中的每个根 a $(\mathbb{F}_q(a)=\mathbb{F}_{q^n}, n=\deg p(x))$, 当 $d>0$ 时, a (以及 $p(x)$ 的每个根) 是 $\alpha(x)$ 的 d 阶零点. 当 $d<0$ 时, a (和 $p(x)$ 的每个根) 是 $\alpha(x)$ 的 $-d$ 阶极点. 当 $d=0$ 时, a 不是 $\alpha(x)$ 的零点和极点, $\alpha(a)\in\mathbb{F}_q^*$. 所以指数

赋值 $V_p(\alpha)$ 刻画了有理函数 $\alpha(x)$ 在 $x=a$ 处的局部性质.

例 2 取 $t=\frac{1}{x}$, 则 t 是多项式环 $\mathbb{F}_q[t]$ 中的首 1 不可约多项式, 次数为 1. $\mathbb{F}_q(t)=\mathbb{F}_q(x)$ 是它的分式域. 每个非零有理函数可唯一表示成

$$\alpha(t)=t^l\frac{f(t)}{g(t)}\quad(l\in\mathbb{Z},f,g\in\mathbb{F}_q[t],t\nmid f(t)g(t)).$$

定义 $V_\infty(\alpha)=l$, 再令 $V_\infty(0)=\infty$. 则和例 1 中一样可证 V_∞ 是域 $\mathbb{F}_q(x)$ 的指数赋值. 并且当 $\alpha\neq 0,V_\infty(\alpha)=l\in\mathbb{Z}$ 时, 如果 $l>0$, ∞ 是 $\alpha(t)$ 的 l 阶零点; 如果 $l<0$, ∞ 是 $\alpha(t)$ 的 $-l$ 阶极点; 若 $l=0$, 则 ∞ 不是 $\alpha(t)$ 的零点和极点, 即 $\alpha(\infty)\in\mathbb{F}_q^*$. 最后由前节所述可知, 若 $\alpha=\frac{f(x)}{g(x)}$ 为 $\mathbb{F}_q[x]$ 中的非零有理函数, 则 $V_\infty(\alpha)=\deg g(x)-\deg f(x)$.

现在我们证明: 例 1 和例 2 给出域 $\mathbb{F}_q(x)$ 的全部指数赋值.

定理 3.2.3 域 $K=\mathbb{F}_q(x)$ 的全部指数赋值为 V_p ($p=p(x)$ 过 $\mathbb{F}_q[x]$ 的所有首 1 不可约多项式) 和 V_∞.

证明 设 V 是 K 的一个指数赋值.

如果 $V(x)\geqslant 0$, 由 $V(a)=0$ (对每个 $a\in\mathbb{F}_q^*$) 和非阿基米德性质, 可知对每个多项式 $f(x)\in\mathbb{F}_q[x]$, 均有 $V(f)\geqslant 0$. 假如对每个 $0\neq f(x)\in\mathbb{F}_q[x]$ 均有 $V(f)=0$, 则对每个非零有理函数 $\alpha(x)=\frac{f(x)}{g(x)}\in K$, 也均有 $V(\alpha)=V(f)-V(g)=0-0=0$. 这和 $V:K\to\mathbb{Z}\cup\{0\}$ 是满射相矛盾, 所以存在 $0\neq f(x)\in\mathbb{F}_q[x]$, 使得 $V(f)\geqslant 1$. 换句话说, $\mathbb{F}_q[x]$ 的子集合

$$A=\{f(x)\in\mathbb{F}_q[x]:V(f)\geqslant 1\}$$

除了 0 之外还有非零元素, 请读者证明 A 是环 $\mathbb{F}_q[x]$ 的 (非零) 素理想, 于是 $A=(p(x))$, 其中 $p=p(x)$ 为 $\mathbb{F}_q[x]$ 中的首 1 不可约多项式. 特别地, $V(p)=d\geqslant 1$. 而对每个 $0=\alpha(x)=p(x)^l\frac{f(x)}{g(x)}\in K$ (其中 $f(x),g(x)\in\mathbb{F}_q[x],p(x)\nmid f(x)g(x)$), 则

$$V(\alpha)=lV(p(x))+V(f)-V(g)=ld.$$

这表明 V 把 $K^*=K\setminus\{0\}$ 映为 $d\mathbb{Z}$. 但是 V 应当是满射, 从而 $d=1$. 即 $V(p)=1$ 而 $V(\alpha)=l=V_p(\alpha)$. 这就表示 V 为 p-adic 指数赋值 V_p.

如果 $V(x)<0$, 则 $V(t)=-V(x)=d\geqslant 1$. 类似可证对每个 $f(t)\in\mathbb{F}_q[t]$ 均有 $V(f)\geqslant 0$, 并且

$$A'=\{f(t)\in\mathbb{F}_q[t]:V(f)\geqslant 1\}$$

是 $\mathbb{F}_q[t]$ 中包含 t 的素理想, 从而 $A'=(t)$. 于是对每个非零元素 $\alpha=t^l\frac{f(t)}{g(t)}\in K^*(f,g\in\mathbb{F}_q[t],t\nmid fg)$, $V(\alpha)=ld$, 其中 d 为正整数, 由于 $V:K^*\to\mathbb{Z}$ 是满射可知 $d=1$, 从而 $V(\alpha)=l=V_\infty(\alpha)$. 这就表明 $V=V_\infty$, 证毕. ∎

以上证明了: K 的指数赋值只有 V_p (p 为 $\mathbb{F}_q[x]$ 中的首 1 不可约多项式) 和 V_∞. 这些指数赋值两两不同, 并且它们定义出域 $K=\mathbb{F}_q(x)$ 彼此不同的拓扑结构. 指数赋值 V_p 对应于环 $\mathbb{F}_q[x]$ 的非零素理想 $(p(x))$, 它也对应于不可约多项式 $p(x)$ 全部根构成的 Ω_q 中的一个 σ_q-等价类. 指数赋值 V_∞ 对应于环 $\mathbb{F}_q[t]$ 的素理想 (t), 它也对应于射影直线上的唯一无穷远点 $x=\infty$.

习题 3.2

1. 对于由赋值 $|\cdot|$ 给出的距离空间 $\mathbb{F}_q(x)$, 证明所有三角形均是等腰三角形, 也就是说, 对于 $\mathbb{F}_q(x)$ 中的任意三点 α,β,γ, 三角形 $\alpha\beta\gamma$ 的三个边长 $d(\alpha,\beta)$, $d(\beta,\gamma)$ 和 $d(\gamma,\alpha)$ 至少有两个相等 (这里 $d(\alpha,\beta)=|\alpha-\beta|$).

2. 以 $\alpha\in\mathbb{F}_q(x)$ 为球心, 以 (正实数) r 为半径的闭球定义为

$$B(\alpha;r)=\{\beta\in\mathbb{F}_q(x):d(\alpha,\beta)\leqslant r\}.$$

证明此闭球内部的每个点都是此球的球心, 也就是说, 若 β 在球 $B(\alpha;r)$ 的内部, 即 $\beta\in\mathbb{F}_q(x), d(\alpha,\beta)<r$, 则 $B(\beta;r)=B(\alpha;r)$.

3. 设 $t=\frac{1}{x}$, 对于 $\mathbb{F}_q[t]$ 中的每个首 1 不可约多项式 $\pi(t)$, 我们都可以定义域 $K=\mathbb{F}_q(t)=\mathbb{F}_q(x)$ 的一个 π-adic 指数赋值, 即对每个非零有理函数 $\alpha(t)=\pi(t)^l\frac{f(t)}{g(t)}$ $(l\in\mathbb{Z},f(t),g(t)\in\mathbb{F}_q[t],\pi(t)\nmid f(t)g(t))$, 定义 $V_\pi(\alpha)=l$, 而 $V_\pi(0)=\infty$.

根据定理 3.2.3, K 中的指数赋值只有 V_p (p 为 $\mathbb{F}_q[x]$ 中的首 1 不可约多项式) 和 V_∞ (对应于 $\pi(t)=t$ 的情形). 那么当 $\pi(t)\neq t$ 时, 为什么 V_π 不给出新的指数赋值呢?

3.3 有理函数域 $\mathbb{F}_q(x)$ 的局部化

设 $p(x)$ 是 $\mathbb{F}_q[x]$ 中的首 1 不可约多项式. 则 $K = \mathbb{F}_q(x)$ 有 p-adic 指数赋值 V_p 和 p-adic 赋值 $|\alpha|_p = \gamma^{V_p(\alpha)}$, 其中 γ 为固定的实数, $0 < \gamma < 1$. 于是域 K 成为一个拓扑距离空间, 其中对于 $\alpha, \beta \in K$, 它们的 p-adic 距离为 $d(\alpha, \beta) = |\alpha - \beta|_p$. 注意 $V_p(\alpha)$ 愈大则 $d(\alpha, 0) = |\alpha|_p$ 愈小, 即 α 和 0 的距离愈近. 比如对于多项式 $f(x) = p(x)^l g(x) \in \mathbb{F}_q[x], p(x) \nmid g(x)$, 则 $|f|_p = \gamma^{V_p(f)} = \gamma^l$. 从而 l 愈大 (即多项式 $f(x)$ 被 $p(x)$ 的高次幂 $p(x)^l$ 除尽), 则 f 和 0 的 p-adic 距离愈小.

拓扑距离空间是豪斯多夫空间, 这样的拓扑空间可以拓扑完备化. 比如有理数域 $\mathbb{Q}$ 对于通常绝对值给出的拓扑, 完备化拓扑空间是实数域 $\mathbb{R}$. 现在对于域 $K = \mathbb{F}_q(x)$, 刻画它对于 p-adic 拓扑的完备化 K_p, 它是 K 的一个扩域.

将 $\mathbb{Q}$ 拓扑完备化成 $\mathbb{R}$, 所增加的无理数是通过柯西 (Cauchy) 序列取极限来实现的. 对于 $K = \mathbb{F}_q(x)$ 的 p-adic 拓扑, 其拓扑完备化也采用类似的手段.

定义 3.3.1 K 中的一个序列 $\{a_1, a_2, \cdots, a_n, \cdots\}$ 叫作 p-adic **柯西序列**, 是指对每个 $\varepsilon > 0$, 均有 $M > 0$, 使得当 $n, m \geqslant M$ 时均有 $|a_n - a_m|_p < \varepsilon$. 这也可表述成: 对每个大整数 N, 均有 $M > 0$, 使得当 $n, m \geqslant M$ 时, 均有 $V_p(a_n - a_m) \geqslant N$.

K 中的元素 a 叫作柯西序列 $\{a_1, a_2, \cdots, a_n, \cdots\}$ 的 (p-adic) **极限**, 是指对任何 $\varepsilon > 0$ (或者对任何 $N > 0$), 均有 $M > 0$, 使得当 $n \geqslant M$ 时, 均有 $|a_n - a|_p < \varepsilon$ (或者 $V_p(a_n - a) \geqslant N$), 表示成 $\lim\limits_{n \to \infty} a_n = a$.

设 a, a_i $(i = 1, 2, \cdots) \in K$. 如果 $A_n = \sum\limits_{i=1}^{n} a_i$ $(n = 1, 2, \cdots)$ 是 K 中的 (p-adic) 柯西序列, 并且 a 是它的极限, 则记为 $\sum\limits_{i=1}^{\infty} a_i = a$, 并且称 $\sum\limits_{i=1}^{\infty} a_n$ 收敛于 a.

和通常情形一样, 一个 p-adic 柯西序列如果有极限, 则极限是唯一的. 证明用到三角不等式. 同样可证: 两个 p-adic 柯西序列如果均有极限, 则这两个序列之和 (差、积) 也有极限, 并且极限为这两个序列的极限之和 (差、积).

但是由于 p-adic 拓扑具有非阿基米德性质, 所以也具有实数或复数域通常拓扑不同的特性, 下面结论就是一个例子.

引理 3.3.2 (1) K 中的序列 $\{a_n\}_{n=1}^{\infty}$ 是 p-adic 柯西序列当且仅当对每个 $\varepsilon>0$ (或 $N>0$), 均有 $M>0$, 使得当 $n>M$ 时均有 $|a_{n+1}-a_n|_p<\varepsilon$ (或 $V_p(a_{n+1}-a_n)\geqslant N$), 即当且仅当 $\lim\limits_{n\to\infty}(a_{n+1}-a_n)=0$.

(2) 设 $a_1,a_2,\cdots\in K$, 则 $A_n=\sum\limits_{i=1}^{n}a_i\ (n=1,2,\cdots)$ 是 p-adic 柯西序列, 当且仅当 $\lim\limits_{n\to\infty}a_n=0$.

证明 (1) 若 $\{a_n\}$ 是柯西序列, 则 (1) 中的条件显然成立. 反之, 若 (1) 中的条件成立, 即当 $n>M$ 时均有 $V_p(a_{n+1}-a_n)\geqslant N$, 则当 $m,n>M$ 时, 不妨设 $m>n$, 于是由非阿基米德性质,

$$V_p(a_m-a_n)\geqslant\min\{V_p(a_m-a_{m-1}),V_p(a_{m-1}-a_{m-2}),\cdots,V_p(a_{n+1}-a_n)\}\geqslant N,$$

从而 $\{a_n\}$ 是柯西序列.

(2) 由 (1) 可知, $\left\{A_n=\sum\limits_{i=1}^{n}a_i\right\}$ 是 p-adic 柯西序列当且仅当 $A_{n+1}-A_n=a_{n+1}$ 的极限为 0. 证毕. ▮

域 $K=\mathbb{F}_q(x)$ 中的 (p-adic) 柯西序列在 K 中不一定有极限, 例如

$$a_n=p(x)+p(x)^2+\cdots+p(x)^n\quad(n=1,2,\cdots)$$

是 p-adic 柯西序列, 因为 $a_{n+1}-a_n=p(x)^{n+1}\to0$. 但是易知 $\{a_n\}$ 在 K 中没有极限. 粗糙地说, K 对 p-adic 拓扑的完备化就是将 K 扩大成一个新的拓扑空间 $\widehat{K}$, 使得 $\widehat{K}$ 中的 p-adic 柯西序列在 $\widehat{K}$ 中均有极限.

定义 3.3.3 豪斯多夫拓扑空间 T 的拓扑完备化 $\widehat{T}$ 是指 $\widehat{T}$ 为拓扑空间并且满足以下三个条件:

(1) T 是 $\widehat{T}$ 的拓扑子空间, 即 $\widehat{T}$ 中的拓扑在 T 上的限制为 T 的拓扑.

(2) $\widehat{T}$ 中每个柯西序列在 $\widehat{T}$ 中均有极限.

(3) $\widehat{T}$ 中的每个元素都是 T 中某个柯西序列的极限.

条件 (3) 保证 $\widehat{T}$ 是满足前两个条件的 “最小” 拓扑空间, 从而可知 T 的

拓扑完备化是唯一的. 确切地说, T 的两个不同的完备化拓扑空间是同胚的. 例如有理数域 $\mathbb{Q}$ 的完备化域是实数域 $\mathbb{R}$, 不是复数域 $\mathbb{C}$.

在拓扑学中, 构作一个豪斯多夫拓扑空间 T 的完备化是考虑 T 上所有柯西序列组成的集合 S, 然后在 S 上定义一个等价关系: S 中的两个柯西序列 $\{a_n\}$ 和 $\{b_n\}$ 叫作等价的, 是指柯西序列 $\{a_n - b_n\}$ 的极限为 0. 令 $\widehat{T}$ 为 S 中的等价类组成的集合, T 中的元素 a 等同于 $\widehat{T}$ 中的柯西序列 $\{a_n = a\}_{n=1}^{\infty}$ 的等价类, 则 T 是 $\widehat{T}$ 的子集合. 适当定义 $\widehat{T}$ 中的拓扑, 就可使 $\widehat{T}$ 为 T 的完备化拓扑空间.

但是对于域 $K = \mathbb{F}_q(x)$ 的 p-adic 拓扑, 我们可以更直接地构作出 K 的 p-adic 完备化拓扑空间, 并且它是 K 的一个扩域. 为此, 考虑如下形式的一些元素 (注意 $p = p(x)$ 是 $\mathbb{F}_q[x]$ 中的 d 次首 1 不可约多项式, $d \geqslant 1$):

$$\alpha = \sum_{i=l}^{\infty} a_i(x)p(x)^i = a_l(x)p(x)^l + a_{l+1}(x)p(x)^{l+1} + \cdots ,$$

其中 $l \in \mathbb{Z}, a_i(x) \in \mathbb{F}_q[x], \deg a_i(x) \leqslant d-1 \quad (i = l, l+1, \cdots)$. 以 K_p 表示所有这些元素构成的集合. 并且自然地引入加、减、乘运算: 对于上述的 α 和 $\beta = \sum\limits_{i=s}^{\infty} b_i(x)p(x)^i (\deg b_i(x) \leqslant d-1, i = s, s+1, \cdots)$, 定义

$$\alpha \pm \beta = \sum_{\lambda=\min(s,l)}^{\infty} (a_\lambda(x) + b_\lambda(x))p(x)^\lambda \quad (\deg(a_\lambda(x) + b_\lambda(x)) \leqslant d-1),$$

$$\alpha\beta = \sum_{\lambda=s+l}^{\infty} c_\lambda(x)p(x)^\lambda, \quad c_\lambda(x) = \sum_{i+j=\lambda} a_i(x)b_j(x) \quad (\text{这是有限项求和}).$$

不过多项式 $c_\lambda(x)$ 的次数可能 $\geqslant d$, 从而还需要 “进位”, 即对于 $c_{s+l}(x) = a_l(x)b_s(x)$, 用 $p(x)$ 去除, 有带余除法

$$c_{s+l}(x) = d(x)p(x) + r_{s+l}(x),$$

其中

$$d(x), r_{s+l}(x) \in \mathbb{F}_q[x], \deg r_{s+1}(x) \leqslant d-1.$$

于是

$$\alpha\beta = r_{s+l}(x)p(x)^{s+l} + (d(x) + c_{s+l+1})p(x)^{s+l+1} + \cdots$$

再对 $d(x)+c_{s+l+1}(x)$ 用 $p(x)$ 去除, 余式为 $r_{s+l+1}(x), \deg r_{s+l+1}(x) \leqslant d-1$. 商式进到下一位. 依次进行下去便得到

$$\alpha\beta = r_{s+l}(x)p(x)^{s+l} + r_{s+l+1}(x)p(x)^{s+l+1} + \cdots \in K_p.$$

引理 3.3.4 K_p 是域.

证明 设 α 是 K_p 中的非零元素, 它可唯一表示成

$$\alpha = \sum_{i=l}^{\infty} a_i(x)p(x)^i = p(x)^l \left(\sum_{\lambda=0}^{\infty} b_\lambda(x)p(x)^\lambda \quad (b_\lambda(x) = a_{l+\lambda}(x)) \right),$$

其中 $l \in \mathbb{Z}, b_\lambda(x) \in \mathbb{F}_q[x], \deg b_\lambda(x) \leqslant d-1, b_0(x) = a_\lambda(x) \neq 0$. 我们要证 α 在 K_p 中可逆. 由于 $p(x)^l$ 的逆 $p(x)^{-l}$ 属于 K_p, 我们只需证明

$$\beta = \sum_{\lambda=0}^{\infty} b_\lambda(x)p(x)^\lambda \quad (b_\lambda(x) \in \mathbb{F}_q[x], b_0(x) \neq 0)$$

在 K_p 中可逆即可, 需要找到

$$\gamma = \sum_{\mu=0}^{\infty} c_\mu(x)p(x)^\mu \quad (c_\mu(x) \in \mathbb{F}_q[x], \deg c_\mu(x) \leqslant d-1)$$

使得

$$1 = \beta\gamma = \left(\sum_{\lambda=0}^{\infty} b_\lambda(x)p(x)^\lambda \right) \left(\sum_{\mu=0}^{\infty} c_\mu(x)p(x)^\mu \right) = \sum_{k=0}^{\infty} d_k(x)p(x)^k, \qquad (3.2)$$

其中 $d_k(x) = \sum\limits_{\lambda+\mu=k} b_\lambda(x)c_\mu(x)$.

由 (3.2) 式可知

$$1 \equiv d_0(x) = b_0(x)c_0(x) \pmod{p(x)}. \qquad (3.3)$$

由假设 $b_0(x) \neq 0, \deg b_0(x) < d = \deg p(x)$, 而 $p(x)$ 是不可约多项式, 可知 $(b_0(x), p(x)) = 1$. 在主理想环 $\mathbb{F}_q[x]$ 中, 任意两个主理想 $(f(x))$ 和 $(g(x))(f, g \in \mathbb{F}_q[x])$ 之和 $(f(x)) + (g(x))$ 是主理想 $(h(x))$, 其中 $h(x)$ 是 $f(x)$ 和 $g(x)$ 的最大公因子. 所以 $(b_0(x)) + (p(x)) = (1)$, 就表明存在 $A(x), B(x) \in \mathbb{F}_q[x]$, 使得 $A(x)b_0(x) + B(x)p(x) = 1$, 即 $A(x)b_0(x) \equiv 1 \pmod{p(x)}$. 令 $c_0(x)$ 为 $A(x)$ 用 $p(x)$ 去除的余式, 则 $1 \equiv b_0(x)A(x) \equiv b_0(x)c_0(x) \pmod{p(x)}$, 即 (3.3) 式

成立, 并且 $\deg c_0(x) \leqslant d-1$. 而 $b_0(x)c_0(x)-1=p(x)f(x), f(x)\in\mathbb{F}_q[x]$.

现在确定 $c_1(x)$. 由 (3.2) 式可知

$$\begin{aligned}1&\equiv b_0(x)c_0(x)+(b_1(x)c_0(x)+b_0(x)c_1(x))p(x) \pmod{p(x)^2}\\&\equiv 1+p(x)f(x)+(b_1(x)c_0(x)+b_0(x)c_1(x))p(x) \pmod{p(x)^2}.\end{aligned}$$

因此 $0\equiv f(x)+b_1(x)c_0(x)+b_0(x)c_1(x) \pmod{p(x)}$, 即

$$b_0(x)c_1(x)\equiv -(f(x)+b_1(x)c_0(x)) \pmod{p(x)}, \tag{3.4}$$

其中 $b_0(x)$ 和 $b_1(x)$ 是已给定的, $c_0(x)$ 和 $f(x)$ 由前面求出, 由于 $(b_0(x), p(x))=1$, 我们又可确定出 (唯一的) $c_1(x)\in\mathbb{F}_q[x]$ 满足 (3.4) 式, 并且 $\deg c_1(x)\leqslant d-1$. 如此进行下去, 便可确定出所有 $c_\mu(x)\in\mathbb{F}_q[x], \deg c_\mu(x)\leqslant d-1$, 使得 $\gamma=\sum\limits_{\mu=0}^{\infty} c_\mu(x)p(x)^\mu$ 是 β 的逆, 这就表明交换环 K_p 中的非零元素均可逆, 从而 K_p 是域. ▮

多项式环 $\mathbb{F}_q[x]$ 中的每个多项式有有限的 p-adic 展开, 从而是域 K_p 中的元素, 即 $\mathbb{F}_q[x]$ 是 K_p 的子环. 于是 $\mathbb{F}_q[x]$ 的分式域 $K=\mathbb{F}_q(x)$ 是 K_p 的子域. 我们对 K_p 中的每个非零元素

$$\alpha=\sum_{n=l}^{\infty} a_n(x)p(x)^n \quad (a_n(x)\in\mathbb{F}_q[x], \deg a_n(x)\leqslant d-1, a_l(x)\neq 0),$$

令 $V_p(\alpha)=l$, 再令 $V_p(0)=\infty$. 请读者验证, $V_p: K_p\to\mathbb{Z}\cup\{\infty\}$ 是域 K_p 的一个指数赋值 (也叫 p-adic 指数赋值). 从而对每个实数 γ, $0<\gamma<1, |\alpha|_p=\gamma^{V_p(\alpha)}$ 是域 K_p 的 (p-adic) 赋值. 进而, 当 $\alpha\in K=\mathbb{F}_q(x)$ 时, $V_p(\alpha)$ 就是前面定义的 K 中的 p-adic 指数赋值, 所以 K 是 K_p 的拓扑子空间.

定理 3.3.5 域 K_p 是域 $K=\mathbb{F}_q(x)$ 对于 p-adic 拓扑的完备化拓扑空间.

证明 我们要验证定义 3.3.3 中的三个条件, 已经知道 K 是 K_p 的拓扑子空间. 现在证明第 2 个条件, 即 K_p 中的柯西序列 $\{\alpha_n\}_{n=1}^{\infty}$ 在 K_p 中均有极限. 令

$$\alpha_n=\sum_{\lambda=l_n}^{\infty} a_\lambda^{(n)}(x)p(x)^\lambda \quad (l_n\in\mathbb{Z}, a_\lambda^{(n)}(x)\in\mathbb{F}_q[x], \deg a_\lambda^{(n)}(x)\leqslant d-1).$$

则对于每个正整数 N, 均有正整数 M, 使得当 $n,m \geqslant M$ 时都有 $V_p(\alpha_n - \alpha_m) \geqslant N+1$, 即

$$\sum_{\lambda=l_n}^{N} a_\lambda^{(n)}(x)p(x)^\lambda \equiv \sum_{\lambda=l_m}^{N} a_\lambda^{(m)}(x)p(x)^\lambda \pmod{p(x)^{N+1}},$$

但是上式两边多项式的次数均小于 $p(x)^{N+1}$ 的次数 d^{N+1}, 可知这个同余式为等式. 从而当 $n,m \geqslant M$ 时, 对每个 $\lambda \leqslant N$ 我们有 $a_\lambda^{(n)}(x) = a_\lambda^{(m)}(x)$. 特别地, 对每个 $\lambda \in \mathbb{Z}$, 都有整数 M, 使得 $a_\lambda^{(n)}(x)$ $(n = M, M+1, \cdots)$ 都相等, 我们把它记为 $a_\lambda(x)$.

进一步, 对每个 $N > 0$ 均有 $M > 0$, 使得当 $n \geqslant M$ 时, $V_p(\alpha_n - \alpha_M) \geqslant N+1$, 即 $V_p(\alpha_n) \geqslant \min\{V_p(\alpha_M), N+1\}$. 记右边为 r, 则当 $n \geqslant M$ 时, $V_p(\alpha_n) \geqslant r$. 这表明当 $n \geqslant M$ 时, 对于 $\lambda < r$ 均有 $a_\lambda^{(n)}(x) = 0$. 由此可知当 $\lambda < r$ 时, $a_\lambda(x)$ 均为 0. 而 $\alpha = \sum\limits_{\lambda=r}^{\infty} a_\lambda(x)p(x)^\lambda \in K_p$. 请读者证明 α 是 K_p 中柯西序列 $\{\alpha_n\}$ 的极限.

最后证明 K_p 中的每个元素都是 K 中 (p-adic) 柯西序列的极限. 这是很容易的. 因为对于 K_p 中的每个元素 $\alpha = \sum\limits_{\lambda=l}^{\infty} a_\lambda(x)p(x)^\lambda, \alpha_n = \sum\limits_{\lambda=l}^{n} a_\lambda(x)p(x)^\lambda$ $(n = 1, 2, \cdots)$ 均为 K 中的元素, 并且 $V_p(\alpha_{n+1} - \alpha_n) = V_p(a_{n+1}(x)p(x)^{n+1}) \geqslant n+1$. 可知 $\{\alpha_n\}_{n=1}^{\infty}$ 是 K 中的柯西序列, 易知 $\lim\limits_{n\to\infty} \alpha_n = \alpha$.

综合上述, 我们证明了 K_p 是 K 的 p-adic 拓扑完备化域. ∎

今后称 K_p 是 K 的 p-adic *局部域*. 这个域的元素均可唯一表示成

$$\alpha = \sum_{\lambda=l}^{\infty} a_\lambda(x)p(x)^\lambda \quad (a_\lambda(x) \in \mathbb{F}_q[x],\ \deg a_\lambda(x) < d = \deg p(x)).$$

但是用这种表达式做乘法运算时需要进位. 现在我们给出局部域 K_p 另一个更好的表达方式. 首先需要一个引理, 这个引理的证明充分运用了 K_p 的拓扑完备化性质, 即柯西序列在 K_p 中可以取极限.

引理 3.3.6 *设 $p(x)$ 为 $\mathbb{F}_q[x]$ 中的 $d(\geqslant 1)$ 次首 1 不可约多项式, $Q = q^d$. 则有限域 $\mathbb{F}_Q$ 是 K_p 的子域. (注意: $K = \mathbb{F}_q(x)$ 中最大的有限子域为 $\mathbb{F}_q$).*

证明　考虑 $\mathbb{F}_q[x]$ 的子集合

$$S=\{g(x)\in\mathbb{F}_q[x]:\deg g(x)\leqslant d-1\},$$

则 $|S|=Q=q^d$. 集合 S 是环 $\mathbb{F}_q[x]$ 模 $p(x)$ 的 Q 个同余类的完全代表系. 对于每个多项式 $\alpha=\alpha(x)\in S$, 我们以 $\overline{\alpha}$ 表示 α 在 $\frac{\mathbb{F}_q[x]}{(p(x))}=\mathbb{F}_Q$ 中的像. 则 $\overline{\alpha}^Q=\overline{\alpha}$, 即 $\alpha^Q\equiv\alpha\ (\mathrm{mod}\ p(x))$. 于是对每个 $\lambda\geqslant 1$, $p(x)^{Q^\lambda}|(\alpha^Q-\alpha)^{Q^\lambda}=\alpha^{Q^{\lambda+1}}-\alpha^{Q^\lambda}$, 即 $V_p=(\alpha^{Q^{\lambda+1}}-\alpha^{Q^\lambda})\geqslant Q^\lambda\to\infty$ (当 $\lambda\to\infty$ 时), 这表明 $\{\alpha_\lambda\triangleq\alpha^{Q^\lambda}\}_{\lambda=1}^\infty$ 是 K_p 中的 (p-adic) 柯西序列. 由于 K_p 是拓扑完备的, $\lim\limits_{\lambda\to\infty}\alpha_\lambda=a_\alpha\in K_p$, 由于 $\alpha_{\lambda+1}=\alpha_\lambda^Q$, 两边取极限得到 $a_\alpha=a_\alpha^Q$. 这就表明 a_α 是 $\mathbb{F}_q[x]$ 中多项式 x^Q-x 的根, 所以 $a_\alpha\in\mathbb{F}_Q$ (对每个 $\alpha\in S$). 进而, 当 α 和 β 是 S 中的不同元素时, $\alpha\not\equiv\beta\ (\mathrm{mod}\ p(x))$. 于是对每个 $\lambda\geqslant 1$, $\alpha^{Q^\lambda}\equiv\alpha\not\equiv\beta\equiv\beta^{Q^\lambda}(\mathrm{mod}\ p(x))$. 取极限可知 $a_\alpha\not\equiv a_\beta\ (\mathrm{mod}\ p(x))$. 这表明 $a_\alpha\neq a_\beta$, 即 $\{a_\alpha:\alpha\in S\}$ 是 $\mathbb{F}_Q$ 中 $Q=|S|$ 个不同元素, 从而 $\mathbb{F}_Q\subseteq K_p$. ∎

引理 3.3.7　设 $p(x)$ 是 $\mathbb{F}_q[x]$ 中的 $d(\geqslant 1)$ 次首 1 不可约多项式, $K=\mathbb{F}_q(x)$, 则

$$R_p=\{\alpha\in K_p:V_p(\alpha)\geqslant 0\}$$

是 K_p 的子环, 并且它有唯一极大理想

$$M_p=\{\alpha\in R_p:V_p(\alpha)\geqslant 1\},$$

从而 R_p 是局部环, 进而 $\frac{R_p}{M_p}=\mathbb{F}_Q, Q=q^d$.

证明　若 $\alpha,\beta\in R_p$, 即 $V_p(\alpha)\geqslant 0, V_p(\beta)\geqslant 0$, 则 $V_p(\alpha\beta)=V_p(\alpha)+V_p(\beta)\geqslant 0$, 并且由非阿基米德性质, $V_p(\alpha\pm\beta)\geqslant\min\{V_p(\alpha),V_p(\beta)\}\geqslant 0$. 于是 $\alpha\beta,\alpha\pm\beta\in R_p$, 即 R_p 是 K_p 的子环. 可直接验证 M_p 为 R_p 的理想, 并且环 R_p 的单位群为

$$U_p=\{\alpha\in R_p:V_p(\alpha)=0\}=R_p\setminus M_p.$$

从而 M_p 是交换环 R_p 的唯一极大理想.

令 $S=\{f(x)\in\mathbb{F}_q[x]:\deg f(x)\leqslant d-1\}$, 则 R_p 中的元素唯一表示成 $\alpha=\sum\limits_{\lambda=0}^{\infty}a_\lambda(x)p(x)^\lambda(a_\lambda(x)\in S)$, 而 M_p 中的元素唯一表示成 $\sum\limits_{\lambda=1}^{\infty}a_\lambda(x)p(x)^\lambda(a_\lambda(x)\in$

S), 可知 M_p 是环 R_p 的主理想 $(p(x))$, 从而 S 是域 $\frac{R_p}{M_p}$ 的完全代表系. 由于 $|S|=Q$, 从而 $\frac{R_p}{M_p}$ 是有限域 $\mathbb{F}_Q$. 证毕. ▮

定理 3.3.8 设 $K=\mathbb{F}_q(x), p=p(x)$ 为 $\mathbb{F}_q[x]$ 中的 $d(\geqslant 1)$ 次首 1 不可约多项式, 则

$$K_p=\mathbb{F}_Q((p))=\left\{\sum_{n=l}^{\infty} c_n p(x)^n : l\in\mathbb{Z}, c_n\in\mathbb{F}_Q\right\}.$$

证明 首先注意 $p=p(x)$ 是 $\mathbb{F}_Q$ 上的超越元素. 因为对于 $\mathbb{F}_Q$ 上每个非零代数元素 $\alpha\in K_p$, $\mathbb{F}_Q(\alpha)$ 为 $\mathbb{F}_Q$ 的有限次扩域, 因此 $\mathbb{F}_Q(\alpha)$ 为有限域, 从而 α 是有限阶元素, 即有正整数 n, 使得 $\alpha^n=1$. 于是 $0=V_p(1)=V_p(\alpha^n)=nV_p(\alpha)$, 因此 $V_p(\alpha)=0$. 但是 $V_p(p)=1$, 所以 $p=p(x)$ 是 $\mathbb{F}_Q$ 上的超越元素. 于是 $\mathbb{F}_Q[[p]]$ 是幂级数环, 而 $\mathbb{F}_Q((p))$ 是它的分式域. 由于 $\mathbb{F}_Q\subseteq K_p$, 可知 $\mathbb{F}_Q((p))$ 为 K_p 的子域. 我们只需再证 K_p 中的元素均可表成 $\sum\limits_{n=l}^{\infty} c_n p(x)^n$ $(l\in\mathbb{Z}, c_n\in\mathbb{F}_Q)$.

对于 K_p 中的每个非零元素 α, $V_p(\alpha)=l\in\mathbb{Z}$. 于是 $\alpha=p^l\alpha_1, V_p(\alpha_1)=0$, 即 $\alpha_1\in U_p=\frac{R_p}{M_p}$. 从而 $\overline{\alpha_1}$ 是 $\frac{R_p}{M_p}=\mathbb{F}_Q$ 中的非零元素, 即 $\overline{\alpha_1}=c_l\in\mathbb{F}_Q^*$. 由于 $\mathbb{F}_Q\subseteq K_p$, 从而 $c_l\in K_p$. 由 $\overline{\alpha_1-c_l}=\overline{\alpha_1}-\overline{c_l}=c_l-c_l=0$, 可知 $\alpha_1-c_l\in M_p=(p)$. 因此 $\alpha_1-c_l=p\alpha_2, \alpha_2\in R_p$, 而 $\alpha_1=c_l+p\alpha_2$. 再设 $\overline{\alpha_2}=c_{l+1}\in\mathbb{F}_Q\subseteq K_p$, 则 $\overline{\alpha_2-c_{l+1}}=0$, 又有 $\alpha_2-c_{l+1}\in M_p$. 于是 $\alpha_2=c_{l+1}+p\alpha_3, \alpha_3\in R_p$, 从而

$$\alpha_1=c_l+(c_{l+1}+p\alpha_3)p=c_l+c_{l+1}p+\alpha_3p^2.$$

继续下去便给出 $\alpha_1=c_l+c_{l+1}p+c_{l+2}p^2+c_{l+3}p^3+\cdots$, $c_i\in\mathbb{F}_Q$. 于是

$$\alpha=p^l\alpha_1=c_lp^l+c_{l+1}p^{l+1}+\cdots=\sum_{n=l}^{\infty}c_np(x)^n \quad (c_n\in\mathbb{F}_Q, c_l\neq 0, l=V_p(\alpha)),$$

这就完成了定理 3.3.8 的证明. ▮

注记 由于 $K_p=\mathbb{F}_Q((p))$ 而 $\mathbb{F}_Q$ 为域, 从而将 K_p 中的元素表示成 $\sum\limits_{n=l}^{\infty}c_np^n(c_n\in\mathbb{F}_Q)$ 时, 做乘法 (和除法) 均方便, 不需要进位和借位. 对于 K_p

中的元素

$$\alpha=\sum_{n=l}^{\infty}a_np^n,\quad \beta=\sum_{m=s}^{\infty}b_mp^m\quad (a_n,b_m\in\mathbb{F}_Q),$$

则

$$\alpha\beta=\sum_{\lambda=s+l}^{\infty}c_\lambda p^\lambda,\ \text{其中}c_\lambda=\sum_{n+m=\lambda}a_nb_m\in\mathbb{F}_Q.$$

以上讨论 V_p, 其中 p 是 $\mathbb{F}_q[x]$ 中的首 1 不可约多项式. 对于 $K=\mathbb{F}_q(x)$ 中的指数赋值 V_∞, 只需把环 $\mathbb{F}_q[x]$ 改用 $\mathbb{F}_q[t](t=\frac{1}{x})$, 把 $p(x)$ 改用 $\mathbb{F}_q[t]$ 中的 1 次不可约多项式 t. 完全类似地可得到如下结果 (这时 $d=1,\ Q=q$).

定理 3.3.9 设 $K=\mathbb{F}_q(x),t=\frac{1}{x}$.

(1) K 对于指数赋值 V_∞ 的完备化是局部域

$$K_\infty=\mathbb{F}_q((t))=\left\{\sum_{n=l}^{\infty}c_nt^n:l\in\mathbb{Z},c_n\in\mathbb{F}_q\right\},$$

每个非零元素唯一表示成 $\alpha=\sum\limits_{n=l}^{\infty}c_nt^n\ (c_n\in\mathbb{F}_q,c_l\neq 0)$; 令 $V_\infty(\alpha)=l$, 而 $V_\infty(0)=\infty$. 则 V_∞ 为完备化域 K_∞ 中的指数赋值, 并且它和 K 中的 V_∞ 一致.

(2) $R_\infty=\mathbb{F}_q[[t]]=\{\alpha\in K_\infty:V_\infty(\alpha)\geqslant 0\}$ 为 K_∞ 的子环, R_∞ 是局部环, 其唯一极大理想为 $M_\infty=\{\alpha\in R_\infty:V_\infty(\alpha)\geqslant 1\}=(t)$, 而环 R_∞ 的单位群为 $V_\infty=R_\infty\setminus M_\infty=\{\alpha\in R_\infty:V_\infty(\alpha)=0\}$. 最后, $\frac{R_\infty}{M_\infty}=\mathbb{F}_q$.

习题 3.3

1. 设 $K=\mathbb{F}_q(x)$, p 为 $\mathbb{F}_q[x]$ 中的首 1 不可约多项式 $p(x)$ 或者 $p=\infty$. 证明映射

$$|\cdot|_p:K_p\to\mathbb{R},\alpha\mapsto|\alpha|_p=\gamma^{V_p(\alpha)}\quad(0<\gamma<1)$$

是由 p-adic 拓扑域 K_p 到实数域 $\mathbb{R}$ (对于通常的实数拓扑) 的连续映射. 特别地, 若 $\{\alpha_n\}$ 是 K_p 中 p-adic 柯西序列, $\lim\limits_{n\to\infty}\alpha_n=\alpha\in K_p$. 则在 $\mathbb{R}$ 中 $\lim\limits_{n\to\infty}|\alpha_n|_p=|\alpha|_p$.

2. 设 $p(x)$ 为 $\mathbb{F}_q[x]$ 中的 $d(\geqslant 1)$ 次首 1 不可约多项式, $Q=q^d$. 对于 $K=\mathbb{F}_q(x)$ 我们有域和环的扩张图表:

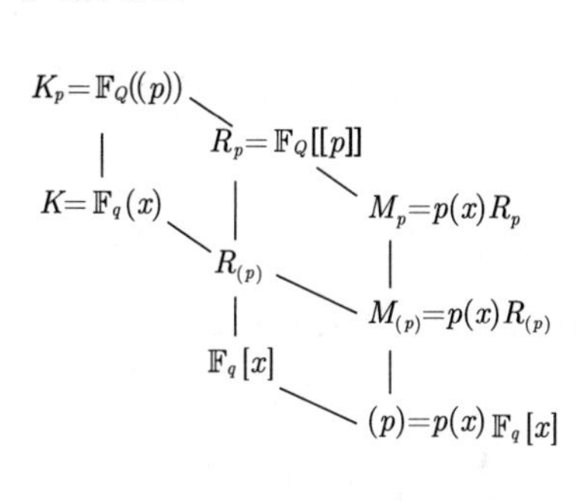

其中

$$R_{(p)} = R_p \cap K = \{\alpha \in K : V_p(\alpha) \geqslant 0\},$$

$$M_{(p)} = M_p \cap K = \{\alpha \in K : V_p(\alpha) \geqslant 1\}.$$

证明:

(1) $R_{(p)}$ 为局部环, $M_{(p)}$ 是它的唯一极大理想.

(2) R_p 和 M_p 分别是 $\mathbb{F}_q[x]$ 和 $p(x)\mathbb{F}_q[x]$ 的 p-adic 拓扑闭包, 即 R_p 是 $\mathbb{F}_q[x]$ 中的所有 p-adic 柯西序列的极限所构成的集合.

(3) $\frac{R_{(p)}}{M_{(p)}} = \frac{R_p}{M_p} = \frac{\mathbb{F}_q[x]}{(p(x))} = \mathbb{F}_Q$.

(4) 对于 K_p 中的每个满足 $V_p(\pi) = 1$ 的元素 π, 均有

$$K_p = \mathbb{F}_Q((\pi)), R_p = \mathbb{F}_Q[[\pi]], M_p = \pi R_p.$$

3.4 $\mathbb{F}_q(x)$ 上的黎曼 – 罗赫定理

我们把 $\mathbb{F}_q[x]$ 中的每个首 1 不可约多项式 $p = p(x)$ 也叫作域 $K = \mathbb{F}_q(x)$ 的有限素除子, 素除子 p 的次数 $\deg p$ 即为多项式 $p(x)$ 的次数 $d(\geqslant 1)$, 也是域 $\frac{\mathbb{F}_q[x]}{(p(x))}(= \frac{R_p}{M_p}) = \mathbb{F}_Q$ 对于 $\mathbb{F}_q$ 的扩张次数 ($Q = q^d$). 而 ∞ 也叫作域 K 的无限素除子, 次数 $\deg\infty = 1$ (即 $\mathbb{F}_q[t]$ 中的多项式 t 的次数). 所有素除子 (prime divisor) p (无穷多个 $p(x)$ 和一个 ∞) 一一对应于 K 的全部指数赋值 V_p.

当 $p = p(x)$ 时, 对于 K 中的非零元素 $\alpha = \alpha(x)$, $V_p(\alpha) = l \in \mathbb{Z}$. 若 $l > 1$, 则 $p(x)$ 在 Ω_q 中的每个根都是 $\alpha(x)$ 的 l 阶零点, 我们也称素除子 p 是 $\alpha(x)$ 的 l 阶零点. 当 $l < 0$ 时, $p(x)$ 的每个根为 $\alpha(x)$ 的 $-l$ 阶极点, 也称素除子 p 为 $\alpha(x)$ 的 $-l$ 阶极点. 当 $V_p(\alpha) = l = 0$ 时, 称素除子 p 不是 $\alpha(x)$ 的零点也不是 $\alpha(x)$ 的极点. 类似地如果 $V_\infty(\alpha) = l$, 则当 $l > 0$ ($l < 0$) 时, 无穷远

点 ∞ 是 $\alpha(x)$ 的 l 阶零点 ($-l$ 阶极点), 也称无限素除子 ∞ 是 $\alpha(x)$ 的 l 阶零点 ($-l$ 阶极点).

定义 3.4.1 以 $K=\mathbb{F}_q(x)$ 的所有素除子为基的自由 (加法) 交换群叫作 K 的**除子群**, 表示成 $D(K)$. 换句话说, $D(K)$ 中的每个元素 (叫作**除子**, divisor) 唯一表示成

$$A=\sum_p n_p\cdot p \quad (\text{有限个项之和}),$$

其中求和的 p 过所有素除子, $n_p\in\mathbb{Z}$, 但是只有有限多个 n_p 不为零. 对于上述除子 A 和除子 $B=\sum\limits_p m_p\cdot p$ $(m_p\in\mathbb{Z})$, 运算为

$$A\pm B=\sum_p (n_p\pm m_p)p,$$

除子 $A=\sum\limits_p n_p\cdot p$ 的次数定义为

$$\deg A=\sum_p n_p\cdot\deg p\in\mathbb{Z}.$$

不难看出, 映射

$$\deg: D(K)\to\mathbb{Z}$$

是加法群的满同态, 即 $\deg(A+B)=\deg A+\deg B$. (由 $\deg\infty=1$ 可知 $\deg$ 是满射). 核为

$$\ker(\deg)=\{A\in D(K):\deg A=0\},$$

这是 $D(K)$ 的子群, 叫作 K 的**零次除子群**, 表示成 $D^0(K)$. 从而有加法群的正合序列

$$0\to D^0(K)\to D(K)\overset{\deg}{\to}\mathbb{Z}\to 0.$$

也就是说, 商群 $\frac{D(K)}{D^0(K)}$ 同构于整数加法群 $\mathbb{Z}$, 其中对每个除子 A, $\frac{D(K)}{D^0(K)}$ 中的元素 $\overline{A}=A+D^0(K)$ 对应于除子 A 的次数 $\deg A\in\mathbb{Z}$.

另一方面, 对于 $K=\mathbb{F}_q(x)$ 中的每个非零有理函数

$$\alpha=\alpha(x)=\frac{f(x)}{g(x)} \quad (f,g\in\mathbb{F}_q[x], fg\neq 0),$$

$f(x)$ 和 $g(x)$ 均只有有限多个首 1 不可约因子. 所以只有有限多个素除子 p, 使得 $V_p(\alpha) \neq 0$. 于是 $\sum_p V_p(\alpha)p$ 是一个除子, 它叫作**非零有理函数 α 的除子**, 表示成 $\operatorname{div}(\alpha)$. $D(K)$ 中这样的除子叫作**主除子** (principal divisor). 当 $\alpha, \beta \in K^*$ 时, 易知

$$\operatorname{div}(\alpha) + \operatorname{div}(\beta) = \operatorname{div}(\alpha\beta), \quad \operatorname{div}(\alpha) - \operatorname{div}(\beta) = \operatorname{div}\left(\frac{\alpha}{\beta}\right).$$

可知所有主除子形成除子群 $D(K)$ 的一个子群, 叫作 K 的**主除子群**, 表示成 $P(K)$.

例 1 考虑 $K = \mathbb{F}_3(x)$ 中的有理函数 $\alpha = \frac{2(x+1)(x^2+1)}{x-1}$, 其中 $p_1(x) = x+1$, $p_2(x) = x-1$ 和 $p_3(x) = x^2+1$ 均是 $\mathbb{F}_3[x]$ 中的首 1 不可约多项式 (有限素除子). $V_{p_1}(\alpha) = V_{p_3}(\alpha) = 1, V_{p_2}(\alpha) = -1$. 而对于其他有限素除子 $p, V_p(\alpha) = 0$. 最后对于无限素除子 $\infty, V_\infty(\alpha) = 1 - 3 = -2$ (即 α 的分母多项式次数减去分子多项式次数). 于是 α 的除子为主除子

$$\operatorname{div}(\alpha) = p_1 - p_2 + p_3 - 2\infty.$$

由主除子的这个表达式直接看出, 素除子 p_1 和 p_3 是 $\alpha(x)$ 的 1 阶零点, 素除子 p_2 是 $\alpha(x)$ 的 1 阶极点, 无限素除子 ∞ 是 $\alpha(x)$ 的 2 阶极点. 而其他素除子均不是 $\alpha(x)$ 的零点和极点. 所以除子是表达 K 中非零有理函数的零点和极点性质的一种方便的语言.

注意对上面的 $\alpha(x)$, 主除子 $\operatorname{div}(\alpha)$ 的次数为

$$\deg(\operatorname{div}(\alpha)) = \deg p_1 - \deg p_2 + \deg p_3 - 2 \cdot \deg \infty = 1 - 1 + 2 - 2 = 0.$$

现在我们证明:

定理 3.4.2 对于 $K = \mathbb{F}_q(x), P(K) = D^0(K)$. 换句话说, 一个除子 $A \in D(K)$ 是主除子当且仅当 $\deg A = 0$.

证明 设 A 为主除子, 即 $A = \operatorname{div}(\alpha), \alpha \in K^*$, 于是

$$\alpha = \frac{f(x)}{g(x)}, \quad f, g \in \mathbb{F}_q[x],\ fg \neq 0,\ \gcd(f, g) = 1.$$

令

$$f(x) = ap_1(x)^{e_1} \cdots p_g(x)^{e_g}, \quad g(x) = bq_1(x)^{a_1} \cdots q_s(x)^{a_s}$$

是 f 和 g 的分解式, 其中 $p_1,\cdots,p_g,q_1,\cdots,q_s$ 是 $\mathbb{F}_q[x]$ 中的两两不同的首 1 不可约多项式, $a,b\in\mathbb{F}_q^*$, $e_i,a_j\geqslant 1$. 则

$$A=\operatorname{div}(\alpha)=\sum_{i=1}^{g}e_ip_i-\sum_{j=1}^{s}a_jq_j+n_\infty\cdot\infty,$$

其中 $n_\infty=V_\infty(\alpha)=\deg g(x)-\deg f(x)$. 于是

$$\begin{aligned}\deg A&=\sum_{i=1}^{g}e_i\deg p_i-\sum_{j=1}^{s}a_j\deg q_j+n_\infty\\&=\deg f-\deg g+\deg g-\deg f=0.\end{aligned}$$

即主除子的次数为 0. 反之, 设 A 是零次除子, 它可写成

$$A=\sum_{i=1}^{g}e_ip_i-\sum_{j=1}^{s}a_jq_j+n_\infty\cdot\infty,\tag{3.5}$$

其中 $p_1,\cdots,p_g,q_1,\cdots,q_s$ 是彼此不同的有限素除子 (即是彼此不同的 $\mathbb{F}_q[x]$ 中的首 1 不可约多项式), $e_i,a_j\geqslant 1,n_\infty\in\mathbb{Z}$. 考虑非零有理函数

$$\alpha=\frac{p_1^{e_1}\cdots p_g^{e_g}}{q_1^{a_1}\cdots q_s^{a_s}}\in K^*,$$

由于上面已证主除子的次数为 0, 则

$$0=\deg(\operatorname{div}(\alpha))=\sum_{i=1}^{g}e_i\deg p_i-\sum_{j=1}^{s}a_j\deg q_j+V_\infty(\alpha)\cdot\infty.\tag{3.6}$$

另一方面, A 是零次除子, 由 A 的表达式 (3.5), 得到

$$0=\deg A=\sum_{i=1}^{g}e_i\deg p_i-\sum_{j=1}^{s}a_j\deg q_j+n_\infty.\tag{3.7}$$

由 (3.6) 和 (3.7) 式可知 $n_\infty=V_\infty(\alpha)$, 于是

$$A=\sum_{i=1}^{g}e_ip_i-\sum_{j=1}^{s}a_jq_j+V_\infty(\alpha)\cdot\infty=\operatorname{div}(\alpha),$$

即零次除子均为主除子. 证毕. ▮

定义 3.4.3 称 $K=\mathbb{F}_q(x)$ 的两个除子 A 和 $B\in D(K)$ 是等价的, 表示成 $A\sim B$, 是指它们相差一个主除子, 即存在 $\alpha\in K^*$ 使得 $A-B=\operatorname{div}(\alpha)$. 除

子 A 所在的等价类 $A+P(K)$ 表示成 $[A]$, 它是商群 $C(K)=\frac{D(K)}{P(K)}$ 中的元素, 叫作一个**除子类**, $C(K)$ 叫作 K 的**除子类群**. 由定理 3.4.2 可知 $C(K)=\frac{D(K)}{D^0(K)}\cong\mathbb{Z}$. 换句话说, 除子 A 和 B 等价当且仅当 $A-B\in P(K)=D^0(K)$, 即当且仅当 $\deg A=\deg B$. 特别地, 每个除子类 $[A]$ 中的所有除子有相等的次数, 也把它叫作除子类 $[A]$ 的次数.

对于主除子 $\operatorname{div}(\alpha)=\sum\limits_p V_p(\alpha)\cdot p$, 每个素除子 p 的系数 $V_p(\alpha)$ 是 α 的 p-adic 指数赋值. 一般地, 对于每个除子 $A=\sum\limits_p n_p\cdot p$, 我们也把素除子 p 的系数 $n_p\in\mathbb{Z}$ 表示成 $V_p(A)$, 即 $A=\sum\limits_p V_p(A)p$, 其中 $V_p(A)\in\mathbb{Z}$ 并且只有有限多个 $V_p(A)$ 不为 0.

给定任意两个除子 $A=\sum\limits_p V_p(A)p$ 和 $B=\sum\limits_p V_p(B)p$. 如果对所有素除子 p 均有 $V_p(A)\geqslant V_p(B)$, 我们表示成 $A\geqslant B$. 当 $A\geqslant 0$ 时, 称 A 为非负除子. 于是每个除子均可表示成两个非负除子之差:

$$A=\sum_p V_p(A)p=\sum_{\substack{p\\V_p(A)>0}}V_p(A)p-\sum_{\substack{p\\V_p(A)<0}}(-V_p(A))p=A_+-A_-,$$

其中 $A_+=\sum\limits_{\substack{p\\V_p(A)>0}}V_p(A)p\geqslant 0$ 叫作 A 的零点除子, $A_-=\sum\limits_{\substack{p\\V_p(A)<0}}(-V_p(A))p\geqslant 0$ 叫作 A 的极点除子, 而 $\deg A=\deg A_+-\deg A_-$. 因此, A 是主除子当且仅当 $0=\deg A$, 即当且仅当 A 的零点除子的次数等于 A 的极点除子的次数.

定义 3.4.4 设 $K=\mathbb{F}_q(x)$. 对于每个除子 $A\in D(K)$, 定义 K 的一个子集合

$$\begin{aligned}L(A)&=\{\alpha\in K^*:\operatorname{div}(\alpha)\geqslant -A\}\cup\{0\}\\&=\{\alpha\in K^*:\text{对每个素除子}p,\ V_p(\alpha)\geqslant -V_p(A)\}\cup\{0\}.\end{aligned}$$

例如对于 $A=-3p+4\infty$, 其中 $p=p(x)$ 为 $\mathbb{F}_q[x]$ 中的一个 2 次首 1 不可约多项式, 则

$$\begin{aligned}L(A)=\{\alpha\in\mathbb{F}_q(x)^*:V_p(\alpha)\geqslant 3,V_\infty(\alpha)\geqslant -4,\\\text{并且当}p'\neq p,\infty\text{时}V_{p'}(\alpha)\geqslant 0\}\cup\{0\}.\end{aligned}$$

换句话说, $\mathbb{F}_q(x)$ 中的非零有理函数 $\alpha=\alpha(x)$ 属于 $L(A)$ 当且仅当 $V_p(\alpha)\geqslant 3$

(即 $p=p(x)$ 在 $\mathbb{F}_{q^2}$ 中的两个根是具有相同重数的零点, 并且重数至少为 3), $V_\infty(\alpha)\geqslant -4$ (即无穷远点 ∞ 是 α 的至多 4 重极点), 而当 $p'\neq p,\infty$ 时 $V_{p'}(\alpha)\geqslant 0$ (即射影直线 $\Omega_q\cup\{\infty\}$ 中的其他点均不为 α 的极点).

定理 3.4.5　设 $K=\mathbb{F}_q(x)$, $A,B\in D(K)$. 则

(1) $L(A)$ 是 $\mathbb{F}_q$ 上的向量空间.

(2) 若 $A\geqslant B$, 则 $L(A)\supseteq L(B)$.

(3) 若 $A\sim B$, 则向量空间 $L(A)$ 和 $L(B)$ 同构, 从而有相同的维数.

(4) 若 $\deg A<0$, 则 $L(A)=(0)$.

(5) (对于 $K=\mathbb{F}_q(x)$ 的黎曼–罗赫定理) $L(A)$ 是 $\mathbb{F}_q$ 上的有限维向量空间, 并且维数为

$$l(A)=\dim_{\mathbb{F}_q}L(A)=\max\{0,1+\deg A\}=\begin{cases}0, & 若 \deg A<0.\\ 1+\deg A, & 若 \deg A\geqslant 0.\end{cases}$$

证明　(1) 设 $\alpha,\beta\in L(A)$. 对每个素除子 $p, V_p(\alpha)\geqslant -V_p(A)$, $V_p(\beta)\geqslant -V_p(A)$. 于是 $V_p(\alpha\pm\beta)\geqslant\min\{V_p(\alpha),V_p(\beta)\}\geqslant -V_p(A)$. 这就表明 $\alpha\pm\beta\in L(A)$. 又对于 $a\in\mathbb{F}_q$, 若 $a=0$, 则 $a\alpha=0\in L(A)$. 若 $a\in\mathbb{F}_q^*$, 则 $V_p(a\alpha)=V_p(\alpha)\geqslant -V_p(A)$. 于是 $a\alpha\in L(A)$. 这就表明 $L(A)$ 是 $\mathbb{F}_q$ 上的向量空间.

(2) 若 $\alpha\in L(B)$, 则对每个素除子 p,

$$V_p(\alpha)\geqslant -V_p(B)\geqslant -V_p(A)\quad(由于\ A\geqslant B).$$

于是 $\alpha\in L(A)$, 即 $L(B)\subseteq L(A)$.

(3) 若 $A\sim B$, 则 $A=B+\mathrm{div}(\alpha)$, 其中 $\alpha\in K^*$. 于是对每个素除子 p,

$$V_p(A)=V_p(B)+V_p(\alpha).$$

从而对于 $\beta\in K^*$,

$$\begin{aligned}\beta\in L(A)&\Leftrightarrow 对每个素除子p,\ V_p(\beta)\geqslant -V_p(A)=-V_p(B)-V_p(\alpha)\\&\Leftrightarrow 对每个素除子p,\ V_p(\alpha\beta)\geqslant -V_p(B)\\&\Leftrightarrow \alpha\beta\in L(B).\end{aligned}$$

这表明 $\varphi: L(A) \to L(B)$, $\varphi(\alpha) = \alpha\beta$ 是一一映射. 易知 φ 是 $\mathbb{F}_q$-线性映射, 从而 φ 为 $\mathbb{F}_q$ 上向量空间的同构.

(4) 设 $\deg A < 0$. 如果 $0 \neq \alpha \in L(A)$, 则对每个素除子 p, $V_p(\alpha) \geqslant -V_p(A)$. 于是

$$0 = \deg(\operatorname{div}(\alpha)) = \sum_p V_p(\alpha) \deg p \geqslant -\sum_p V_p(A) \deg p = -\deg A > 0,$$

这导致了矛盾. 所以当 $\deg A < 0$ 时, $L(A) = (0)$.

(5) 当 $A \sim B$ 时, $\dim L(A) = \dim L(B), \deg A = \deg B$. 所以为计算 $L(A)$ 的维数, 只需对和 A 等价的任何 B, 计算 $L(B)$ 的维数即可. 当 $\deg A < 0$ 时, 由 (4) 知 $\dim L(A) = 0$. 以下设 $\deg A = n \geqslant 0$. 由 $P(K) = D^0(K)$ 可知, $A \sim B$ 当且仅当 $\deg A = \deg B$, 所以 $n \cdot \infty$ 和 A 等价. 而

$$L(n\infty) = 0 \cup \{\alpha \in K^* : V_\infty(\alpha) \geqslant -n, \text{ 并且对每个有限素除子 } p, V_p(\alpha) \geqslant 0\},$$

不难看出, K 中的一个非零有理函数 $\alpha = \alpha(x)$ 若在所有的有限素除子 $p = p(x)$ 处都没有极点, $\alpha(x)$ 必是 $\mathbb{F}_q[x]$ 中的多项式. 而 $V_\infty(\alpha(x)) = -\deg \alpha(x)$. 因此

$$L(n\infty) = \{\alpha(x) \in \mathbb{F}_q[x] : \deg \alpha(x) \leqslant n\},$$

由于 $\{1, x, x^2, \cdots, x^n\}$ 是这个向量空间的一组 $\mathbb{F}_q$-基, $\dim L(n\infty) = n+1$. 因此当 $n = \deg A \geqslant 0$ 时, $\dim L(A) = \dim(n\infty) = n+1 = 1+\deg A$. 证毕. ∎

$L(A)$ 叫作域 K 关于除子 A 的黎曼–罗赫 (Riemann-Roch) 空间.

例 2 $p_1 = x - 2$ 和 $p_2 = x^2 + 2x + 2$ 是 $\mathbb{F}_3[x]$ 中的首 1 不可约多项式, 即它们为域 $K = \mathbb{F}_3(x)$ 中的有限素除子. 考虑黎曼–罗赫空间 $L(A)$,

$$A = -3p_1 + 2p_2 + \infty,$$

求 $L(A)$ 的一组 $\mathbb{F}_q$-基.

解 由于 $\deg A = -3 + 4 + 1 = 2$, 可知 $\dim L(A) = \deg A + 1 = 3$. 由定义可知, K 中的非零有理函数 $\alpha = \alpha(x)$ 属于 $L(A)$ 当且仅当 $\operatorname{div}(\alpha) \geqslant -\deg A = 3p_1 - 2p_2 - \infty$, 即满足以下条件: 设 $\alpha(x) = \frac{f(x)}{g(x)}, f, g \in \mathbb{F}_q[x]$, $\gcd(f, g) = 1, fg \neq 0$.

(1) p_1 至少为 $\alpha(x)$ 的 3 阶零点, 即 $(x-2)^3|f(x)$.

(2) p_2 至多为 $\alpha(x)$ 的 2 阶极点, 并且其他有限素除子不再为 $\alpha(x)$ 的极点. 从而 $g(x)=p_2^2=(x^2+2x+2)^2$. 因此 $\alpha(x)=\frac{(x-2)^3}{(x^2+2x+2)^2}A(x)$, $A(x)\in\mathbb{F}_q[x]$.

(3) ∞ 至多为 $\alpha(x)$ 的 1 阶极点, 即 $V_\infty(\alpha)\geqslant -1$. 但是 $V_\infty(\alpha)=\deg(x^2+2x+2)^2-\deg(x-2)^3-\deg A(x)=4-3-\deg A(x)$, 可知这相当于 $\deg A(x)\leqslant 2$.

于是 3 维向量空间 $L(A)$ 有 $\mathbb{F}_q$-基 $\{\beta(x),\beta(x)x,\beta(x)x^2\}$, 其中 $\beta(x)=\frac{(x-2)^3}{(x^2+2x+2)^2}$.

以上就是射影直线 $\mathbb{P}(\Omega_q)$ 上的算术理论. 所有这些概念和结果本质上都可用多项式环 $\mathbb{F}_q[x]$ 和它的分式域 $K=\mathbb{F}_q(x)$ 进行直接和初等的解释, 不必采用赋值和除子的语言. 但是当我们从第四章起研究有限域上一般的代数曲线时, 上面的概念和结果要复杂. 不仅赋值, 局部化和除子等概念是重要的, 还要引入一些其他概念 (曲线的奇点, 微分, $\cdots\cdots$). 我们对于射影直线情形采用赋值和除子语言, 是希望从这种简单情形出发, 较为直观地感受这些语言. 我们也希望读者借此体会到下面一些思想.

(1) 几何与代数的对应关系: $K=\mathbb{F}_q(x)$ 中指数赋值 (即素除子) 一一对应于射影直线 $\mathbb{P}(\Omega_q)=\Omega_q\cup\{\infty\}$ 上点的 σ_q-等价类, 素除子的次数等于对应等价类中点的个数.

(2) 射影化方法: 将仿射直线 Ω_q 加入一个无穷远点 ∞, 扩大成射影直线, 使理论更加完美.

(3) 局部化方法: 对每个素除子 p, $K=\mathbb{F}_q(x)$ 的局部域 K_p 有简单的结构 ($K_p=\mathbb{F}_Q((p)),K_\infty=\mathbb{F}_q((t)),t=\frac{1}{x}$), 它们是将来研究曲线奇点和微分的重要工具 (射影直线上没有奇点, 本质上不需要解析工具).

习题 3.4

1. 设 $K=\mathbb{F}_q(x)$. 对于 $\alpha\in K^*$, 证明 $\mathrm{div}(\alpha)=0$ 当且仅当 $\alpha\in\mathbb{F}_q^*$. 由此可知主除子加法群 $P(K)$ 同构于乘法群 $\frac{K^*}{\mathbb{F}_q^*}$.

2. 设 $P_1, \cdots, P_n, Q_1, \cdots, Q_m$ 是射影直线 $\mathbb{P}(\Omega_q) = \Omega_q \cup \{\infty\}$ 中的两两不同的点, $e_1, \cdots, e_n, a_1, \cdots, a_m$ 是一些正整数. 则下面两个条件彼此等价.

(A) $\mathbb{F}_q(x)$ 中存在非零有理函数 $\alpha = \alpha(x)$, 使得 P_i 为 $\alpha(x)$ 的 e_i 阶零点 $(1 \leqslant i \leqslant n)$, Q_j 为 $\alpha(x)$ 的 a_j 阶极点 $(1 \leqslant j \leqslant m)$, 并且 $\alpha(x)$ 在 $\mathbb{P}(\Omega_q)$ 上不再有其他零点或极点.

(B) $\{P_1, \cdots, P_n\}$ 是一些 σ_q-等价类的并集, 并且当 P_i 和 P_j 为 σ_q-等价时 $e_i = e_j$; $\{Q_1, \cdots, Q_n\}$ 是一些 σ_q-等价类的并集, 并且当 Q_i 和 Q_j 为 σ_q-等价时, $a_i = a_j$; 最后还满足 $e_1 + \cdots + e_n = a_1 + \cdots + a_m$.

第四章 有限域上的代数曲线

4.1 仿射代数曲线

定义 4.1.1 设 $f(X,Y)$ 是 $\mathbb{F}_q[X,Y]$ 中次数 $\geqslant 1$ 的多项式. 称

$$C: f(X,Y)=0$$

是一条定义在 $\mathbb{F}_q$ 上的平面仿射代数曲线, 简称仿射曲线.

例如, 对于 $f(X,Y)=Y$, $Y=0$ 是仿射直线 (即 XY 仿射平面中的 X 轴). 一般地, 若 $a,b,c\in\mathbb{F}_q$, 并且 a 和 b 不全为零, 则

$$L: aX+bY+c=0$$

叫作定义于 $\mathbb{F}_q$ 上的仿射直线.

今后设 Ω_q 为 $\mathbb{F}_q$ 的代数闭包. 对于 Ω_q 的每个子域 F, 以 $C(F)$ 表示曲线 C 在 F^2 中的全部点组成的集合, 即

$$C(F)=\left\{(a,b)\in F^2: f(a,b)=0\right\},$$

$C(F)$ 中的点叫作曲线 C 上的一个 F-点. 代数上它为方程 $f(X,Y)=0$ 在 F^2 中的一个解 $(X,Y)=(a,b)$. 当 F 为有限域时, $C(F)$ 是有限集合. 而当 $F=\Omega_q$ 时, 下面要证 $C(\Omega_q)$ 是无限集合, 即方程 $f(X,Y)=0$ 在 Ω_q^2 上有无穷多组解.

$R=\mathbb{F}_q[X,Y]$ 是唯一因子分解整环. 每个多项式 $f(X,Y)$ 可分解成

$$f(X,Y)=P_1(X,Y)\cdots P_g(X,Y),$$

其中 $P_i(X,Y)$ $(1\leqslant i\leqslant g)$ 均是环 R 中的不可约多项式, 对于 Ω_q 的每个子域 F, 由于对 $a,b\in F$, $f(a,b)=0$ 当且仅当存在某个 i $(1\leqslant i\leqslant g)$ 使得

$P_i(a,b)=0$, 从而曲线 $C: f(X,Y)=0$ 是 g 条曲线 $C_i: p_i(X,Y)=0$ 的并集, 即 $C(F)=\bigcup_{i=1}^{g} C_i(F)$. 所以我们今后主要考虑 $f(X,Y)$ 是 $R=\mathbb{F}_q(X,Y)$ 中不可约多项式的情形, 这时 $C: f(X,Y)=0$ 叫作定义于 $\mathbb{F}_q$ 上的不可约仿射曲线.

定理 4.1.2 (1) 设 $C: f(X,Y)=0$ 是定义于 $\mathbb{F}_q$ 上的不可约仿射曲线, 则 $|C(\Omega_q)|=\infty$, 即曲线 C 上有无穷多个 Ω_q-点.

(2) 设 $C: f(X,Y)=0$ 和 $C': g(X,Y)=0$ 是定义在 $\mathbb{F}_q$ 上的两条不可约仿射曲线, 并且 f 和 g 在环 $R=\mathbb{F}_q[X,Y]$ 中不相伴 (由于 $R^*=\mathbb{F}_q^*$, 从而 f 和 g 不相伴相当于说 $\frac{f}{g}$ 不是 $\mathbb{F}_q$ 中的非零元素), 则 C 和 C' 只有有限多个公共 Ω_q-点, 即 $|C(\Omega_q)\cap C'(\Omega_q)|<\infty$.

证明 (1) 由于 $\deg f\geqslant 1$, 我们不妨假定 f 对于 Y 的次数 $\geqslant 1$, 即

$$f(X,Y)=g_n(X)Y^n+g_{n-1}(X)Y^{n-1}+\cdots+g_0(X)$$
$$(g_i(X)\in\mathbb{F}_q[X],\ g_n(X)\neq 0,\ n\geqslant 1).$$

由于 Ω_q 是无限域, 而非零多项式 $g_n(x)$ 在 Ω_q 中只有有限多个零点, 从而存在无限多个 $a\in\Omega_q$, 使得 $g_n(a)\neq 0$. 对每个这样的 a,

$$f(a,Y)=g_n(a)Y^n+g_{n-1}(a)Y^{n-1}+\cdots+g_0(a)$$

是 Y 的 n ($\geqslant 1$) 次多项式, 由于 Ω_q 是代数封闭域, 从而有 $b\in\Omega_q$, 使得 $f(a,b)=0$, 即 $(a,b)\in C(\Omega_q)$. 因为 a 有无穷多个选取可能, 所以 $C(\Omega_q)$ 是无限集合.

(2) 由于 f 和 g 在 $\mathbb{F}_q[X,Y]$ 中均不可约, 并且不相伴, 可知它们在环 $\mathbb{F}_q[X,Y]$ 中互素 (即最大公因子为 1). 由高斯引理知 f 和 g 在环 $\mathbb{F}_q(X)[Y]$ 中也互素. 但是 $\mathbb{F}_q(X)[Y]$ 是主理想整环, 所以存在 $a(X,Y)$ 和 $b(X,Y)\in\mathbb{F}_q(X)[Y]$, 使得 $a(X,Y)f(X,Y)+b(X,Y)g(X,Y)=1$. 这里 $a(X,Y)$ 和 $b(X,Y)$ 均是 Y 的多项式, 系数是 $\mathbb{F}_q(X)$ 中 X 的有理函数. 取这些系数的一个公分母 $e(X)\neq 0$, 使得 $A(X,Y)=e(X)a(X,Y)$ 和 $B(X,Y)=e(X)b(X,Y)$ 都属于 $\mathbb{F}_q[X,Y]$, 并且

$$A(X,Y)f(X,Y)+B(X,Y)g(X,Y)=e(X)\neq 0.$$

如果 $(\alpha,\beta)\in C(\Omega_q)\cap C'(\Omega_q)$, 即 $f(\alpha,\beta)=g(\alpha,\beta)=0$, 由上式知 $e(\alpha)=0$. 但是非零多项式 $e(x)$ 在 Ω_q 中只有有限多个零点, 从而 α 只有有限个可能. 对每个这样的 α, $f(\alpha,Y)$ 和 $g(\alpha,Y)$ 不可能都恒为零, 因为若 $f(\alpha,Y)\equiv 0\equiv g(\alpha,Y)$, 则在 $\Omega_q[X,Y]$ 中 $X-\alpha$ 是 $f(X,Y)$ 和 $g(X,Y)$ 的公因子, 从而在 $\Omega_q[X,Y]$ 中不互素, 所以在 $\mathbb{F}_q[X,Y]$ 中也不互素. 这和假设相矛盾. 因此 $f(\alpha,Y)\not\equiv 0$ 或者 $g(\alpha,Y)\not\equiv 0$. 从而满足 $f(\alpha,\beta)=g(\alpha,\beta)=0$ 的 $\beta\in\Omega_q$ 也只有有限多个. 于是 $f(X,Y)=0$ 和 $g(X,Y)=0$ 在 Ω_q^2 中的公共解只有有限多个. 证毕. ▮

系 4.1.3 设 $C:f(X,Y)=0$ 和 $C':g(X,Y)=0$ 是定义在 $\mathbb{F}_q$ 上的两条不可约仿射曲线. 则它们是同一条曲线 (即指 $C(\Omega_q)=C'(\Omega_q)$) 当且仅当 f 和 g 相伴 (即 $f=ga$, $a\in\mathbb{F}_q^*$).

证明 若 f 和 g 相伴, 易知 $C(\Omega_q)=C'(\Omega_q)$. 反之若 f 和 g 不相伴, 由定理 4.1.2 知 $C(\Omega_q)\cap C'(\Omega_q)$ 是有限集合. 但是 $C(\Omega_q)$ 和 $C'(\Omega_q)$ 都是无限集合, 可知 $C(\Omega_q)\neq C'(\Omega_q)$. ▮

现在我们引入研究不可约仿射曲线的基本工具: 多项式函数环和有理函数域.

$\mathbb{F}_q[X,Y]$ 中的每个多项式 $g(X,Y)$ 都可以看成函数, 即映射

$$g(X,Y):\Omega_q^2\to\Omega_q,\quad (a,b)\mapsto g(a,b),$$

这些映射全体表示成 $M(\Omega_q^2,\Omega_q)$. 在其中自然定义运算: 对于 $f,g\in M(\Omega_q^2,\Omega_q)$,

$$(f\pm g)(a,b)=f(a,b)\pm g(a,b),$$
$$(fg)(a,b)=f(a,b)g(a,b)\quad (\text{对于 } (a,b)\in\Omega_q^2),$$

则 $M(\Omega_q^2,\Omega_q)$ 是交换环. 和单变量多项式的情形一样, $\mathbb{F}_q[X,Y]$ 中不同的多项式是由仿射平面 Ω_q^2 到 Ω_q 的不同映射 (习题 4.1 的 1). 所以环 $\mathbb{F}_q[X,Y]$ 和 $M(\Omega_q^2,\Omega_q)$ 是同构的.

现在设 $C: f(X,Y)=0$ 是定义在 $\mathbb{F}_q$ 上的一条不可约仿射直线, 即 $f(X,Y)$ 是 $\mathbb{F}_q[X,Y]$ 中的不可约多项式, $C=C(\Omega_q)$ 是仿射平面 Ω_q^2 的一个 (无限) 子集合. 对每个多项式 $g(X,Y)\in\mathbb{F}_q[X,Y]$, 映射 $g(X,Y):\Omega_q^2\to\Omega_q$ 限制在 C 上给出映射 $g(X,Y):C\to\Omega_q$, 叫作曲线 C 上的多项式函数. 以 $M(C,\Omega_q)$ 表示这样的多项式映射全体, 它也是一个交换环. 由于 C 只是仿射平面 Ω_q^2 的一个子集合, $\mathbb{F}_q[X,Y]$ 中不同的多项式有可能是 C 上的同一个映射. 事实上, 我们有以下结果.

引理 4.1.4 设 $C: f(X,Y)=0$ 是定义在 $\mathbb{F}_q$ 上的一条不可约仿射曲线. 则对于 $g(X,Y), h(X,Y)\in\mathbb{F}_q[X,Y]$, 它们是 C 上的同一个函数 (即为 $M(C,\Omega_q)$ 中的同一个映射) 当且仅当 $g(X,Y)\equiv h(X,Y) \pmod{f(X,Y)}$.

证明 将 $\mathbb{F}_q[X,Y]$ 中的多项式映成为 C 上函数的映射

$$\varphi:\mathbb{F}_q[X,Y]\to M(C,\Omega_q)$$

是环的满同态. 核为 $\ker(\varphi)=\{g(X,Y)\in\mathbb{F}_q[X,Y]:$ 对每个 $(a,b)\in C=C(\Omega_q)$, $g(a,b)=0\}$. 我们现在证明 $\ker(\varphi)=(f(X,Y))$ (由 f 生成的主理想). 我们要证明: 对于 $g(X,Y)\in\mathbb{F}_q[X,Y]$, $g:C\to\Omega_q$ 为零映射当且仅当 $f|g$. 如果 $f|g$, 则 $g(X,Y)=h(X,Y)f(X,Y)$, 其中 $h(X,Y)\in\mathbb{F}_q[X,Y]$. 于是当 $(a,b)\in C$ 时, $f(a,b)=0$, 从而 $g(a,b)=h(a,b)\cdot 0=0$, 即 $g\in\ker(\varphi)$. 反之若 $g:C\to\Omega_q$ 是零映射, 我们要证 $f|g$. 当 $g\equiv 0$ 时这显然成立. 以下设 $g\not\equiv 0$, 又不可能 $g\equiv\alpha\in\mathbb{F}_q^*$, 则 $\deg g(X,Y)\geqslant 1$. 于是有分解式

$$g(X,Y)=p_1(X,Y)\cdots p_s(X,Y),$$

其中 $s\geqslant 1, p_1,\cdots,p_s$ 均是 $\mathbb{F}_q[X,Y]$ 中的不可约多项式. 于是 $p_i(X,Y)$ $(1\leqslant i\leqslant s)$ 均为 $\mathbb{F}_q[X,Y]$ 中的不可约多项式, $s\geqslant 1$. 从而 $C_i: p_i(X,Y)=0$ $(1\leqslant i\leqslant s)$ 都是定义在 $\mathbb{F}_q$ 上的不可约曲线. 并且对于曲线 $C': g(X,Y)=0$, 我们有 $C'(\Omega_q)=\bigcup\limits_{i=1}^{s}C_i(\Omega_q)$. 因此 $C(\Omega_q)\cap C'(\Omega_q)=\bigcup\limits_{i=1}^{s}(C_i(\Omega_q)\cap C(\Omega_q))$. 如果 $f\nmid g$, 则 f 和 p_i $(1\leqslant i\leqslant s)$ 均不相伴, 从而 $C_i(\Omega_q)\cap C(\Omega_q)$ 都是有限集合 (定理 4.1.2(2)), 由上式知 $C(\Omega_q)\cap C'(\Omega_q)$ 也是有限集合, 但是 $C(\Omega_q)$ 为无

限集合 (定理 4.1.2(1)), 从而有 $(a,b)\in C(\Omega_q)\backslash C'(\Omega_q)$. 这就表明 $g:C\to\Omega_q$ 不是零映射 (因为 $f(a,b)=0$, 即 $(a,b)\in C$ 而 $g(a,b)\neq 0$).

以上证明了 $\ker(\varphi)=(f)$. 于是 g 和 h 为 C 上的同一个函数当且仅当 $g-h\in(f)$, 即 $g\equiv h \pmod f$. 证毕. ∎

引理 4.1.4 给出了环同构 $M(C,\Omega_q)\cong\frac{\mathbb{F}_q[X,Y]}{(f(X,Y))}$. 换句话说, $\mathbb{F}_q[X,Y]$ 对 (f) 的每个陪集 $g+(f)$ 中的所有多项式是 C 上的同一个函数. 所以称商环

$$\mathbb{F}_q[C]=\mathbb{F}_q[X,Y]/(f(X,Y))$$

为不可约仿射曲线 $C:f(X,Y)=0$ 上的*多项式函数环*. $\mathbb{F}_q[C]$ 中不同的元素是 C 上的不同函数.

用 x 和 y 分别表示 X 和 Y 在 $\mathbb{F}_q[C]=\mathbb{F}_q[X,Y]/(f(X,Y))$ 中的像, 则 $\mathbb{F}_q[C]=\mathbb{F}_q[x,y]$, 其中函数 x 和 y 之间有关系 $f(x,y)=0$.

由于 $f(X,Y)$ 是环 $\mathbb{F}_q[X,Y]$ 中的不可约多项式, (f) 是此环中的素理想. 于是 $\mathbb{F}_q[C]=\mathbb{F}_q[X,Y]/(f)$ 是整环. 它的分式域记为 $\mathbb{F}_q(C)$ 或 $\mathbb{F}_q(x,y)$, 叫作不可约曲线 C 的*有理函数域* (简称为 C 的函数域). $\mathbb{F}_q(C)$ 中的元素为

$$\frac{h(x,y)}{g(x,y)}\quad (h(x,y),g(x,y)\in\mathbb{F}_q[C]=\mathbb{F}_q[x,y],g(x,y)\neq 0).$$

环 $\mathbb{F}_q[C]$ 和域 $\mathbb{F}_q(C)$ 是研究 $\mathbb{F}_q$ 上不可约仿射曲线 C 的基本代数工具.

例 1 对于仿射直线 $C:aX+bY+c=0$ ($a,b,c\in\mathbb{F}_q$ 并且 a 和 b 不全为 0), 它的多项式函数环为 $\mathbb{F}_q[C]=\mathbb{F}_q[x,y]$, 其中 $ax+by+c=0$. 如果 $b\neq 0$, 则 $y=-b^{-1}(ax+c)$, 于是 $\mathbb{F}_q[C]=\mathbb{F}_q[x]$, 而 $\mathbb{F}_q(C)=\mathbb{F}_q(x)$ 即是第三章讲述的有理函数域. 如果 $a\neq 0$, 类似可知 $\mathbb{F}_q[C]=\mathbb{F}_q[y]$, $\mathbb{F}_q(C)=\mathbb{F}_q(y)$ 也是通常的多项式环和有理函数域.

例 2 设 p 为奇素数, $q=p^n(n\geqslant 1)$. $g(X)$ 为 $\mathbb{F}_q[X]$ 中次数 $\geqslant 3$ 的多项式, 并且没有平方因子, 即不存在 $\mathbb{F}_q[X]$ 中的不可约多项式 $p(X)$, 使得 $p(X)^2|g(X)$. 这也相当于 $g(X)$ 是 $\mathbb{F}_q[X]$ 中的一些彼此不相伴的不可约多项式的乘积. 由 Eisenstein 判别法可知 $Y^2-g(X)$ 为 $\mathbb{F}_q[X,Y]$ 中的不可约多项式. 从而 $C:Y^2-g(X)=0$ 是定义在 $\mathbb{F}_q$ 上的不可约仿射曲线, 叫作*超椭圆*

曲线. 这时 $\mathbb{F}_q[C]=\mathbb{F}_q[x,y]$, 其中 $y=\sqrt{g(x)}$. 而 $\mathbb{F}_q(C)=\mathbb{F}_q(x,\sqrt{g(x)})$. 令 $K=\mathbb{F}_q(x)$, 则 $\mathbb{F}_q(C)=K(\sqrt{g(x)})$ 是 K 的 2 次扩域, 叫作 2 次函数域. 换句话说, 几何上的超椭圆曲线对应于代数上的 2 次函数域.

对于有理函数 $y^{-1}=\frac{1}{\sqrt{g(x)}}\in\mathbb{F}_q(C)=\mathbb{F}_q(x,y)$, 设 $P=(a,b)$ 是曲线 C 上的一个 Ω_q-点, 即 $b^2=g(a)$. 则当 $b\neq 0$ 时 y^{-1} 在点 P 的取值为 $y^{-1}(P)=b^{-1}$; 当 $b=0$ 时, $y^{-1}(P)=\frac{1}{0}=\infty$, 即 C 上的有理函数是由 C 到射影直线 $\mathbb{P}(\Omega_q)=\Omega_q\bigcup\{\infty\}$ 上的函数.

习题 4.1

1. 证明 $\mathbb{F}_q[X,Y]$ 中不同的多项式是由 Ω_q^2 到 Ω_q 的不同映射.

2. 仿射平面 Ω_q^2 的一个子集合 S 叫作定义在 $\mathbb{F}_q$ 上的一个代数集合, 是指存在 $f(X,Y)\in\mathbb{F}_q[X,Y]$, 使得 S 是仿射曲线 $C:f(X,Y)=0$ 的 Ω_q-点集合, 即 $S=C(\Omega_q)$. 以 Σ 表示 Ω_q^2 中所有定义在 $\mathbb{F}_q$ 上的代数集合构成的集合. 证明 Σ 满足拓扑空间中的闭集公理, 即

(1) 空集和 Ω_q^2 都属于 Σ.

(2) Σ 中有限多个成员的并集仍属于 Σ.

(3) Σ 中任意多个成员的交集仍属于 Σ.

3. 仿射平面 Ω_q^2 对于以 Σ 中的成员为闭集所给出的拓扑是一个拓扑空间, 其中开集为闭集的补集. 证明这个拓扑空间不是豪斯多夫拓扑空间.

(**注记** 一个拓扑空间叫作豪斯多夫的, 是指对于此空间任意两个不同的点 a 和 b, 均有包含 a 的开集 O 和包含 b 的开集 O', 使得 O 和 O' 不相交.)

4. 设 $C:f(X,Y)=0$ 是定义在 $\mathbb{F}_q$ 上的不可约仿射曲线. 对于点 $P=(a,b)\in\Omega_q^2$, 定义 $\sigma_q(P)=(a^q,b^q)\in\Omega_q^2$.

(1) Ω_q^2 中的两个点 P 和 Q 叫作 σ_q-等价的, 是指存在正整数 l, 使得 $P=\sigma_q^l(Q)$. 证明这是 Ω_q^2 上的一个等价关系.

(2) 证明: 若 $(a,b)\in C(\Omega_q)$, 则 (a,b) 所在 σ_q-等价类中所有点均属于 $C(\mathbb{F}_q)$. 从而 $C(\mathbb{F}_q)$ 是 Ω_q^2 中一些点的 σ_q-等价类的并集.

(3) 设 $(a,b)\in\Omega_q^2$, 则 $\mathbb{F}_q(a,b)=\mathbb{F}_{q^d}$ 是有限域, 并且 (a,b) 所在 σ_q-等价类中点的个数为 $d=[\mathbb{F}_q(a,b):\mathbb{F}_q]$.

4.2 曲线的双有理等价

不可约仿射曲线是我们的基本研究对象. 和任何一门数学一样, 我们要通过基本对象之间"合理"的联系来研究它们的性质和分类. 本节讲述不可约仿射曲线之间的两种基本映射和分类. 由于曲线都是由多项式方程所定义的, 所以它们之间的联系也都是由多项式和有理函数映射来进行的.

设 $C_1 : f_1(X,Y)=0$ 和 $C_2 : f_2(X,Y)=0$ 是定义在 $\mathbb{F}_q$ 上的两条不可约仿射曲线, $f_1(X,Y)$, $f_2(X,Y)$ 均是 $\mathbb{F}_q[X,Y]$ 中的不可约多项式.

$$\mathbb{F}_q[C_1]=\mathbb{F}_q[x,y] \quad (f_1(x,y)=0),$$

对于 $g(x,y),h(x,y)\in\mathbb{F}_q[C_1]$, 我们有映射

$$\varphi=(g,h): C_1=C_1(\Omega_q)\to\Omega_q^2,$$
$$\varphi(a,b)=(g(a,b),\ h(a,b)) \quad (\text{对每个 } (a,b)\in C_1),$$

如果 φ 的像集合 $\mathrm{Im}(\varphi)$ 包含在 Ω_q^2 的子集合 $C_2=C_2(\Omega_q)$ 之中, 即若 $f_1(a,b)=0$, 则 $f_2(\varphi(a,b))=f_2(g(a,b),\ h(a,b))=0$. 则称 φ 是由曲线 C_1 到 C_2 (定义在 $\mathbb{F}_q$ 上) 的多项式映射, 表示成 $\varphi: C_1\to C_2$.

例如恒等映射 $I_{C_1}: C_1\to C_1$ 是多项式映射, 因为 $I_{C_1}=(g,h)$, 其中 $g(x,y)=x$, $h(x,y)=y$, 从而对每个 $(a,b)\in C_1$,

$$I_{C_1}(a,b)=(g(a,b),h(a,b))=(a,b).$$

如果 C_1, C_2, C_3 均是定义在 $\mathbb{F}_q$ 上的不可约仿射曲线, $\varphi: C_1\to C_2$ 和 $\psi: C_2\to C_3$ 均是定义在 $\mathbb{F}_q$ 上的多项式映射, 则不难看出, 合成映射

$$\psi\circ\varphi: C_1\to C_3, \quad (\psi\circ\varphi)(a,b)=\psi(\varphi(a,b))$$

是由 C_1 到 C_3 (定义于 $\mathbb{F}_q$ 上) 的多项式映射.

定义 4.2.1 定义在 $\mathbb{F}_q$ 上的不可约仿射曲线 C_1 和 C_2 叫作 (在 $\mathbb{F}_q$ 上) 多项式同构, 是指存在 (定义在 $\mathbb{F}_q$ 上的) 多项式映射 $\varphi: C_1\to C_2$ 和 $\psi: C_2\to C_1$, 使得 $\varphi\circ\psi=I_{C_2}$ 并且 $\psi\circ\varphi=I_{C_1}$.

不难验证多项式同构是一个等价关系，从而定义在 $\mathbb{F}_q$ 上的所有不可约曲线由此分成一些多项式同构类. 下面是这种分类的算术意义.

定理 4.2.2 设 $C_1: f_1(X,Y)=0$ 和 $C_2: f_2(X,Y)=0$ 是定义在 $\mathbb{F}_q$ 上的两条不可约仿射曲线. 如果 C_1 和 C_2 在 $\mathbb{F}_q$ 上是多项式同构的，则方程 $f_1(X,Y)=0$ 在 $\mathbb{F}_q^2$ 中的解和 $f_2(X,Y)=0$ 在 $\mathbb{F}_q^2$ 中的解一一对应 (即集合 $C_1(\mathbb{F}_q)$ 和 $C_2(\mathbb{F}_q)$ 一一对应)，并且 $(a_1,b_1)\in C_1(\mathbb{F}_q)$ 和 $(a_2,b_2)\in C_2(\mathbb{F}_q)$ 之间的对应关系可用一组固定的多项式 $g_1,g_2,h_1,h_2\in\mathbb{F}_q[X,Y]$ 表达:

$$\begin{cases} a_2=g_1(a_1,b_1), \\ b_2=h_1(a_1,b_1), \end{cases} \quad \begin{cases} a_1=g_2(a_2,b_2), \\ b_1=h_2(a_2,b_2). \end{cases}$$

证明 由于 C_1 和 C_2 在 $\mathbb{F}_q$ 上是多项式同构的，从而有 $g_1,g_2,h_1,h_2\in\mathbb{F}_q[X,Y]$，使得

$$\varphi=(g_1,h_1): C_1\to C_2, \quad \psi=(g_2,h_2): C_2\to C_1,$$

满足 $\varphi\circ\psi=1_{C_2}$，$\psi\circ\varphi=1_{C_1}$. 于是对每个点 $(a_1,b_1)\in C_1(\mathbb{F}_q)$，

$$(a_2,b_2)=(g_1(a_1,b_1),h_1(a_1,b_1))=\varphi(a_1,b_1)\in C_2(\mathbb{F}_q),$$

$a_2=g_1(a_1,b_1)\in\mathbb{F}_q$，$b_2=h_1(a_1,b_1)\in\mathbb{F}_q$ 并且 $f_2(a_2,b_2)=0$. 即若 (a_1,b_1) 是 $f_1(X,Y)=0$ 的 $\mathbb{F}_q$-解，则 (a_2,b_2) 是 $f_2(X,Y)=0$ 的 $\mathbb{F}_q$-解. 类似地可证，若 (a_2,b_2) 是 $f_2(X,Y)=0$ 的 $\mathbb{F}_q$-解，则 $(a_1,b_1)=\psi(a_2,b_2)=(g_2(a_2,b_2),\ h_2(a_2,b_2))$ 是 $f_1(X,Y)=0$ 的一个 $\mathbb{F}_q$-解. 由于 $\varphi\circ\psi=1_{C_2}$ 和 $\psi\circ\varphi=1_{C_1}$，可知这种对应是一一对应. 证毕. ∎

下一个目标是给出两个不可约仿射曲线是否是多项式同构的一个方便的代数判别方法.

设 C_1 和 C_2 是定义在 $\mathbb{F}_q$ 上的两条不可约仿射曲线，$\varphi: C_1\to C_2$ 是定义在 $\mathbb{F}_q$ 上的多项式映射. 则对曲线 C_2 的每个多项式函数 $h: C_2\to\Omega_q$ $(h\in\mathbb{F}_q[C_2])$，合成映射

$$\varphi^*(h)=h\circ\varphi: C_1\to\Omega_q$$

是曲线 C_1 的多项式函数, 即 $\varphi^*(h) \in \mathbb{F}_q[C_1]$. 从而由 φ 诱导出多项式函数环之间的映射

$$\varphi^* : \mathbb{F}_q[C_2] \to \mathbb{F}_q[C_1], \quad h \mapsto \varphi^*(h) = h \circ \varphi.$$

引理 4.2.3 (1) φ^* 是环的同态, 并且对每个 $a \in \mathbb{F}_q$, $\varphi^*(a) = a$, 即 φ^* 是环的 $\mathbb{F}_q$-同态.

(2) 若又有不可约曲线之间定义于 $\mathbb{F}_q$ 上的多项式映射 $\psi : C_2 \to C_3$, 则 $\varphi^* \circ \psi^* = (\psi \circ \varphi)^*$.

(3) $1_{C_1}^* = 1_{\mathbb{F}_q[C_1]}$.

证明 (1) 不难证明 φ^* 是环的同态, 即对于 $h_1, h_2 \in \mathbb{F}_q[C_2]$,

$$\varphi^*(h_1 \pm h_2) = \varphi^*(h_1) \pm \varphi^*(h_2),$$

$$\varphi^*(h_1 h_2) = \varphi^*(h_1)\varphi^*(h_2).$$

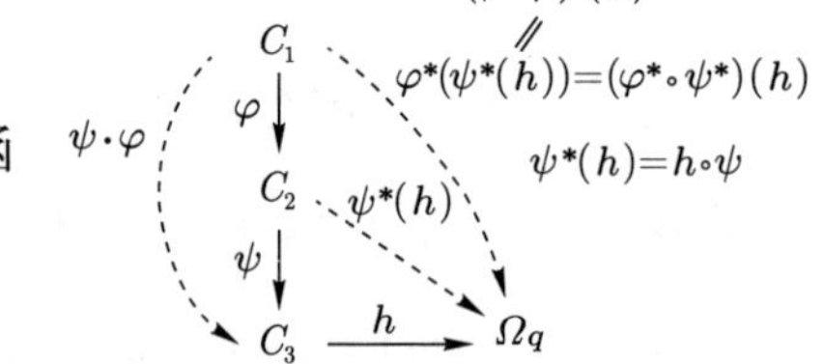

进而, $a \in \mathbb{F}_q$ 看成 $\mathbb{F}_q[C_2]$ 中取常值 a 的函数, 可知 $\varphi^*(a) = a$.

(2) 见右图.

(3) 画映射图表即知. ▮

定理 4.2.4 定义在 $\mathbb{F}_q$ 上的两条不可约仿射曲线 C_1 和 C_2 在 $\mathbb{F}_q$ 上是多项式同构的, 当且仅当它们的多项式函数环 $\mathbb{F}_q[C_1]$ 和 $\mathbb{F}_q[C_2]$ 是 $\mathbb{F}_q$-同构的.

证明 若 C_2 和 C_1 在 $\mathbb{F}_q$ 上是多项式同构的, 则有定义在 $\mathbb{F}_q$ 上的多项式映射 $\varphi : C_1 \to C_2$ 和 $\psi : C_2 \to C_1$ 满足 $\varphi \circ \psi = 1_{C_2}$, $\psi \circ \varphi = 1_{C_1}$. 根据引理 4.2.3, 我们有环的 $\mathbb{F}_q$-同态 $\varphi^* : \mathbb{F}_q[C_2] \to \mathbb{F}_q[C_1]$ 和 $\psi^* : \mathbb{F}_q[C_1] \to \mathbb{F}_q[C_2]$, 满足

$$\varphi^*\psi^* = (\psi \circ \varphi)^* = 1_{C_1}^* = 1_{\mathbb{F}_q[C_1]}, \quad \psi^*\varphi^* = 1_{\mathbb{F}_q[C_2]},$$

所以环 $\mathbb{F}_q[C_1]$ 和 $\mathbb{F}_q[C_2]$ 是 $\mathbb{F}_q$-同构的. 反过来证明从略. (证明不难, 只是符号比较复杂) ▮

注记 两个环 $\mathbb{F}_q[C_1]$ 和 $\mathbb{F}_q[C_2]$ 称为 $\mathbb{F}_q$-同构的, 是指存在环同构 $\sigma : \mathbb{F}_q[C_1] \to \mathbb{F}_q[C_2]$ 使得对每个 $a \in \mathbb{F}_q$, $\sigma(a) = a$.

例 1 定义在 $\mathbb{F}_q$ 上的"抛物线" $C_1 : Y - X^2 = 0$ 和仿射直线 $C_2 : f(Z, W) = W = 0$ (ZW 平面的 Z 轴) 是在 $\mathbb{F}_q$ 上多项式同构的. 因为

$$\mathbb{F}_q[C_1] = \mathbb{F}_q[x, y] = \mathbb{F}_q[x] \quad (y = x^2)$$

Y(=W)
(x,y)
X(=Z)
x=z

和 $\mathbb{F}_q[C_2] = \mathbb{F}_q[z, w] = \mathbb{F}_q[z]$ $(w = 0)$ 是 $\mathbb{F}_q$-同构的多项式函数环. 同构为

$$\begin{cases} x = z, \\ (y = z^2), \end{cases} \quad \begin{cases} z = x, \\ (w = 0), \end{cases}$$

所以方程 $Y = X^2$ 的 $\mathbb{F}_q$-解和 $f(Z, W) = W = 0$ 的 $\mathbb{F}_q$-解有以下的多项式对应关系:

$$(x, y) = (z, z^2) \longleftrightarrow (z, 0),$$

即抛物线 C_1 上的每个点 (x, y) 对应于此点投射到 Z 轴 (即 X 轴) 上的坐标 $z = x$.

例 2 考虑定义在 $\mathbb{F}_q$ 上的曲线 $C_1 : X^3 - Y^2 = 0$ 和仿射直线 $C_2 : f(Z, W) = W = 0$. 环 $\mathbb{F}_q[C_1] = \mathbb{F}_q[x, x^{3/2}]$ 和 $\mathbb{F}_q[C_2] = \mathbb{F}_q[z]$ 不是 $\mathbb{F}_q$-同构的 (后者为主理想整环, 而 $\mathbb{F}_q[x, x^{3/2}]$ 中的理想 $(x, x^{3/2})$ 不是主理想). 从而 C_1 和 C_2 不是 $\mathbb{F}_q$-同构的.

在代数几何中, 更重要的是比多项式更粗的一种分类, 叫作*双有理等价*, 即曲线之间的映射是利用比多项式更广的有理函数.

对于定义在 $\mathbb{F}_q$ 上的不可约仿射曲线 $C : f(X, Y) = 0$, 每个有理函数

$$\alpha(x, y) = \frac{A(x, y)}{B(x, y)} \in \mathbb{F}_q(C) = \mathbb{F}_q(x, y) \quad (f(x, y) = 0)$$

可看成函数 $\alpha : C = C(\Omega_q) \to \mathbb{P}(\Omega_q) = \Omega_q \bigcup \{\infty\}$, 其中 $A(x, y), B(x, y) \in \mathbb{F}_q[x, y]$, $B(x, y) \neq 0$. 对于 $(a, b) \in C$, 当 $B(a, b) \neq 0$ 时, $\alpha(a, b) = \frac{A(a,b)}{B(a,b)} \in \Omega_q$. 若 $A(a, b) = 0$, 则 $\alpha(a, b) = 0$, 称 (a, b) 为 α 在曲线 C 上的*零点*. 若 $B(a, b) = 0$ 而 $A(a, b) \neq 0$, 则 $\alpha(a, b) = \infty$, 称 (a, b) 为 α 在曲线 C 上的*极点*.

引理 4.2.5 设 C 是定义在 $\mathbb{F}_q$ 上的不可约仿射曲线, 则 $\mathbb{F}_q(C)$ 中的每个非零有理函数 $\alpha(x, y)$ 在 (无限集合) $C = C(\Omega_q)$ 中只有有限多个零点和极点.

证明 设 $\alpha(x,y)=\frac{A(x,y)}{B(x,y)}$, $A(x,y),B(x,y)\in\mathbb{F}_q[x,y]\backslash\{0\}$, $f(x,y)=0$, 其中 $f(X,Y)$ 是 $\mathbb{F}_q[X,Y]$ 中的不可约多项式, 而 C 是由 $f(X,Y)=0$ 定义的曲线. 由 $B(x,y)\neq 0$ 可知 $f(X,Y)\nmid B(X,Y)$. 而 $B(X,Y)$ 在 C 中的零点集合为

$$\{(a,b)\in C:B(a,b)=0\}=\{(a,b)\in\Omega_q^2:f(a,b)=B(a,b)=0\},$$

由定理 4.1.2(2) 知这是有限集合, 从而 α 在 C 中只有有限多个极点. 同样由 $A(x,y)\neq 0$ 可知 α 在 C 中也只有有限多个零点. ▮

设 $C_1:f_1(X,Y)=0$ 和 $C_2:f_2(X,Y)=0$ 均是定义在 $\mathbb{F}_q$ 上的不可约仿射曲线. 对于 $\alpha(x,y),\beta(x,y)\in\mathbb{F}_q(C_1)$ $(f_1(x,y)=0)$, 我们有有理映射 $\alpha,\beta:C_1\to\mathbb{P}(\Omega_q)$, 从而有映射

$$\varphi=\varphi(x,y)=(\alpha,\beta):C_1\to\mathbb{P}(\Omega_q)\times\mathbb{P}(\Omega_q),\quad \varphi(a,b)=(\alpha(a,b),\ \beta(a,b)).$$

α 和 β 的极点全体是个有限集合 S. 如果 C_1 中的其他点的像均属于 C_2, 即 $\varphi(C_1\backslash S)\subseteq C_2(\Omega_q)$, 则称 φ 是由 C_1 到 C_2 的有理映射, 表示成 $\varphi:C_1\to C_2$.

定义 4.2.6 设 C_1 和 C_2 均是定义在 $\mathbb{F}_q$ 上的不可约仿射曲线. 称 C_1 和 C_2 (在 $\mathbb{F}_q$ 上) **双有理等价**, 是指存在有理映射 $\varphi:C_1\to C_2$ 和 $\psi:C_2\to C_1$, 使得除了有限多个极点之外, $\varphi\psi=1_{C_2}$, $\psi\varphi=1_{C_1}$.

注记 设 $C_1:f_1(X,Y)=0$, $C_2:f_2(X,Y)=0$, 如果 C_1 和 C_2 在 $\mathbb{F}_q$ 上双有理等价, 且互逆的有理映射为

$$\varphi=(\alpha_1,\beta_1):C_1\to C_2,\quad \psi=(\alpha_2,\beta_2):C_2\to C_1,$$

其中 $\alpha_1,\beta_1\in\mathbb{F}_q(C_1)$, $\alpha_2,\beta_2\in\mathbb{F}_q(C_2)$. 则和多项式同构的情形类似, 方程 $f_1(X,Y)=0$ 和方程 $f_2(X,Y)=0$ 在 $\mathbb{F}_q^2$ 中的解集合 $C_1(\mathbb{F}_q)$ 和 $C_2(\mathbb{F}_q)$ 除了有限个极点之外是一一对应的, 并且对应可以用有理函数来表达:

$$\begin{cases}a_2=\alpha_1(a_1,b_1),\\ b_2=\beta_1(a_1,b_1),\end{cases}\quad \begin{cases}a_1=\alpha_2(a_2,b_2),\\ b_1=\beta_2(a_2,b_2).\end{cases}$$

$$(a_1,b_1)\in C_1(\Omega_q)\leftrightarrow(a_2,b_2)\in C_2(\Omega_q).$$

下面是不可约仿射曲线双有理等价的代数判别法.

定理 4.2.7 对于定义在 $\mathbb{F}_q$ 上的两条不可约仿射曲线 C_1 和 C_2, 它们在 $\mathbb{F}_q$ 上双有理等价当且仅当它们的函数域 $\mathbb{F}_q(C_1)$ 和 $\mathbb{F}_q(C_2)$ 是 $\mathbb{F}_q$-同构的, 即存在域的同构 $\sigma : \mathbb{F}_q(C_1) \xrightarrow{\sim} \mathbb{F}_q(C_2)$, 使得对每个 $a \in \mathbb{F}_q$, $\sigma(a) = a$.

证明思想和定理 4.2.4 相仿, 不过由于有理映射存在有限多个极点, 需要在证明中做更细致的技术上的考虑. 我们略去这个证明. 用一些例子加以说明.

双有理等价是定义在 $\mathbb{F}_q$ 上的不可约代数曲线之间的等价关系. 由定义可知, 曲线 C_1 和 C_2 是多项式同构的, 则必然双有理等价. 但反之不然 (因为多项式映射必是有理映射, 但反之不对), 从而双有理等价是不可约仿射曲线更粗的分类, 即每个双有理等价类可以包含多个多项式同构类.

例 2 (续) 曲线 $C_1 : X^3 - Y^2 = 0$ 和仿射直线 $C_2 : f(Z, W) = W = 0$ 不是多项式同构, 因为环 $\mathbb{F}_q[C_1] = \mathbb{F}_q[x, x^{3/2}]$ 和 $\mathbb{F}_q[C_2] = \mathbb{F}_q[z]$ 不同构. 但是函数域 $\mathbb{F}_q(C_1) = \mathbb{F}_q(x, x^{3/2}) = \mathbb{F}_q(x^{1/2})$ 和 $\mathbb{F}_q(C_2) = \mathbb{F}_q(z)$ 是 $\mathbb{F}_q$-同构的 (将 $x^{1/2}$ 映成 z). 所以 C_1 和 C_2 在 $\mathbb{F}_q$ 上双有理等价:

$$\begin{cases} x = z^2, \\ y = z^3, \end{cases} \qquad \begin{cases} z = y/x, \\ (w = 0). \end{cases}$$

即仿射直线 C_2 上的点 $z = a \in \Omega_q$ 对应于曲线 C_2 上的点 $(x, y) = (a^2, a^3)$. 由此给出 $C_1(\Omega_q)$ 和 $C_2(\Omega_q)$ 之间的一一对应, 并且当 $a \neq 0$ 时, C_2 上的点 $(x, y) = (a^2, a^3)$ 对应于 $C_1(\Omega_q)$ 中的点 $z = \frac{y}{x} = a$, 它是 y 和 x 的有理函数.

例 3 "单位圆周" $C : X^2 + Y^2 - 1 = 0$ 和仿射直线双有理等价.

我们用实平面 $\mathbb{R}^2$ 上的单位圆周作为几何直观, 给出 C 和仿射直线之间的双有理映射.

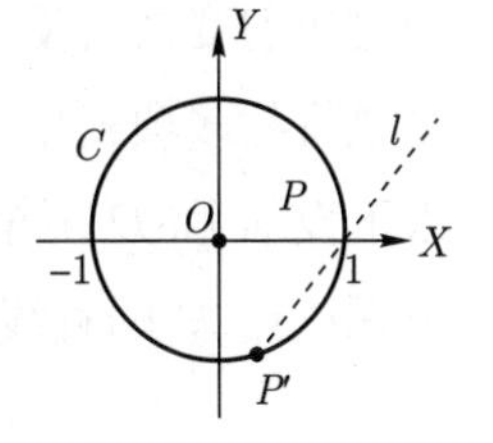

在单位圆周 C 上取一点 $P = (X, Y) = (1, 0)$. 过此点以 t 为斜率的直线

$$l : Y = t(X - 1) \quad (t \in \mathbb{R}),$$

直线 l 和 C 的交点 (X, Y) 满足

$$l \cap C : \begin{cases} X^2 + Y^2 = 1, \\ Y = t(X-1). \end{cases}$$

将第二式代入第一式, 给出 $(1+t^2)X^2 - 2t^2X + t^2 - 1 = 0$. 这是关于 X 的二次方程, 它的一个解为 $X = 1$ (因为点 $P = (X, Y) = (1, 0)$ 是 l 和 C 的交点). 另一个解 $X = x$ 满足 $1 + x = \frac{2t^2}{1+t^2}$, 即 $x = \frac{t^2-1}{t^2+1}$, 从而 l 和 C 的第二个交点为 $P' = (x, y)$, 其中 $y = t(x-1) = -\frac{2t}{t^2+1}$. 我们把 t 对应于这第二个交点 $P' = (x, y) = \left(\frac{t^2-1}{t^2+1}, -\frac{2t}{t^2+1}\right)$ 便给出 C 中的点 (x, y) 和仿射直线 (T 轴) 上的点 t 之间的互逆有理变换

$$\begin{cases} x = \dfrac{t^2-1}{t^2+1}, & t = \dfrac{y}{x-1}, \\ y = -\dfrac{2t}{t^2+1}, & P' \leftrightarrow t. \end{cases}$$

从而 C 和仿射直线双有理等价.

定义 4.2.8 定义在 $\mathbb{F}_q$ 上的不可约曲线叫作**有理曲线**, 是指此曲线在 $\mathbb{F}_q$ 上双有理等价于仿射直线.

将例 3 的方法稍加推广, 便得到如下的一般结果: 在双有理等价分类之下, 二次曲线和直线属于同类曲线.

定理 4.2.9 对于定义在 $\mathbb{F}_q$ 上的不可约二次曲线 $C : f(X, Y) = 0$ (即 $f(X, Y)$ 为 $\mathbb{F}_q[X, Y]$ 中的 2 次不可约多项式). 若 C 上存在 $\mathbb{F}_q$-点, 则 C 是有理曲线.

证明 一个二次 (不可约) 多项式为 $f(X, Y) = AX^2 + BXY + DY^2 + aX + bY + c \in \mathbb{F}_q[X, Y]$, 其中 A, B, D 不全为 0. 如果 $A = D = 0$, 则 $B \neq 0$. 通过仿射变换可使 $f(X, Y)$ 变成 $XY - d = 0$ ($d \in \mathbb{F}_q^*$) (若 $d = 0$, 则 $f(X, Y)$ 必是可约多项式). 它在 $\mathbb{F}_q$ 上和仿射直线双有理等价, 因为 $\mathbb{F}_q(x, \frac{d}{x}) = \mathbb{F}_q(x)$. 以下设 A 和 D 不全为 0, 不妨设 $A \neq 0$. 由假设 C 上存在 $\mathbb{F}_q$-点 $P = (x_0, y_0)$. 考虑过点 P 的直线

$$l : Y - y_0 = t(X - x_0) \quad (t \in \Omega_q).$$

l 和 C 的交点的 X-坐标满足关于 X 的二次方程 $f(X, y_0 + t(X - x_0)) = 0$, 此方程左边 X^2 的系数是关于 t 的非零多项式, 从而除这个系数之后, 方程可

表示成

$$X^2 + \alpha(t)X + \beta(t) = 0 \quad (\alpha(t), \beta(t) \in \mathbb{F}_q(t)).$$

由于 $X = x_0 \in \mathbb{F}_q$ 是它的一个根, 另一个根为 $x = -\alpha(t) - x_0$, 而 $y = y_0 + t(x - x_0) = y_0 - t(\alpha(t) + 2x_0)$. 于是将仿射直线 Ω_q 上的点 t 对应于 l 和 C 的交点 (x, y), 便得到 C 和仿射直线之间如下的双有理映射:

$$\begin{cases} x = -\alpha(t) - x_0, \\ y = y_0 - t(\alpha(t) + 2x_0), \end{cases} \qquad t = \frac{y - y_0}{x - x_0},$$

即 C 是有理曲线. ▮

代数曲线的一个基本问题是如何判别两个不可约仿射曲线是否是双有理等价的. 为此需要研究曲线的双有理不变量 (即彼此双有理等价曲线所具有的公共值). 我们今后要介绍曲线的一个重要的双有理不变量: 亏格 (genus), 它是黎曼于 19 世纪研究复数域上代数曲线时发现的. 有理曲线的亏格是 0.

本节的最后我们讲一点双有理变换的历史. 欧拉于 18 世纪计算 (实数域 $\mathbb{R}$ 上) 积分

$$\varphi(X) = \int_0^X F(x, y)\mathrm{d}x$$

时就认识到双有理变换的重要性, 这里 $F(x, y)$ 为实系数的有理函数, 并且存在 $\mathbb{R}[X, Y]$ 中的不可约多项式 $f(X, Y)$, 使得 $f(x, y) = 0$, 从而 y 依赖于 x. 欧拉问: 何时上述积分 $\varphi(X)$ 可以表达成 X 的初等函数? (初等函数即指当时已知的有理函数、指数和对数函数以及三角函数和反三角函数.)

如果曲线 $C: f(X, Y) = 0$ 是有理曲线, 即存在双有理变换

$$\begin{cases} X = A(T), \\ Y = B(T), \end{cases} \qquad T = g(X, Y),$$

其中 $A(T)$, $B(T)$, $g(X, Y)$ 都是实系数的有理函数. 则上述积分成为

$$\Phi(T) = \int_a^{A(T)} F(A(t), B(t))A'(t)\mathrm{d}t,$$

此式的被积函数是 t 的有理函数, 从而可算出 $\Phi(T)$ 是 T 的初等函数. 再代

入 $T=g(X,Y)$, 给出此积分值 $\Phi(g(X,Y))$ 为 X 和 Y 的初等函数. 事实上, 若曲线 C 是二次不可约曲线 (即 $\deg f=2$), 则它为有理曲线, 上述双有理变换就是微积分中所学的变量代换 (有人称之为欧拉变换). 另一方面, 在计算椭圆曲线某一段弧长时, 需要计算积分

$$I(X)=\int_a^X \frac{f(x)}{\sqrt{g(x)}}\mathrm{d}x=\int_a^X \frac{f(x)}{y}\mathrm{d}x,$$

其中 $y^2-g(x)=0$, $f(x)$, $g(x)\in\mathbb{R}[x]$, 并且 $\deg g(x)=3$ 或 4. 曲线 C : $Y^2-g(X)=0$ 的亏格为 1, 即 C 不是有理曲线, 从而 $I(X)$ 是一种新型函数, 叫作*椭圆函数*. 因为它们在历史上是计算椭圆某段的弧长所得到的函数, 而曲线 C 叫作*椭圆曲线*. 它也不是椭圆, 而是计算椭圆弧长时出现的一类曲线.

习题 4.2

1. 设 $g(X)\in\mathbb{F}_q[X]$, 证明曲线 $C:f(X,Y)=Y-g(X)=0$ 在 $\mathbb{F}_q$ 上多项式同构于仿射直线.

2. "双曲线" $XY-1=0$ 和仿射直线是否在 $\mathbb{F}_q$ 上多项式同构?

3. (仿射变换为多项式同构的) 设 A 是元素属于 $\mathbb{F}_q$ 的 2 阶可逆方阵, $a,b\in\mathbb{F}_q$. $f(X,Y)$ 为 $\mathbb{F}_q[X,Y]$ 中的不可约多项式. 令

$$f'(X,Y)=f(X',Y'),$$

其中

$$(X',Y')=(X,Y)A+(a,b)\quad (\text{仿射变换}).$$

证明 $f'(X,Y)$ 也是 $\mathbb{F}_q[X,Y]$ 中的不可约多项式, 并且定义在 $\mathbb{F}_q$ 上的两个不可约仿射曲线 $C:f(X,Y)=0$ 和 $C':f'(X,Y)=0$ 在 $\mathbb{F}_q$ 上是多项式同构的.

4. 证明下列曲线都是有理曲线.

(1) $Y^2=X^2+X^3$.

(2) $(X^2+Y^2)^2=a^2(X^2-Y^2)$ (提示: 考虑此曲线和曲线 $X^2+Y^2=t(X-Y)$ 的交点).

5. (射影变换为双有理等价的) 设 $A=(a_{ij})_{0\leqslant i,j\leqslant 2}$ 是元素属于 $\mathbb{F}_q$ 的 3 阶可逆方阵. $C:f(X,Y)=0$ 是定义在 $\mathbb{F}_q$ 上的不可约仿射曲线. $\deg f(X,Y)=d\geqslant 1$. 令

$$X'=\frac{a_{10}+a_{11}X+a_{12}Y}{a_{00}+a_{01}X+a_{02}Y},\quad Y'=\frac{a_{20}+a_{21}X+a_{22}Y}{a_{00}+a_{01}X+a_{02}Y}\quad (\text{射影变换}).$$

证明 $f'(X,Y)=(a_{00}+a_{01}X+a_{02}Y)^d f(X',Y')$ 是 $\mathbb{F}_q[X,Y]$ 中的不可约多项式, 并且曲线 $C': f'(X,Y)=0$ 和 C 双有理等价.

4.3 射影代数曲线

设 k 为域 (本书中 k 取为有限域 $\mathbb{F}_q$ 或者它的代数闭包 Ω_q). 我们要把仿射平面 k^2 加上一些无穷远点, 扩大成射影平面 $\mathbb{P}^2(k)$. 定义在域 $\mathbb{F}_q$ 上的仿射曲线 $C=C(\Omega_q)$ 是 Ω_q^2 的子集合, 加上某些无穷远点成为射影曲线, 它是射影平面 $\mathbb{P}^2(\Omega_q)$ 的子集合. 仿射曲线的这种射影化在理论和应用方面均会给我们带来许多好处.

考虑域 k 上 3 维向量空间 k^3 中的所有非零向量组成的集合 $S=k^3\backslash\{(0,0,0)\}$. S 中的两个非零向量 $a=(a_0,a_1,a_2)$ 和 $b=(b_0,b_1,b_2)$ 是*射影等价的*, 指存在非零元素 $\alpha\in k^*$, 使得 $\alpha a=b$, 即 $\alpha a_i=b_i$ $(i=0,1,2)$. 这是集合 S 上的等价关系. $a=(a_0,a_1,a_2)$ 所在的等价类表示成 $(a_0:a_1:a_2)$, 叫作一个*射影点*. 所有这些射影点构成的集合叫作域 k 上的*射影平面*, 表示成 $\mathbb{P}^2(k)$.

例如当 k 为有限域 $\mathbb{F}_q$ 时, $S=\mathbb{F}_q^3\backslash\{(0,0,0)\}$ 共有 q^3-1 个非零向量, 每个射影等价类恰好有 $|\mathbb{F}_q^*|=q-1$ 个非零向量, 所以 "有限" 射影平面 $\mathbb{P}^2(\mathbb{F}_q)$ 共有 $\frac{q^3-1}{q-1}=q^2+q+1$ 个射影点.

不难证明, 映射

$$\varphi: k^2\to\mathbb{P}^2(k),\quad (a_1,a_2)\mapsto(1:a_1:a_2)$$

是单射. 将仿射点 (a_1,a_2) 等同于射影点 $(1:a_1:a_2)$, 则仿射平面 k^2 可看成射影平面 $\mathbb{P}^2(k)$ 的一部分, $\mathbb{P}^2(k)$ 中的其他射影点为 $(0:a_1:a_2)$, 其中 $a_1,a_2\in k$ 不全为零, 它们都叫作*无穷远点*, 它们是 $(0:1:a)$ $(a\in k)$ 和 $(0:0:1)$. 当 $k=\mathbb{F}_q$ 时, 射影平面 $\mathbb{P}^2(\mathbb{F}_q)$ 共有 $q+1$ 个无穷远点. 例如对于 $k=\mathbb{F}_3$, 射影平面 $\mathbb{P}^2(\mathbb{F}_3)$ 共有 $\frac{3^3-1}{3-1}=13$ 个射影点, 它们是

$$(1:0:0),(1:0:1),(1:0:2),(1:1:0),(1:1:1),(1:1:2),(1:2:0),$$
$$(1:2:1),(1:2:2),(0:1:0),(0:1:1),(0:1:2),(0:0:1),$$

其中后 4 个为无穷远点.

设 $F(T_0,T_1,T_2)$ 是多项式环 $k[T_0,T_1,T_2]$ 中的 $d(\geqslant 1)$ 次齐次多项式. 如果非零向量 $(a_0,a_1,a_2)\in k^3$ 是方程 $F(T_0,T_1,T_2)=0$ 的解, 即 $F(a_0,a_1,a_2)=0$, 则对每个 $\alpha\in k^*$, $F(\alpha a_0,\alpha a_1,\alpha a_2)=\alpha^d F(a_0,a_1,a_2)=0$, 即 $(\alpha a_0,\alpha a_1,\alpha a_2)$ 也是 $F(T_0,T_1,T_2)=0$ 的解, 从而可以说射影点 $(a_0:a_1:a_2)$ 为方程 $F(T_0,T_1,T_2)=0$ 的一个解.

定义 4.3.1 设 k 为域, $F(T_0,T_1,T_2)$ 是多项式环 $k[T_0,T_1,T_2]$ 中的 $d(\geqslant 1)$ 次齐次多项式. 则 $C:F(T_0,T_1,T_2)=0$ 叫作定义在 k 上的一条 (平面) 射影 (代数) 曲线, 对于 k 的每个扩域 K, 它的全部射影 K-点集合记为

$$C(K)=\{(a_0:a_1:a_2)\in\mathbb{P}^2(K):F(a_0,a_1,a_2)=0\}.$$

令 $f(X,Y)=F(1,X,Y)$, 则仿射曲线 $C_0:f(X,Y)=0$ 上的点 $(a,b)\in K^2$ 一一对应于射影曲线 C 上的点 $(1:a:b)\in\mathbb{P}^2(K)$. 而当 $T_0=0$ 时, 方程 $F(0,T_1,T_2)=0$ 的每个解 $(T_1,T_2)=(a,b)$ $(a,b\in K$, 不全为 0) 对应于射影曲线 C 上的无穷远点 $(0:a:b)$.

反过来, 设 $f(X,Y)\in k[X,Y],\deg f=d\geqslant 1$, 我们可以把 $f(X,Y)$ "齐次化", 即把 f 中的每个单项式 cX^iY^j $(c\in k^*, i+j\leqslant d)$ 均改成 $cT_0^{d-i-j}T_1^iT_2^j$. 由此得到 $k[T_0,T_1,T_2]$ 中的一个 d 次齐次多项式

$$F(T_0,T_1,T_2)=T_0^d f\left(\frac{T_1}{T_0},\frac{T_2}{T_0}\right).$$

不难看出 $F(1,X,Y)=f(X,Y)$, 并且若 $f(X,Y)$ 是 $k[X,Y]$ 中的不可约多项式, 则 $F(T_0,T_1,T_2)$ 是 $k[T_0,T_1,T_2]$ 中的不可约多项式. 这时 $C:F(T_0,T_1,T_2)=0$ 叫作定义在 k 上的不可约射影曲线.

例 1 考虑定义在 $\mathbb{F}_3$ 上的仿射曲线

$$C_0:X^2-(Y^2+Y+1)=0.$$

由于 Y^2+Y+1 在 Ω_3 中没有重根, 可知 C_0 是不可约仿射曲线. 它有 5 个仿射 $\mathbb{F}_3$-点: $C_0(\mathbb{F}_3)=\{(X,Y)=(0,1),(\pm1,0),(\pm1,-1)\}$. $f(X,Y)=X^2-(Y^2+Y+1)$ 的齐次化多项式为 $F(T_0,T_1,T_2)=T_1^2-(T_2^2+T_2T_0+T_0^2)$. 将仿射曲线 C_0 扩大成 (不可约) 射影曲线 $C:F(T_0,T_1,T_2)=0$, 多出的无穷远点为 $(0:a_1:a_2)$, 其中 $a_1,a_2\in\mathbb{F}_3$, 不全为 0, 并且 (a_1,a_2) 是 $F(0,T_1,T_2)=T_1^2-T_2^2$ 的解 (T_1,T_2). 即 C 比 C_0 在 $\mathbb{P}^2(\mathbb{F}_3)$ 中多出两个无穷远点 $(0:1:\pm1)$.

例 2 (射影直线) 设 k 为域, 定义在 k 上的射影直线为

$$C:F(T_0,T_1,T_2)=\alpha_0T_0+\alpha_1T_1+\alpha_2T_2=0,$$

其中 α_0, α_1, α_2 为 k 中的元素并且不全为零. 对于 k 中的每个非零元素 α, 方程 $F(T_0,T_1,T_2)=0$ 和 $\alpha F(T_0,T_1,T_2)=\alpha\alpha_0T_0+\alpha\alpha_1T_0+\alpha\alpha_2T_2=0$ 有同样的解, 我们把上述射影直线记为 $\langle\alpha_0:\alpha_1:\alpha_2\rangle$.

如果 α_1 和 α_2 不全为 0, 则射影直线 C 的仿射部分就是仿射直线

$$C_0:f(X,Y)=F(1,X,Y)=\alpha_0+\alpha_1X+\alpha_2Y=0.$$

而 $F(0,T_1,T_2)=\alpha_1T_1+\alpha_2T_2$, 从而射影直线 C 上只有一个无穷远点 $(0:-\alpha_2:\alpha_1)$. 设 $C':\alpha_0'T_0+\alpha_1'T_1+\alpha_2'T_2=0$ 是另一条射影直线. 它对应的仿射直线 $C_0':\alpha_0'+\alpha_1'X+\alpha_2'Y=0$ 和 C_0 平行, 当且仅当存在 $\alpha\in k^*$ 使得 $\alpha_1=\alpha\alpha_1'$, $\alpha_2=\alpha\alpha_2'$ 但是 $\alpha_0\neq\alpha\alpha_0'$ (当 $\alpha_0=\alpha\alpha_0'$ 时 C_0 和 C_0' 是同一条仿射直线, 当 $\alpha_0\neq\alpha\alpha_0'$ 时 C_0 和 C_0' 没有公共解, 即这两条仿射直线平行). 这时射影直线 C' 上增加的无穷远点也是 $(0:-\alpha_2:\alpha_1)$. 换句话说, 彼此平行的仿射直线在扩大成射影直线时, 添加上同一个无穷远点. 如果仿射直线 C_0 和 C_0' 不平行, 则它们在仿射平面中交于一点, 而它们添加的无穷远点是彼此不同的. 最后, 设 $\alpha_1=\alpha_2=0$, 即射影直线为 $T_0=0$. 它即是由 $\mathbb{P}^2(k)$ 中的全部无穷远点所构成的集合, 叫作*无穷远射影直线*. 这条射影直线和每个其他射影直线都交于一点 (一个无穷远点). 综合上述, 可以得出如下美妙的结论:

设 k 为域, 仿射平面 k^2 中每个仿射直线添加一个无穷远点成为射影平面 $\mathbb{P}^2(k)$ 中的一条射影直线. 这些射影直线加上由所有无穷远点组成的无穷远直线就是 $\mathbb{P}^2(k)$ 中的全部射影直线. 进而, $\mathbb{P}^2(k)$ 中的任意两条不同的射影

直线均恰好交于一个射影点.

历史上, 人们曾经怀疑欧几里得的平行公理“过直线外一点有且只有唯一的一条直线和原直线平行”是可以由其他公理推出来的定理. 经过多年, 人们都没能“证明”这个平行公理, 便开始试图寻找平行公理不成立的非欧几何模型. 射影平面便是这样的一种非欧几何模型.

我们在前面对任意域 k, 用映射

$$\varphi_0 : k^2 \to \mathbb{P}^2(k), \quad (X,Y) \mapsto (1:X:Y) = (T_0 = 1 : T_1 : T_2)$$

的方式把仿射平面 k^2 等同于射影平面中的子集合

$$\mathrm{Im}(\varphi_0) = \mathbb{A}_0(k) = \{(a_0 : a_1 : a_2) \in \mathbb{P}^2(k) : a_0 \neq 0\}.$$

我们还可以有另外两种嵌入方法:

$$\varphi_1 : k^2 \to \mathbb{P}^2(k), \quad (Z,W) \mapsto (Z:1:W) = (T_0 : T_1 = 1 : T_2),$$

$$\varphi_2 : k^2 \to \mathbb{P}^2(k), \quad (\xi,\eta) \mapsto (\xi:\eta:1) = (T_0 : T_1 : T_2 = 1),$$

它们的像分别为

$$\mathbb{A}_1(k) = \mathrm{Im}(\varphi_1) = \{(a_0 : a_1 : a_2) \in \mathbb{P}^2(k) : a_1 \neq 0\},$$

$$\mathbb{A}_2(k) = \mathrm{Im}(\varphi_2) = \{(a_0 : a_1 : a_2) \in \mathbb{P}^2(k) : a_2 \neq 0\}.$$

由于每个射影点 $(a_0 : a_1 : a_2) \in \mathbb{P}^2(k)$ 至少有一个坐标 a_i 不为 0, 可知

$$\mathbb{P}^2(k) = A_0(k) \cup A_1(k) \cup A_2(k).$$

即射影平面 $\mathbb{P}^2(k)$ 被三个仿射平面 $A_i(k)$ $(i = 0,1,2)$ 所覆盖.

对于定义在 $\mathbb{F}_q$ 上的不可约射影曲线

$$C : F(T_0,T_1,T_2) = 0,$$

其中 $F(T_0,T_1,T_2)$ 为 $\mathbb{F}_q(T_0,T_1,T_2)$ 中的 $d(\geqslant 1)$ 次齐次不可约多项式. 我们有定义在 $\mathbb{F}_q$ 上的三个方程:

$$C_0 : f_0(X,Y) = 0, \quad f_0(X,Y) = F(1,X,Y),$$

$$C_1 : f_1(Z,W) = 0, \quad f_1(Z,W) = F(Z,1,W),$$

$$C_2 : f_2(\xi,\eta)=0,\quad f_2(\xi,\eta)=F(\xi,\eta,1).$$

注意某个 $C_i(\Omega_q)$ 可能是空集 (例如对于 $F(T_0,T_1,T_2)=T_0$, 即 C 为无穷远直线, 则 C_0 的方程为 1=0, 从而 $C_0(\Omega_q)$ 为空集.) 但若 $C_i=C_i(\Omega_q)$ 不是空集, 则它必是定义在 $\mathbb{F}_q$ 上的不可约仿射曲线, 并且 $C_i(\Omega_q)=C(\Omega_q)\cap\mathbb{A}_i(\Omega_q)$. 于是

$$\begin{aligned}C_0(\Omega_q)\cup C_1(\Omega_q)\cup C_2(\Omega_q)&=C(\Omega_q)\cap\left(\bigcup_{i=0}^{3}\mathbb{A}_i(\Omega_q)\right)\\&=C(\Omega_q)\cap\mathbb{P}^2(\Omega_q)=C(\Omega_q).\end{aligned}$$

和仿射情形一样, 可以证明不可约射影曲线上有无穷多射影 Ω_q-点. 从而必有某个 $C_i(\Omega_q)$ 不是空集 (即为一条不可约仿射曲线).

进而, 若 $C_0(\Omega_q)$ 和 $C_1(\Omega_q)$ 均不是空集, 则对于这两条定义在 $\mathbb{F}_q$ 上的不可约仿射曲线, 由 φ_0 和 φ_1 可知它们的点 $(X,Y)\in C_0$ 和 $(Z,W)\in C_1$ 有如下的对应关系:

$$(X,Y)=(1:X:Y)=(T_0:T_1:T_2)=(Z:1:W)=(Z,W),$$

于是 $(1:X:Y)=\left(1:\frac{1}{Z}:\frac{W}{Z}\right)$, $(Z:1:W)=\left(\frac{1}{X}:1:\frac{Y}{X}\right)$. 换句话说, 仿射曲线 C_0 和 C_1 在 $\mathbb{F}_q$ 上是双有理等价的, 其互逆的有理映射为

$$\begin{cases}X=\dfrac{1}{Z},\\ Y=\dfrac{W}{Z},\end{cases}\qquad\begin{cases}Z=\dfrac{1}{X},\\ W=\dfrac{Y}{X}.\end{cases}$$

特别地, 它们有彼此 $\mathbb{F}_q$-同构的函数域 $\mathbb{F}_q(C_0)=\mathbb{F}_q(x,y)$ 和 $\mathbb{F}_q(C_1)=\mathbb{F}_q(z,w)$ $(f_0(x,y)=0,\ f_1(z,w)=0)$. 若 C_2 也是不可约仿射曲线, 则 $\mathbb{F}_q(C_2)$ 也和它们是 $\mathbb{F}_q$-同构的. 我们把这些彼此 $\mathbb{F}_q$-同构的域叫作不可约射影曲线 C 的 (有理) 函数域, 表示成 $\mathbb{F}_q(C)$.

定义 4.3.2 设 C 和 C' 是定义在 $\mathbb{F}_q$ 上的两条不可约射影曲线. 如果存在 $0\leqslant i,j\leqslant 2$, 使得 $\mathbb{A}_i(C)$ 和 $\mathbb{A}_j(C')$ 是 $\mathbb{F}_q$ 上双有理等价的不可约仿射曲线 (即它们的函数域是 $\mathbb{F}_q$-同构的), 则称不可约射影曲线 C 和 C' 在 $\mathbb{F}_q$ 上双有理等价.

不可约射影曲线的双有理等价是一个等价关系. 由定义即知, 定义在 $\mathbb{F}_q$ 上的两个不可约射影曲线在 $\mathbb{F}_q$ 上双有理等价, 当且仅当它们的函数域是 $\mathbb{F}_q$-同构的.

双有理等价于射影直线的不可约射影曲线叫作**有理 (射影) 曲线**. 这些曲线的函数域 $\mathbb{F}_q$-同构于有理函数域 $\mathbb{F}_q(x)$.

定理 4.3.3 $\mathbb{F}_q$ 上定义的每个不可约二次射影曲线 $C: F(T_0,T_1,T_2)=0$ (即 $F(T_0,T_1,T_2)$ 是 $\mathbb{F}_q[T_0,T_1,T_2]$ 中的 2 次齐次不可约多项式) 都是有理曲线.

证明 可以证明 $F(T_0,T_1,T_2)=0$ 在 $\mathbb{F}_q^3$ 中有非零解 $(T_0,T_1,T_2)\neq(0,0,0)$, 即射影曲线 C 中至少有一个射影 $\mathbb{F}_q$-点. 这个点必在某个不可约仿射曲线 $C_i=\mathbb{A}_i(C)$ 之中. 不妨设 $i=0$, 即仿射曲线 $C_0: f_0(X,Y)=0$ 有 $\mathbb{F}_q$-点, 其中 $f_0(X,Y)=F(1,X,Y)$ 是 $\mathbb{F}_q[X,Y]$ 中的 1 次或 2 次不可约多项式. 我们已经知道 C_0 是有理曲线 (定理 4.2.9), 从而射影曲线 C 也是有理曲线 (它的函数域即是 C_0 的函数域, 后者 $\mathbb{F}_q$-同构于 $\mathbb{F}_q(x)$). ▮

如果考虑实数域 $\mathbb{R}$ 上的二次不可约射影曲线 (即通常所说的圆锥曲线), 事情会更有趣一些. 考虑 $\mathbb{R}$ 上的不可约二次射影曲线

$$C: 2T_0^2+T_1^2-T_2^2=0, \quad F(T_0,T_1,T_2)=2T_0^2+T_1^2-T_2^2,$$

则仿射曲线 $C_0=A_0(C): f_0(X,Y)=F(1,X,Y)=2+X^2-Y^2=0$ 是双曲线, $C_2: f_2(\xi,\eta)=F(\xi,\eta,1)=2\xi^2+\eta^2-1=0$ 是椭圆, 它们应当是双有理等价的. 类似地, 对于射影曲线 $C: T_0T_2=T_1^2$, 对应的仿射曲线 $C_0: Y=X^2$ 为抛物线, 而 $C_1: ZW=1$ 为双曲线, 它们也应当是双有理等价的.

在仿射平面 $\mathbb{R}^2$ 中, 双曲线、椭圆和抛物线具有不同的形状: 椭圆曲线是一条有界封闭的曲线, 双曲线和抛物线均是无界曲线, 分别有两个和一个连通分支. 但是将它们扩大成射影曲线之后, 即添加上无穷远点之后都成了封闭曲线 (见下图). 区别在于: 双曲线要加上两个无穷远点 P_1 和 P_2, 即无穷远射影直线和双曲线交于 2 点 (割线); 抛物线要加上一个无穷远点 P, 即无穷远射影直线是抛物线的 "切线"; 而椭圆和无穷远直线不相交.

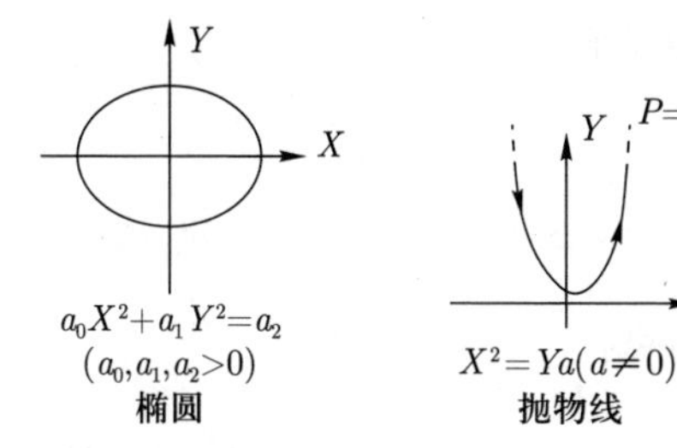

椭圆 抛物线

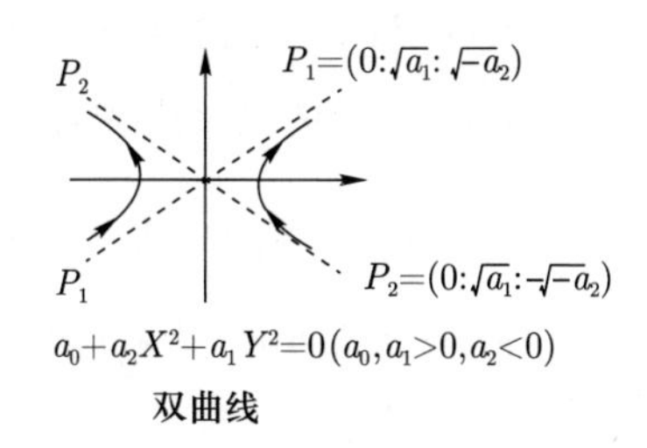

双曲线

习题 4.3

1. 证明在有限射影平面 $\mathbb{P}^2(\mathbb{F}_q)$ 中,

(1) 共有 q^2+q+1 个射影点和 q^2+q+1 条射影直线.

(2) 每个点恰好在 $q+1$ 条射影直线上, 每条射影直线恰好有 $q+1$ 个射影点.

(3) 过任何两个不同射影点恰好有一条射影直线, 任何两条不同的射影直线恰好交于一个射影点.

2. 设 k 为域. 考虑射影平面 $\mathbb{P}^2(k)$ 中的三条射影直线: $(1\leqslant i\leqslant 3)$

$$L_i:\alpha_{i0}T_0+\alpha_{i1}T_1+\alpha_{i2}T_2=0\quad(\alpha_{i0},\alpha_{i1},\alpha_{i2})\in k^3\backslash\{(0,0,0)\}.$$

证明:

(1) L_0 和 L_1 是同一条射影直线当且仅当矩阵 $\begin{bmatrix}\alpha_{00}&\alpha_{01}&\alpha_{02}\\\alpha_{10}&\alpha_{11}&\alpha_{12}\end{bmatrix}$ 的秩为 1.

(2) 若 L_0 和 L_1 是不同的射影直线, 则它们在 $\mathbb{P}^2(k)$ 中交于 1 个射影点, 这个点为 $\left(\begin{vmatrix}\alpha_{00}&\alpha_{01}\\\alpha_{10}&\alpha_{11}\end{vmatrix}:-\begin{vmatrix}\alpha_{00}&\alpha_{02}\\\alpha_{10}&\alpha_{12}\end{vmatrix}:\begin{vmatrix}\alpha_{01}&\alpha_{02}\\\alpha_{11}&\alpha_{12}\end{vmatrix}\right)$.

(3) 设 L_0, L_1, L_2 是三条不同的射影直线, 则它们有公共交点当且仅当

$$\begin{vmatrix}\alpha_{00}&\alpha_{01}&\alpha_{02}\\\alpha_{10}&\alpha_{11}&\alpha_{12}\\\alpha_{20}&\alpha_{21}&\alpha_{22}\end{vmatrix}=0.$$

(4) 设 $P_i=(a_{i0}:a_{i1}:a_{i2})$ $(i=0,1,2)$ 是 $\mathbb{P}^2(k)$ 中三个不同的射影点, 则它们在一条射影直线上当且仅当 $\begin{vmatrix}a_{00}&a_{01}&a_{02}\\a_{10}&a_{11}&a_{12}\\a_{20}&a_{21}&a_{22}\end{vmatrix}=0.$

3. (射影变换) 设 A 是元素属于 $\mathbb{F}_q$ 的三阶可逆方阵.

(1) 证明 $\mathbb{F}_q^3$ 上的 $\mathbb{F}_q$-线性映射

$$\varphi_A : \mathbb{F}_q^3 \to \mathbb{F}_q^3, \quad V = (a_0, a_1, a_2) \mapsto \varphi_A(V) = VA = (a'_0, a'_1, a'_2)$$

诱导出射影平面 $\mathbb{P}^2(\mathbb{F}_q)$ 到自身的一一映射

$$\varphi_A : \mathbb{P}^2(\mathbb{F}_q) \to \mathbb{P}^2(\mathbb{F}_q), \quad (a_0 : a_1 : a_2) \mapsto (a'_0 : a'_1 : a'_2).$$

(2) 证明 φ_A 把 $\mathbb{P}^2(\mathbb{F}_q)$ 中的射影直线变成射影直线.

(3) 若 $C : F(T_0, T_1, T_2) = 0$ 是定义在 $\mathbb{F}_q$ 上的不可约射影曲线, 令 $F'(T_0, T_1, T_2) = F(T'_0, T'_1, T'_2)$, 其中 $(T'_1, T'_2, T'_2) = (T_1, T_2, T_3)A$. 证明 $C' : F'(T_0, T_1, T_2) = 0$ 也是定义在 $\mathbb{F}_q$ 上的不可约射影曲线, 并且 $\deg F' = \deg F$. 证明 C 和 C' 在 $\mathbb{F}_q$ 上是双有理等价的.

第五章 函数域的算术理论

对于定义在 $\mathbb{F}_q$ 上的不可约射影曲线 C, 我们用它的函数域 $\mathbb{F}_q(C)$ 来研究曲线 C 的几何性质, 这就是代数几何学中的代数方法, 本节中我们介绍函数域 $\mathbb{F}_q(C)$ 的代数理论 (或者叫算术理论, 它是和经典代数数论完全平行的一种理论) 以及它们和代数曲线几何性质的联系.

5.1 素理想分解

经典代数数论是由高斯于 1800 年前后开创的, 研究代数数域的算术性质. 所谓代数数域 K, 即指有理数域 $\mathbb{Q}$ 的有限次扩域. 它们都是复数域 $\mathbb{C}$ 的子域. 定义在 $\mathbb{F}_q$ 上每条射影直线的函数域就是仿射直线的函数域 $\mathbb{F}_q(x)=k$, 它类比于有理数域 $\mathbb{Q}$, 而 $\mathbb{F}_q(x)$ 的子环 $\mathbb{F}_q[x]$ 类比于 $\mathbb{Q}$ 中的整数环 $\mathbb{Z}$, 它们都是主理想整环, $\mathbb{Z}$ 中的素数类比为 $\mathbb{F}_q[x]$ 中的首 1 不可约多项式, 它们分别是环 $\mathbb{Z}$ 和 $\mathbb{F}_q[x]$ 中的非零素理想的生成元. 对于任意定义于 $\mathbb{F}_q$ 上的不可约射影曲线 $C: F(T_0,T_1,T_2)=0$, 如果 $C_0: f_0(X,Y)=0$ 非空, 即是一条不可约仿射曲线, 其中 $f_0(X,Y)=F(1,X,Y)$ 为 $\mathbb{F}_q[X,Y]$ 中的不可约多项式, 次数 $d\geqslant 1$. 不妨设 $f_0(X,Y)$ 对 Y 的次数 $d\geqslant 1$. 则射影曲线的函数域 $K=\mathbb{F}_q(C)$ 就是 $\mathbb{F}_q(C_0)=\mathbb{F}_q(x,y)$, 其中 $f_0(x,y)=0$, 从而 K 是 $k=\mathbb{F}_q(x)$ 的 d 次扩域 $K=k(y)$. 即这些函数域都是 $k=\mathbb{F}_q(x)$ 的有限次扩域, 类比于代数数域是 $\mathbb{Q}$ 的有限次扩张.

今后若不声明, 我们均假定 $\mathbb{F}_q$ 是 $K=\mathbb{F}_q(C)$ 中最大的有限域, 即 $K\bigcap\Omega_q=\mathbb{F}_q$, 称 K 为以 $\mathbb{F}_q$ 为常数域的函数域. 注意 K 中的元素均是曲线 C 上取值于 Ω_q 的函数, 从而 K 中的元素 $a\in\mathbb{F}_q$ 就是恒取值为 a 的常值函数.

函数域上的算术理论是 20 世纪初期发展起来的, 成为研究代数几何的重要方法, 熟悉经典代数数论的读者更能理解本书所介绍的内容. 我们只着重阐明基本概念和结果, 略去大部分定理的证明. 并且举一些例子来解释这些概念和结果. 我们也给出一些结果的证明, 或者是因为证明相对简单, 或者证明本身对于读者理解方法和内容是有益的.

首先把代数数论中关于代数整数的概念移植到函数域中.

定义 5.1.1 函数域 $K(\supseteq k=\mathbb{F}_q(x))$ 中的元素 α 叫作整元素, 是指存在首 1 多项式

$$g(z)=z^m+c_1(x)z^{m-1}+\cdots+c_m(x)\quad (c_i(x)\in\mathbb{F}_q[x]),m\geqslant 1,$$

使得 $g(\alpha)=0$.

注记 由于 K/k 是域的有限次扩张, K 中的元素 α 在 k 上均是代数的, 从而必有首 1 多项式 $g(z)=z^m+c_1(x)z^{m-1}+\cdots+c_m(x)$ $(c_i(x)\in k=\mathbb{F}_q(x))$, 使得 $g(\alpha)=0$ (比如取 $g(z)$ 为 α 在 k 上的最小多项式). 而 α 为整元素是要求 $c_i(x)$ $(1\leqslant i\leqslant m)$ 均是 $\mathbb{F}_q[x]$ 中的多项式.

注意在定义 5.1.1 中我们不要求 $g(z)$ 是 $k[z]$ 中的不可约多项式. 但是当 α 为整元素时, 它在 k 上的极小多项式的系数必属于 $\mathbb{F}_q[x]$, 而极小多项式是不可约的. 我们在定义中允许 $g(z)$ 是可约多项式, 只是为了在判别 α 为整元素时更为方便.

$\mathbb{F}_q[x]$ 中的每个元素 $\alpha=f(x)$ 都是 K 中的整元素, 因为可取 $g(z)=z-f(x)$. 以 O_K 表示函数域 K 中的全部整元素组成的集合, 则 $\mathbb{F}_q[x]\subseteq O_K$. 我们要介绍的第一个基本结果为:

定理 5.1.2 O_K 是 K 的一个子环, 换句话说, 若 α 和 β 为 K 中的整元素, 则 $\alpha\pm\beta$ 和 $\alpha\beta$ 仍是整元素.

O_K 叫作函数域 K 的整元素环. 这是整环, 以 U_K 表示环 O_K 中乘法可逆元构成的乘法群 O_K^*, 叫作 O_K 的单位群, U_K 中的元素叫作环 O_K 中的单位 (unit). 一般说来, O_K 不必是唯一因子分解整环. 对于 O_K 中的元素 α $(\alpha\neq 0,\alpha\notin U_K)$ 总可以写成有限个不可约元素的乘积, 但是可能有本质上不同的表示方法. 下一个重要结果表明, O_K 对于理想的素理想分解具有唯

一性.

定理 5.1.3 设 K 为函数域, 则 O_K 中的每个非零理想 A ($\neq (0)$) 均可唯一地分解成有限个素理想的乘积

$$A = P_1 \cdots P_s \quad (P_1, \cdots, P_s \text{为 } O_K \text{中的 (非零) 素理想}, s \geqslant 1),$$

其中唯一性是指: 若又有分解 $A = Q_1 \cdots Q_g$, 其中 $Q_1, \cdots, Q_g$ 为 O_K 的素理想, 则 $g = s$, 并且适当调换 $Q_1, \cdots, Q_g$ 的次序, 可使 $P_i = Q_i$ ($1 \leqslant i \leqslant s$).

我们需要对这个结果给出若干说明. 首先解释何为理想的乘积. 更一般地, 对于一个交换环 R 的两个理想 A 和 B, 可以定义以下一些运算:

(1) 交集 $A \cap B$ 是环 R 的理想, 叫作交理想, 它是同时包含在 A 和 B 之中的最大理想.

(2) $A + B = \{a + b : a \in A, b \in B\}$ 是环 R 的理想, 叫作 A 与 B 之和, 它是同时包含 A 和 B 的最小理想.

(3) $\{ab : a \in A, b \in B\}$ 一般不是理想, 比如 $a_1b_1 + a_2b_2$ 不一定能表示成 ab 的形式 $(a_1, a_2, a \in A, b_1, b_2, b \in B)$, 但是

$$AB = \left\{ \sum_{i=1}^{n} a_i b_i : a_i \in A, b_i \in B, n \geqslant 1 \right\} \quad \text{(注意 } n \text{ 可为任意正整数)}$$

为环 R 的理想, 叫作 A 和 B 的乘积.

由定义可知

$$AB \subseteq A \cap B \subseteq A \text{ (或 } B) \subseteq A + B.$$

具有定理 5.1.3 中所述理想的唯一分解性的整环叫作戴德金整环 (见第 1.2 节). 让我们回忆这种整环的一些重要性质. 设 R 为戴德金整环.

性质 1 可以引入非零理想 A 和 B 之间的整除概念: $A|B$ 是指存在 R 的理想 C, 使得 $B = AC$. 由理想的唯一因子分解性不难得到如下的消去律: 设 A, B, C 为环 R 的非零理想, 若 $AC = BC$, 则 $A = B$. 由此又可推出整除性的如下性质: 若 A, B, C 为环 R 的理想, $AC|BC, C \neq (0)$, 则 $A|B$.

性质 2 设 A 和 B 为环 R 的两个非零理想, 则 $A|B$ 当且仅当 $B \subseteq A$.

由 $A|B$ 容易得出 $B\subseteq A$. 而反过来则是戴德金整环的特性.

性质 3 设 $A=P_1^{a_1}\cdots P_g^{a_g}$ 和 $B=P_1^{b_1}\cdots P_g^{b_g}$ 是 R 中的非零理想 A 和 B 的分解式, 其中 $P_1,\cdots,P_g$ 是环 R 的不同的非零素理想, $a_i,b_i\geqslant 0$. 则

(1) $A|B$ 当且仅当 $a_i\leqslant b_i$ $(1\leqslant i\leqslant g)$.

(2) $AB=P_1^{a_1+b_1}\cdots P_g^{a_g+b_g}$.

(3) $A+B=P_1^{c_1}\cdots P_g^{c_g}$, 其中 $c_i=\min\{a_i,b_i\}$ $(1\leqslant i\leqslant g)$, 从而 $A+B$ 也可以表示成 (A,B), 叫作 A 和 B 的最大公因子.

(4) $A\cap B=P_1^{d_1}\cdots P_g^{d_g}$, 其中 $d_i=\max\{a_i,b_i\}$ $(1\leqslant i\leqslant g)$ (A 和 B 的最小公倍理想).

性质 4 环 R 的每个理想 A 均可由 (至多) 两个元素生成, 即存在 $a,b\in A$, 使得 $A=(a)+(b)=aR+bR$.

性质 5 环 R 的非零素理想都是极大理想.

现在把戴德金整环具体化为函数域 K 的整元素环 O_K, 其中 K 的常数域为 $\mathbb{F}_q$, 并且 K 是域 $k=\mathbb{F}_q(x)$ 的 n 次扩域. 这时, 我们可以描述环 O_K 的全部非零素理想.

性质 6 对于 $\mathbb{F}_q[x]$ 中的每个次数 $\geqslant 1$ 的首 1 不可约多项式 $p=p(x)$, O_K 中的主理想 $(p)=pO_K$ 有如下的素理想分解

$$pO_K=P_1^{e_1}\cdots P_g^{e_g},$$

其中 $P_1,\cdots,P_g$ 是 O_K 中不同的非零素理想, $e_i\geqslant 1$. 于是 $P_i|(p(x))$. 我们也常表示成 $P_i|p(x)$. O_K 的所有非零素理想都可由此方法得到. 换句话说, 对于 O_K 的每个非零素理想 P, 均存在 $\mathbb{F}_q[x]$ 中唯一的首 1 不可约多项式 $p(x)$, 使得 $P|p(x)$.

证明 设 P 是 O_K 的非零理想, 由 $\mathbb{F}_q[x]\subseteq O_K$ 给出环的自然同态

$$\varphi:\mathbb{F}_q[x]\to\frac{O_K}{P},\quad f(x)\mapsto f(x)+P.$$

由于 $\frac{O_K}{P}$ 是域 (性质 5), 而 $\mathbb{F}_q[x]$ 不是域, 可知 $\ker\varphi$ 是 $\mathbb{F}_q[x]$ 的非零理想. 再由 $\mathbb{F}_q[x]/\ker\varphi$ 是域 $\frac{O_K}{P}$ 的子环, 可知前者是整环, 因此 $\ker\varphi$ 是主理想整环

$\mathbb{F}_q[x]$ 的非零素理想, 于是 $\ker\varphi = (p(x))$, 其中 $p(x)$ 是 $\mathbb{F}_q[x]$ 中的首 1 不可约多项式. 但是由映射 φ 的定义可知 $\ker\varphi = \mathbb{F}_q[x] \cap P$. 这就表明 $p(x) \in P$, 因此 $P|p(x)$ (性质 2). 从而 P 是 $p(x)$ 的素理想因子. ▮

性质 7 (O_K 的加法群结构) O_K 是一个秩为 $n = [K : \mathbb{F}_q(x)]$ 的自由 $\mathbb{F}_q[x]$-模. 它的意思是: 存在 O_K 中的 n 个元素 $w_1, \cdots, w_n$, 使得

$$O_K = w_1\mathbb{F}_q[x] \oplus \cdots \oplus w_n\mathbb{F}_q[x] \quad (\text{直和}),$$

即 O_K 中的每个元素 α 可唯一表示成

$$\alpha = w_1 f_1(x) + \cdots + w_n f_n(x) \quad (f_i(x) \in \mathbb{F}_q[x]).$$

注记 $\{w_1, \cdots, w_n\}$ 叫作函数域 K (或者 O_K) 的一组整基. K 的整基不是唯一的 (参见习题 5.1 的第 2 题).

性质 8 设 P 为 O_K 的非零素理想, 则 $\frac{O_K}{P}$ 是有限域. 并且设 $P \cap \mathbb{F}_q[x] = (p(x))$, 其中 $p(x)$ 为 $\mathbb{F}_q[x]$ 中的 d 次首 1 不可约多项式 $(d \geqslant 1)$ (参见性质 6 的证明), 则 $\frac{\mathbb{F}_q[x]}{(p(x))} = \mathbb{F}_{q^d}$ 是 $\frac{O_K}{P}$ 的子域, 从而 $\frac{O_K}{P}$ 为 $\frac{\mathbb{F}_q[x]}{(p(x))}$ 的有限次扩域.

证明 取 $\{w_1, \cdots, w_n\}$ 为 K 的一组整基, 由 $p(x) \in P$ 可知 $p(x)O_K \subseteq P$. 我们有加法群同构:

$$\begin{aligned}\frac{O_k}{p(x)O_k} &= \frac{w_1\mathbb{F}_q[x] \oplus \cdots \oplus w_n\mathbb{F}_q[x]}{w_1p(x)\mathbb{F}_q[x] \oplus \cdots \oplus w_np(x)\mathbb{F}_q[x]} \\ &\cong \frac{w_1\mathbb{F}_q[x]}{w_1p(x)\mathbb{F}_q[x]} \oplus \cdots \oplus \frac{w_n\mathbb{F}_q[x]}{w_np(x)\ \mathbb{F}_q[x]} \\ &\cong \frac{\mathbb{F}_q[x]}{(p(x))} \oplus \cdots \oplus \frac{\mathbb{F}_q[x]}{(p(x))} \cong \underbrace{\mathbb{F}_{q^d} \oplus \cdots \oplus \mathbb{F}_{q^d}}_{n\ \text{个}},\end{aligned}$$

于是 $\left|\frac{O_K}{p(x)\ O_K}\right| = q^{dn}$. 由 $P \supseteq p(x)\ O_K$ 可知 $\frac{O_K}{P}$ 为 $\frac{O_K}{p(x)\ O_K}$ 的商环. 于是 $\left|\frac{O_K}{P}\right| \leqslant \left|\frac{O_K}{p(x)\ O_K}\right|$, 即 $\frac{O_K}{P}$ 为有限整环, 从而它为有限域.

由性质 7 的证明知 $P \cap \mathbb{F}_q[x] = (p(x))$, 其中 $p(x)$ 为 $\mathbb{F}_q[x]$ 中的 $d\ (\geqslant 1)$ 次首 1 不可约多项式, 并且 $\frac{\mathbb{F}_q[x]}{(p(x))}$ 为 $\frac{O_K}{P}$ 的子域, 从而有限域 $\frac{O_K}{P}$ 为 $\frac{\mathbb{F}_q[x]}{(p(x))} = \mathbb{F}_{q^d}$ 的扩域. 证毕. ▮

定义 5.1.4 设$p(x)$为$\mathbb{F}_q[x]$中的d次首1不可约多项式,

$$p(x)O_K = P_1^{e_1}\cdots P_g^{e_g}, \tag{$*$}$$

其中$P_1,\cdots,P_g$为$p(x)$在环O_K中的不同素理想因子, $e_i \geqslant 1$. 称e_i为P_i对于$p=p(x)$的**分歧指数**, 表示成$e\,(P_i/p)$. 而有限域扩张次数$f_i=[\frac{O_K}{P_i}:\frac{\mathbb{F}_q[x]}{(p(x))}]$叫作$P_i$对于$p$的**剩余类域次数**, 表示成$f(P_i/p)$.

定义素理想 P_i 的次数 $\deg P_i = [\frac{O_K}{P_i}:\mathbb{F}_q]$. 由于 $[\frac{\mathbb{F}_q[x]}{(p(x))}:\mathbb{F}_q] = d = \deg p(x)$, 可知 $\deg P_i = [\frac{O_K}{P_i}:\mathbb{F}_q] = [\frac{O_K}{P_i}:\frac{\mathbb{F}_q[x]}{(p(x))}]\cdot[\frac{\mathbb{F}_q[x]}{(p(x))}:\mathbb{F}_q] = f(P_i/p)\ \deg p$.

定理 5.1.5 对于O_K的每个非零理想A, $\frac{O_K}{A}$都是有限环. 以$N(A)$表示商环$\frac{O_K}{A}$的元素个数(叫作**理想 A 的范数**). 若$A=A_1\cdots A_n$是n个非零理想$A_1,\cdots,A_n$的乘积, 则 $N(A)=N(A_1)\cdots N(A_n)$.

证明 A 在环 O_K 中可分解成 (当 $A=O_K$ 时, $N(O_K)=\left|\frac{O_K}{O_K}\right|=1$, 以下设 $A\neq O_K$)

$$A = P_1^{e_1}\cdots P_g^{e_g},$$

其中 $P_1,\cdots,P_g$ 是环 O_K 中不同的非零素理想, $g\geqslant 1, e_i\geqslant 1$. 由交换环中的中国剩余定理, 可知有环同构 (由于 $P_i^{e_i}$ $(1\leqslant i\leqslant g)$ 两两互素)

$$\frac{O_K}{A}\cong\frac{O_K}{P_1^{e_1}}\oplus\cdots\oplus\frac{O_K}{P_g^{e_g}}\quad(\text{直和}),$$

因此 $N(A)=\left|\frac{O_K}{A}\right|=N\left(P_1^{e_1}\right)\cdots N\left(P_g^{e_g}\right)$. 现在对 O_K 的每个非零素理想 P 和正整数 e, 我们证明 $N\left(P^e\right)=N(P)^e$. 当 $e=1$ 时这显然成立. 下设 $e\geqslant 2$. 由素理想分解的唯一性知 $P^{e-1}\neq P^e$. 但是 $P^e\subseteq P^{e-1}$, 可知存在元素 $\pi\in P^{e-1}$ 但是 $\pi\notin P^e$. 从而主理想 $(\pi)=\pi O_K$ 的素理想分解式为 $(\pi)=\cdots P^{e-1}\cdots$, 即在分解式中素理想因子 P 的指数恰好为 $e-1$. 于是 $(\pi)+P^e=P^{e-1}$. 考虑映射

$$\varphi: O_K\to\frac{(\pi)+P^e}{P^e}=\frac{P^{e-1}}{P^e},\quad x\mapsto \pi x+P^e\ (\text{对于 } x\in O_K),$$

这是加法群的同态, 并且是满同态. 对于 $x\in O_K$,

$$x \in \ker\varphi \Leftrightarrow \pi x \in P^e \Leftrightarrow P^e|(\pi x) \Leftrightarrow P|(x) \quad (\text{因为 } \pi \text{ 恰好被 } P^{e-1} \text{ 整除}).$$

$$\Leftrightarrow x \in P.$$

因此 $\ker\varphi = P$. 从而有加法群同构 $\frac{O_K}{P} \cong \frac{P^{e-1}}{P^e}$. 但是 $\frac{P^{e-1}}{P^e}$ 是加法群 $\frac{O_K}{P^e}$ 的子群, 其商群为 $\frac{O_K}{P^{e-1}}$. 于是

$$N(P) = \left|\frac{O_K}{P}\right| = \left|\frac{P^{e-1}}{P^e}\right| = \left|\frac{O_K}{P^e}\right| \Big/ \left|\frac{O_K}{P^{e-1}}\right| = N\left(P^e\right)/N\left(P^{e-1}\right), \quad (5.1)$$

即 $N\left(P^e\right) = N\left(P^{e-1}\right)N(P)$. 归纳下去即得 $N\left(P^e\right) = N(P)^e$. 由此可知对于 $A = P_1^{e_1}\cdots P_g^{e_g}$, 我们有 $N(A) = N\left(P_1^{e_1}\right)\cdots N\left(P_g^{e_g}\right) = N\left(P_1\right)^{e_1}\cdots N\left(P_g\right)^{e_g}$. (5.1) 式的右边为正整数, 从而 O_K/A 是有限环. 现在设 $A = BC$, 其中 B 和 C 是 O_K 的两个非零理想, 则有分解

$$B = P_1^{a_1}\cdots P_g^{a_g}, \quad C = P_1^{b_1}\cdots P_g^{b_g},$$

其中 $P_1, \cdots, P_g$ 是 O_K 的非零素理想, 则 $A = P_1^{a_1+b_1}\cdots P_g^{a_g+b_g}$, 由上面所证可知

$$\begin{aligned} N(A) &= N\left(P_1\right)^{a_1+b_1}\cdots N\left(P_g\right)^{a_g+b_g} \\ &= (N\left(P_1\right)^{a_1}\cdots N\left(P_g\right)^{a_g})(N\left(P_1\right)^{b_1}\cdots N\left(P_g\right)^{b_g}) \\ &= N(B)N(C). \end{aligned}$$

由此归纳下去, 可知若 $A = A_1\cdots A_n$, 则 $N(A) = N\left(A_1\right)\cdots N\left(A_n\right)$. 证毕. ∎

注记 由于 $N(A) = N\left(P_1\right)^{e_1}\cdots N\left(P_g\right)^{e_g}$, $\frac{O_K}{P_i} = \mathbb{F}_{q_i^{d_i}}$, $d_i = \deg P_i = \left[\frac{O_K}{P_i} : \mathbb{F}_q\right]$. 可知 $N(A) = \left|\frac{O_K}{A}\right| = q^{d_1e_1+\cdots+d_ge_g}$, 即 $N(A)$ 为 q 的方幂.

定理 5.1.6 设 $p(x)$ 为 $\mathbb{F}_q[x]$ 中的首 1 不可约多项式,

$$p(x)O_K = P_1^{e_1}\cdots P_g^{e_g},$$

其中 $P_1, \cdots, P_g$ 为 O_K 中不同的非零素理想. $f_i = f(P_i/p)$ $(1 \leqslant i \leqslant g)$. 则

$$\sum_{i=1}^{g} e_i f_i = \sum_{i=1}^{g} e\left(P_i/p\right) f\left(P_i/p\right) = \left[K : \mathbb{F}_q(x)\right].$$

证明 记 $n=[K:\mathbb{F}_q(x)]$. 由定理 5.1.5 得到

$$N(p(x))=N(P_1^{e_1})\cdots N\left(P_g^{e_g}\right)=\prod_{i=1}^{g}\left|\frac{O_K}{P_i}\right|^{e_i}=\prod_{i=1}^{g}\left|\frac{\mathbb{F}_g[x]}{(p(x))}\right|^{e_if_i}.$$

另一方面, 性质 8 的证明中给出

$$N(p(x))=\left|\frac{O_K}{p(x)O_K}\right|=\left|\frac{\mathbb{F}_q[x]}{(p(x))}\right|^{n}.$$

由这两个公式即知 $n=\sum\limits_{i=1}^{g}e_if_i$. 证毕. ▮

注记 若 K/k 为 n 次伽罗瓦扩张, 其中 $k=\mathbb{F}_q(x)$, 则伽罗瓦群 $G=\mathrm{Gal}(K/k)$ 中的每个 k-自同构 $\sigma:K\to K$ 可以作用在域 K 的许多代数对象上. 比如说, $\sigma(O_K)=O_K$, 对于 O_K 的非零理想 A, $\sigma(A)=\{\sigma(a):a\in A\}$ 也是 O_K 的非零理想. 并且若 A 是素理想, 则 $\sigma(A)$ 也是素理想. 对于 $\mathbb{F}_q[x]$ 中的每个首 1 不可约多项式 $p(x)$, 我们有分解

$$p(x)O_K=P_1^{e_1}\cdots P_g^{e_g},$$

其中$P_1,\cdots,P_g$ 是 $p(x)$ 在 O_K 中不同的素理想因子. 对于 $\sigma\in G$, 由于 σ 使 k 中的元素保持不变, 因此 $\sigma\left(p(x)O_K\right)=(\sigma(p)O_K)=(pO_K)$. 在上式两边作用 σ, 得到

$$p(x)O_K=\sigma\left(P_1\right)^{e_1}\cdots\sigma\left(P_g\right)^{e_g},$$

可以证明, 伽罗瓦群 G 在集合 $\{P_1,\cdots,P_g\}$ 上的置换作用是可传递的, 即对每个 P_i $(1\leqslant i\leqslant g)$ 均有 $\sigma\in G$ 使得 $\sigma(P_1)=P_i$. 比较上面两个分解式, P_i 在第一个式中指数为 e_i, 在第二个分解式中指数为 e_1. 由分解的唯一性可知 $e_i=e_1$ $(1\leqslant i\leqslant g)$. 换句话说, 在 K/k 为 n 次伽罗瓦扩张的时候, 所有分歧指数 $e_i=e\ (P_i/p)$ 均相同, 设它们为 e. 类似地可证所有剩余类域次数 $f_i=f(P_i/p)=[\frac{O_K}{P_i}:\frac{\mathbb{F}_q[x]}{(p(x))}]$ 也均相同, 设它们为 f. 于是

$$n=\sum_{i=1}^{g}e_if_i=efg.$$

定理 5.1.6 给出了 $p(x)$ 在 O_K 中素理想分解模式 $\{e_i,f_i|1\leqslant i\leqslant g\}$ 的一

个关系 $\sum e_i f_i = n$. 我们还希望找到这种分解的更明确的方法. 对于一些特殊的函数域, 下面提供明确的分解方法.

设

$$C: f(X,Y) = 0 \tag{5.2}$$

是定义在 $\mathbb{F}_q$ 上的不可约仿射曲线, 其中 $f(X,Y)$ 有以下形式:

$$f(X,Y) = Y^n + c_1(X)Y^{n-1} + \cdots + c_{n-1}(X)Y + c_n(X), \tag{5.3}$$

它为 $\mathbb{F}_q[X,Y]$ 中的不可约多项式, $c_i(X) \in \mathbb{F}_q[X]$. 这时对于 $k = \mathbb{F}_q(x)$,

$$K = \mathbb{F}_q(C) = \mathbb{F}_q(x,y) = k(y),$$

$$y^n + c_1(x)y^{n-1} + \cdots + c_n(x)y + c_n(x) = 0,$$

从而 y 为 K 中的整元素, 因此 $\mathbb{F}_q[x,y] \subseteq O_K$. 如果 $\mathbb{F}_q[x,y] = O_K$, 则有如下分解方法.

定理 5.1.7 设 C 是由 (5.2) 和 (5.3) 式定义的不可约仿射曲线, $K = \mathbb{F}_q(C) = \mathbb{F}_q(x,y) = k(y)$, $k = \mathbb{F}_q(x)$. 设 $\mathbb{F}_q[x,y] = O_K$.

对于 $\mathbb{F}_q[x]$ 中的每个首 1 不可约多项式 $p(x)$, 多项式

$$f(x,Y) = Y^n + c_1(x)Y^{n-1} + \cdots + c_{n-1}(x)Y + c_n(x) \in \mathbb{F}_q[x][Y]$$

模 $p(x)$ 之后得到 $\frac{\mathbb{F}_q[x]}{(p(x))}[Y] = \mathbb{F}_{q^d}[Y]$ $(d = \deg p(x))$ 中的多项式

$$\bar{f}(x,Y) = Y^n + \overline{c_1(x)}Y^{n-1} + \cdots + \overline{c_{n-1}(x)}Y + \overline{c_n(x)}.$$

从而 $\bar{f}(x,Y)$ (看成 Y 的多项式, 系数属于 $\mathbb{F}_{q^d}$) 在主理想整环 $\mathbb{F}_{q^d}[Y]$ 中分解成 $\mathbb{F}_{q^d}[Y]$ 中的一些不可约多项式的乘积

$$\bar{f}(x,Y) = q_1(Y)^{e_1} \cdots q_g(Y)^{e_g},$$

其中 $q_i(Y)(1 \leqslant i \leqslant g)$ 为 $\mathbb{F}_{q^d}[Y]$ 中不同的首 1 不可约多项式. 这个分解式也可表达成

$$f(x,Y) \equiv Q_1(x,Y)^{e_1} \cdots Q_g(x,Y)^{e_g} \pmod{p(x)},$$

其中 $Q_i(x,Y) \in \mathbb{F}_q[x,Y]$, $\overline{Q_i(x,Y)} = q_i(Y) \in \frac{\mathbb{F}_q[x]}{(p(x))}[Y]$, $\deg Q_i(x,Y) = \deg(q_i(Y))$.

这时, 我们有分解式

$$p(x)O_K = P_1^{e_1} \cdots P_g^{e_g},$$

其中 $P_i = (p(x), Q_i(x,y))$ $(1 \leqslant i \leqslant g)$ 是 O_K 中不同的素理想, $e_i = e\,(P_i/p)$, $f(P_i/p) = \deg_Y Q_i(x,Y)$ $(= \deg q_i(Y))$ $(1 \leqslant i \leqslant g)$.

现在举一个重要的例子来说明如何用定理 5.1.6 和定理 5.1.7 来进行素理想分解.

二次函数域 (超椭圆曲线)

设 q 为奇素数的方幂, $g(X)$ 为 $\mathbb{F}_q[X]$ 中的无平方因子多项式, $\deg g(X) = n \geqslant 1$, 不可约仿射曲线

$$C: Y^2 - g(X) = 0$$

叫作定义在 $\mathbb{F}_q$ 上的超椭圆曲线 (hyperelliptic curve). 当 $n = 1, 2$ 时, 这是有理曲线, 今后主要考虑 $n \geqslant 3$ 的情形.

C 的函数域 $K = \mathbb{F}_q(C) = \mathbb{F}_q(x,y) = k(y)$ $(y = \sqrt{g(x)})$ 是 $k = \mathbb{F}_q(x)$ 的二次扩域, 叫作二次函数域, K/k 是伽罗瓦扩张. 对于这种二次函数域, 每个 $\mathbb{F}_q[x]$ 中的首 1 不可约 d $(\geqslant 1)$ 次多项式 $p(x)$ 在 O_K 中的素理想分解有明确的方法.

对于有限域 $\frac{\mathbb{F}_q[x]}{(p(x))} = \mathbb{F}_{q^d}$, $\mathbb{F}_{q^d}^*$ 是 $q^d - 1$ 阶循环群. 由于 $q^d - 1$ 为偶数, 从而 $\mathbb{F}_{q^d}^*$ 中的平方元素形成它的一个 $\frac{q^d-1}{2}$ 阶子群 C_0, 非平方元素形成 C_0 的一个陪集 C_1, 即

$$C_0 = \left\{ \begin{array}{r} \overline{a(x)} \in \frac{\mathbb{F}_q[x]}{(p(x))} : a(x) \in \mathbb{F}_q[x],\ p(x) \nmid a(x) \text{ 并且存在} \\ b(x) \in \mathbb{F}_q[x],\ \text{使得 } a(x) \equiv b(x)^2 \pmod{p(x)} \end{array} \right\},$$

$$C_1 = \left\{ \begin{array}{r} \overline{a(x)} \in \frac{\mathbb{F}_q[x]}{(p(x))} : a(x) \in \mathbb{F}_q[x],\ p(x) \nmid a(x) \text{ 并且不存在} \\ b(x) \in \mathbb{F}_q[x],\ \text{使得 } a(x) \equiv b(x)^2 \pmod{p(x)} \end{array} \right\}.$$

当 $\overline{a(x)} \in C_0$ 时, 称多项式 $a(x)$ 是模 $p(x)$ 的二次剩余, 而当 $\overline{a(x)} \in C_1$ 时,

称 $a(x)$ 是模 $p(x)$ 的非二次剩余. 我们可以类似于初等数论中整数环 $\mathbb{Z}$ 对于模奇素数 p 的情形, 定义如下的勒让德符号: 对于 $a(x) \in \mathbb{F}_q[x]$, $p(x) \nmid a(x)$,

$$\left(\frac{a(x)}{p(x)}\right) = \begin{cases} 1, & \text{若 } a(x) \text{ 是模 } p(x) \text{ 的二次剩余}, \\ -1, & \text{若 } a(x) \text{ 是模 } p(x) \text{ 的非二次剩余}. \end{cases}$$

可以证明:

(1) 对于 $a(x), b(x) \in \mathbb{F}_q[x], p(x) \nmid a(x)b(x)$, 则 $\left(\frac{a(x)b(x)}{p(x)}\right) = \left(\frac{a(x)}{p(x)}\right)\left(\frac{b(x)}{p(x)}\right)$.

(2) 对于 $a \in \mathbb{F}_q^*$, $\deg p(x) = d$, 则

$$\left(\frac{a}{p(x)}\right) = a^{\frac{q^d-1}{2}} = \begin{cases} 1, & \text{若 } d \text{ 为偶数, 或者 } a \text{ 为 } \mathbb{F}_q^* \text{ 中的平方元素}, \\ -1, & \text{否则}. \end{cases}$$

(3) (环 $\mathbb{F}_q[x]$ 中的二次互反律) 设 $p_1(x)$ 和 $p_2(x)$ 是 $\mathbb{F}_q[x]$ 中的不同的首 1 不可约多项式. $\deg p_i(x) = d_i$, $N(p_i) = \left|\frac{\mathbb{F}_q[x]}{(p_i(x))}\right| = q^{d_i}$ $(i = 1, 2)$. 则

$$\begin{aligned} \left(\frac{p_1(x)}{p_2(x)}\right)\left(\frac{p_2(x)}{p_1(x)}\right) &= (-1)^{\frac{N(p_1)-1}{2}\frac{N(p_2)-1}{2}} \\ &= \begin{cases} -1, & \text{若 } q \equiv 3 \pmod 4 \text{ 并且 } d_1 d_2 \text{ 为奇数}, \\ 1, & \text{否则}. \end{cases} \end{aligned}$$

(4) 设 $a(x), b(x) \in \mathbb{F}_q[x]$, $p(x) \nmid a(x)b(x)$. 则当 $a(x) \equiv b(x) \pmod{p(x)}$ 时, $\left(\frac{a(x)}{p(x)}\right) = \left(\frac{b(x)}{p(x)}\right)$.

定理 5.1.8 (二次函数域中的理想分解) 设 q 为奇素数的方幂, $g(x)$ 为 $\mathbb{F}_q[x]$ 中的无平方因子多项式, $\deg g(x) \geqslant 3$. $k = \mathbb{F}_q(x)$, $K = k(\sqrt{g(x)})$. 则

(1) $O_K = \mathbb{F}_q[x] \oplus \mathbb{F}_q[x]y = \mathbb{F}_q[x, y]$ $(y = \sqrt{g(x)})$, 即 $\{1, y\}$ 是 O_K 的一组整基.

(2) 对于 $\mathbb{F}_q(x)$ 中的每个首 1 不可约 d 次多项式 $p(x)$, 它在 O_K 中的素理想分解有以下三种模式:

(Ⅰ) 若 $p(x)|g(x)$, 则 $pO_K = P^2$, 其中 $P = (p(x), y)$, $\deg P = d$, $e(P/p) = 2$, $f(P/p) = 1$, $\frac{O_K}{P} = \frac{\mathbb{F}_q[x]}{(p(x))} = \mathbb{F}_{q^d}$, 这叫 $p(x)$ 在 O_K 中分歧.

(Ⅱ) 若 $p(x) \nmid g(x)$ 并且 $\left(\frac{g(x)}{p(x)}\right) = 1$, 从而有 $a(x) \in \mathbb{F}_q[x]$ 使得 $g(x) \equiv$

$a^2(x) \pmod{p(x)}$, 则

$$p(x)O_K = P_1P_2 \quad (\text{这叫 } p(x) \text{ 在 } O_K \text{ 中分裂}),$$

其中 $P_1 = (p(x), y - a(x))$, $P_2 = (p(x), y + a(x))$, $P_1 \neq P_2$, $f(P_1/p) = f(P_2/p) = 1$, $\frac{O_k}{P_1} = \frac{O_k}{P_2} = \frac{\mathbb{F}_q[x]}{(p(x))} = \mathbb{F}_{q^d}$.

(Ⅲ) 若 $p(x) \nmid g(x)$ 并且 $\left(\frac{g(x)}{p(x)}\right) = -1$, 则

$$p(x)O_K = P \quad (\text{这叫 } p(x) \text{ 在 } O_K \text{ 中惰性}),$$

即 $p(x)O_k$ 为 O_K 中的素理想, $f(P/p) = 2$, $\frac{O_k}{P} = \mathbb{F}_{q^{2d}}$, $\deg P = 2d$.

证明 (1) 易知 $\mathbb{F}_q[x, y] \subseteq O_K$ (因为 $\mathbb{F}_q[x] \subseteq O_K$ 并且 $y \in O_K$). 反过来, 设 $\alpha \in O_K$. 由于 $\{1, y\}$ 是域 K 的一组 k-基, 于是

$$\alpha = A(x) + B(x)y, A(x), B(x) \in \mathbb{F}_q(x) = k.$$

由于二次扩张 $K/\mathbb{F}_q(x)$ 是伽罗瓦扩张, $\sigma(A(x) + B(x)y) = A(x) - B(x)y$ 是伽罗瓦自同构, 它和 α 在 k 上有同一个最小多项式, 因此 $\overline{\alpha} = A(x) - B(x)y \in O_K$. 于是 $\alpha + \overline{\alpha} = 2A(x) \in O_K$. 由 $2 \nmid q$ 知 2 在 O_K 中可逆, 从而 $A(x) \in O_K \cap k = \mathbb{F}_q[x]$. 进而 $B(x)y = \alpha - A(x) \in O_K$, 从而 $B^2(x)g(x) \in O_K \cap k = \mathbb{F}_q[x]$. 再由 $g(x)$ 是无平方因子多项式和 $B(x) \in \mathbb{F}_q(x)$ 可知 $B(x) \in \mathbb{F}_q[x]$. 以上说明了 $A(x), B(x) \in \mathbb{F}_q[x]$, 从而 $\alpha = A(x) + B(x)y \in \mathbb{F}_q[x, y]$, 即 $O_K \subseteq \mathbb{F}_q[x, y]$, 从而 $O_K = \mathbb{F}_q[x, y]$.

(2) 由 (1) 我们可以利用定理 5.1.7 将 $p(x)$ 在 O_K 中做素理想分解, 即考查 $Y^2 - g(x)$ 模 $p(x)$ 分解.

(Ⅰ) 当 $p(x)|g(x)$ 时, $Y^2 - g(x) = Y^2 \pmod{p(x)}$, Y^2 为两个一次多项式 Y 的平方, 从而 $p(x)O_K = P^2$, $P = (p(x), y)$, $e(P/p) = f(P/p) = 1$.

(Ⅱ) 当 $p(x) \nmid g(x)$ 并且 $\left(\frac{g(x)}{p(x)}\right) = 1$ 时, 则 $g(x) \equiv a(x)^2 \pmod{p(x)}$, $a(x) \in \mathbb{F}_q[x]$. 则 $Y^2 - g(x) \equiv Y^2 - a(x)^2 = (Y - a(x))(Y + a(x)) \pmod{p(x)}$. 由 $a(x) \not\equiv 0 \pmod{p(x)}$ 可知 $Y - a(x) \not\equiv Y + a(x) \pmod{p(x)}$. 于是

$$p(x)O_k = P_1P_2, \quad P_1 = (p(x), y + a(x)), \quad P_2 = (p(x), y - a(x)),$$

$$e\left(P_i/p\right)=f\left(P_i/p\right)=1\ (i=1,2).$$

(Ⅲ) 最后, 设 $p(x)\nmid g(x)$ 并且 $\left(\frac{g(x)}{p(x)}\right)=-1$, 则 $Y^2-g(x)$ 模 $p(x)$ 是不可约多项式. 于是 $p(x)O_k=P$, $e(P/p)=1$, $f(P/p)=2$. 证毕. ▮

例 1 取 $q=3$, $g(X)=(X-1)(X^2+X+2)$ 为 $\mathbb{F}_3[X]$ 中的两个不可约多项式的乘积. 定义在 $\mathbb{F}_3$ 上的不可约仿射曲线

$$C: Y^2=g(X)=(X-1)(X^2+X+2)$$

的函数域为 $K=\mathbb{F}_3(x,y)$, 其中 $y=\sqrt{(x-1)(x^2+x+2)}=\sqrt{g(x)}$. $K=k(y)$ 是 $k=\mathbb{F}_3(x)$ 的二次扩域, $O_K=\mathbb{F}_3[x,y]$.

(1) 由 $(x-1)|g(x)$ 可知

$$(x-1)O_K=P^2,$$

其中 $P=(x-1,y)$, $\deg P=\deg(x-1)=1$, $\frac{O_k}{P}=\frac{\mathbb{F}_3[x]}{x-1}=\mathbb{F}_3$.

由 $(x^2+x+2)|g(x)$ 可知

$$(x^2+x+2)O_K=P^2,$$

其中 $P=(x^2+x+2,y)$, $\deg P=2$, $\frac{O_K}{P}=\frac{\mathbb{F}_3[x]}{x^2+x+2}=\mathbb{F}_9$.

(2) 对于 $p(x)=x-2$,

$$Y^2-g(x)\equiv Y^2-g(2)=Y^2-2\ (\mathrm{mod}\ x-2).$$

由于 2 是 $\frac{\mathbb{F}_3[x]}{x-2}=\mathbb{F}_3$ 中的非平方元素, 从而 $(x-2)O_K=P$, $\deg P=2$, $\frac{O_K}{P}=\mathbb{F}_9$.

(3) 对于 $\mathbb{F}_3[x]$ 中的不可约多项式 $p(x)=x^2+2x+2$, 可以用前述的法则计算勒让德符号

$$\begin{aligned}\left(\frac{g(x)}{p(x)}\right)&=\left(\frac{x-1}{x^2+2x+2}\right)\left(\frac{x^2+x+2}{x^2+2x+2}\right)\\&=\left(\frac{x^2+2x+2}{x-1}\right)\left(\frac{-x}{x^2+2x+2}\right)\quad(\text{二次互反律})\\&=\left(\frac{2}{x-1}\right)\left(\frac{-1}{x^2+2x+2}\right)\left(\frac{x}{x^2+2x+2}\right)\end{aligned}$$

$$= -\left(\frac{x}{x^2+2x+2}\right) = -\left(\frac{x^2+2x+2}{x}\right)$$
$$= -\left(\frac{2}{x}\right) = 1.$$

于是

$$(x^2+2x+2)O_K = P_1P_2, \quad P_1 \neq P_2, \quad \frac{O_K}{P_1} = \frac{O_K}{P_2} = \mathbb{F}_9.$$

事实上, $g(x) \equiv (x-1)(x^2+x+2) \equiv 2x(x-1) \equiv 2 \equiv (1+x)^2 \pmod{x^2+2x+2}$. 因此 $Y^2 - g(X) \equiv (Y-(1+x))(Y+(1+x)) \pmod{x^2+2x+2}$, 并且

$$P_1 = (x^2+2x+2, y+1+x),$$
$$P_2 = (x^2+2x+2, y+2x+2).$$

习题 5.1

1. 设 K 为函数域, $K \supseteq \mathbb{F}_q(x)$. 证明 K 中的元素 α 均可表示成 $\alpha = \frac{a}{b}$, 其中 $a \in O_K, 0 \neq b \in \mathbb{F}_q[x]$. 特别地, K 是 O_K 的分式域.

2. 设 $\{w_1, \cdots, w_n\}$ 是函数域 K 的一组整基, $n = [K : \mathbb{F}_q(x)]$. 对于 O_K 中的 $\{w_1', \cdots, w_n'\}$, 证明 $\{w_1', \cdots, w_n'\}$ 是一组整基当且仅当存在 n 阶方阵

$$M = (a_{ij})_{1 \leqslant i,j \leqslant n}, \quad a_{ij} \in \mathbb{F}_q[x], \quad \det M \in \mathbb{F}_q^*,$$

使得 $(w_1', \cdots, w_n') = (w_1, \cdots, w_n)M$.

3. 设 $K/\mathbb{F}_q(x)$ 是域的有限次扩张. K 中的元素 α 在 $\mathbb{F}_q(x)$ 上的最小多项式为 $h(Z) = Z^m + c_1(x)Z^{m-1} + \cdots + c_m(x)$, $c_i(x) \in \mathbb{F}_q(x)$ $(1 \leqslant i \leqslant m)$. 证明 $\alpha \in O_K$ 当且仅当 $c_i(x) \in \mathbb{F}_q[x]$ $(1 \leqslant i \leqslant m)$.

4. 设 $K/\mathbb{F}_q(x)$ 是有限次伽罗瓦扩张, $\sigma \in \mathrm{Gal}(K/\mathbb{F}_q(x))$. 证明:

(1) 若 $\alpha \in O_K$, 则 $\sigma(\alpha) \in O_K$.

(2) 对 O_K 的素理想 P, $\sigma(P)$ 也是 O_K 的素理想, 并且 $\deg P = \deg \sigma(P)$.

5. 设 q 为奇素数的方幂, $p(x)$ 为 $\mathbb{F}_q[x]$ 中的 d 次首 1 不可约多项式, $\alpha \in \mathbb{F}_q^*$. 证明

$$\left(\frac{\alpha}{p(x)}\right) = \alpha^{\frac{q^d-1}{2}} = \begin{cases} 1, & \text{若 } 2|d \text{ 或者 } \alpha \text{ 为 } \mathbb{F}_q^* \text{ 中的平方元素}, \\ -1, & \text{否则}. \end{cases}$$

5.2 指数赋值和局部化

以下设 K 是以 $\mathbb{F}_q$ 为常数域的函数域 (即 $K\cap\Omega_q=\mathbb{F}_q$), $n=[K:k]$, $k=\mathbb{F}_q(x)$. 我们把第四章关于有理函数域 k 中的指数赋值和局部化域推广到任意函数域 K 上. 回忆: 域 K 的一个指数赋值是满射

$$V:K\to\mathbb{Z}\cup\{\infty\},$$

并且满足以下三个条件: 对于 $a,b\in K$,

(Ⅰ) $V(a)=\infty$ 当且仅当 $a=0$.

(Ⅱ) $V(ab)=V(a)+V(b)$, 从而 $V:K^*\to\mathbb{Z}$ 是乘法群 K^* 到加法群 $\mathbb{Z}$ 的满同态, 并且对于 $\alpha\in\mathbb{F}_q^*$, $V(\alpha)=0$.

(Ⅲ) (非阿基米德性质) $V(a+b)\geqslant\min\{V(a),V(b)\}$.

k 中的指数赋值可以由 $\mathbb{F}_q[x]$ 中的首 1 不可约多项式 $p(x)$ 给出, 它对应于环 $\mathbb{F}_q[x]=O_k$ 的非零素理想. 现在我们用 O_K 中的非零素理想 P 给出域 K 的指数赋值.

对每个 $0\neq a\in O_K$, 我们有素理想分解 $aO_K=\cdots P^l\cdots(l\geqslant 0)$. 定义 $V_P(a)=l$. 对于 K 中的非零元素 $\alpha=\frac{a}{b}(a,b\in O_K,ab\neq 0$. 注意 K 是 O_K 的分式域), 定义 $V_P(\alpha)=V_P(a)-V_P(b)$. 最后令 $V_P(0)=\infty$.

引理 5.2.1 V_P 是域 K 的指数赋值.

证明 不难验证条件 (Ⅰ) 和 (Ⅱ) 成立. 由条件 (Ⅱ) 可知 $V_P(\alpha)$ 的定义 $V_P(a)-V_P(b)$ 和 α 表示成 $\frac{a}{b}\,(a,b\in O_K)$ 的不同方式是无关的. 现在证明非阿基米德性质 (Ⅲ). 先设 $a,b\in O_K$. 若 $V_P(a)=l$, $V_P(b)=s$, 则

$$aO_K=\cdots P^l\cdots,\quad bO_K=\cdots P^s\cdots,$$

于是 $aO_K+bO_K=\cdots P^t\cdots$, 其中 $t=\min\{l,s\}$. 但是 $a+b\in aO_K+bO_K$, 即 $(a+b)O_K\subseteq aO_K+bO_K$, 可知 $(a+b)O_K=\cdots P^{t'}\cdots$, 其中 $t'\geqslant t$. 于是

$$V_P(a+b)=t'\geqslant t=\min\{l,s\}=\min\{V_P(a),V_P(b)\}.$$

对于一般情形 $a,b\in K$, 由于 K 是 O_K 的分式域, 从而 $a=\frac{A}{C}$, $b=\frac{B}{C}$, 其中

$A, B, C \in O_K$, $C \neq 0$. 因此

$$V_P(a+b) = V_P(A+B) - V_P(C) \geqslant \min\{V_P(A), V_P(B)\} - V_P(C)$$
$$= \min\{V_P(A) - V_P(C), V_P(B) - V_P(C)\} = \min\{V_P(a), V_P(b)\}.$$

最后证明 $V_P : K^* \to \mathbb{Z}$ 是满射. 由于这是群同态, 只需证明存在 $a \in K^*$ 使得 $V_P(a) = 1$. 注意 $P^2 \subseteq P$, 但是由分解的唯一性知 $P^2 \neq P$. 于是存在 $a \in P \backslash P^2$. 由定义即知 $V_P(a) = 1$. 证毕. ▮

V_P 叫作域 K 的 P-adic 指数赋值. 类似地, 对比于域 k 中的指数赋值 V_∞, 我们又可给出域 K 的下列一些指数赋值 (证明和引理 5.2.1 类似).

设 K 是函数域, $[K:k] = n$, $k = \mathbb{F}_q(x)$. 令 $t = x^{-1}$, O'_K 是 K 中对于 $\mathbb{F}_q[t]$ 整的全部元素构成的戴德金整环. 设

$$tO'_k = Q_1^{e_1} \cdots Q_g^{e_g} \quad (e_i \geqslant 1),$$

其中 $Q_1, \cdots, Q_g$ 是环 O'_K 中不同的素理想. 则可类似于引理 5.2.1 定义 K 的 g 个 Q_i-adic 指数赋值 V_{Q_i} $(1 \leqslant i \leqslant g)$, 区别只是把 x 改为 t, 把 O_K 改为 O'_K.

现在我们证明:

定理 5.2.2 引理 5.2.1 给出的 P-adic 指数赋值 (对 O_K 的每个非零素理想) 和 Q_i-adic 指数赋值 (对 t 在环 O'_K 中的全部素理想因子 $Q_1, \cdots, Q_g$) 是函数域 K 的全部指数赋值.

证明 设 V 是域 K 的指数赋值.

(1) 若 $V(x) \geqslant 0$, 由非阿基米德性质可知对每个 $f(x) \in \mathbb{F}_q[x]$, $V(f) \geqslant 0$. 进而对每个 $\alpha \in O_K$, 由 α 是整元素可知

$$\alpha^l + a_1(x)\alpha^{l-1} + \cdots + a_{l-1}(x)\alpha + a_l(x) = 0, \quad a_i(x) \in \mathbb{F}_q[x].$$

如果 $V(\alpha) < 0$, 则由 $V(a_i(x)) \geqslant 0$ 可知上式各项中 $V(\alpha^l) = lV(\alpha)$ 的值小于其他各项的 V-值. 这与非阿基米德性质 (引理 3.2.2(2)) 相矛盾. 因此对每个 $\alpha \in O_K$, $V(\alpha) \geqslant 0$. 不难验证 $P = \{\alpha \in O_K : V(\alpha) \geqslant 1\}$ 是环 O_K 的素理想. 如果对所有非零元素 $a \in O_K$ 均有 $V(a) = 0$, 则由于 K 是 O_K

的分式域以及性质 (Ⅱ), 对于所有非零元素 $\alpha \in K$ 也均有 $V(\alpha) = 0$. 这和 $V: K^* \to \mathbb{Z}$ 是满射相矛盾. 从而 P 是环 O_K 的非零素理想. 下面证明 V 就是 K 的 P-adic 指数赋值 V_P.

取 $a \in P\backslash P^2$, 则 $V(a) = m \geqslant 1$, 并且 $aO_K = PA, (A, P) = 1$. 现在对 O_K 中的任意非零元素 b, $bO_K = P^l B$, $(B, P) = 1$. 则 $V_P(b) = l \geqslant 0$. 注意 $a^l O_K = P^l A^l$. 取 $c \in P^l A^l B \backslash P^{l+1} A^l B$, 则 $cO_K = P^l A^l BD$, $(D, P) = 1$, 并且 $\frac{c}{a^l}, \frac{c}{b} \in O_K$. 而 $\frac{c}{a^l} O_K = BD$ 和 $\frac{c}{b} O_K = A^l D$ 均与 P 互素, 即 $\frac{c}{a^l}$ 和 $\frac{c}{b}$ 均属于 $O_K \backslash P$. 由 P 的定义可知 $V(\frac{c}{a^l}) = V(\frac{c}{b}) = 0$, 于是 $V(b) = V(a^l) = lV(a) = mV_P(b)$. 换句话说, 对于 O_K 中的每个元素 b, 均有 $V(b) = mV_P(b)$ $(m \geqslant 1)$. 由性质 (Ⅱ) 知对 K 中的每个元素 β 均有 $V(\beta) = mV_P(\beta)$. 于是 $V(K^*) = mV_P(K^*) = m\mathbb{Z}$. 由于 $V: K^* \to \mathbb{Z}$ 是满射, 可知 $m = 1$, 于是对每个 $\beta \in K$, $V(\beta) = V_P(\beta)$. 这就证明了 $V = V_P$.

(2) 设 $V(x) < 0$, 则 $V(t) \geqslant 1$, 其中 $t = x^{-1}$. 于是对每个 $f(t) \in \mathbb{F}_q[t]$, 有 $V(f) \geqslant 0$. 和上面一样, 可证对于每个 $\alpha \in O'_K$, $V(\alpha) \geqslant 0$. 并且

$$Q = \{\alpha \in O'_K : V(\alpha) \geqslant 1\}$$

是环 O'_K 的素理想. 由于 $t \in Q$, 可知 Q 就是 t 在环 O'_K 中的素理想因子 Q_i $(1 \leqslant i \leqslant g)$ 中的一个, 最后和 (1) 中的证明一样可知 V 就是某个 V_{Q_i}. 证毕. ▮

和第四章对于 $k \in \mathbb{F}_q(x)$ 的情形类似, 我们把 O_K 中的每个非零素理想 P 也叫作*有限素除子*, 而 t 在 O'_K 中的素理想因子 Q_i $(1 \leqslant i \leqslant g)$ 叫作 K 的*无限素除子*, 它们统称为 K 的*素除子* (prime divisor). 这些素除子和 K 的指数赋值是一一对应的.

设 P 是 K 的一个有限素除子. 考虑 K 的 P-adic 指数赋值 $V_P: K \to \mathbb{Z} \cup \{\infty\}$ 在子域 $k = \mathbb{F}_q(x)$ 上的限制

$$v = V_P \mid_k : k \to \mathbb{Z} \cup \{\infty\}.$$

不难看出, 映射 v 仍满足指数赋值的三个条件 (Ⅰ), (Ⅱ) 和 (Ⅲ), 但是 v 可能不为满射. 由于 P 是 O_K 的非零素理想, $P \cap k$ 为 $\mathbb{F}_q[x]$ 的非零素理想,

即 $P\cap k=(p(x))$, 其中 $p=p(x)$ 为 $\mathbb{F}_q[x]$ 的首 1 多项式. 于是 $p(x)O_K=\cdots P^e\cdots$, $e\geqslant 1$. 而 $v(p(x))=V_P(p(x))=e$. 由此可知 $v(k^*)=V_P(k^*)=e\mathbb{Z}$. 这表明 $\frac{1}{e}V_P$ 是域 k 的一个指数赋值. 但是 k 中只有 p-adic 指数赋值 v_p 满足 $v_p(p(x))=1=\frac{1}{e}V_P(p(x))$, 从而在 k 上 $\frac{1}{e}V_P=v_p$, $e=e(P/p)$. 我们称 K 中的 P-adic 指数赋值 V_P 为 k 中 p-adic 指数赋值 v_p 的扩充. 换句话说, 对于 $\mathbb{F}_q[x]$ 中的首 1 不可约多项式 $p=p(x)$, 令 $p(x)O_K=P_1^{e_1}\cdots P_g^{e_g}$, 其中 $P_1,\cdots,P_g$ 是 $p(x)$ 在 O_K 中的全部素理想因子, 则 k 中的指数赋值 v_p (有限素除子 p) 在 K 中有 g 个扩充 $V_{P_1},\cdots,V_{P_g}$ (有限素除子 $P_1,\cdots,P_g$). 对 k 中的元素 a, $V_{P_i}(a)=e_iv_p(a)$, $e_i=e(P_i/p)$. 类似地, 若 $tO'_K=Q_1^{e_1}\cdots Q_g^{e_g}$, 其中 $Q_1,\cdots,Q_g$ 是 $t=x^{-1}$ 在环 O'_K 中的全部素理想因子, 则 k 的指数赋值 v_∞ (无限素除子 ∞) 在 K 中有 g 个扩充 $V_{Q_1},\cdots,V_{Q_g}$ (无限素除子 $Q_1,\cdots,Q_g$), 并且对于 $a\in k$, $V_{Q_i}(a)=e_iv_\infty(a)$, $e_i=e(Q_i/\infty)$.

对于 K 的每个 (有限或无限) 素除子 P, 由 P-adic 指数赋值 V_P 给出 K 的一个拓扑. K 对于这个 P-adic 拓扑是豪斯多夫拓扑 (距离) 空间, 像第 3.3 节对于 $k=\mathbb{F}_q(x)$ 那样, 采用柯西序列的方式可以得到 K 对于 P-adic 拓扑的完备化域 K_P, 叫作 K 对于 P 的局部域, 这些局部域和第 3.3 节对 k 的情形一样, 是 "洛朗" 级数域. 即有下面的结果 (证明从略). 对于有限素除子 P (即 O_K 的非零素理想), 我们称 $\left[\frac{O_K}{P}:\mathbb{F}_q\right]$ 为素除子 P 的次数, 表示成 $\deg P$. 于是对 $(p(x))=P\cap k$,

$$\frac{O_K}{P}=\mathbb{F}_{q^{\deg P}},$$

$$\deg P=\left[\frac{O_K}{P}:\frac{\mathbb{F}_q[x]}{(p(x))}\right]\cdot\left[\frac{\mathbb{F}_q[x]}{(p(x))}:\mathbb{F}_q\right]=f(P/p)\cdot\deg p(x).$$

同样地, 对于 K 的无限素除子 Q, 称 $\left[\frac{O'_K}{Q}:\mathbb{F}_q\right]$ 为 Q 的次数, 表示成 $\deg Q$. 于是 $\frac{O'_K}{Q}=\mathbb{F}_{q^{\deg Q}}$, $\deg Q=f(Q/\infty)$.

定理 5.2.3 设 K 是以 $\mathbb{F}_q$ 为常数域的函数域, $k=\mathbb{F}_q(x)\subseteq K$, P 为 K 的 (有限或无限) 素除子, $\deg P=d\ (\geqslant 1)$, K 的 P-adic 指数赋值 V_P 到 K_P 有唯一扩充 (仍表示成 V_P).

(1) $K_P=\mathbb{F}_q((t_P))$, 其中 t_P 是 K_P 中满足 $V_P(t_P)=1$ 的任何元素 (t_P 叫作

在 P 的局部参数). 于是 K_P 中的非零元素唯一表示成

$$\alpha=\sum_{n=l}^{\infty}c_n t_P^n \quad (c_n\in\mathbb{F}_{q^d}, c_l\neq 0),$$

这时 $V_P(\alpha)=l$.

(2) 令

$$\begin{aligned}&O_P=\{\alpha\in K_P:V_P(\alpha)\geqslant 0\},\quad M_P=\{\alpha\in O_P:V_P(\alpha)\geqslant 1\},\\&U_P=\{\alpha\in O_P:V_P(\alpha)=0\};\\&O_{(P)}=\{\alpha\in K:V_P(\alpha)\geqslant 0\},\quad M_{(P)}=\left\{\alpha\in O_{(P)}:V_P(\alpha)\geqslant 1\right\},\\&U_{(P)}=\left\{\alpha\in U_{(P)}:V_P(\alpha)=0\right\}.\end{aligned}$$

则 O_P 是 K_P 的子环, M_P 是 O_P 的唯一极大理想, $U_P=O_P\backslash M_P$ 是 (局部) 环 O_P 的单位群. $O_{(P)}$ 是 K 的子环, $M_{(P)}$ 是 $O_{(P)}$ 的唯一极大理想, $U_{(P)}=O_{(P)}\backslash M_{(P)}$ 是局部环 $O_{(P)}$ 的单位群, 并且

当 P 为有限素除子时, $\frac{O_P}{M_P}=\frac{O_{(P)}}{M_{(P)}}=\frac{O_K}{P}=\mathbb{F}_{q^{\deg P}}$, $O_K\subseteq O_{(P)}\subseteq O_P$;

当 Q 为无限素除子时, $\frac{O_Q}{M_Q}=\frac{O_{(Q)}}{M_{(Q)}}=\frac{O'_K}{Q}=\mathbb{F}_{q^{\deg Q}}$, $O'_K\subseteq O_{(Q)}\subseteq O_Q$.

注记 容易看出 $\frac{O_P}{M_P}=\mathbb{F}_{q^d}$ $(d=\deg P)$, 因为

$$O_P=\left\{\sum_{n=0}^{\infty}c_n t_P^n:c_n\in\mathbb{F}_{q^d}\right\},M_p=\left\{\sum_{n=1}^{\infty}c_n t_P^n:c_n\in\mathbb{F}_{q^d}\right\}.$$

由定义可知 $M_{(P)}=M_P\cap O_{(P)}$, $P=M_{(P)}\cap O_K$, 可知

$$\mathbb{F}_{q^d}=\frac{O_P}{M_P}\supseteq\frac{O_{(P)}}{M_{(P)}}\supseteq\frac{O_K}{P}=\mathbb{F}_{q^d},$$

这就表明 $O_P/M_P=O_{(P)}/M_{(P)}=O_K/P=\mathbb{F}_{q^d}$.

我们在第三章知道, 域 $k=\mathbb{F}_q(x)$ 的素除子和射影直线 $\mathbb{P}(\Omega_q)=\Omega_q\cup\{\infty\}$ 中点的 σ_q-等价类是一一对应的. 对于定义在 $\mathbb{F}_q$ 上的不可约射影曲线 C, 它的函数域 $K=\mathbb{F}_q(C)$ 的素除子和曲线 C 上的点的 σ-等价点也有一一对应关系. 但是要求 C 是一条 "光滑" 曲线, 即没有 "奇点". 我们在下节讲述函数域 K 的素除子和对应光滑射影曲线上点的等价类的对应关系.

5.3 射影曲线上的奇点

对于定义在实数域 $\mathbb{R}$ 上的平面代数曲线 $C: f(X,Y)=0$, 读者在数学分析中熟悉奇点的定义. 设 $P=(a,b)$ 为曲线 C 上的一点 $(a,b\in\mathbb{R})$, 即 $f(P)=f(a,b)=0$ (这里 $f(X,Y)\in\mathbb{R}[X,Y]$). 多项式 $f(X,Y)$ 在点 $P=(a,b)$ 附近的泰勒展开为

$$\begin{aligned}f(X,Y)=f(P)+&\frac{\partial f}{\partial X}(P)(X-a)+\frac{\partial f}{\partial Y}(P)(Y-b)+\\&\frac{\partial^2 f}{\partial X\partial X}(P)(X-a)^2+2\frac{\partial^2 f}{\partial X\partial Y}(P)(X-a)(Y-b)+\\&\frac{\partial^2 f}{\partial Y\partial Y}(P)(Y-b)^2+\cdots.\end{aligned}$$

由于 $f(P)=0$, $f(X,Y)$ 的主项为 $\frac{\partial f}{\partial X}(P)(X-a)+\frac{\partial f}{\partial Y}(P)(Y-b)$. 当 $\frac{\partial f}{\partial X}(P)$ 和 $\frac{\partial f}{\partial Y}(P)$ 不全为 0 时, 过 P 点的直线

$$L:\frac{\partial f}{\partial X}(P)(X-a)+\frac{\partial f}{\partial Y}(P)(Y-b)=0$$

是在点 P 附近和曲线 C 最 "密切" 的唯一直线, 叫作曲线 C 过其上点 P 的切线, 点 P 叫曲线 C 上的非奇点. 而当 $\frac{\partial f}{\partial X}(P)$ 或 $\frac{\partial f}{\partial Y}(P)$ 均为 0 时, 点 P 叫曲线 C 的奇点.

现在把奇点的定义推广到有限域上.

定义 5.3.1 设 $C: F(T_0,T_1,T_2)=0$ 是定义在 $\mathbb{F}_q$ 上的不可约射影曲线, 其中 $F(T_0,T_1,T_2)$ 是 $\mathbb{F}_q[T_0,T_1,T_2]$ 中的不可约齐次多项式. 对于 C 上一个射影 Ω_q-点 $P=(a_0:a_1:a_2)$ (即 $F(P)=F(a_0,a_1,a_2)=0$). 如果

$$\frac{\partial F}{\partial T_0}(P)=\frac{\partial F}{\partial T_1}(P)=\frac{\partial F}{\partial T_2}(P)=0,$$

称 P 为射影曲线 C 上的奇点, 否则 P 叫作非奇点. 如果 C 上没有奇点, 则 C 叫作非奇异射影曲线.

注记 我们知道射影曲线 $C=C(\Omega_q)$ 是三部分 $C_i=C\cap\mathbb{A}_i(\Omega_q)$ $(i=0,1,2)$ 的并. 如果某个 C_i 非空, 比如 $C_0: f(X,Y)=0$ 非空, 即 C_0 是定义在 $\mathbb{F}_q$ 上的不可约仿射曲线, 其中 $f(X,Y)=F(1,X,Y)$. 则 C_0 上的仿射

Ω_q-点 $P_0=(X,Y)=(a,b)$ 对应于射影曲线 C 上的点 $P=(1:a:b)$ (即 $f(a,b)=0$ 当且仅当 $F(1,a,b)=0$). 由 $f(X,Y)=F(1,X,Y)$ 不难看出:

$$\begin{aligned} P \text{ 为 } C \text{ 的奇点} &\Leftrightarrow F(P)=\frac{\partial F}{\partial T_0}(P)=\frac{\partial F}{\partial T_1}(P)=\frac{\partial F}{\partial T_2}(P)=0 \\ &\Leftrightarrow F(P)=\frac{\partial F}{\partial T_1}(P)=\frac{\partial F}{\partial T_2}(P)=0 \\ &\quad (\text{由于 } F \text{ 是 } d \text{ 次齐次多项式}, T_0\frac{\partial F}{\partial T_0}+T_1\frac{\partial F}{\partial T_1}+T_2\frac{\partial F}{\partial T_2}=dF) \\ &\Leftrightarrow f(P_0)=\frac{\partial f}{\partial X}(P_0)=\frac{\partial f}{\partial Y}(P_0)=0. \end{aligned}$$

所以若 P 为 C 的奇点, 必有 P_0 为 C_0 的奇点, 当且仅当 P_0 在仿射曲线 C_0 上 (即 $f(P_0)=0$) 并且 $\frac{\partial f}{\partial X}(P_0)=\frac{\partial f}{\partial Y}(P_0)=0$. 这和实数域上曲线奇点的定义是一致的. 如果仿射曲线 C_0 上没有奇点, 则称 C_0 为非奇异仿射曲线. 因此, 若 C 上的无穷远点也都不是奇点, 则 C 便为非奇异射影曲线.

现在谈 C 上所有点的 σ_q-等价类和函数域 $k=\mathbb{F}_q(C)$ 的素除子之间的对应关系.

设 $P_0=(X,Y)=(a,b)$ 是仿射曲线 $C_0: f(X,Y)=0$ 上的一个仿射 Ω_q-点, 即 $a,b\in\Omega_q$, $f(P_0)=f(a,b)=0$. 由于多项式 f 的系数属于 $\mathbb{F}_q$, 可知

$$\sigma_q(P_0)=(a^q,b^q) \quad \text{以及} \quad \sigma_q^l(P_0)=(a^{q^l},b^{q^l}) \quad (l=1,2,\cdots)$$

均是曲线 C_0 上的点. 称它们是彼此 σ_q-等价的. 如果 $\mathbb{F}_q(a,b)=\mathbb{F}_{q^d}$, 则可证明 $\sigma_q^l(P_0)$ $(0\leqslant l\leqslant d-1)$ 彼此不同, 而 $\sigma_q^d(P)=(a^{q^d},b^{q^d})=(a,b)=P_0=\sigma_q^0(P_0)$. 从而这个等价类共有 d 个点. d 叫此等价类的长度.

类似地, 设 $P=(T_0:T_1:T_2)=(a_0:a_1:a_2)$ 是射影曲线 C 上的一个射影 Ω_q-点, 即 $F(a_0,a_1,a_2)=0$, 由于 F 是齐次多项式而且系数属于 $\mathbb{F}_q$, 可知

$$\sigma_q^l(P)=(a_0^{q^l}:a_1^{q^l}:a_2^{q^l}) \quad (l=0,1,2,\cdots)$$

均是 C 上的射影点. 它们组成一个 σ_q-等价类. 由于 a_0,a_1,a_2 在 $\mathbb{F}_q$ 的某个扩域 $\mathbb{F}_{q^d}$ 之中, 从而 $\sigma_q^d(P)=P$ (即 $a_i^{q^d}=a_i$). 设 d 为使 $\sigma_q^d(P)=P$ 的最小正整数, 则这个射影点的 σ_q-等价类共有 d 个点 $\sigma_q^l(P)$ $(0\leqslant l\leqslant d-1)$. d 叫此等价类的长度.

进而, C_0 上的点 $P_0=(X,Y)=(a,b)$ 对应于 C 上的点 $P=(T_0:T_1:T_2)=(1:a:b)$. 则 C_0 上的点 $\sigma_q^l(P_0)$ 对应于 C 上的点 $\sigma_q^l(P)$, 从而点 P_0 的

σ_q-等价类对应于点 P 的等价类, 并且两个等价类有相同的长度.

有了以上的准备, 我们便可介绍下面的结果.

定理 5.3.2 设 $C_0: f(X,Y)=0$ 是定义于 $\mathbb{F}_q$ 上的不可约仿射曲线, $C: F(T_0,T_1,T_2)=0$ 是它的射影化曲线, 即 $F(T_0,T_1,T_2)=T_0^d f(\frac{T_1}{T_0},\frac{T_2}{T_0})$, $d=\deg f$, $K=\mathbb{F}_q(C_0)$ 是曲线 C_0 (和 C) 的函数域.

(1) 若 C_0 是非奇异仿射曲线, 则域 $K=\mathbb{F}_q(x,y)$ $(f(x,y)=0)$ 中的有限素除子 P 和曲线 C_0 上 (仿射) Ω_q-点的 σ_q-等价类一一对应, 并且 P 的次数等于对应点的等价类的长度. 它们也是一一对应于射影曲线上的仿射 (即不是无穷远点) Ω_q-点的 σ_q-等价类. 特别地, C_0 上的每个 $\mathbb{F}_q$-点 (每个点自己是一个等价类) 一一对应于 K 中的 1 次有限素除子.

(2) 若射影曲线 C 是非奇异曲线, 则 K 中的无限素除子 Q 一一对应于 C 上的无穷远 Ω_q-点的 σ_q-等价类 (回忆: 无穷远点 $(a_0:a_1:a_2)$ 即指 $a_0=0$ 的射影点), 并且 Q 的次数等于该无穷远点等价类的长度. 再由 (1) 即知 K 的所有 (有限或无限) 素除子一一对应于 C 上的射影 Ω_q-点 (仿射点或无穷远点) σ_q-等价类. 特别地, K 中的 1 次素除子个数等于射影曲线 C 上的所有 $\mathbb{F}_q$-点的个数, 1 次有限素除子对应于 C 上的仿射 $\mathbb{F}_q$-点, 1 次无限素除子对应于 C 上的无穷远 $\mathbb{F}_q$-点.

我们略去定理的证明细节, 但是解释一下曲线 C 上点的 σ_q-等价类按何种方式对应于 $K=\mathbb{F}_q(C)$ 的素除子. 并且举例加以说明.

设 $A=(a,b)$ 是不可约仿射曲线 C_0 上的一个 Ω_q-点, $\mathbb{F}_q(a,b)=\mathbb{F}_{q^n}$, 则 A 所在的 σ_q-等价类 $\Sigma=\{\sigma_q^i(A): 0\leqslant i\leqslant n-1\}$ 的长度为 n. 我们先证对 O_K 中的每个元素 $\alpha=\alpha(x,y)$, 点 A 均不是 $\alpha(x,y)$ 的极点. 由于 α 在 $\mathbb{F}_q[x]$ 上为整元素, 从而

$$\alpha^m+c_1(x)\alpha^{m-1}+\cdots+c_{m-1}(x)\alpha+c_m(x)=0 \quad (c_i(x)\in\mathbb{F}_q[x]).$$

于是 $1+\frac{c_1(x)}{\alpha(x,y)}+\cdots+\frac{c_m(x)}{\alpha^m(x,y)}=0$ (不妨设 $\alpha(x,y)\neq 0$). 由于 $c_i(x)$ 均为多项式, $c_i(a)\in\Omega_q$. 如果 A 是 $\alpha(x,y)$ 的极点, 则 $\alpha(a,b)=\infty$. 上式代入 $(x,y)=(a,b)$ 之后得出 $1=0$ 的矛盾. 这表明 O_K 中的 $\alpha(x,y)$ 均不以 A 为极点, 于是 $\alpha(a,b)\in\mathbb{F}_{q^n}$. 现在考虑 O_K 中的子集合

$$P = \{\alpha(x,y) \in O_K:\ \alpha(a,b) = 0\},$$

这是 O_K 的一个素理想. 记 $p(x)$ 为 a 在 $\mathbb{F}_q$ 上的最小多项式, $p(x) \in \mathbb{F}_q[x] \subseteq O_K$, 则 $p(a) = 0$, 可知 $p(x) \in P$, 从而 P 是 O_K 的非零素理想. P 就是对应于等价类 Σ 的有限素除子, 换句话说, P 就是 O_K 中以 $A = (a,b)$ 为零点的那些元素 α 组成的非零素理想 (从而 A 所在的等价类中的每个点都是 α 的零点). 可以证明 $\deg P = n$.

反过来, 设 P 是 K 的一个有限素除子, 即 P 是 O_K 的一个非零素理想, 则 P 可以由两个元素生成: $P = (p(x), \alpha(x,y))$, 其中 $p(x) = P \cap \mathbb{F}_q[x]$ 是 $\mathbb{F}_q[x]$ 中的首 1 不可约多项式. 若 $a \in \Omega_q$ 是 $p(x)$ 的一个根, 这样的 a 只有有限个. 对于每个 a, 满足 $\alpha(a,b) = 0$ 的 $b \in \Omega_q$ 也只有有限个. 于是满足 $\alpha(a,b) = 0$ 的 (a,b) 也只有有限个. 可以证明这些点 $P = (a,b)$ 构成 C_0 上的一个 σ_q-等价类, 这个等价类对应于有限素除子 P, 即是 P 中的所有函数的公共零点构成的集合.

对于 K 的无限素除子 Q, 它的射影曲线 C 的无穷远点等价类有类似的对应关系, 把 Q 看成环 O'_K 的非零素理想即可.

我们以超椭圆曲线为例来说明定理 5.3.2 的结论.

例 1 设 $q = p^m$, 其中 p 为奇素数, $m \geqslant 1$. $g(x)$ 为 $\mathbb{F}_q[x]$ 中次数 $n \geqslant 3$ 的无平方因子多项式. 超椭圆曲线 $C_0: f(X,Y) = Y^2 - g(x) = 0$ 是定义在 $\mathbb{F}_q[x]$ 上的不可约仿射曲线.

(A) 先证 C_0 是非奇异仿射曲线. 设 $A = (a,b)$ 是 C_0 上的一个奇点. 则

$$0 = f(a,b) = b^2 - g(a), \quad 0 = \frac{\partial f}{\partial X}(a,b) = g'(a), \quad 0 = \frac{\partial f}{\partial Y}(a,b) = 2b.$$

于是 $b = 0$ (因为 $2 \neq 0$), $g(a) = g'(a) = 0$. 由于 $g(x)$ 没有平方因子, 可知 $g(x)$ 没有重根, 这和 $g(a) = g'(a) = 0$ 相矛盾. 这表明 C_0 是非奇异仿射曲线.

(B) 根据定理 5.3.2 (1), C_0 上仿射点的 σ_q-等价类 Σ 和函数域 $K = k(y)$ 的有限素除子 P 一一对应, 其中 $k = \mathbb{F}_q(x)$, $y = \sqrt{g(x)}$, 而 P 为 $O_K = \mathbb{F}_q[x,y]$ 的非零素理想, 并且 $\deg P = |\Sigma|$. 定理 5.1.4 已经给出 O_K 的全部非零素理想, 即 $\mathbb{F}_q[x]$ 中的某个首 1 不可约多项式 $p(x)$ 的素理想因子. 设

$d=\deg p(x)\geqslant 1$.

(Ⅰ) 当 $p(x)|g(x)$ 时,

$$p(x)O_K=P^2,\quad P=(p(x),y),\quad \deg P=\deg p=d.$$

有限素除子 P 对应的 C_0 上点的 σ_q-等价类 Σ 应当为

$$\begin{aligned}\Sigma&=\left\{(a,b)\in\Omega_q^2:\ \text{对每个}\ \alpha(x,y)\in P,\quad \alpha(a,b)=0\right\}\\&=\left\{(a,b)\in\Omega_q^2:\ p(a)=0\ \text{并且}\ b=0\right\}\quad\left(\text{由于}P=(p(x),y)\right).\end{aligned}$$

记 a 为 $p(x)$ 的一个零点, $\mathbb{F}_q(a)=\mathbb{F}_{q^d}$, 即 $p(a)$ 的全部根为 $\sigma_q^l(a)=a^{q^l}$ $(0\leqslant l\leqslant d-1)$. 所以有限素除子 P 对应的 Σ 为 $\{(x,y)=(a^{q^l},0):0\leqslant l\leqslant d-1\}$. $|\Sigma|=d=\deg P$.

(Ⅱ) 设 $p(x)\nmid g(x)$ 并且 $\left(\frac{g(x)}{p(x)}\right)=1$, 则有 $\alpha(x)\in\mathbb{F}_q[x]$ 使得 $g(x)\equiv\alpha^2(x)\ (\mathrm{mod}\ p(x))$. 这时

$$p(x)O_K=P_1P_2,\quad P_1=(p(x),y-\alpha(x))\neq P_2=(p(x),y+\alpha(x)),$$
$$\deg P_1=\deg P_2=d.$$

以 Σ_1 和 Σ_2 表示有限素除子 P_1 和 P_2 对应的曲线 C_0 上点的 σ_q-等价类, 则 $(a,b)\in\Sigma_1\Leftrightarrow p(a)=0$ 并且 $b=\alpha(a)$. 若 a 为 $p(x)$ 的一个根, $\mathbb{F}_q(a)=\mathbb{F}_{q^d}$, 从而 $\Sigma_1=\left\{(x,y)=\left(a^{q^i},\alpha(a)^{q^i}\right):0\leqslant i\leqslant d-1\right\}$. 类似地, $\Sigma_2=\left\{(x,y)=\left(a^{q^i},-\alpha(a)^{q^i}\right):0\leqslant i\leqslant d-1\right\}$. $|\Sigma_1|=|\Sigma_2|=d$.

(Ⅲ) 设 $p(x)\nmid g(x)$ 并且 $\left(\frac{g(x)}{p(x)}\right)=-1$, 则

$$p(x)O_K=P,P=(p(x)),\deg P=2d.$$

有限素除子 $P=(p(x))$ 对应的 C_0 上点的等价类为 $\Sigma=\{(x,y)=(a,b):b^2=g(a),\ p(a)=0\}$. 由于 $\left(\frac{g(x)}{p(x)}\right)=-1$ 和 $p(a)=0$, 可知 $g(a)$ 为 $\frac{\mathbb{F}_q[x]}{(p(x))}=\mathbb{F}_{q^d}$ 中的非平方元素, 于是 $\mathbb{F}_q(a,b)=\mathbb{F}_{q^d}(b)=\mathbb{F}_{q^{2d}}$ $(b=\sqrt{g(a)})$. 从而 $\sigma_q^d(b)=-b$, $\sigma_q^{2d}(b)=b$. 因此

$$\begin{aligned}\Sigma&=\left\{(x,y)=\left(a^{q^i},b^{q^i}\right):0\leqslant i\leqslant 2d-1\right\}\quad\left(p(a)=0,b=\sqrt{g(a)}\right)\\&=\left\{(x,y)=\left(a^{q^i},\pm b^{q^i}\right):0\leqslant i\leqslant d-1\right\},\end{aligned}$$

$|\Sigma| = 2d = \deg P$.

(C) 仿射曲线 $C_0 : f(X,Y)=Y^2-g(x)=0$ (设 $g(x)=a_nX^n+a_{n-1}X^{n-1}+\cdots+a_0\in\mathbb{F}_q[x]$, $a_n\neq 0$) 的射影化为射影曲线 (已假设 $\deg g(x)=n\geqslant 3$)

$$C : F(T_0,T_1,T_2)=T_2^2T_0^{n-2}-(a_nT_1^n+a_{n-1}T_1^{n-1}T_0+\cdots+a_0T_0^n)=0.$$

先考查 C 上无穷远点的奇性. 令 $T_0=0$, 则 C 上无穷远点为 $(0:a:b)$, 其中 $(T_1,T_2)=(a,b)$ 是 $F(0,T_1,T_2)=-a_nT_1^n=0$ 的解, 即 $a=0, b\in\Omega_q^*$. 从而 C 上只有一个无穷远点 $(0:0:1)$. 由于

$$\frac{\partial F}{\partial T_0}(0,0,1)=(n-2)T_2^2T_0^{n-3}-\left(a_{n-1}T_1^{n-1}+\cdots+na_0T_0^{n-1}\right)\Big|_{(T_0,T_1,T_2)=(0,0,1)}$$
$$=\begin{cases}1, & 若\ n=3,\\ 0, & 若\ n\geqslant 4,\end{cases}$$
$$\frac{\partial F}{\partial T_1}(0,0,1)=-\left(na_nT_1^{n-1}\right)\Big|_{T_1=0}=0,$$
$$\frac{\partial F}{\partial T_2}(0,0,1)=2T_2T_0^{n-2}\Big|_{(T_0,T_2)=(0,1)}=0,$$

可知当 $n=3$ 时, 无穷远点 $A=(0:0:1)$ 不是奇点, 从而射影曲线 C 是非奇异的. 而当 $n\geqslant 4$ 时, A 为曲线 C 上的奇点.

另一方面, 我们考查函数域 $K=\mathbb{F}_q(C)=\mathbb{F}_q(C_0)=k(y)$ 的无限素除子, 其中 $k=\mathbb{F}_q(x)$, $y=\sqrt{g(x)}$, 令 $t=x^{-1}$, O_k' 是 K 中对于 $\mathbb{F}_q[t]$ 整的元素构成的环, K 的每个无限素除子 Q 是 t 在 $O_K{}'$ 中的素理想因子. 而 Q 在 k 中的限制是 k 的无限素除子 ∞. 并且 $V_Q(t)=eV_\infty(t)=e$, 其中 $e=e(Q/\infty)$, $e\leqslant[K:\mathbb{F}_q(x)]=2$.

(Ⅰ) 若 $n=\deg g(x)$ 为奇数, 则

$$2V_Q(y)=V_Q\left(y^2\right)=V_Q(g(x))=eV_\infty(g(x))=-en,$$

于是 en 为偶数. 由于 n 为奇数, $e\leqslant 2$, 从而 $e=2$ (而 $V_Q(y)=-n$), 即

$$tO_K'=Q^2,\quad \deg Q=f\left(Q/\infty\right)\deg\infty=1.$$

从而 K 只有一个无限素除子 Q, 并且 $\deg Q=1$. 而曲线 C 只有一个无穷远点 $(0:0:1)$. 当 $n=3$ 时, 由于 C 是非奇异的, 这个结论由定理 5.3.2(2)

推出.

(Ⅱ) 若 $n=\deg g(x)$ 为偶数, $n=2m$, 则 $V_Q(y)=-em$. 而 $V_Q(x)=-V_Q(t)=-eV_\infty(t)=-e$. 设 $g(x)=a_0x^n+a_1x^{n-1}+\cdots+a_{n-1}x+a_n\in\mathbb{F}_q[x]$, $a_0\neq0$. 则 $y^2=g(x)$ 给出

$$(t^my)^2=a_0+a_1t+\cdots+a_nt^n=a_0(1+a_1a_0^{-1}t+\cdots+a_na_0^{-1}t^n),$$

于是 $t^my=\pm\sqrt{a_0}\varepsilon(t)$, 其中 $\varepsilon(t)$ 是环 $\mathbb{F}_q[[t]]$ 中的单位. 当 $\sqrt{a}_0\in\mathbb{F}_q$ 时 (即 a_0 为 $\mathbb{F}_q^*$ 中的平方元素), 则 y 和 t 均属于 $\mathbb{F}_q[[t]]$, 从而 $K\subseteq\mathbb{F}_q((t))$. 于是 $\mathbb{F}_q((t))$ 为 K 对于无限素除子 Q 的局部域 K_Q, 从而 $e=V_Q(t)=1$, 即

$$tO_K'=QQ',\quad Q\neq Q',\quad \deg Q=\deg Q'=1.$$

这表明 K 有两个 1 次无限素除子, 而曲线 C 只有一个无穷远点 $(0:0:1)$. 当 a_0 不是 $\mathbb{F}_Q^*$ 中的平方元素时, $\mathbb{F}_q\left(\sqrt{a_0}\right)=\mathbb{F}_{q^2}$. 而 $t^my=\pm\sqrt{a_0}\varepsilon(t)\in\mathbb{F}_{q^2}[[t]]$. 这表明 $\mathbb{F}_{q^2}((t))$ 是 K 对于 Q 的局部域, 从而仍有 $e=V_Q(t)=1$, 但是 $\deg Q=2$. 因此

$$tO_K'=Q,\quad \deg Q=2.$$

这表明 K 只有一个无限素除子 Q, Q 的次数为 2. 而 K 只有一个无穷远点 $(0:0:1)$, 它自己形成一个 σ_q-等价类, 这个等价类只有一个点, 不等于 Q 的次数. 所以当 n 为偶数时, K 的无限素除子和射影曲线 C 的无穷远点等价点之间不符合定理 5.3.2(2) 中所述的对应关系. 这是由于在 $2|n\geqslant4$ 时, $(0:0:1)$ 是曲线 C 的奇点, 不符合定理 5.3.2(2) 的假设条件.

习题 5.3

1. 对于定义于 $\mathbb{F}_3$ 上的仿射曲线 $C:Y^2=x^3+x+1$, 确定函数域 $K=\mathbb{F}_3(C)$ 的全部 1 次和 2 次素除子, 并且确定这些素除子对应于 C 上射影 Ω_3-点的哪些 σ_3-等价类.

2. 设 K 是以 $\mathbb{F}_q$ 为常数域的函数域, $\mathbb{F}_q(x)\subseteq K$. 证明对于 K 中的元素 α, $\alpha\in O_K$ 当且仅当对于 K 中的每个有限素除子 P, 均有 $V_P(\alpha)\geqslant0$.

5.4 除子和除子类, 黎曼 – 罗赫定理

现在把第 3.4 节关于域 $k = \mathbb{F}_q(x)$ 的除子理论和黎曼 – 罗赫定理推广到任意函数域 K 上. 我们着重指出这种推广有哪些复杂的地方.

以下设 K 是以 $\mathbb{F}_q$ 为常数域的函数域, $k = \mathbb{F}_q(x)$ 为 K 的子域.

定义 5.4.1 以 K 中的所有素除子为基的自由 (加法) 交换群叫作域 K 的**除子群**, 表示成 $D(K)$. $D(K)$ 中的元素叫作**除子** (divisor), 它可唯一地表示成

$$A = \sum_P V_P(A)P \quad (\text{其中 } P \text{ 过素除子, } V_P(A) \in \mathbb{Z},$$

$$\text{并且只有有限个 } V_P(A) \text{ 不为 } 0).$$

除子 A 和 $B = \sum\limits_P V_P(B)P$ 相加定义为 $A + B = \sum\limits_P (V_P(A) + V_P(B))\, P$, 即对每个 P, $V_P(A+B) = V_P(A) + V_P(B)$. 除子 A 的次数定义为

$$\deg A = \sum_P V_P(A) \deg(P) \in \mathbb{Z}.$$

易知映射 $\deg : D(K) \to \mathbb{Z}$ 是加法群的同态, 它的核

$$D^0(K) = \{A \in D(K) : \deg A = 0\}$$

是 $D(K)$ 的子群, 叫域 K 的**零次除子群**. 今后我们要证明每个函数域 K 必有 1 次除子 (但不一定有 1 次素除子!), 于是 $\deg :\ D(K) \to \mathbb{Z}$ 是满同态, 所以 $\frac{D(K)}{D^0(K)} \cong \mathbb{Z}$.

对于 $D(K)$ 中的两个除子 $A = \sum\limits_P V_P(A)P$ 和 $B = \sum\limits_P V_P(B)P$. 如果对每个素除子 P, 均有 $V_P(A) \geqslant V_P(B)$, 则表示成 $A \geqslant B$. 当 $A \geqslant 0$ (零除子) 时, A 叫作非负除子(即对每个素除子 P, 系数 $V_P(A) \geqslant 0$) .

每个除子 $A \in D(K)$ 均可表示成

$$A = \sum_{\substack{P \\ V_P(A)>0}} V_P(A)P - \sum_{\substack{P \\ V_P(A)<0}} (-V_P(A))\, P = A_+ - A_-,$$

其中

$$A_+ = \sum_{\substack{P \\ V_P(A)>0}} V_P(A)P \geqslant 0 \text{ 和 } A_- = \sum_{\substack{P \\ V_P(A)<0}} (-V_P(A))P \geqslant 0$$

分别叫作 A 的零点除子和极点除子. 若 $V_P(A) = m > 0$, 称 P 为除子 A 的 m 阶零点. 若 $m < 0$, 称 P 为除子 A 的 $-m$ 阶极点. 当 $m = 0$ 时, P 不是除子 A 的零点和极点. 所以每个除子 A 的零点素除子和极点素除子均只有有限多个.

为了介绍 $D(K)$ 的另一个子群 (主除子群), 先证明一个预备性结果.

定理 5.4.2 设 $\mathbb{F}_q$ 是 K 的常数域, $\alpha \in K^*$. 则

(1) $\mathrm{div}(\alpha) = \sum\limits_P V_P(\alpha) \cdot P$ 是除子, 其中 $V_P(\alpha)$ 是非零元素 $\alpha = \alpha(x, y)$ 的 P-adic 指数赋值.

(2) 当 $\alpha \in \mathbb{F}_q^*$ 时, $\mathrm{div}(\alpha) = 0$ (零除子). 而当 $\alpha \in K \backslash \mathbb{F}_q$ 时, $\mathrm{div}(\alpha) \neq 0$, 并且 $\deg((\mathrm{div}(\alpha))_+) = \deg((\mathrm{div}(\alpha))_-) = [K : \mathbb{F}_q(\alpha)]$ (这是正整数), 从而 $\mathrm{div}(\alpha) \in D^0(K)$.

证明 若 $\alpha \in \mathbb{F}_q^*$, 则对每个素除子 P, 均有 $V_P(\alpha) = 0$. 因此 $\mathrm{div}(\alpha) = 0 \in D^0(K)$. 以下设 $\alpha \in K \backslash \mathbb{F}_q$. 由于 $\mathbb{F}_q = K \cap \Omega_q$, 可知 α 在 $\mathbb{F}_q$ 上是超越元素. 因此 $K/\mathbb{F}_q(\alpha)$ 是有限次扩张. 令 O_α 是 K 中对于环 $\mathbb{F}_q[\alpha]$ 整的元素组成的集合, 则 O_α 是戴德金整环. 设 α 在环 O_α 中的素理想分解为

$$\alpha O_\alpha = P_1^{e_1} \cdots P_g^{e_g},$$

其中 $P_1 \cdots P_g$ 为 α 在 O_α 中的不同素理想因子, $e_i = e(P_i/\alpha) \geqslant 1$, $f_i = f(P_i/\alpha) = \deg P_i$ (注意 α 是 $\mathbb{F}_q[\alpha]$ 中的 1 次多项式), 并且 $\sum\limits_{i=1}^{g} e_i f_i = [K : \mathbb{F}_q(\alpha)]$ 为正整数. 对 K 中的每个素除子 P, $V_P(\alpha) \geqslant 1$ 当且仅当 P 是 α 在环 O_α 中的某个素理想因子 P_i, 并且 $V_{P_i}(\alpha) = e_i$. 于是 $\mathrm{div}(\alpha)_+ = \sum\limits_{i=1}^{g} e_i P_i \in D(K)$, 并且

$$\deg(\mathrm{div}(\alpha)_+) = \sum_{i=1}^{g} e_i \deg P_i = \sum_{i=1}^{g} e_i f_i = [K : \mathbb{F}_q(\alpha)].$$

类似地, $\mathrm{div}(\alpha)_- = \mathrm{div}(\alpha^{-1})_+ \in D(K)$, 并且

$$\deg(\mathrm{div}(\alpha)_-) = \deg\left(\mathrm{div}\left(\alpha^{-1}\right)_+\right) = \left[K : \mathbb{F}_q\left(\alpha^{-1}\right)\right] = [K : \mathbb{F}_q(\alpha)].$$

这就表明 $\mathrm{div}(\alpha) = \mathrm{div}(\alpha)_+ - \mathrm{div}(\alpha)_- \in D(K)$, 并且 $\deg(\mathrm{div}(\alpha)) = 0$. ∎

对于 $\alpha \in K^*, \mathrm{div}(\alpha)$ 叫作域 K 的主除子. 对于 $\alpha, \beta \in K^*$, 由定义可知

$$\mathrm{div}(\alpha)+\mathrm{div}(\beta)=\mathrm{div}(\alpha\beta), \quad -\mathrm{div}(\alpha)=\mathrm{div}\left(\alpha^{-1}\right).$$

所以 K 的全部主除子形成 $D(K)$ 的一个 (加法) 子群, 叫作 K 的主除子群, 表示成 $P(K)$. 由定理 5.4.2 知 $P(K)$ 是 $D^0(K)$ 的一个子群. 商群

$$C(K)=\frac{D(K)}{P(K)}, \quad C^0(K)=\frac{D^0(K)}{P(K)}$$

分别叫 K 的除子类群和零次除子类群. 对于每个除子 $A \in D(K), C(K)$ 中的元素 $A+P(K)$ 叫作一个除子类, 表示成 $[A]$. 当 $\deg A=0$ 时, $[A]$ 是 $C^0(K)$ 中的元素, 叫作零次除子类. 同一除子类中的除子 A 和 B 叫作彼此等价的, 表示成 $A \sim B$, 即彼此相差一个主除子: $A-B=\mathrm{div}(\alpha)$ $(\alpha \in K^*)$. 特别地, 彼此等价的除子有相同的次数. 我们有

$$\frac{C(K)}{C^0(K)} \cong \frac{D(K)}{D^0(K)} \cong \mathbb{Z}.$$

对于 $k=\mathbb{F}_q(x)$ 的情形, 我们在第三章中证明了 $D^0(K)=P(K)$, 即 $C^0(K)$ 是一元群. 对于一般的函数域 K, 每个零次除子不必为主除子, 即 $P(K)$ 可能是 $D^0(K)$ 的真子群. 我们在后面要证明: 对于每个函数域 K, $C^0(K)=\frac{D^0(K)}{P(K)}$ 都是有限 (交换) 群 (定理 5.4.8). 群 $C^0(K)$ 的阶 $h(k)=|C^0(K)|$ 叫作函数域 K 的零次除子类数. 于是: $P(K)=D^0(K)$ 当且仅当 $h(K)=1$. 对于每个 $n \in \mathbb{Z}$, 则 $D(K)$ 中的所有 n 次除子也分成 $h(K)$ 个除子类.

设 $\alpha \in K^*$, 对于每个素除子 P, 若 $V_P(\alpha)=m>0$, 称 P 为 α 的 m 阶零点. 若 $m<0$, 则称 P 为 α 的 $(-m)$ 阶极点. 若 $m=0$, 则称 P 既不是 α 的零点也不是 α 的极点. 如果 $K=\mathbb{F}_q(C)$ 是定义在 $\mathbb{F}_q$ 上非奇异不可约射影曲线 C 的函数域, 则由定理 5.3.2, K 的每个素除子 P 对应于 C 上射影 Ω_q-点的一个 σ_q-等价类 Σ, $|\Sigma|=\deg P$. 对于 $\alpha \in K^*$, 若 $V_P(\alpha)=m>0$, 即素除子 P 为 α 的 m 阶零点, 则 Σ 中的每个点都是有理函数 α 的 m 阶零点. 类似地, 若 $V_P(\alpha)=m<0$, 即素除子 P 为 α 的 $-m$ 阶极点, 则 Σ 中的每个点都是函数 α 的 $-m$ 阶极点. 从而 $\deg(\mathrm{div}(\alpha)_+)=\sum\limits_{\substack{P \\ V_P(\alpha)>0}} V_P(\alpha)\deg P$ 就是有理函数 α 在曲线 C 上全部零点的总阶数 (α 看成由 $C=(\Omega_q)$ 到 $\mathbb{P}(\Omega_q)=\Omega_q \cup\{\infty\}$

的函数). 而 $\deg(\mathrm{div}(\alpha)_-)$ 是有理函数 α 在 C 上全部极点的总阶数. 由于这两个数相同 (当 $\alpha \notin \mathbb{F}_q$ 时均为 $[K:\ \mathbb{F}_q(\alpha)]$, 当 $\alpha \in \mathbb{F}_q^*$ 时均为 0), 因此对每个函数 $\alpha \in K^*$, α 在 C 上的零点阶数之和等于极点阶数之和. 进而, $\mathrm{div}(\alpha) = 0$ 当且仅当 $\alpha \in \mathbb{F}_q^*$. 换句话说, $K = \mathbb{F}_q(C)$ 中的非零有理函数 α 在非奇异不可约射影曲线 C 上没有零点和极点, 当且仅当 α 是常值函数 $\alpha \equiv a \in \mathbb{F}_q^*$.

下面和情形 $k = \mathbb{F}_q(x)$ 一样定义黎曼–罗赫向量空间.

定义 5.4.3 对于除子 $A \in D(K)$, 定义

$$L(A) = \{\alpha \in K^* : \mathrm{div}(\alpha) \geqslant -A\} \cup \{0\}.$$

可以和定理 3.4.5 一样证明:

定理 5.4.4 设 $A, B \in D(K)$, K 是以 $\mathbb{F}_q$ 为常数域的函数域. 则

(1) $L(A)$ 是 $\mathbb{F}_q$ 上的向量空间.

(2) 若 $A \geqslant B$, 则 $L(A) \supseteq L(B)$.

(3) 若 A 和 B 等价, 则 $\mathbb{F}_q$ 上的向量空间 $L(A)$ 和 $L(B)$ 同构, 从而有相同的维数.

(4) 若 $\deg A < 0$, 则 $L(A) = \{0\}$. ∎

可以证明对每个除子 $A \in D(K)$, $L(A)$ 均是有限维 $\mathbb{F}_q$-向量空间. 今后把这个维数记为 $l(A)$. 前面说过, 当 $A \sim B$ 时, $\deg A = \deg B$, 即同一除子类中的除子有相同的次数. 而定理 5.4.4(3) 又表明若 $A \sim B$, 则 $l(A) = l(B)$, 即 l 也是除子类的函数.

对于 $k = \mathbb{F}_q(x)$ 的情形, 计算 $l(A) = \dim_{\mathbb{F}_q} L(A)$ 有非常简单的公式 (定理 3.4.5(5)). 对于一般的函数域 K, 计算 $l(A)$ 是很不简单的. 黎曼和罗赫先后完成了下面的结果, 这是曲线算术理论的核心结果.

定理 5.4.5 (黎曼–罗赫, Riemann–Roch) 设 K 是以 $\mathbb{F}_q$ 为常数域的函数域. 则存在一个特殊的除子 $W \in D(K)$ 和一个非负整数 $g = g(K)$, 使得对每个除子 $A \in D(K)$,

$$l(A) = \deg A + 1 - g + l(W - A).$$

我们略去这个定理的证明. 定理中的特殊除子 W 叫作域 K 的微分除子, 我们在下节给出它的定义和计算方法. $g = g(K)$ 是 K 本身的特性, 叫作域 K 的亏格 (genus). 如果 $K = \mathbb{F}_q(C)$, C 是定义在 $\mathbb{F}_q$ 上的不可约射影曲线, 则 g 也叫作曲线 C 的亏格, 表示成 $g(C)$. 由于双有理等价的曲线 C 和 C' 有 $\mathbb{F}_q$-同构的函数域 $K = \mathbb{F}_q(C)$ 和 $K' = \mathbb{F}_q(C')$. 而 $g(K) = g(K')$. 所以彼此在 $\mathbb{F}_q$ 上双有理等价的不可约射影曲线有同样的亏格, 即亏格是曲线的双有理不变量.

黎曼–罗赫定理有许多重要应用. 可以说, 本书后面的几乎所有结果都是这个定理的推论. 在定理的公式中, 通常 $g = g(K)$ 是知道的, 而 $\deg A$ 也容易计算. 把计算 $l(A)$ 归结于计算 $l(W - A)$, 似乎没有多少好处. 但是 W 是 $D(K)$ 中一个固定的除子 (尽管现在我们还不知道 W 是哪个除子), 从而 $\deg W$ 是一个固定的整数. 当 $\deg A > \deg W$ 时, $\deg(W - A) < 0$, 由定理 5.4.4(4) 知 $l(W - A) = 0$. 所以得到更简单的公式 $l(A) = \deg A + 1 - g$. 这是黎曼的结果, 对于一般情形, 即 $\deg A \leqslant \deg W$ 时, 罗赫在公式中补充上了 $l(W - A)$.

本节的最后我们介绍在不知道 W 的情况下黎曼–罗赫定理的各种应用.

系 5.4.6 设 W 是函数域 K 的微分除子, $g = g(K)$ 为 K 的亏格. 则

(1) $\deg W = 2g - 2,\ l(W) = g$.

(2) 对于除子 $A \in D(K)$, 当 $\deg A \geqslant 2g - 1$ 时, $l(A) = \deg A + 1 - g$.

证明 (1) 在定理 5.4.5 中取 $A = 0$ (零除子), 则

$$l(0) = \deg(0) + 1 - g + l(W) = 1 - g + l(W).$$

对于 $\alpha \in K^*$,

$$\begin{aligned} \alpha \in L(0) &\Leftrightarrow \text{对每个素除子 } P,\ V_P(\alpha) \geqslant 0 \\ &\Leftrightarrow \alpha \text{ 没有极点素除子 (从而也没有零点素除子)} \\ &\Leftrightarrow \operatorname{div}(\alpha) = 0 \Leftrightarrow \alpha \in \mathbb{F}_q^*, \end{aligned}$$

这表明 $L(0) = \mathbb{F}_q$, 从而 $l(0) = 1$. 由上式即知 $l(W) = g$.

现在在定理 5.4.5 中取 $A=W$, 则

$$g=l(W)=\deg W+1-g+l(W-W)=\deg W+1-g+l(0),\quad l(0)=1.$$

于是 $\deg W=2g-2$.

(2) 见系 5.4.6 前面的叙述. ∎

系 5.4.7 设 C 是定义在 $\mathbb{F}_q$ 上的不可约仿射曲线, 则 C 为有理曲线 (即双有理等价于仿射直线) 当且仅当 $g(C)=0$.

证明 记 $K=\mathbb{F}_q(C)\supseteq\mathbb{F}_q(x)$. 我们要证 $g(K)=0$ 当且仅当 $K=\mathbb{F}_q(x)$. 先设 $K=\mathbb{F}_q(x)$. 取正整数 $n\geqslant 2g-1$, ∞ 为 $\mathbb{F}_q(x)$ 中的无限素除子, $\deg\infty=1$. 对于 $\mathbb{F}_q(x)$ 中的 (微分) 除子 W, 由于 $\deg W=2g-2$, 可知 $\deg(W-n\cdot\infty)<0$. 由系 5.4.6(2) 给出

$$l(n\cdot\infty)=\dim_{\mathbb{F}_q}L(n\cdot\infty)=\deg(n\cdot\infty)+1-g=n+1-g.$$

对于 $\alpha(x)\in\mathbb{F}_q(x)\backslash\{0\}$,

$$\begin{aligned}\alpha(x)\in L(n\cdot\infty)\Leftrightarrow{}& V_\infty(\alpha)\geqslant -n,\ \text{并且对}\ \mathbb{F}_q(x)\ \text{的每个有限素除子}\ p\\ &(\text{即}\ p=p(x)\ \text{为}\ \mathbb{F}_q[x]\ \text{中的首 1 不可约多项式}), V_p(\alpha)\geqslant 0\\ \Leftrightarrow{}&\alpha(x)\in\mathbb{F}_q[x]\ \text{并且}\ -\deg\alpha(x)\geqslant -n.\end{aligned}$$

于是

$$L(n\cdot\infty)=\{\alpha(x)\in\mathbb{F}_q[x],\quad \deg\alpha(x)\leqslant n\}.$$

作为 $\mathbb{F}_q$ 上的向量空间, $L(n\cdot\infty)$ 有一组基 $\{1,x,x^2,\cdots,x^n\}$. 于是 $l(n\cdot\infty)=n+1$. 代入前式给出 $n+1=n+1-g$, 即 $g=g(K)=0$.

现在设 $g=g(K)=0$. 我们将在第六章 (第 6.2 节) 中证明: 当 $g(K)=0$ 时 K 必有 1 次素除子 P. 由于 $\deg P=1\geqslant -1=2g-1$, 可知 $l(P)=\deg P+1-g=2$. 而 $l(0)=1$, $\mathbb{F}_q=L(0)\subset L(P)$. $\dim L(0)=1<\dim L(P)=2$. 于是 K 中有非零元素 $x\in L(P)\backslash\mathbb{F}_q$. 这表明 $\operatorname{div}(x)_-=P$. 但是由定理 5.4.2,

$$1=\deg P=\deg\left(\operatorname{div}(x)_-\right)=[K:\mathbb{F}_q(x)]\,.$$

所以 $K=\mathbb{F}_q(x)$. 证毕. ∎

这是一个重要的结果, 即亏格为 0 的不可约曲线只有一个双有理等价类, 它们均是有理曲线, 即双有理同构于直线. 下面也是一个重要结果: K 的零次除子类群 $C^0(K)$ 是有限群.

系 5.4.8 设 K 是以 $\mathbb{F}_q$ 为常数域的函数域, 则

(1) 对于每个正整数 m, 满足 $A\geqslant 0$ 的 m 次除子 $A\in D(K)$ 只有有限多个.

(2) 零次除子类群 $C^0(K)=D^0(K)/P(K)$ 是有限群.

证明 (1) $A\geqslant 0$, 则 A 是有限个素除子 P 之和, 并且 $\deg P\leqslant \deg A=m$. 所以只需证明 K 的次数 $\leqslant m$ 的素除子只有有限多个. 由于 K 的无限素除子只有有限多个, 从而只需证明 K 的次数 $\leqslant m$ 的有限素除子 P 只有有限多个. 设 $P\cap\mathbb{F}_q[x]=(p(x))$, $p(x)$ 为 $\mathbb{F}_q[x]$ 中的首 1 不可约多项式, 并且 $\deg p(x)=\deg P/f(P/p)\leqslant m$. 次数 $\leqslant m$ 的首 1 不可约多项式 $p(x)$ 只有有限多个, 每个这样的 $p(x)$ 最多有 $[K:\mathbb{F}_q(x)]$ 个素理想因子 P. 这就表明次数 $\leqslant m$ 的有限素除子只有有限多个.

(2) 我们固定 K 的一个除子 $A_0\geqslant 0$, 并且 $\deg A_0\geqslant 2g$ $(g=g(K))$. 设 $\mathscr{C}$ 是一个零次除子类, B 是类 $\mathscr{C}$ 中的一个 (零次) 除子. 由于 $\deg(A_0+B)=\deg A_0\geqslant 2g-1$, 可知

$$l(A_0+B)=\deg A_0+1-g\geqslant g+1\geqslant 1\quad\big(\text{因为 } g\geqslant 0\big),$$

于是有 $0\neq\alpha\in K$, 使得 $\alpha\in L(A_0+B)$. 所以除子类 $A_0+\mathscr{C}$ 中有除子 $A=\operatorname{div}(\alpha)+A_0+B\geqslant 0$, $\deg A=\deg A_0$. 我们在 (1) 中证明了: 次数为 $\deg A_0$ 的除子 $A\geqslant 0$ 只有有限多个, 而对每个零次除子类 ζ, $A_0+\zeta$ 中均包含这样的 A, 这就表明零次除子类只有有限多个. 证毕. ∎

本节最后我们以超椭圆曲线 (二次函数域) 为例, 说明用黎曼 – 罗赫定理可以计算亏格.

定理 5.4.9 设 q 是奇素数的方幂, $g(x)$ 为 $\mathbb{F}_q[x]$ 中的无平方因子多项式, $n=\deg g(x)\geqslant 1$. 则定义在 $\mathbb{F}_q$ 上的曲线

$$C: Y^2 - g(X) = 0$$

的亏格为

$$g(C) = \left[\frac{n-1}{2}\right] = \begin{cases} \dfrac{n}{2} - 1, & \text{若 } n \text{ 为偶数}, \\ \dfrac{n-1}{2}, & \text{若 } n \text{ 为奇数}. \end{cases}$$

证明 曲线 C 是不可约的 (因为 $\sqrt{g(x)} \notin \mathbb{F}_q[x]$), 它的函数域 $K = k(y)$ 是 $k = \mathbb{F}_q(x)$ 的二次扩域, 其中 $y = \sqrt{g(x)}$. 我们要证 $g(K)$ (即 $g(C)$) 为 $\left[\frac{n-1}{2}\right]$.

先设 $n \geqslant 1$ 为奇数. 令 $t = x^{-1}$. 在第 5.3 节末尾的例子中已算出 $tO'_K = Q^2$, 即 $e = e(Q/\infty) = 2$, K 只有一个无限素除子 Q, 并且 $\deg Q = 1$. 由 $y^2 = g(x)$, 可知

$$2V_Q(y) = V_Q\left(y^2\right) = V_Q(g(x)) = 2V_\infty(g(x)) = -2\deg g(x) = -2n,$$

可知 $V_Q(y) = -n$, $V_Q(x) = 2V_\infty(x) = -2$. 现在取充分大的正整数 m, 考虑 $\mathbb{F}_q$-向量空间

$$\begin{aligned} L(2mQ) &= \{\alpha \in K^* : V_Q(\alpha) \geqslant -2m \text{ 并且对每个有限素除子 } P, \\ &\qquad V_P(\alpha) \geqslant 0\} \cup \{0\} \\ &= \{\alpha \in O_K : V_Q(\alpha) \geqslant -2m\}. \end{aligned} \tag{5.4}$$

定理 4.4.8 证明了

$$O_K = \mathbb{F}_q[x, y] = \{A(x) + B(x)y : A(x), B(x) \in \mathbb{F}_q[x]\}.$$

对于 O_k 中的元素 $\alpha = A(x) + B(x)y$, 由于 $V_Q(A(x)) = -2\deg A(x)$ 为偶数, 而 $V_Q(B(x)y) = V_Q(y) + V_Q(B(x)) = -n - 2\deg B(x)$ 为奇数, 从而由非阿基米德性质,

$$V_Q(\alpha) = \min\{-2\deg A(x),\ -n - 2\deg B(x)\}. \tag{5.5}$$

于是由 (5.4) 式和 (5.5) 式可知 (注意 n 为奇数)

$$L(2mQ) = \Big\{\alpha = A(x) + B(x)y : A(x), B(x) \in \mathbb{F}_q[x], \deg A(x) \leqslant m,$$
$$\deg B(x) \leqslant \frac{2m-n-1}{2}\Big\}.$$

从而这个 $\mathbb{F}_q$-向量空间的维数为

$$l(2mQ) = (m+1) + \left(m - \frac{n+1}{2}\right) + 1 = 2m + 2 - \frac{n+1}{2}. \tag{5.6}$$

现在取 m 充分大, 即取 $2m\ (= \deg(2mQ)) \geqslant 2g-1$, 由黎曼 – 罗赫定理可知

$$l(2mQ) = \deg(2mQ) + 1 - g = 2m + 1 - g.$$

将此式与 (5.6) 式作比较, 即得 $g = \frac{n+1}{2} - 1 = \frac{n-1}{2}$.

现在设 $n = 2l$, $l \geqslant 1$. 由第 5.3 节末尾的例子, t 在 O'_k 中分解为

(1) $tO'_K = Q_1Q_2$, $Q_1 \neq Q_2$, $\deg Q_1 = \deg Q_2 = 1$, $e = e\left(Q_i/\infty\right) = 1$ $(i = 1, 2)$; 或者

(2) $tO'_K = Q$, $\deg Q = 2$, $e = e(Q/\infty) = 1$.

对于情形 (1), $V_{Q_i}(x) = V_\infty(x) = -1$, 再由 $y^2 = g(x)$ 得到 $V_{Q_i}(y) = \frac{1}{2}V_\infty(g(x)) = \frac{1}{2}(-\deg g(x)) = -\frac{n}{2} = -l$. 由于域 K 只有两个无限素除子 Q_1 和 Q_2, 所以对每个正整数 m,

$$L\left(m\left(Q_1+Q_2\right)\right) = \Big\{\alpha \in K^* : V_{Q_1}(\alpha) \geqslant -m, V_{Q_2}(\alpha) \geqslant -m,\ \text{对有限素除子}\ P,$$
$$V_P(\alpha) \geqslant 0\Big\} \cup \{0\}$$
$$= \{\alpha \in O_K = \mathbb{F}_q[x,y] : V_{Q_1}(\alpha) \geqslant -m,\ V_{Q_2}(\alpha) \geqslant -m\}.$$

二次扩张 K/k 是伽罗瓦扩张 $(k = \mathbb{F}_q(x))$, 其伽罗瓦群为 $G = \{I, \sigma\}$, 其中对于 $\alpha = A(x) + B(x)y \in O_K$, $(A(x), B(x) \in \mathbb{F}_q[x])$, $\sigma(Q_1) = Q_2$, 于是

$$V_{Q_2}(\alpha) = V_{Q_1}\left(\sigma(\alpha)\right) = V_{Q_1}(A(x) - B(x)y).$$

所以

$$V_{Q_1}(\alpha) \geqslant -m\ \text{并且}\ V_{Q_2}(\alpha) \geqslant -m \Leftrightarrow V_{Q_1}(A(x) + B(x)y) \geqslant -m$$
$$\text{并且}\ V_{Q_1}(A(x) - B(x)y) \geqslant -m$$

$$\Leftrightarrow V_{Q_1}(A(x)) \geqslant -m \text{ 并且 } V_{Q_1}(B(x)y) \geqslant -m \quad (\text{由非阿基米德性质})$$

$$\Leftrightarrow \deg A(x) \leqslant m \text{ 并且 } \deg B(x) \leqslant m-l.$$

于是

$$L\left(m\left(Q_1+Q_2\right)\right)=\Big\{A(x)+B(x)y: A(x), B(x) \in \mathbb{F}[x],$$
$$\deg A(x) \leqslant m, \deg B(x) \leqslant m-l\Big\}. \tag{5.7}$$

取 m 充分大使得 $2m$ $(=\deg(mQ_1+mQ_2)) \geqslant 2g-1$ 并且 $m \geqslant l$. 则由黎曼–罗赫定理,

$$l\left(m\left(Q_1+Q_2\right)\right)=\deg\left(m\left(Q_1+Q_2\right)\right)+1-g=2m+1-g.$$

但是由 (5.7) 式, $l(m(Q_1+Q_2))=(m+1)+(m-l+1)=2m-l+2$. 于是 $2m-l+2=2m+1-g$, 即 $g=l-1=\frac{n}{2}-1$.

对于情形 (2), 如果 $n=2l \geqslant 2$, $tO_K'=Q$, 即 K 只有一个无限素除子 Q, $\deg Q=2, e(Q/\infty)=1$. 这时仍有 $V_Q(x)=-1$, $V_Q(y)=-l$. 对于正整数 m,

$$L(mQ)=\left\{A(x)+B(x)y: A(x), B(x) \in \mathbb{F}_q[x],\ V_Q(A(x)+B(x)y) \geqslant -m\right\}.$$

但是 $\sigma(A(x)+B(x)y)=A(x)-B(x)y$, $\sigma(Q)=Q$. 因此

$$\begin{aligned} V_Q(A(x)+B(x)y) \geqslant -m & \Leftrightarrow V_Q(A(x)-B(x)y) \geqslant -m \\ & \Leftrightarrow V_Q(A(x)+B(x)y) \geqslant -m \text{ 并且 } V_Q(A(x)-B(x)y) \geqslant -m \\ & \Leftrightarrow V_Q(A(x)) \geqslant -m \text{ 并且 } V_Q(B(x)y) \geqslant -m \\ & \Leftrightarrow \deg A(x) \leqslant m \text{ 并且 } \deg B(x) \leqslant m-l. \end{aligned}$$

于是 $l(mQ)=(m+1)+(m-l+1)=2m+2-l$.
当 m 充分大时, $l(mQ)=\deg(mQ)+1-g=2m+1-g$.
从而 $2m+2-l=2m+1-g$, 即 $g=l-1=\frac{n}{2}-1$. 证毕. ∎

习题 5.4

1. (Fermat 曲线) 设 $k=\mathbb{F}_q(x)$, d 为 $q-1$ 的因子, $d\geqslant 3$.

(1) 证明定义在 $\mathbb{F}_q$ 上的仿射曲线 $C: X^d+Y^d=1$ 是非奇异不可约曲线, 并且 (扩充成射影曲线之后) 其上的无穷远点也都不是奇点.

(2) 对于 C 的函数域 $K=k(y)$, $y=(1-x^d)^{\frac{1}{d}}$, $k=\mathbb{F}_q(x)$, 证明 K/k 是 d 次伽罗瓦扩张, 其伽罗瓦 G 是由 σ 生成的 d 阶循环群, 其中对于 K 中的元素 $\alpha=\sum\limits_{i=0}^{d-1}a_iy^i$ $(a_i\in k)$, $\sigma(\alpha)=\sum\limits_{i=0}^{d-1}a_i\zeta^iy^i$. 这里 ζ 是 $\mathbb{F}_q^*$ 中的 d 阶元素 (设 γ 为 $\mathbb{F}_q$ 中的本原元素, 可取 $\zeta=\gamma^{\frac{q-1}{d}}$).

(3) 证明 $O_K=\mathbb{F}_q[x,y]$, 即 $\{1,y,y^2,\cdots,y^{d-1}\}$ 是 O_K 的一组整基.

(4) 证明 K 共有 d 个无限素除子, 并且次数均为 1.

(5) 设 K 的无限素除子为 $Q_0,Q_1,\cdots,Q_{d-1}$, 计算 $l(m(Q_0+\cdots+Q_{d-1}))$, 并由此证明 $g(K)=\frac{1}{2}(d-1)(d-2)$.

2. (Artin-Schreier 曲线) 设 p 是奇素数, d 为 $p-1$ 的正整数因子.

(1) 证明 $C: Y^p-Y=X^d$ 是定义在 $\mathbb{F}_p$ 上的非奇异不可约仿射曲线.

(2) 函数域 $K=\mathbb{F}_p(C)=k(y)$ $(y^p-y=x^d,\ k=\mathbb{F}_p(x))$ 只有一个无限素除子 Q, 并且 $\deg Q=1$, $V_Q(x)=-p, V_Q(y)=-d$.

(3) K/k 是 p 次伽罗瓦扩张, 其伽罗瓦群是由 σ 生成的 p 阶循环群, 其中 $\sigma: K\to K$ 是由 $\sigma(y)=y+1$ 所确定的.

(4) 证明 $O_K=\mathbb{F}_p[x,y]$.

(5) 计算 $l(mQ)$, 并由此算出 $g(K)=\frac{1}{2}(d-1)(p-1)$.

5.5 微分和微分除子类

本节介绍函数域 K 上的微分概念. 我们不想过于严格, 只是借助于读者在微积分课程中学过的微分直观加以阐述.

定义 5.5.1 设 K 是以 $\mathbb{F}_q$ 为常数域的函数域, $K=\mathbb{F}_q(x,y)$, $f(x,y)=0$, 其中 $f(X,Y)$ 是 $\mathbb{F}_q[X,Y]$ 中的不可约多项式. K 的一个微分是指

$$w=h\mathrm{d}g\quad(h,g\in K),$$

并且满足如下的微分法则:

对于 $a, b \in \mathbb{F}_q$, $\mathrm{d}(ah+bg) = a\mathrm{d}h + b\mathrm{d}g$ (即 d 是 $\mathbb{F}_q$-线性作用)

$$\mathrm{d}h = \frac{\partial h}{\partial x}\mathrm{d}x + \frac{\partial h}{\partial y}\mathrm{d}y \quad (\text{对于} h = h(x,y) \in K).$$

注记 由 $0 = f(x,y)$ 给出 $0 = \mathrm{d}f = \frac{\partial f}{\partial x}\mathrm{d}x + \frac{\partial f}{\partial y}\mathrm{d}y$.

我们证明 $\frac{\partial f}{\partial x}$ 和 $\frac{\partial f}{\partial y}$ 作为 K 中的函数不全为零. 设 $f(X,Y) = \sum\limits_{i,j} a_{ij}X^iY^j$ $(a_{ij} \in \mathbb{F}_q)$, 如果 $\frac{\partial f}{\partial X} = \sum\limits_{i,j} ia_{ij}X^{i-1}Y^j \equiv 0$, 则当 $a_{ij} \neq 0$ 时必然 $i = 0 \in \mathbb{F}_q$, 令 $q = p^m$, 则 $p|i$. 同样地, 若 $\frac{\partial f}{\partial Y} = 0$, 则 $a_{ij} \neq 0$ 时 $p|j$. 于是若 $\frac{\partial f(X,Y)}{\partial X} = \frac{\partial f(X,Y)}{\partial Y} \equiv 0$, 则 $f(X,Y) = \sum\limits_{\lambda,\mu} b_{\lambda\mu}X^{p\lambda}Y^{p\mu}$. 取 $c_{ij} = b_{ij}^{p^{m-1}} \in \mathbb{F}_q$, 则 $c_{ij}^p = b_{ij}^q = b_{ij}$. 于是

$$f(X,Y) = \sum_{\lambda,\mu} c_{ij}^p X^{p\lambda}Y^{p\mu} = \left(\sum_{\lambda,\mu} c_{ij}X^\lambda Y^\mu\right)^p,$$

这和 $f(X,Y)$ 不可约相矛盾. 从而 $\frac{\partial f(X,Y)}{\partial X}$ 和 $\frac{\partial f(X,Y)}{\partial Y}$ 不全为零. 由此可知 $\frac{\partial f(x,y)}{\partial x}$ 和 $\frac{\partial f(x,y)}{\partial y}$ 不全为零. 不妨设 $\frac{\partial f}{\partial y} \not\equiv 0$. 于是

$$\mathrm{d}y = -\left(\frac{\partial f}{\partial y}\right)^{-1}\left(\frac{\partial f}{\partial x}\right)\mathrm{d}x = \alpha\mathrm{d}x, \quad \alpha \in K.$$

而对每个微分 $w = h\mathrm{d}g$,

$$h\mathrm{d}g = h\left(\frac{\partial g}{\partial x}\mathrm{d}x + \frac{\partial g}{\partial y}\mathrm{d}y\right) = h\left(\frac{\partial g}{\partial x} + \alpha\frac{\partial h}{\partial y}\right)\mathrm{d}x.$$

这就表明: 函数域 K 的全体微分组成的集合 $\Omega(K)$ 是 K 上以 $\mathrm{d}x$ 为基的一维向量空间, 即

$$\Omega(K) = \{g\mathrm{d}x : g \in K\},$$

其中对于 $w = g\mathrm{d}x$ 和 $w' = g'\mathrm{d}x$ $(g, g' \in K)$,

$$w \pm w' = (g \pm g')\mathrm{d}x, \quad hw = (hg)\mathrm{d}x \quad (h \in K).$$

对于 K 的每个素除子 P, $\deg P = s$, 也可在局部域 $K_P = \mathbb{F}_{q^s}((\pi_P))$ 上定义微分 $w = h\mathrm{d}g$ $(h, g \in K_P)$, 这里 π_P 是 K_P 的一个局部参数, 即

$\pi_P \in K_P$, $V_P(\pi_P)=1$.

设 $h=\sum c_n\pi_P^n$ $(c_n \in \mathbb{F}_{q^s})$, 则 $\mathrm{d}h=\sum nc_n\pi_P^{n-1}\mathrm{d}\pi_P$. 从而 K_P 的全部微分形成以 $\mathrm{d}\pi_P$ 为基的一维 K_P-向量空间.

对于 K_P 中的微分 $w=(\sum c_n\pi_P^n)\,\mathrm{d}\pi_P$, 定义它的 P-adic 指数赋值为

$$V_P(w)=V_P\left(\sum c_n\pi_P^n\right),$$

而微分 w 的留数 (residue) 定义为 $\mathrm{res}_P(w)=c_{-1}\in\mathbb{F}_{q^s}$.

引理 5.5.2 设 w 为 K_P 中的微分, 则 $V_P(w)$ 和 $\mathrm{res}_P(w)$ 不依赖于局部参数 π_P 的选取方式.

证明 设以 π_P 为局部参数时 $V_P(w)=l$, 则 $w=g\mathrm{d}\pi_P$, 其中

$$g=\sum_{n=l}^{\infty}c_n\pi_P^n \quad (c_n\in\mathbb{F}_{qs},\ c_l\neq 0,\ s=\deg P).$$

现在取另一个局部参数 t_P, 则 $\pi_P=\sum\limits_{m=1}^{\infty}a_mt_P^m$ $(a_m\in\mathbb{F}_{q^s},\ a_1\neq 0)$. 于是

$$\begin{aligned}w&=\sum_{n=l}^{\infty}c_n\left(\sum_{m=1}^{\infty}a_mt_P^m\right)^n\frac{\mathrm{d}\pi_P}{\mathrm{d}t_P}\mathrm{d}t_P\\&=\left(c_la_1^lt_P^l+\cdots\right)\left(a_1+2a_2t_P+\cdots\right)\mathrm{d}t_P=\left(c_la_1^{l+1}t_P^l+\cdots\right)\mathrm{d}t_P,\end{aligned}$$

而 $c_la_1^{l+1}\neq 0$. 因此对于局部参数 t_P, 也有 $V_P(w)=l$.

关于留数的论断, 证明需要更多的技巧, 这里从略. ∎

现在对 K 的每个 "整体" 微分 $w=f\mathrm{d}g\in\Omega(K)$ $(f,g\in K)$. 由 $K\subseteq K_P$ 可把 w 看成 P-adic "局部" 微分

$$w_P=f\frac{\mathrm{d}g}{\mathrm{d}\pi_P}\mathrm{d}\pi_P \quad \left(f\frac{\mathrm{d}g}{\mathrm{d}\pi}\in K_P,\ \pi_P\text{ 为对 }P\text{ 的局部参数}\right).$$

于是对每个非零微分 $w\neq 0$, 有

$$\mathrm{div}(w)=\sum_P V_P(w_P)P.$$

可以证明: 只对于有限个素除子 P, $V_P(w_P)\neq 0$. 从而 $\mathrm{div}(w)$ 叫作微分 w 的除子. 进而, 对于 K 的每个非零微分 $w=f\mathrm{d}x$ $(f\in K^*)$,

$$V_P(w_P) = V_P\left(f\frac{\mathrm{d}x}{\mathrm{d}\pi_P}\right) = V_P(f) + V_P\left(\frac{\mathrm{d}x}{\mathrm{d}\pi_P}\right)$$

$$= V_P(f) + V_P(\mathrm{d}x) \quad (\text{对 } K \text{ 的每个素除子 } P),$$

这就表明

$$\mathrm{div}(w) = \sum_P V_P(w_P)\,P = \sum_P (V_P(f) + V_P(\mathrm{d}x))\,P = \mathrm{div}(f) + \mathrm{div}(\mathrm{d}x),$$

即每个微分除子 $\mathrm{div}(w)$ 都等价于 $\mathrm{div}(\mathrm{d}x)$. 换句话说, K 的所有微分除子构成一个除子类, 叫作 K 的微分除子类. 黎曼–罗赫定理 5.4.5 中的 W 即是微分除子类中的任何一个微分除子. 系 5.4.6 证明了 $\deg W = 2g-2$, 并且向量空间 $L(W)$ 的维数为 $l(W) = g$.

为了今后在代数几何码中的应用 (第七章), 我们再介绍一个结果, 证明从略.

定理 5.5.3　设 K 是以 $\mathbb{F}_q$ 为常数域的函数域, 对于 K 的每个 d 次素除子 P, 以 $T_P : \mathbb{F}_{q^d} \to \mathbb{F}_q$ 表示迹映射. 则对于 K 的每个非零微分 w,

$$\sum_P T_P(\mathrm{Res}_P\, w_P) = 0 \in \mathbb{F}_q.$$

以上是函数域上微分理论的基本内容, 我们举一些例子.

例 1　计算 $k = \mathbb{F}_q(x)$ 的微分 $w = \mathrm{d}x$ 的除子 $\mathrm{div}(w)$.

解　对于 k 的有限素除子 $p = p(x)$ ($\mathbb{F}_q[x]$ 中的首 1 不可约多项式 $p(x)$), p 为局部参数. 于是 $w_p = \frac{\mathrm{d}x}{\mathrm{d}p}\mathrm{d}p = \frac{1}{p'(x)}\mathrm{d}p$ (因为 $\mathrm{d}p = p'(x)\mathrm{d}x$). 由于 $p(x)$ 的导函数 $p'(x)$ 和 $p(x)$ 互素, $V_p(w_p) = -V_p(p'(x)) = 0$.

对于 k 的 (唯一) 无限素除子 ∞, $t = \frac{1}{x}$ 为局部参数 (因为 $V_\infty(t) = 1$). 于是 $w_\infty = \frac{\mathrm{d}x}{\mathrm{d}t}\mathrm{d}t = \frac{\mathrm{d}t^{-1}}{\mathrm{d}t}\mathrm{d}t = -\frac{1}{t^2}\mathrm{d}t$. 从而 $V_\infty(w_\infty) = V_\infty\left(-\frac{1}{t^2}\right) = -2$. 这就表明微分 $w = \mathrm{d}x$ 的除子为 $W = \mathrm{div}(w) = \mathrm{div}(\mathrm{d}x) = -2\cdot\infty$. 由于 $2g-2 = \deg W = -2\cdot\deg(\infty) = -2$, 可知 k 的亏格为 0. 而 $\mathbb{F}_q(x)$ 的微分除子类是由次数 -2 的全部除子构成的除子类. 这是因为对于 $k = \mathbb{F}_q(x)$, 两个除子等价当且仅当它们有相同的次数.

例 2 (椭圆曲线) 设 q 为奇素数的方幂, 考虑定义于 $\mathbb{F}_q$ 上的椭圆曲线 $C: Y^2 = g(x)$, 其中 $g(x)$ 是 $\mathbb{F}_q[x]$ 中无平方因子的 3 次多项式. 我们计算函数域 $K = \mathbb{F}_q(C) = \mathbb{F}_q(x, y) = k(y)$ 中微分 $w = \mathrm{d}x$ 的除子, 其中 $k = \mathbb{F}_q(x)$, $y = \sqrt{g(x)}$.

解 K 的有限素除子 P 都是 $\mathbb{F}_q[x]$ 中某个首 1 不可约多项式 $p = p(x)$ 在 $O_K = \mathbb{F}_q[x, y]$ 中的素理想因子.

(Ⅰ) 若 $p(x)|g(x)$, 则 $p(x)O_K = P^2$, $e = e(P/p) = 2$, $V_P(y) = \frac{1}{2}V_P(y^2) = \frac{1}{2}V_P(g(x)) = \frac{e}{2}V_p(g(x)) = 1$. 从而 y 是 P-adic 局部参数, 由 $y^2 = g(x)$ 给出 $2y\mathrm{d}y = g'(x)\mathrm{d}x$ $(2 \neq 0)$, 于是对于 $w = \mathrm{d}x$,

$$w_P = \frac{\mathrm{d}x}{\mathrm{d}y}\mathrm{d}y = \frac{2y}{g'(x)}\mathrm{d}y,$$

从而 $V_P(w_P) = V_P\left(\frac{y}{g'(x)}\right) = V_P(y) = 1$. (由 $g(x)$ 无平方因子知道 $(g, g') = 1$, 再由 $p(x)|g(x)$ 可知 $p(x) \nmid g'(x)$, 于是 $V_P(g') = 2V_p(g') = 0$.)

(Ⅱ) 若 $p(x)O_K = P_1P_2$ $(P_1 \neq P_2)$, $e(P_i/p) = 1$ $(i = 1, 2)$, 则 $V_{P_i}(p(x)) = V_p(p) = 1$ $(i = 1, 2)$, 即 $p(x)$ 为 P_i-adic 局部参数. 于是

$$w_{P_i} = \frac{\mathrm{d}x}{\mathrm{d}p}\mathrm{d}p = \frac{1}{p'(x)}\mathrm{d}p, \quad V_{P_i}(w_{P_i}) = V_{P_i}\left(\frac{1}{p'(x)}\right) = 0 \quad (i = 1, 2).$$

(Ⅲ) 若 $p(x)O_K = P$, $p(x)$ 为 P-adic 局部参数, 和 (Ⅱ) 中一样有 $V_P(w_P) = 0$.

再考虑 K 的无限素除子. 由 $tO'_K = Q^2$ $(t = x^{-1})$, 知 K 只有一个无限素除子 Q, $\deg Q = 1$, $V_Q(x) = 2V_\infty(x) = -2$. 由 $y^2 = g(x)$ 可知 $2V_Q(y) = V_Q(g) = 2V_\infty(g) = -2\deg g(x) = -6$. 所以 $V_Q(y) = -3$, $V_Q\left(\frac{x}{y}\right) = 1$, 即 $\pi_Q = \frac{x}{y}$ 为 Q-adic 局部参数. 令 $g(x) = a_3x^3 + a_2x^2 + a_1x + a_0$ $(a_i \in \mathbb{F}_q,\ a_3 \neq 0)$. 由 $y^2 = g(x)$ 可知

$$2y\mathrm{d}y = \left(3a_3x^2 + 2a_2x + a_1\right)\mathrm{d}x,$$

于是

$$\begin{aligned}\mathrm{d}\pi_Q = \mathrm{d}\left(\frac{x}{y}\right) &= \frac{1}{y^2}(y\mathrm{d}x - x\mathrm{d}y) = \frac{1}{y^2}\left(y - x \cdot \frac{3a_3x^2 + 2a_2x + a_1}{2y}\right)\mathrm{d}x \\ &= \frac{1}{2y^3}\left(2\left(a_3x^3 + a_2x^2 + a_1x + a_0\right) - \left(3a_3x^3 + 2a_2x^2 + a_1x\right)\right)\mathrm{d}x,\end{aligned}$$

从而

$$w_Q = \frac{\mathrm{d}x}{\mathrm{d}\pi_Q}\mathrm{d}\pi_Q = \frac{2y^3}{-a_3x^3+\cdots}\mathrm{d}\pi_Q,$$

因此 $V_Q(w_Q) = V_Q\left(\frac{y^3}{x^3}\right) = -3$. 综合上述, 我们得到

$$\operatorname{div}(\mathrm{d}x) = \sum_{\text{分歧}P} P - 3Q = \sum_{i=1}^{g} P_i - 3Q,$$

其中 3 次多项式 $g(x)$ 在 $\mathbb{F}_q[x]$ 中分解为 g 个不同的不可约多项式乘积 $g(x) = p_1(x)\cdots p_g(x)$, 而 $p_iO_K = P_i^2$ $(1 \leqslant i \leqslant g)$. 由于 $\deg P_i = \deg p_i(x)$, 可知

$$2g-2 = \deg(\operatorname{div}(\mathrm{d}x)) = \sum_{i=1}^{g} \deg P_i - 3 = \deg g(x) - 3 = 0,$$

所以 K (或椭圆曲线 C) 的亏格为 $g(K) = g(C) = 1$. 特别地, C 不是有理曲线, 即 C 和直线不双有理等价.

以上两例表明如何计算函数域 K 的微分除子 W, 然后可由 $\deg W = 2g-2$ 得到 K 的亏格 $g(K)$. 现在我们用这种方法给出比较一般的一个结果.

定理 5.5.4 (Hurwitz 公式) 设 K 是以 $\mathbb{F}_q$ 为常数域的函数域, $\mathbb{F}_q(x) \subseteq K$, $q = l^m$ (l 为素数, $m \geqslant 1$). 假设对于 $\mathbb{F}_q(x)$ 的每个素除子 p (包括 $p = \infty$) 和 p 在 K 中的扩充素除子 P, 分歧指数 $e(P/p)$ 均和域 K 的特征 l 互素. 则

$$2g(K) - 2 = \sum_{P}(e(P/p)-1)\deg P - 2\left[K : \mathbb{F}_q(x)\right].$$

证明 我们确定 K 中微分 $w = \mathrm{d}x$ 的除子. 以下记 $e(P/p) = e_P$.

对于 K 中的有限素除子 P, $P \cap \mathbb{F}_q[x] = (p(x))$, 其中 $p = p(x)$ 为 $\mathbb{F}_q[x]$ 中的首 1 不可约多项式. 取 K_P 中的一个局部参数 π_P, 即 $V_P(\pi_P) = 1$. 由于 $V_P(p(x)) = e_PV_p(p) = e_P$, 可知 $p(x) = \pi_P^{e_P}u$, $u \in K_P$, $V_P(u) = 0$. 而

$$w_P = \mathrm{d}x = \frac{1}{p'(x)}\mathrm{d}p(x) = \frac{\mathrm{d}p(x)}{\mathrm{d}\pi_P}\frac{1}{p'(x)}\mathrm{d}\pi_P, \tag{5.8}$$

$$\frac{\mathrm{d}p(x)}{\mathrm{d}\pi_P} = \frac{\mathrm{d}\left(\pi_P^{e_P}u\right)}{\mathrm{d}\pi_P} = e_P\pi_P^{e_P-1}u + \pi_P^{e_P}\frac{\mathrm{d}u}{\mathrm{d}\pi_P}. \tag{5.9}$$

由 $V_P(u) = 0$ 可知

$$u = \sum_{n=0}^{\infty} c_n \pi_P^n \quad (c_n \in \mathbb{F}_{q'},\ q' = q^{\deg P},\ c_0 \neq 0),$$

从而 $\frac{\mathrm{d}u}{\mathrm{d}\pi_P} = \sum\limits_{n=1}^{\infty} nc_n\pi_P^{n-1}$, $V_P\left(\frac{\mathrm{d}u}{\mathrm{d}\pi_P}\right) \geqslant 0$. 再由 (5.8), (5.9) 和 $V_P(p'(x)) = 0$ 得到

$$V_P(w_P) = V_P\left(\frac{\mathrm{d}p(x)}{\mathrm{d}\pi_P}\right) = V_P\left(e_P\pi_P^{e_P-1}\right) = e_P - 1,$$

这里利用了假设 e_P 和 l 互素, 即 $e_P \neq 0 \in \mathbb{F}_q$.

现在考虑 K 的无限素除子. 设

$$tO_K' = Q_1^{e_1} \cdots Q_g^{e_g},$$

则 K 的无限素除子为 $Q_1, \cdots, Q_g$, $\sum\limits_{i=1}^{g} e_i \deg Q_i = [K : \mathbb{F}_q(x)]$. 取其中一个无限素除子 Q, π_Q 为 Q-adic 局部参数, 则 $t = \pi_Q^{e_Q}u$, $u \in K_Q$, $V_Q(u) = 0$. 这时

$$\mathrm{d}x = -\frac{1}{t^2}\mathrm{d}t = -\frac{1}{t^2}\left(e_Q\pi_Q^{e_Q-1}u + \pi_Q^{e_Q}\frac{\mathrm{d}u}{\mathrm{d}\pi_Q}\right)\mathrm{d}\pi_Q, \quad V_Q\left(\frac{\mathrm{d}u}{\mathrm{d}\pi_Q}\right) \geqslant 0.$$

从而

$$V_Q(w_Q) = V_Q\left(\frac{\pi_P^{e_Q-1}}{t^2}\right) = e_Q - 1 - 2V_Q(t) = e_Q - 1 - 2e_Q.$$

综合上述, 可知 $w = \mathrm{d}x$ 的除子为

$$\begin{aligned}\operatorname{div}(w) &= \sum_{\text{有限 } P}(e_P - 1)P + \sum_{\text{无限 } Q}(e_Q - 1 - 2e_Q)Q \\ &= \sum_{P}(e_P - 1)P - 2\sum_{\text{无限 } Q} e_Q Q,\end{aligned}$$

于是

$$\begin{aligned}2g(K) - 2 = \deg(\operatorname{div}(w)) &= \sum_P (e_P - 1)P - 2\sum_{i=1}^{g} e_i \deg Q_i \\ &= \sum_P (e_P - 1)P - 2\,[K : \mathbb{F}_q(x)].\end{aligned}$$ ∎

例 3 作为定理 5.5.4 的应用, 我们再一次确定定理 5.4.9 中超椭圆曲线的亏格. 设 $K = k(y)$, $k = \mathbb{F}_q(x)$, $y = \sqrt{g(x)}$. 由于 $[K : k] = 2$, 从而 K 中素

除子的分歧指数为 1 或 2, 它和 q 互素, 从而满足定理 5.5.4 的条件. 进而设 $\deg g(x)=n\geqslant 1$, 并且

$$g(x)=\alpha p_1(x)\cdots p_s(x),$$

其中 $\alpha\in\mathbb{F}_q^*$, 而 $p_1(x),\cdots,p_s(x)$ 是 $\mathbb{F}_q[x]$ 中不同的首 1 不可约多项式. 则 $p_i(x)O_K=P_i^2$, $\deg P_i=\deg p_i(x)$. 而 K 的其他有限素理想 P 均不分歧, 即 $e_P=1$. 于是由定理 5.5.4 给出

$$2g(K)-2=\sum_{i=1}^{s}\deg P_i+\sum_{\text{无限}\,Q}(e_Q-1)\deg Q-4,$$

其中

$$\sum_{i=1}^{s}\deg P_i=\sum_{i=1}^{s}\deg p_i(x)=\deg g(x)=n,$$

$$\sum_{\text{无限}\,Q}(e_Q-1)\deg Q=\begin{cases}0, & \text{若 } tO_K'=QQ' \text{ 或 } tO_k'=Q \text{ (即若 } 2|n),\\ 1, & \text{若 } tO_K'=Q^2 \text{ (即若 } 2\nmid n).\end{cases}$$

于是当 $2\nmid n$ 时, $2g-2=n+1-4=n-3$, 从而 $g(K)=\frac{n-1}{2}$. 而当 $2|n$ 时, $2g(K)-2=n-4$, 从而 $g(K)=\frac{n}{2}-1$.

习题 5.5

1. 设 K 是以 $\mathbb{F}_q$ 为常数域的函数域, $g=g(K)$. $\Omega(K)$ 为 K 的微分空间.

(1) 对每个除子 $A\in D(K)$, 证明 $\Omega(K)$ 的子集合

$$\Sigma(A)=\{w\in\Omega(K):\ \operatorname{div}(w)\geqslant A\}$$

是 $\mathbb{F}_q$ 上的向量空间.

(2) 一个深刻的结果为 $\mathbb{F}_q$-向量空间 $\Sigma(A)$ 和 $L(W-A)$ 是同构的, 其中 W 是 K 的一个微分除子. 特别的, $\mathbb{F}_q$-向量空间 $\Sigma(A)$ 是有限维的, 其维数记为 $\delta(A)$. 在上述结果之下, 证明:

$$\delta(A)=l(A)+g-1-\deg A,$$

并且当 $\deg A<0$ 时, $\delta(A)=g-1-\deg A$.

2. 对于本节例 2 中的椭圆曲线函数域 $K=\mathbb{F}_q(x,y)$ ($y=\sqrt{g(x)}$, $\deg g(x)=3$), 证明微分除子 $\mathrm{div}(\mathrm{d}x)$ 等于主除子 $\mathrm{div}(y)$. 从而 K 的微分除子类为主除子类 $P(K)$.

3. 对于习题 5.4 中的第 1 题 (Fermat 曲线) 的函数域 K, 计算微分 $\mathrm{d}x$ 的除子. 并用 $2g(K)-2=\deg(\mathrm{div}(\mathrm{d}x))$ 算出 $g(K)=\frac{1}{2}(d-1)(d-2)$.

4. 对于习题 5.4 中的第 2 题 (Artin-Schreier 曲线) 的函数域 K, 计算微分除子 $\mathrm{div}(\mathrm{d}x)$, 然后算出 $g(K)=\frac{1}{2}(p-1)(d-1)$.

第六章 zeta 函数和韦伊定理

6.1 从黎曼 zeta 函数谈起

定义 6.1.1 设 $C: F(T_0,T_1,T_2)=0$ 是定义在 $\mathbb{F}_q$ 上的射影代数曲线,其中 $F(T_0,T_1,T_2)$ 是 $\mathbb{F}_q[T_0,T_1,T_2]$ 中的 d 次齐次多项式. 称 C 是绝对不可约曲线,是指对 $\mathbb{F}_q$ 的每个有限扩域 $\mathbb{F}_{q^n}(n\geqslant 1)$, $F(T_0,T_1,T_2)$ 在 $\mathbb{F}_{q^n}[T_0,T_1,T_2]$ 中都是不可约的 (这也相当于 $F(T_0,T_1,T_2)$ 在 $\Omega_q[T_0,T_1,T_2]$ 中不可约).

令 $f(X,Y)=F(1,X,Y)\in\mathbb{F}_q[X,Y]$, 则 $\deg f=d$, 并且 $f(X,Y)$ 在 $\Omega_q[X,Y]$ 中也不可约, 称仿射曲线 $C_0: f(X,Y)=0$ 为绝对不可约曲线.

1941 年, 韦伊 (A. Weil) 基于对于 Fermat 曲线和 Artin-Schreier 曲线族的计算 (见后面第 6.3 节), 提出如下的猜想:

韦伊猜想 若 C 是定义在 $\mathbb{F}_q$ 上的绝对不可约非奇异射影曲线. 以 N 表示曲线 C 上的射影 $\mathbb{F}_q$-点的个数, 则

$$|N-(q+1)|\leqslant 2g(C)\sqrt{q},$$

其中 $g(C)$ 为曲线 C 的亏格.

由于射影直线上的 $\mathbb{F}_q$-点有 $q+1$ 个. 这个猜想是说: 定义在 $\mathbb{F}_q$ 上任何一条非奇异绝对不可约的射影曲线, 当 q 很大时, 其上的射影 $\mathbb{F}_q$-点数都和最简单的射影直线上的点数相差不多.

1948 年韦伊本人证明了这个猜想. 为了证明这个猜想, 他先写了一本书《代数几何基础》(*Foundations of Algebraic Geometry*). 在书中引入了代数几何一系列新概念和结果, 然后由此证明了猜想. 这本书大幅推动了代数几何这个学科的发展. 但是, 韦伊猜想的叙述本身是相当初等的, 后人仍然设法寻找这个猜想的初等证明. 1979 年, 数论学家 Bombieri (菲尔兹奖获得者) 给出了一个 "初等" 证明, 只用到黎曼–罗赫定理和若干估计技巧. 本节我们介绍这个

故事.

我们在本书的前面讲述了研究有限域上曲线性质的代数方法. 研究韦伊猜想的关键是把解析方法引入到代数几何中. 这种方法 (即解析数论) 起源于黎曼 (Riemann, 1826—1866). 他利用一个复变函数 (后人称之为黎曼 zeta 函数) 的解析性质来研究初等数论中关于素数的各种问题. 1920 年前后, 人们对于定义于 $\mathbb{F}_q$ 上的不可约曲线 C 和它的函数域 $K = \mathbb{F}_q(C)$ 也定义了 zeta 函数, 而韦伊猜想相当于这个 zeta 函数的一个猜想.

韦伊猜想被证明 (从而成为韦伊定理) 不仅在数论和代数中有重要的理论价值, 而且近半个世纪以来它在信息科学中有许多应用. 事实上, 韦伊于 1941 年对于有限域上定义的高维代数簇提出了更一般的猜想 (曲线的猜想是它的 1 维情形). 这个高维猜想直到 1972 年才被 Deligne 证明, Deligne 因此获得了 1978 年菲尔兹奖. Deligne 的证明采用了更现代的代数几何工具, 即 20 世纪 50 年代由两个菲尔兹奖获得者 J.-P. Serre 和 Grothendieck 创造的概形 (scheme) 的上同调理论.

让我们先从黎曼 zeta 函数讲起. 它是复变量 s 的复值函数

$$\zeta(s) = \sum_{n=1}^{\infty} n^{-s} = 1 + \frac{1}{2^s} + \frac{1}{3^s} + \cdots + \frac{1}{n^s} + \cdots \quad (s \in \mathbb{C}). \tag{6.1}$$

事实上, 欧拉在更早就研究过这个函数, 不过欧拉只研究 s 为实数的情形. 当 $s > 1$ 时这个级数是收敛的, 而当 $s = 1$ 时级数发散, $\zeta(1) = \infty$. 从而 $s = 1$ 是 $\zeta(s)$ 的极点. 欧拉的重要贡献是看出了 $\zeta(s)$ 和初等数论的联系: 当 $s > 1$ 时,

$$\begin{aligned}\zeta(s) = & \left(1 + \frac{1}{2^s} + \frac{1}{2^{2s}} + \cdots\right)\left(1 + \frac{1}{3^s} + \frac{1}{3^{2s}} + \cdots\right) \cdot \\ & \left(1 + \frac{1}{5^s} + \frac{1}{5^{2s}} + \cdots\right)\left(1 + \frac{1}{7^s} + \frac{1}{7^{2s}} + \cdots\right) \cdots \\ = & \prod_p \left(1 + \frac{1}{p^s} + \frac{1}{p^{2s}} + \cdots\right) = \prod_p \frac{1}{1 - p^{-s}} \quad (s > 1),\end{aligned} \tag{6.2}$$

其中 p 取所有素数. 这个公式叫作*欧拉无穷乘积公式*. 不难看出, 这个公式相当于算术基本定理, 即每个整数 $n \geqslant 2$ 都唯一地表示成素数乘积.

我们用一个最浅显的例子来说明 $\zeta(s)$ 的解析性质和数论的联系, 即用

(6.2) 式来证明素数有无穷多个: 如果素数只有有限多个, 则当 $s=1$ 时 (6.2) 式右边是有限项的乘积, 于是为实数. 但是左边 $\zeta(1)=\infty$. 这就导致矛盾.

黎曼把 s 看成复数 $s=\sigma+it$ $(s,t\in\mathbb{R}, i=\sqrt{-1})$. $Re(s)=\sigma$ 叫作复数 s 的实数部分. 当 $\sigma>1$ 时级数 (6.1) 是收敛的, 并且无穷乘积公式 (6.2) 成立, 在 $Re(s)>1$ 区域中定义出解析函数 $\zeta(s)$. 黎曼在数论方面只发表了一篇论文, 但是开创了用解析方法研究数论的先河, 由此产生了数论的一个新的分支: 解析数论. 他的下述结果对近现代数论产生了重要影响.

(1) (无穷乘积展开) 当 $Re(s)>1$ 时有欧拉乘积公式 (6.2), 并且 $s=1$ 是 $\zeta(s)$ 的 1 阶极点, 留数为 $\underset{s=1}{Res}\,\zeta(s)=1$, 换句话说, $\zeta(s)$ 在 $s=1$ 附近的洛朗展开为

$$\zeta(s)=(s-1)^{-1}+a_0+a_1(s-1)+a_2(s-1)^2+\cdots \quad (a_i\in\mathbb{C}).$$

(2) (函数方程) 令 $\xi(s)=\pi^{-\frac{s}{2}}\Gamma(s/2)\zeta(s)$, 则 $\xi(s)=\xi(1-s)$. 其中 $\Gamma(s/2)$ 是伽马 (Gamma) 函数. 利用这个函数方程可把 $\zeta(s)$ 解析开拓成整个复平面上的亚纯函数.

(3) (零点和极点) $\zeta(-s)$ 在整个复平面上只有一个极点 $s=1$. 而 $s=-2,-4,-6,\cdots$ 都是 $\zeta(s)$ 的 1 阶零点, 它们叫作 $\zeta(s)$ 的*平凡零点*. 而其他 (非平凡) 零点都在带状区域 $0<Re(s)<1$ 之中. 由函数方程可知, 在这个带状区域中, 若 s 为 $\zeta(s)$ 的非平凡零点, 则 $1-s$ 也是非平凡零点.

著名的*黎曼猜想*是说: $\zeta(s)$ 的所有非平凡零点均在直线 $Re(s)=\frac{1}{2}$ 之上. 这个猜想至今没能解决, 被列为 21 世纪七大数学难题之首.

19 世纪发展了代数数论, 高斯和库默尔分别研究了二次数域 $\mathbb{Q}(\sqrt{d})$ 和分圆数域 $\mathbb{Q}(\zeta_m)(\zeta_m=e^{\frac{2\pi\sqrt{-1}}{m}})$ 的 zeta 函数, 后来戴德金 (Dedekind, 1831—1916) 对任意代数数域 K (即有理数域 $\mathbb{Q}$ 的任意有限次扩域) 定义了 zeta 函数

$$\zeta_K(s)=\sum_A N(A)^{-s}=\sum_{n=1}^{\infty}a_n n^{-s} \quad (Re(s)>1), \tag{6.3}$$

这里 A 过 K 的 "代数整数" 环 O_K 的所有非零理想, $\frac{O_K}{A}$ 为有限环, $N(A)=\left|\frac{O_K}{A}\right|$, 叫作理想 A 的*范数* (norm), a_n 表示范数为 n 的理想个数. 由于 O_K

为戴德金整环, A 唯一表示成有限个素理想的乘积 $A = P_1 \cdots P_s$, 可以证明 $N(A) = N(P_1) \cdots N(P_s)$. 于是得到欧拉无穷乘积公式

$$\zeta_K(s) = \prod_P (1 + N(P)^{-s} + N(P)^{-2s} + \cdots) = \prod_P (1 - N(P)^{-s})^{-1} \quad (Re(s) > 1).$$

当 $K = \mathbb{Q}$ 时, $O_K = \mathbb{Z}$, 而 $\mathbb{Z}$ 的非零理想为 $n\mathbb{Z}$ $(n = 1, 2, \cdots)$, $N(n\mathbb{Z}) = |\mathbb{Z}/n\mathbb{Z}| = n$, 可知 $\zeta_{\mathbb{Q}}(s)$ 就是黎曼 zeta 函数 $\zeta(s) = \sum\limits_{n=1}^{\infty} n^{-s}$.

$\zeta_K(s)$ 也有函数方程: $\zeta_K(s) = f_K(s)\zeta_K(1-s)$, 其中 $f_K(s)$ 是一个可以明确表示出来但是相当复杂的复变函数. 由这个函数方程可以把 $\zeta_K(s)$ 解析开拓成整个复平面 $\mathbb{C}$ 上的亚纯函数, 它在某些负整数处有一些平凡的零点. 而广义黎曼猜想是说:

对每个代数数域 K, $\zeta_K(s)$ 的非平凡零点均在直线 $Re(s) = \frac{1}{2}$ 之上. 这个猜想对 (包括最简单情形 $K = \mathbb{Q}$) 任何代数数域都没有解决. 另一方面, $\zeta_K(s)$ 只在 $s = 1$ 有一个极点, 并且是单极点:

$$\zeta_K(s) = c_{-1}(s-1)^{-1} + c_0 + c_1(s-1) + \cdots \quad (c_i \in \mathbb{C}),$$

系数 c_{-1} 为 $\zeta_K(s)$ 在 $s = 1$ 处的留数, 它被计算出来:

$$c_{-1} = \underset{s=1}{Res}\, \zeta_K(s) = \alpha(K)h(K), \tag{6.4}$$

其中 $\alpha(K)$ 是和 K 有关的一系列不变量的乘积, $h(K)$ 叫作域 K 的理想类数. 我们不具体解释 $h(K)$ 的确切定义, 只想指出: 代数整数环 O_K 是主理想整环当且仅当 $h(K) = 1$. $h(K)$ 通常为正整数, (6.4) 叫作类数解析公式, 即若留数 c_{-1} 可以计算出来, 便给出 $h(K)$ 的一个公式.

现在我们回到以 $\mathbb{F}_q$ 为常数域的函数域 K. 和代数数域相比较, 对应于函数域 K 的情形, 整元素环 O_K 的每个非零理想 A 分解成非零素理想的乘积 $A = P_1 \cdots P_s$, 对应于一些有限素除子之和 $D = P_1 + P_2 + \cdots + P_s \geqslant 0$, 其中 P_i 为有限素除子. 由于函数域 K 的背景是几何, 即 $K = \mathbb{F}(C)$, 其中 C 为定义在 $\mathbb{F}_q$ 上的不可约射影曲线. 数学家们意识到还需把 C 上的无穷远点考虑进来, 即还要考虑 K 的无限素除子, 即要考虑 K 的全部素除子之和 $A = \sum\limits_P n_i P$, 其中 $n_i \geqslant 0$, 并且只有有限个 n_i 为正整数. 换句话说, 要考虑

$D(K)$ 中的所有除子 $A \geqslant 0$.

定义 6.1.2　设 K 是以 $\mathbb{F}_q$ 为常数域的函数域, K 的 zeta 函数定义为

$$\zeta_K(s) = \sum_{A \geqslant 0} N(A)^{-s} \quad (s \in \mathbb{C}),$$

其中 A 过 K 的所有除子 $A \geqslant 0$. 由于 $N(A) = q^{\deg A}$, 从而

$$\zeta_K(s) = \sum_{A \geqslant 0} q^{-s \deg A} = \sum_{n \geqslant 0} a_n q^{-ns},$$

其中 a_n 为 K 中 n 次非负除子的个数. 我们在下节要证明对每个 $n \geqslant 0$, a_n 是非负整数. 比如对 $n = 0$, 零次非负除子只有 $A = 0$, 即 $a_0 = 1$. 再令 $U = q^{-s}$, 则 K 的 zeta 函数用 U 表达为 U 的幂级数

$$Z_K(U) = \sum_{n \geqslant 0} a_n U^n \in \mathbb{Z}[[U]],$$

其中系数 a_n 均为非负整数, $a_0 = 1$.

对应于有理数域 $\mathbb{Q}$ 的函数域为 $k = \mathbb{F}_q(x)$. $\mathbb{Q}$ 的 zeta 函数 (即黎曼 zeta 函数 $\zeta(s)$) 至今还有不少秘密, 但是函数域 k 的 zeta 函数却非常简单.

例 1　计算 $k = \mathbb{F}_q(x)$ 的 zeta 函数 $Z_k(U)$.

解　每个除子 $A \geqslant 0$ 可唯一表示成 $A = n_1 P_1 + \cdots + n_l P_l$, 其中 $P_1, \cdots, P_l$ 是 k 的不同素除子, $n_i \geqslant 1$. 于是 $\deg A = \sum\limits_{i=1}^{l} n_i \deg P_i$, 从而

$$N(A) = q^{\deg A} = \prod_{i=1}^{l} q^{n_i \deg P_i} = \prod_{i=1}^{l} N(P_i)^{n_i}.$$

由此可知 $Z_k(U)$ 有欧拉乘积展开式

$$\zeta_k(s) = \sum_{A \geqslant 0} N(A)^{-s} = \prod_{P} (1 - N(P^{-s}))^{-1},$$

其中 P 过域 k 的所有素除子. k 的每个有限素除子 P 是 $O_k = \mathbb{F}_q[x]$ 中的首 1 不可约多项式 $p(x)$, 并且 $\deg P = \deg p(x)$. 而无限素除子只有 ∞, $\deg \infty = 1$. 于是 $(1 - N(\infty)^{-s})^{-1} = (1 - q^{-s})^{-1}$. 所以

$$\zeta_k(s) = (1 - q^{-s})^{-1} \prod_{\text{有限 } P} (1 - N(P)^{-s})^{-1} = (1 - q^{-s})^{-1} {\sum_{A \geqslant 0}}' N(A)^{-s},$$

其中求和 $\sum'$ 是过所有 $A=n_1P_1+\cdots+n_lP_l$, 其中 $P_1,\cdots,P_l$ 是不同的有限素除子, $n_i\geqslant 1$. 若 $P_1,\cdots,P_l$ 对应于 $\mathbb{F}_q[x]$ 中的首 1 不可约多项式 $p_1(x),\cdots,p_l(x)$, $\deg P_i=\deg p_i(x)$, 则除子 A 对应于 $\mathbb{F}_q[x]$ 中的首 1 多项式 $a(x)=p_1(x)^{n_1}\cdots p_l(x)^{n_l}$, $\deg A=\deg(a(x))$, 即 $N(A)=q^{\deg a(x)}$. 因此

$$\zeta_k(s)=(1-q^{-s})^{-1}\sum_{(\text{首 }1)\ a(x)\in\mathbb{F}_q[x]}q^{-s\deg a(x)}=(1-q^{-s})^{-1}\sum_{n=0}^{\infty}a_nq^{-sn},$$

其中 a_n 为 $\mathbb{F}_q[x]$ 中的 n 次首 1 多项式的个数, 即 $a_n=q^n$. 最后得出

$$\zeta_k(s)=(1-q^{-s})^{-1}\sum_{n=0}^{\infty}q^{(1-s)n}=\frac{1}{(1-q^{-s})(1-q^{1-s})}.$$

改用变量 $U=q^{-s}$, 则为

$$Z_k(U)=\frac{1}{(1-U)(1-qU)}.$$

这是关于 U 的简单的有理式, 它在 $U=1$ 和 $U=q^{-1}$ 处有两个 1 阶极点, 没有零点. 下节将讲述任意函数域 K 的 zeta 函数. 我们将看到 $Z_K(U)$ 也是 U 的有理分式, 与 $Z_k(U)$ 有同样的分母而分子是 $\mathbb{Z}[U]$ 中的 $2g$ 次多项式, g 为域 K 的亏格.

6.2 函数域的 zeta 函数, 韦伊定理

设 K 是以 $\mathbb{F}_q$ 为常数域的函数域, 则第 6.1 节定义了它的 zeta 函数

$$\zeta_K(s)=\sum_{A\geqslant 0}N(A)^{-s}=\sum_{n\geqslant 0}a_nq^{-ns},$$

$$Z_K(s)=\sum_{A\geqslant 0}U^{\deg A}=\sum_{n\geqslant 0}a_nU^n\quad(U=q^{-s}),$$

其中 a_n 为 $D(K)$ 中 n 次除子 $A\geqslant 0$ 的个数. 本节要证明关于 $Z_K(U)$ 的如下一系列重要结果.

定理 6.2.1 (Ⅰ) (收敛性) 级数 $\zeta_K(s)$ 当 $Re(s)>1$ 时收敛 (即级数 $Z_K(U)$ 当 $|U|<q^{-1}$ 时收敛), 并且有欧拉乘积公式

$$\zeta_K(s) = \prod_P (1 - N(P)^{-s})^{-1},$$

$$Z_K(U) = \prod_P (1 - U^{\deg P})^{-1},$$

其中P过K的所有素除子.

(Ⅱ) (有理性) $Z_K(U)$是关于U的有理函数

$$Z_K(U) = \frac{L(U)}{(1-U)(1-qU)},$$

其中$L(U)$是$2g$次整系数多项式 ($g = g(K)$为域K的亏格)

$$L(U) = c_0 + c_1U + \cdots + c_{2g-1}U^{2g-1} + c_{2g}U^{2g} \quad (c_i \in \mathbb{Z}),$$

并且$c_0 = 1$, $c_{2g} = q^g$. 于是

$$L(U) = \prod_{i=1}^{2g} (1 - w_iU),$$

其中w_i ($1 \leqslant i \leqslant 2g$) 均是代数整数 (即是在$\mathbb{Z}$上整的复数).

(Ⅲ) (函数方程)

$$Z_K(U) = (\sqrt{q}U)^{2g-2} Z_K\left(\frac{1}{qU}\right),$$

$$\zeta_K(s) = q^{\left(\frac{1}{2}-s\right)(2g-2)} \zeta_K(1-s),$$

$$L(U) = (\sqrt{q}U)^{2g} L\left(\frac{1}{qU}\right).$$

(Ⅳ) (零次除子类数公式) $h(K) = L(1)$, $h(K) = \left|\frac{D^0(K)}{P(K)}\right|$为$K$的零次除子类数.

(Ⅴ) (韦伊定理) $|w_i| = \sqrt{q}$ ($1 \leqslant i \leqslant 2g$).

现在介绍这个定理的证明. 我们将会看到, 所有这些结果证明的核心都是黎曼–罗赫定理.

(Ⅰ) 的证明 为了考查级数 $\zeta_K(s)$ 的收敛性, 需要估计 a_n 的大小, a_n 为 $D(K)$ 中 n 次除子 $A \geqslant 0$ 的个数.

引理 6.2.2 (1) $D(K)$中每个除子类$\mathcal{C}$中除子$B \geqslant 0$的个数为$(q^{l(\mathcal{C})} -$

$1)/(q-1)$ ($\mathcal{C}$ 中任意两个除子 A 和 B 均等价, 从而 $l(A)=l(B)$, 将此数记为 $l(\mathcal{C})$.)

(2) 当 $n\geqslant 2g-1$ 时, 若 K 有 n 次除子, 则 $a_n=h(q^{n-g+1}-1)/(q-1)$, 其中 $h=h(K)$ 是 K 的零次除子类数, $g=g(K)$ 为域 K 的亏格.

证明 (1) 设 A 是除子类 $\mathcal{C}$ 中的一个除子. 若 $l(A)$ $(=l(\mathcal{C}))=0$, 则 $\mathcal{C}$ 中没有除子 $B\geqslant 0$ (否则, $B-A=\operatorname{div}(\alpha)$, $\alpha\in K^*$. 于是 $\alpha\in L(A)$, 从而 $l(A)=\dim_{\mathbb{F}_q}L(A)\geqslant 1$. 这时 (Ⅰ) 中的结论 $(q^{l(\mathcal{C})}-1)/(q-1)=0$ 显然成立.

以下设 $l(A)\geqslant 1$. 则有 $\alpha\in K^*$ 使得 $\alpha\in L(A)$. 于是 $B=A+\operatorname{div}(\alpha)\geqslant 0$. 从而除子类 $\mathcal{C}$ 中的全部除子 $B\geqslant 0$ 为

$$\{B=A+\operatorname{div}(\beta):\beta\in K^*,\beta\in L(A)\}.$$

在 $K^*\cap L(A)$ 中共有 $q^{l(A)}-1$ 个 β, 而对于其中的两个 β 和 β', $\operatorname{div}(\beta)=\operatorname{div}(\beta')$ 当且仅当 $\beta'/\beta\in\mathbb{F}_q^*$, 从而 $\mathcal{C}$ 中的除子 $\beta\geqslant 0$ 的个数为 $(q^{l(\mathcal{C})}-1)/(q-1)$.

(2) 设 K 有 n 次除子 A, 则当 $n\geqslant 2g-1$ 时, 黎曼–罗赫定理为 $l(A)=\deg A+1-g=n+1-g$. 由 (1) 知每个 n 次除子类都有 $(q^{l(A)}-1)/(q-1)$ 个除子 $B\geqslant 0$, 而 n 次除子类共有 $h=h(K)$ 个. 由此即得 (2) 中的结果. ∎

现在证明定理 6.2.1 中 (Ⅰ) (收敛性): 当 $n\geqslant 2g-1$ 时, $a_n=0$ 或者 $a_n=h(q^{n-g+1}-1)/(q-1)\sim(hq^{-g})q^n$ (当 $n\to\infty$ 时). 从而级数 $\zeta_K(s)$ 的求和项 $a_nq^{-ns}=0$ 或者 $a_nq^{-ns}\sim(hq^{-g})q^{n(1-s)}$. 于是当 $Re(s)>1$ 时级数 $\zeta_K(s)$ 收敛. 欧拉乘积公式是由于每个除子 $A\geqslant 0$ 唯一表示成有限个素除子之和.

在引理 6.2.2 (2) 中我们假定 "K 有 n 次除子". 现在我们要证明: 事实上对每个整数 n, K 都有 n 次除子. 为了证明这个结果, 我们要用到函数域 K 的常数域扩张 $K_n=\mathbb{F}_{q^n}K$ (n 为正整数). 如果 $K=\mathbb{F}_q(x,y)$ $(f(x,y)=0)$, 则 $K_n=\mathbb{F}_{q^n}(x,y)$.

引理 6.2.3 (1) 域 K 的一个 d 次素除子扩充成域 K_n 中的 (n,d) 个 $\frac{d}{(n,d)}$ 次素除子.

(2) 令 $\zeta_n=e^{\frac{2\pi i}{n}}$ $(i=\sqrt{-1})$, 则 $Z_{K_n}(U^n)=\prod\limits_{i=1}^{n}Z_K(\zeta_n^iU)$.

证明 (1) 严格的证明要用到常数域扩张 K_n/K 的进一步性质. 它是 n

次伽罗瓦扩张, 并且伽罗瓦群同构于 $\mathrm{Gal}(\mathbb{F}_{q^n}/\mathbb{F}_q)$. $O_{K_n} = O_K[\alpha]$, 其中 $\mathbb{F}_{q^n} = \mathbb{F}_q(\alpha)$, 等等). 为了节省篇幅, 我们这里只给出一个直观的几何解释.

设 $K = \mathbb{F}_q(C)$ 是不可约射影曲线 C 的函数域, 则 K 的一个 d 次素除子 P 对应于曲线 C 上由 d 个点 $\{A, \sigma_q(A), \cdots, \sigma_q^{d-1}(A)\}$ 组成的一个 σ_q-等价类, 其中 d 是使 $\sigma_q^d(A) = A$ 的最小正整数. 现在 $K_n = \mathbb{F}_{q^n}(C)$ 的常数域为 $\mathbb{F}_{q^n}$, 所以研究 P 到 K_n 的扩充素除子, 就要看上述点的 σ_q-等价类分成多少个 σ_{q^n}-等价类. 注意 $\sigma_{q^n}(A) = \sigma_q^n(A)$. 所以对每个 $l \in \mathbb{Z}$,

$$\sigma_{q^n}^l(A) = A \Leftrightarrow \sigma_q^{ln}(A) = A \Leftrightarrow d \,\Big|\, ln \Leftrightarrow \frac{d}{(n,d)} \,\Big|\, l,$$

这表明 $\frac{d}{(n,d)}$ 是满足 $\sigma_{q^n}^l(A) = A$ 的最小正整数 l. 于是, 上述 σ_q-等价类中的 d 个点分成 (n,d) 个 σ_{q^n}-等价类, 每个 σ_{q^n}-等价类均有 $\frac{d}{(n,d)}$ 个点. 也就是说, K 中 d 次素除子 P 扩充成 K_n 中的 (n,d) 个素除子 P_i $(1 \leqslant i \leqslant (n,d))$, 每个 P_i 的次数都为 $\frac{d}{(n,d)}$.

(2) 当 $|U| < q^{-1}$ 时, 我们有欧拉乘积公式

$$\begin{aligned} Z_K(U) &= \prod_p (1 - U^{\deg p})^{-1} \quad (p \text{ 过 } K \text{ 的所有素除子}) \\ Z_{K_n}(U) &= \prod_P (1 - U^{n\cdot\deg P})^{-1} \quad (P \text{ 过 } K_n \text{ 的所有素除子}) \\ &= \prod_p \prod_{P|p} (1 - U^{n\cdot\deg P})^{-1}. \end{aligned}$$

注意 $U = q^{-s}$, 由于 K_n 的常数域为 $\mathbb{F}_{q^n}$, 所以在 K_n 中 U 要改用 $(q^n)^{-s} = U^n$. 为证 $Z_{K_n}(U^n) = \prod\limits_{i=0}^{n-1} Z_K(\zeta_n^i U)$, 我们只需对 K 中的每个素除子 p 证明:

$$\prod_{\substack{P \\ P \text{ 为 } p \text{ 的扩充}}} (1 - U^{n\cdot\deg P}) = \prod_{i=0}^{n-1} (1 - (\zeta_n^i U)^{\deg p}).$$

设 $\deg p = d$, 由 (1) 知 p 在 K_n 中共有 (n,d) 个扩充 P, 每个 P 的次数均为 $\deg P = \frac{d}{(n,d)}$. 所以我们相当于对每个正整数 d 证明:

$$(1 - U^{\frac{nd}{(n,d)}})^{(n,d)} = \prod_{i=0}^{n-1} (1 - (\zeta_n^i U)^d) \quad (\zeta_n = e^{\frac{2\pi i}{n}}).$$

请读者证明这个恒等式 (注意 ζ_n^d 的乘法阶为 $\frac{n}{(n,d)}$). ∎

引理 6.2.4 对每个整数 n, 函数域 K 中都有 n 次除子.

证明 我们用有趣的解析方法来证明这个事实. 首先, 映射

$$\deg : D(K) \to \mathbb{Z}$$

是加法群的同态, 从而像为 $\mathbb{Z}$ 的加法子群 $m\mathbb{Z}$. 由于 K 的素除子的次数不为 0, 因此 $m \neq 0$. 即可设 m 为正整数. 这时, K 有 n 次除子当且仅当 $m|n$. 我们的目的是要证明 $m = 1$. 为此我们先要证明定理 6.2.1 (Ⅱ) 中的部分结果, 即要证 $Z_K(U)$ 是 U 的有理函数, 并且 $U = 1$ 是它的 1 阶极点.

取 $M = ml$, l 为正整数, 并且使 $M \geqslant 2g - 1$. 由引理 6.2.2 (2),

$$\begin{aligned}
Z_K(U) &= \sum_{i=0}^{\infty} a_{mi} U^{mi} = \sum_{i=0}^{l-1} a_{mi} U^{mi} + \frac{h}{q-1} \sum_{i=l}^{\infty} (q^{mi-g+1} - 1) U^{mi} \quad (|U| < q^{-1}) \\
&= F(U) + \frac{h}{q-1} \sum_{i=l}^{\infty} (q^{1-g}(qU)^{mi} - U^{mi}),
\end{aligned}$$

$$\begin{aligned}
F(U) &= \sum_{i=0}^{l-1} a_{mi} U^{mi} \in \mathbb{Z}[U] \\
&= F(U) + \frac{h}{q-1} \left(q^{1-g} \frac{(qU)^{ml}}{1-(qU)^m} - \frac{U^{ml}}{1-U^m} \right) \\
&= F(U) + G(U),
\end{aligned} \tag{6.5}$$

这是 U 的有理函数. 进而, 由于 $U = 1$ 为 $1 - U^m$ 的单根, 可知 $U = 1$ 是 $Z_K(U)$ 的 1 阶极点.

现在利用引理 6.2.3, 我们有

$$Z_{K_m}(U^m) = \prod_{j=0}^{m-1} Z_K(\zeta_m^j U). \tag{6.6}$$

由于

$$Z_K(\zeta_m^j U) = \sum_{i=0}^{\infty} a_{mi} (\zeta_m^j U)^{mi} = \sum_{i=0}^{\infty} a_{mi} U^{mi} = Z_K(U) \quad (0 \leqslant j \leqslant m-1).$$

所以

$$Z_{K_m}(U^m) = Z_K(U)^m.$$

于是 $U = 1$ 是上式右边的 m 阶极点, 但是 $U = 1$ 为左边的 1 阶极点. 从而 $m = 1$. 证毕. ∎

现在证明定理 6.2.1 的 (Ⅱ) 和 (Ⅲ). 当 $g=0$ 时, 由 (6.5) 式可知 (已知 $m=1$)

$$Z_K(U)=\frac{h}{q-1}\sum_{n=0}^{\infty}(q^{n+1}-1)U^n=\frac{h}{(1-U)(1-qU)}=h+h(q+1)U+\cdots.$$

但是 $Z_K(U)=1+a_1U+\cdots$, 可知 $h=1$, 于是 $Z_K(U)=\frac{1}{(1-U)(1-qU)}$. 可直接验证它满足函数方程 $Z_K(U)=(\sqrt{q}U)^{-2}Z_K\left(\frac{1}{qU}\right)$. 以下设 $g=g(K)\geqslant 1$. 这时由引理 6.2.2,

$$\begin{aligned}Z_K(U)=&\sum_{n=0}^{\infty}a_nU^n=\sum_{0\leqslant\deg C\leqslant 2g-2}\frac{q^{l(C)}-1}{q-1}U^{\deg C}+h\sum_{n=2g-1}^{\infty}\frac{q^{n+1-g}-1}{q-1}U^n\\=&\frac{1}{q-1}\sum_{0\leqslant\deg C\leqslant 2g-2}(q^{l(C)}U^{\deg(C)}-U^{\deg C})+\frac{h}{q-1}\sum_{n=2g-1}^{\infty}(q^{1-g}(qU)^n-U^n)\\=&\frac{1}{q-1}\left(F(U)-h\sum_{n=0}^{2g-2}U^n\right)+\frac{h}{q-1}\left(\frac{q^gU^{2g-1}}{1-qU}-\sum_{n=2g-1}^{\infty}U^n\right)\\=&\frac{1}{q-1}F(U)+\frac{h}{q-1}\left(\frac{q^gU^{2g-1}}{1-qU}-\frac{1}{1-U}\right)=\frac{1}{q-1}F(U)+\frac{h}{q-1}G(U),\end{aligned}\tag{6.7}$$

其中 $F(U)=\sum\limits_{0\leqslant\deg C\leqslant 2g-2}q^{l(C)}U^{\deg C}$ 为关于 U 的次数 $\leqslant 2g-2$ 的多项式, 而 $G(U)=\frac{q^gU^{2g-1}}{1-qU}-\frac{1}{1-U}$. 由此可知 $Z_K(U)=\frac{L(U)}{(1-U)(1-qU)}$, 其中 $L(U)$ 是 $\mathbb{Z}[U]$ 中的多项式, 次数 $\leqslant 2g$. 记

$$L(U)=c_0+c_1U+\cdots+c_{2g}U^{2g},$$

由 $1+a_1U+\cdots=Z_K(U)=\frac{c_0+c_1U+\cdots}{(1-U)(1-qU)}$, 可知 $c_0=1$.

现在证明函数方程

$$Z_K(U)=(\sqrt{q}U)^{2g-2}Z_K\left(\frac{1}{qU}\right).$$

由 (6.7) 式, 我们只需证明 $F(U)$ 和 $G(U)$ 均满足类似的函数方程. 直接计算对于 $G(U)=\frac{q^gU^{2g-1}}{1-qU}-\frac{1}{1-U}$ 满足 $G(U)=(\sqrt{q}U)^{2g-2}G(\frac{1}{qU})$. 以下考虑 $F(U)$.

设 W 是域 K 的微分除子类, 则 $\deg W=2g-2$. 对每个除子类 C, $0\leqslant\deg C\leqslant 2g-2$, 由黎曼–罗赫定理给出

$$l(C)-\frac{1}{2}\deg C=\frac{1}{2}\deg C+1-g+l(W-C)=l(W-C)-\frac{1}{2}\deg(W-C).$$

于是

$$\begin{aligned}(\sqrt{q}U)^{2-2g}F(U)&=(\sqrt{q}U)^{2-2g}\sum_{0\leqslant\deg C\leqslant 2g-2}q^{l(C)}U^{\deg C}\\&=\sum_{\substack{C\\0\leqslant\deg C\leqslant 2g-2}}q^{l(C)-\frac{1}{2}\deg C}(\sqrt{q}U)^{2-2g+\deg C}\\&=\sum_{0\leqslant\deg C'\leqslant 2g-2}q^{l(C')-\frac{1}{2}\deg C'}(\sqrt{q}U)^{-\deg C'}\quad(C'=W-C)\\&=F\left(\frac{1}{qU}\right).\end{aligned}$$

这就证明了 $Z_K(U)$ 的函数方程. 而 $\zeta_K(s)$ 和 $L(U)$ 的函数方程可由 $U=q^{-s}$ 和 $L(U)=(1-U)(1-qU)Z_K(U)$ 直接得出. 最后由 $L(U)=(\sqrt{q}U)^{2g}L(\frac{1}{qU})$ 和 $L(U)=1+c_1U+\cdots+c_{2g}U^{2g}$, 可知

$$1+c_1U+\cdots+c_{2g}U^{2g}=q^gU^{2g}\left(1+c_1\frac{1}{qU}+\cdots+c_{2g}\left(\frac{1}{qU}\right)^{2g}\right),$$

由此即知 $c_{2g}=q^g$. 这就完成了 (Ⅱ) 和 (Ⅲ) 的证明.

(Ⅳ) 证明 $h=L(1)$. 当 $g=0$ 时, $L(U)=1$, 我们已证 $h=1$. 以下设 $g\geqslant 1$. 这时

$$\frac{(q-1)L(U)}{(1-U)(1-qU)}=\sum_{\substack{C\\0\leqslant\deg C\leqslant 2g-2}}q^{l(c)}U^{\deg C}+h\left(q^{1-g}\frac{(qU)^{2g-1}}{1-qU}-\frac{1}{1-U}\right),$$

两边乘以 $(1-U)(1-qU)$ 之后令 $U=1$, 得到 $(q-1)L(1)=-h(1-q)$. 因此 $h=L(1)$.

最后考虑定理 6.2.1 的 (V). 我们在下节将证明它等价于第 6.1 节中一开始所介绍的关于曲线的韦伊猜想. 前面说过, 韦伊于 1948 年证明了此猜想. 目前已有只用黎曼–罗赫定理的证明. 限于篇幅这里从略. 有兴趣的读者可参见 [4a].

现在给出定理 6.2.1 的两个应用. 第一个应用是证明亏格为 0 的函数域一定有 1 次素除子, 这是系 5.4.7 的证明中所需要的.

系 6.2.5 亏格为 0 的函数域 K 中恰有 $q+1$ 个 1 次素除子.

证明 由

$$1+a_1U+\cdots=Z_K(U)=\frac{1}{(1-U)(1-qU)}=1+(1+q)U+\cdots$$

可知 $a_1=q+1$, 其中 a_1 是 1 次除子 $A\geqslant 0$ 的个数. 由于 1 次除子 $A\geqslant 0$ 必是素除子. 所以 K 中的 1 次素除子共有 $q+1$ 个. ∎

系 6.2.6 设 K 是以 $\mathbb{F}_q$ 为常数域的函数域, $K_n=\mathbb{F}_{q^n}K$ 为 K 的 n 次常数域扩张 $(n\geqslant 1)$. 它们的 zeta 函数为

$$Z_K(U)=\frac{L(U)}{(1-U)(1-qU)},\quad L(U)=\prod_{i=1}^{2g}(1-w_iU)\quad (g=g(K)),$$

$$Z_{K_n}(U)=\frac{L_n(U)}{(1-U)(1-q^nU)}\quad (\text{注意 } K_n \text{ 的常数域为 } \mathbb{F}_{q^n}).$$

则

$$L_n(U)=\prod_{i=1}^{2g}(1-w_i^nU).$$

特别地, $g(K_n)=g=g(K)$, 即 K 在常数域扩张时亏格保持不变.

证明 令 $\zeta=e^{\frac{2\pi i}{n}}$, 则

$$Z_{K_n}(U^n)=\prod_{i=0}^{n-1}Z_K(\zeta^iU)=\prod_{i=0}^{n-1}\frac{(1-w_1\zeta^iU)\cdots(1-w_{2g}\zeta^iU)}{(1-\zeta^iU)(1-\zeta^iqU)}.$$

但是 $\prod\limits_{i=0}^{n-1}(1-\zeta^iX)=1-X^n$, 从而

$$Z_{K_n}(U^n)=\frac{(1-w_1^nU^n)\cdots(1-w_{2g}^nU^n)}{(1-U^n)(1-q^nU^n)},$$

这就表明

$$Z_{K_n}(U)=\frac{L_n(U)}{(1-U)(1-q^nU)},\quad L_n(U)=\prod_{i=1}^{2g}(1-w_i^nU).$$ ∎

6.3 曲线的 zeta 函数

本节中设 C 是定义于 $\mathbb{F}_q$ 上的一条不可约射影曲线, $K=\mathbb{F}_q(C)$ 是它的函数域. 我们要定义曲线 C 的 zeta 函数 $Z_C(U)$, 并且证明当 C 是非奇异并且绝对不可约曲线时, $Z_C(U)$ 和 $Z_K(U)$ 相等. 由此得到曲线 C 的一系列性质. 特别是, 由关于 $Z_K(U)$ 的韦伊定理 (定理 6.2.1 (V)) 可推出关于曲线 C 的韦伊猜想.

定义 6.3.1 以 N_m 表示曲线 C 上射影 $\mathbb{F}_{q^m}$-点的个数 (包括无穷远点). 曲线 C 的 zeta 函数定义为

$$Z_C(U)=\exp\left(\sum_{m=1}^{\infty}\frac{N_m}{m}U^m\right)\in\mathbb{Q}[[U]],$$

这里 exp 表示指数函数 $\exp(x)=\sum\limits_{n=0}^{\infty}\frac{x^n}{n!}\in\mathbb{Q}[[x]]$.

定理 6.3.2 设 $K=\mathbb{F}_q(C)$, C 是定义在 $\mathbb{F}_q$ 上的不可约射影曲线. 如果下列条件成立:

(*) 对每个 $n\geqslant 1$, C 上的射影 $\mathbb{F}_q$-点的个数 N_n 均等于域 $K_m=\mathbb{F}_{q^n}(C)$ 中 1 次素除子的个数 M_n.

则 $Z_C(U)=Z_K(U)$, 并且韦伊猜想对于曲线 C 成立, 即对每个 $n\geqslant 1$,

$$|N_n-(q^n+1)|\leqslant 2gq^{n/2}\quad (g=g(K)=g(C)).$$

特别地, 若 C 是一条绝对不可约的非奇异射影曲线, 则条件 (*) 满足, 从而上述结论成立.

证明 由于

$$\begin{aligned}Z_{K_n}(U)&=\prod_{i=1}^{2g}(1-w_i^nU)/[(1-U)(1-q^nU)]\\&=1+\left(1+q^n-\sum_{i=1}^{2g}w_i^n\right)U+\cdots,\end{aligned}$$

$$Z_{K_n}(U)=1+a_1U+\cdots,$$

其中 a_1 为 K_n 中 1 次素除子的个数 M_n. 如果条件 (∗) 成立, $M_n = N_n$, 于是

$$N_n = a_1 = 1 + q^n - \sum_{i=1}^{2g} w_i^n.$$

再由韦伊定理, $|w_i| = \sqrt{q}$ $(1 \leqslant i \leqslant 2g)$, 即知 $|N_n - (q^n + 1)| = \left|\sum\limits_{i=1}^{2g} w_i^n\right| \leqslant 2gq^{n/2}$, 并且

$$\begin{aligned} Z_C(U) &= \exp\left(\sum_{n\geqslant 1} \frac{N_n}{n} U^n\right) = \exp\left(\sum_{n\geqslant 1} \frac{U^n}{n} + \sum_{n\geqslant 1} \frac{(qU)^n}{n} - \sum_{i=1}^{2g}\sum_{n\geqslant 1} \frac{(w_iU)^n}{n}\right) \\ &= \exp\left(-\log(1-U) - \log(1-qU) + \log\left(\sum_{i=1}^{2g}(1-w_iU)\right)\right) \\ &= \prod_{i=1}^{2g}(1-w_iU)/[(1-U)(1-qU)] = Z_K(U). \end{aligned}$$

最后, 若 C 是绝对不可约的非奇异射影曲线, 由定理 5.3.4 知条件 (∗) 成立. ∎

有一个有趣的应用.

定理 6.3.3 假设曲线 C 满足条件 (∗), 则

$$Z_C(U) = Z_K(U) = \prod_{\lambda=1}^{2g}(1-w_\lambda U)/[(1-U)(1-qU)],$$

由于 $L(U) = \prod\limits_{\lambda=1}^{2g}(1-w_\lambda U)$ 满足函数方程 $L(U) = (\sqrt{q}U)^{2g} L(\frac{1}{qU})$, 即

$$\begin{aligned} \prod_{\lambda=1}^{2g}(1-w_\lambda U) &= (\sqrt{q}U)^{2g}\prod_{\lambda=1}^{2g}\left(1-\frac{w_\lambda}{qU}\right) = \prod_{\lambda=1}^{2g}\left(\sqrt{q}U - \frac{w_\lambda}{\sqrt{q}}\right) \\ &= \frac{w_1\cdots w_{2g}}{q^g}\prod_{\lambda=1}^{2g}\left(1-\frac{q}{w_\lambda}U\right), \end{aligned}$$

可知若 $L(U)$ 有根 $w_\lambda = \sqrt{q}\,e^{i\theta_\lambda}$, 则必有根 $q/w_\lambda = \sqrt{q}\,e^{-i\theta_\lambda}$. 从而 $L(U)$ 的 $2g$ 个根 $\{w_\lambda\}$ 分成 g 对:

$$w_\lambda = \sqrt{q}\,e^{i\theta_\lambda}, \quad w_{\lambda+g} = \sqrt{q}\,e^{-i\theta_\lambda} \quad (0 \leqslant \theta_\lambda < 2\pi,\ 1 \leqslant \lambda \leqslant g),$$

于是对每个 $n \geqslant 1$,

$$M_n = 1 + q^n - \sum_{i=1}^{2g}(w_i^n) = 1 + q^n - 2q^{n/2}\sum_{\lambda=1}^{g}\cos n\theta_\lambda. \tag{6.8}$$

如果知道了 g 个 M_n $(1 \leqslant n \leqslant g)$, 即若能计算出曲线在 g 个有限域 $\mathbb{F}_{q^n}$ 的射影点数 M_n $(1 \leqslant n \leqslant g)$, 则由 (6.8) 式给出的 g 个方程可确定出 g 个辐角 θ_λ $(1 \leqslant \lambda \leqslant g)$, 从而给出 M_n 对任何 n 的公式 (6.8), 即对任何 $n \geqslant 1$, 我们都有曲线在 $\mathbb{F}_{q^n}$ 的射影点数的一般公式. 并且由于确定了 θ_λ $(1 \leqslant \lambda \leqslant g)$, 也得到了 zeta 函数 $Z_C(U) = Z_K(U)$, 特别地, 对于每个 $n \geqslant 1$, 可以计算出函数域 K_n 的零次除子类数

$$\begin{aligned} h_n = h(K_n) &= \prod_{i=1}^{2g}(1 - w_i^n) \\ &= \prod_{\lambda=1}^{g}(1 - \sqrt{q}\, e^{in\theta_\lambda})(1 - \sqrt{q}\, e^{-in\theta_\lambda}) \\ &= \prod_{\lambda=1}^{g}(1 - 2\sqrt{g}\cos n\theta_\lambda + q). \end{aligned}$$

例 1 (Fermat 曲线) $C_0 : X^d + Y^d = 1$ 定义于 $\mathbb{F}_q$ 上, d 为 $q-1$ 的一个正因子. 这是绝对不可约的非奇异仿射曲线. 对应射影曲线为 C: $T_1^d + T_2^d = T_0^d$, 其上的无穷远点 $(0 : T_1 : T_2)$ 满足 $T_1^d = -T_2^d$. 如果存在 $a \in \mathbb{F}_q^*$ 使得 $a^d = -1$, 则 C 上有 d 个无穷远点 $(0 : 1 : ac^i)$ $(0 \leqslant i \leqslant d-1)$, 其中 c 是 $\mathbb{F}_q^*$ 中的 d 阶元素. 它们都不是奇点. 若不存在 $a \in \mathbb{F}_q^*$ 使得 $a^d = -1$ (这也相当于 q 和 $\frac{q-1}{d}$ 均为奇数) 则 C 上没有无穷远点. 从而射影曲线 C 是非奇异的. 从而满足条件 $(*)$. 而 $g(C) = \frac{1}{2}(d-1)(d-2)$, $Z_C(U) = Z_K(U)$, 其中 $K = \mathbb{F}_q(C)$.

比如考虑定义在 $\mathbb{F}_7$ 上的曲线 $C : X^3 + Y^3 = 1$, $g(C) = 1$, 于是

$$Z_C(U) = \frac{L(U)}{(1-U)(1-7U)},$$

$$L(U) = (1 - w_1U)(1 - w_2U) = 1 - (2\sqrt{7}\cos\theta)U + 7U^2.$$

其中 $w_1 = \sqrt{7}e^{i\theta}$, $w_2 = \sqrt{7}e^{-i\theta}$. 对每个 $n \geqslant 1$, C 的射影 $\mathbb{F}_{7^n}$-点个数为

$$N_n = 1 + 7^n - 2 \cdot 7^{\frac{n}{2}} \cos n\theta = L_n(1) = h(K_n)$$

其中 $h(K_n)$ 为域 $K_n=\mathbb{F}_{7^n}K$ 的零次除子类数, $L_n=(1-w_1^nU)(1-w_2^nU)$, $K=\mathbb{F}_7(x,(x^3-1)^{\frac{1}{3}})$. 我们只需求 C 在 $\mathbb{F}_7$ 上的射影点数 N_1, 就可确定 θ, 于是对任何 n 均给出 N_n 的计算公式. 曲线 C 有 3 个无穷远点 $(T_0:T_1:T_2)=(0:1:a)$, 其中 $a=3,5,6\in\mathbb{F}_7$. 而仿射 $\mathbb{F}_7$-点有 6 个: $(X,Y)=(a,0)$ 和 $(0,a)$, 其中 $a=1,2,4$. 于是

$$9=N_1=1+7-2\sqrt{7}\cos\theta(=h(K)).$$

由此给出 $\theta=\arccos\left(\frac{-1}{2\sqrt{7}}\right)$ (即 $\cos\theta=-\frac{1}{2\sqrt{7}}$). 从而 $L(U)=1+U+7U^2$,

$$Z_C(U)=Z_K(U)=\frac{1+U+7U^2}{(1-U)(1-7U)}.$$

对于 $n=2$, C 的射影 $\mathbb{F}_{49}$-点的个数为

$$N_2=1+7^2-14\cdot\cos 2\theta=50-14(2\cos^2\theta-1)=50-14\times\left(\frac{1}{14}-1\right)=63.$$

除了上述 3 个无穷远点之外, C 上仿射 $\mathbb{F}_{49}$-点共有 60 个. 换句话说, 方程 $X^3+Y^3=1$ 在有限域 $\mathbb{F}_{49}$ 中共有 60 组解 (X,Y). 而函数域 $K_2=\mathbb{F}_{49}(x,(1-x^3)^{\frac{1}{3}})$ 的零次除子类数为 $h(K_2)=N_2=63$.

例 2 (超椭圆曲线)　设 $q=p^m$ (p 为奇素数, $m\geqslant 1$), $g(X)$ 为 $\mathbb{F}_q[X]$ 中的无平方因子多项式, $d=\deg g(x)\geqslant 3$. 定义于 $\mathbb{F}_q$ 上的仿射曲线

$$C:Y^2=g(X)$$

绝对不可约并且没有仿射奇点. 从而对每个 $n\geqslant 1$, C 上仿射 $\mathbb{F}_{q^n}$-点的个数等于域 $K_n=\mathbb{F}_{q^n}(C)$ 中 1 次有限素除子的个数. 另一方面, C 上有唯一的无穷远点 $(T_0:T_1:T_2)=(0:0:1)$. 而当 d 为奇数时, K_n 中只有 1 个 1 次无限素除子. 综合上述, 可知当 d 为奇数并且 $d\geqslant 3$ 时, 曲线 C 满足定理 6.1.2 中的条件 $(*)$ (虽然当 $d\geqslant 5$ 时无穷远点 $(0:0:1)$ 是奇点). 我们已知 $g(C)=\frac{d-1}{2}$.

比如考虑定义于 $\mathbb{F}_3$ 上的超椭圆曲线

$$C:Y^2=g(X),\quad g(X)=(X+1)(X^2+1)(X^2+X+2)\in\mathbb{F}_3[X],$$

$d=5$, 它的函数域为二次函数域 $K=k(y)$, $k=\mathbb{F}_3(x)$, $y=\sqrt{g(x)}$, $g=$

$g(C)=g(K)=2$. 于是

$$Z_C(U)=Z_K(U)=\frac{L(U)}{(1-U)(1-3U)},\quad L(U)=\prod_{i=1}^{4}(1-w_iU),$$

$$w_1=\sqrt{3}\,e^{i\theta_1},\quad w_2=\sqrt{3}\,e^{i\theta_2}\quad w_3=\overline{w_1},\quad w_4=\overline{w_2}.$$

从而对每个 $n\geqslant 1$, C 的射影 $\mathbb{F}_{3^n}$-点的个数为

$$N_n=1+3^n-2\cdot 3^{\frac{n}{2}}(\cos n\theta_1+\cos n\theta_2).$$

我们具体计算 N_1 和 N_2. C 在 $\mathbb{F}_3$ 上有 3 个仿射点 $(X,Y)=(1,\pm 1),(2,0)$. 所以 $N_1=4$. 再考虑 $\mathbb{F}_9=\mathbb{F}_3(\alpha)$, 其中 $\alpha^2+\alpha+2=0$. $\mathbb{F}_9$ 中的 9 个元素为

$$0,1,\alpha,\alpha^2=1+2\alpha,\quad \alpha^3=2+2\alpha,\quad \alpha^4=2,\quad \alpha^5=2\alpha,$$
$$\alpha^6=2+\alpha,\quad \alpha^7=1+\alpha\quad (\alpha^8=1).$$

可算出 C 有 11 个仿射 $\mathbb{F}_q$-点

$$(X,Y)=(0,\pm\alpha^2),(1,\pm 1),(\alpha,0),(\alpha^2,0),(\alpha^3,0),(2,0),(\alpha^6,0),(\alpha^7,\pm\alpha^5).$$

于是 $N_2=12$. 从而有关于 θ_1 和 θ_2 的方程组

$$\begin{cases}4=N_1=1+3-2\sqrt{3}(\cos\theta_1+\cos\theta_2),\\ 12=N_2=1+9-2\cdot 3(\cos 2\theta_1+\cos 2\theta_2),\end{cases}$$

由此解出 $\theta_1=\theta$, $\theta_2=\pi-\theta$, 其中 $\cos\theta=\sqrt{\frac{5}{12}}$. 于是

$$\begin{aligned}L(U)&=(1-(2\sqrt{3}\cos\theta)U+3U^2)(1-(2\sqrt{3}\cos(\pi-\theta))U+3U^2)\\&=(1+3U^2)^2-(\sqrt{5}U)^2=1+U^2+9U^4.\end{aligned}$$

从而域 K 的零次除子类数为 $h(K)=L(1)=11$. 对每个 $n\geqslant 1$, 曲线 C 上射影 $\mathbb{F}_{3^n}$-点的个数为

$$\begin{aligned}N_n&=1+3^n-2\cdot 3^{\frac{n}{2}}(\cos n\theta+(-1)^n\cos n\theta)\\&=\begin{cases}1+3^n-4\cdot 3^{\frac{n}{2}}\cos n\theta, & \text{若 } 2|n,\\ 1+3^n, & \text{若 } 2\nmid n.\end{cases}\end{aligned}$$

例 3 (Hermite 曲线) 考虑定义在 $\mathbb{F}_{q^2}$ 上的 Fermat 曲线

$$C: X^{q+1}+Y^{q+1}=1.$$

在 $\mathbb{F}_{q^2}$ 上它有 $q+1$ 个无穷远点:

如果 $2\nmid q$, $(T_0:T_1:T_2)=(0:1:\zeta^{1+2i})$ $(0\leqslant i\leqslant q)$, 其中 ζ 为 $\mathbb{F}_{q^2}^*$ 中的一个 $2(q+1)$ 阶元素.

如果 $2|q$, $(T_0:T_1:T_2)=(0:1:\zeta^{i})$ $(0\leqslant i\leqslant q)$, 其中 ζ 为 $\mathbb{F}_{q^2}^*$ 中的一个 $q+1$ 阶元素.

另一方面, $\mathbb{F}_{q^2}$ 中的元素 a 为 $\mathbb{F}_{q^2}$ 中的某元素 b 的 $q+1$ 次幂当且仅当 $a\in\mathbb{F}_q$, 并且当 $a\neq 0$ 时, $X^{q+1}=a$ 有解时恰有 $q+1$ 个解. 于是曲线 C 的仿射 $\mathbb{F}_{q^2}$-点的个数为

$$N'=\sum_{a\in\mathbb{F}_q}\sum_{\substack{x,y\in\mathbb{F}_{q^2}\\ x^{q+1}=a,\,y^{q+1}=1-a}}1=2(q+1)+(q-2)(q+1)^2=(q+1)(q^2-q).$$

所以 C 的射影 $\mathbb{F}_{q^2}$-点的总数为 $N=N'+(q+1)=(q+1)(q^2-q+1)=q^3+1$. 由于 $g(C)=\frac{1}{2}q(q-1)$, C 上的点均不是奇点并且为绝对不可约曲线, 韦伊定理给出 N 的上界为 $q^2+1+2gq=q^2+1+q^2(q-1)=q^3+1$, 所以这条曲线的 $\mathbb{F}_{q^2}$-射影点数达到韦伊上界. 这样的曲线叫作*极大曲线*. 寻求极大曲线不仅具有理论意义, 而且在通信应用中具有实际价值.

本节下面两个例子是当年 (20 世纪 30 年代末期) 韦伊算过的, 运用高斯和与雅可比和的性质, 韦伊直接算出两类曲线满足他的猜想. 更正确地说, 正是基于这些计算韦伊提出了他的猜想.

例 4 (Fermat 曲线) 定义在 $\mathbb{F}_q$ 上的曲线

$$C: X^d+Y^d=1,$$

其中 d 是 $q-1$ 的正因子. 这是绝对不可约非奇异仿射曲线. 例 3 中算出的无穷远点都不是奇点. 曲线 C 的亏格为 $g=g(C)=\frac{1}{2}(d-1)(d-2)$. 以 χ 表示 $\mathbb{F}_q$ 的一个 d 阶乘法特征, 比如取 α 为 $\mathbb{F}_q$ 中的一个本原元素, 令 $\chi(\alpha)=\zeta_d=e^{\frac{2\pi i}{d}}$, 则 $\chi(\alpha^j)=\zeta_d^j$ $(0\leqslant j\leqslant q-2)$ 就是 $\mathbb{F}_q$ 的一个 d 阶乘法特征. 它生成一个 d 阶循环群 $\{\chi^0=1,\chi,\chi^2,\cdots,\chi^{d-1}\}$. 对于 $\mathbb{F}_q$ 中的非零元素 a, 易知

$$\sum_{j=0}^{d-1}\chi^j(a)=\begin{cases}d, & 若存在\ b\in\mathbb{F}_q^*\ 使得\ a=b^d,\\ 0, & 否则.\end{cases}$$

而当 $a=b^d$ 时, $x^d=a$ 在 $\mathbb{F}_q$ 中恰好有 d 个解 $x=b\zeta_d^i\ (0\leqslant i\leqslant d-1)$. 由此可知 C 上的仿射 $\mathbb{F}_q$-点的个数为

$$\begin{aligned}N'=&\sum_{\substack{a,a'\in\mathbb{F}_q\\ a=b^d,a'=b'^d\\ a+a'=1}}1=2d+\sum_{\substack{a\in\mathbb{F}_q\\ a\neq 0,1\\ a=b^d,1-a=b'^d}}1=2d+\sum_{\substack{a\in\mathbb{F}_q\\ a\neq 0,1}}\sum_{i,j=0}^{d-1}\chi^i(a)\chi^j(1-a)\\ &=2d+\sum_{i,j=0}^{d-1}J(\chi^i,\chi^j)\\ &\left(J(\chi^i,\chi^j)=\sum_{a\in\mathbb{F}_q\setminus\{0,1\}}\chi^i(a)\chi^j(1-a)\ 为\ \mathbb{F}_q\ 上的雅可比和\right)\\ &=2d+(q-2)-2(d-1)-\sum_{i=1}^{d-1}\chi^i(-1)+\sum_{\substack{i,j=1\\ i+j\not\equiv 0(\mathrm{mod}\ d)}}^{d-1}J(\chi^i,\chi^j).\end{aligned}$$

另一方面, C 在 $\mathbb{F}_q$ 中无穷远点的个数为

$$N''=\sum_{i=0}^{d-1}\chi^i(-1)=1+\sum_{i=1}^{d-1}\chi^i(-1).$$

可知 C 上射影 $\mathbb{F}_q$-点的总数为

$$N=N'+N''=q+1+\sum_{\substack{i,j=1\\ i+j\not\equiv 0(\mathrm{mod}\ d)}}^{d-1}J(\chi^i,\chi^j).\tag{6.9}$$

现在对每个正整数 m, $\mathbb{F}_q$ 的 d 阶乘法特征 t 可提升成 $\mathbb{F}_{q^m}$ 的 d 阶乘法特征 χ_m, 并且 $\mathbb{F}_{q^m}$ 上的雅可比和 $J(\chi_m^i,\chi_m^j)$ 与 $\mathbb{F}_q$ 上雅可比和 $J(\chi^i,\chi^j)$ 有关系

$$J(\chi_m^i,\chi_m^j)=(-1)^{m-1}J(\chi^i,\chi^j)^m.$$

类似可算出 C 上射影 $\mathbb{F}_{q^m}$-点的个数为

$$N_m=1+q^m+\sum_{\substack{i,j=1\\ i+j\not\equiv 0(\mathrm{mod}\ d)}}^{d-1}J(\chi_m^i,\chi_m^j),$$

于是

$$N_m = 1 + q^m + (-1)^{m-1} \sum_{\substack{i,j=1 \\ i+j\not\equiv 0 (\mathrm{mod}\ d)}}^{d-1} J(\chi^i, \chi^j)^m.$$

从而曲线 C 的 zeta 函数为

$$\begin{aligned} Z_C(U) &= \exp\left(\sum_{m\geqslant 1} \frac{N_m}{m} U^m\right) \\ &= \exp\left(\sum_{m\geqslant 1} \frac{U^m}{m} + \sum_{m\geqslant 1} \frac{(qU)^m}{m} - \sum_{\substack{i,j=1 \\ i+j\not\equiv 0 (\mathrm{mod}\ d)}}^{d-1} \frac{(-J(\chi^i,\chi^j)U)^m}{m}\right) \\ &= \frac{L(U)}{(1-U)(1-qU)}, \end{aligned}$$

其中

$$L(U) = \prod_{\substack{i,j=1 \\ i+j\not\equiv 0 (\mathrm{mod}\ d)}}^{d-1} (1 - w_{ij}U), \quad w_{ij} = -J(\chi^i, \chi^j).$$

由于 $|w_{ij}| = |J(\chi^i, \chi^j)| = \sqrt{q}$, 可知这些 Fermat 曲线满足韦伊猜想. 并且多项式 $L(U)$ 的次数为 $(d-1)(d-2)$, 所以我们又证明了曲线 C 的亏格为 $\frac{1}{2}(d-1)(d-2)$.

例 5 (Artin-Schreier 曲线) 设 $q = p^s$, p 为素数, $s \geqslant 1$. d 为 $q-1$ 的正因子. 考虑定义于 $\mathbb{F}_q$ 上的曲线

$$C : Y^p - Y = X^d,$$

这个曲线只有一个无穷远点: $(T_0 : T_1 : T_2) = (0:1:0)$ (当 $d > p$ 时), 或者 $(0:0:1)$ (当 $d < p$ 时). 为了计算曲线 C 上的仿射 $\mathbb{F}_q$-点的个数, 我们需要下面的结果.

引理 6.3.4 设 $q = p^s$, p 为素数, $s \geqslant 1$, $T : \mathbb{F}_q \to \mathbb{F}_p$ 为迹函数. 则对每个 $a \in \mathbb{F}_q$,

(1) 方程 $Y^p - Y = a$ 在 $\mathbb{F}_q$ 中有解当且仅当 $T(a) = 0$. 并且该方程在 $\mathbb{F}_q$ 中若有解则解数为 p.

(2) $Y^p - Y = a$ 在 $\mathbb{F}_q$ 中的解数为 $\sum\limits_{x=0}^{p-1} \zeta_p^{T(ax)}$.

证明 首先不难看出, 若 $Y^p - Y = a$ 有解 $Y = b$, 则它共有 p 个解 $b, b+1, \cdots, b+p-1$. 进而考虑映射

$$\varphi : \mathbb{F}_q \to \mathbb{F}_q, \quad \varphi(b) = b^p - b,$$

这是 $\mathbb{F}_p$-线性映射, 核为 $\mathbb{F}_p$. 从而像 $\mathrm{Im}(\varphi)$ 是 $\mathbb{F}_p$ 上的 $s-1$ 维空间 (因为 $q = p^s$). 再考虑 $\mathbb{F}_p$-线性满同态 $T : \mathbb{F}_q \to \mathbb{F}_p$, $\ker(T)$ 为 $\mathbb{F}_p$ 上的 $s-1$ 维空间, 但是 $\mathrm{Im}(\varphi) \subseteq \ker(T)$ (因若 $a = b^p - b \in \mathrm{Im}(\varphi)$, 则 $T(a) = T(b^p) - T(b) = 0$, 即 $a \in \ker(T)$). 两者维数相同, 从而 $\mathrm{Im}(\varphi) = \mathrm{Ker}(T)$. 这表明 $Y^p - Y = a$ 在 $\mathbb{F}_q$ 中有解当且仅当 $T(a) = 0$. 并且当 $T(a) = 0$ 时, $Y^p - Y = a$ 在 $\mathbb{F}_q$ 中有 p 个解. 最后, 论断 (2) 是由于

$$\sum_{x=0}^{p-1} \zeta_p^{T(ax)} = \sum_{x=0}^{p-1} \zeta_p^{aT(x)} = \begin{cases} p, & \text{若 } T(x) = 0, \\ 0, & \text{否则}. \end{cases} \qquad \blacksquare$$

由引理 6.3.4 可知, 方程 $Y^p - Y = X^d$ 在 $\mathbb{F}_q$ 中的解数 (即曲线 C 的仿射 $\mathbb{F}_q$-点个数) 为 (取 χ 为 $\mathbb{F}_q$ 的一个 d 阶乘法特征)

$$\begin{aligned}
N' &= \sum_{a \in \mathbb{F}_q} \sum_{\substack{x, y \in \mathbb{F}_q \\ y^p - y = a \\ x^d = a}} 1 = p + \sum_{a \in \mathbb{F}_q^*} \sum_{x=0}^{p-1} \zeta_p^{T(ax)} \sum_{j=0}^{d-1} \chi^j(a) \\
&= p + \sum_{x=0}^{p-1} \sum_{j=0}^{d-1} \sum_{a \in \mathbb{F}_q^*} \chi^j(a) \zeta_p^{T(xa)} \\
&= p + \sum_{j=0}^{p-1} \sum_{a \in \mathbb{F}_q^*} \chi^j(a) + \sum_{x=1}^{p-1} \sum_{j=0}^{d-1} \sum_{b \in \mathbb{F}_q^*} \chi^j(bx^{-1}) \zeta_p^{T(b)} \quad (b = ax) \\
&= p + q - 1 - (p-1) + \sum_{x=1}^{p-1} \sum_{j=1}^{d-1} \chi^{-j}(x) G(\chi^j) \\
&= q + \sum_{c=1}^{p-1} \sum_{j=1}^{d-1} \chi^{-j}(c) G(\chi^j),
\end{aligned}$$

其中 $G(\chi^j)=\sum\limits_{b\in\mathbb{F}_q^*}\chi^j(b)\zeta_p^{T(b)}$ 为 $\mathbb{F}_q$ 上的高斯和. 于是, C 上射影 $\mathbb{F}_q$-点的总数为

$$N=q+1+\sum_{c=1}^{p-1}\sum_{j=1}^{d-1}\chi^{-j}(c)G(\chi^j).$$

进而对每个正整数 $m\geqslant 1$, $\mathbb{F}_q$ 的 d 次乘法特征 χ 可提升为 $\mathbb{F}_{q^m}$ 中的 d 次乘法特征 $\chi_m=\chi_0 N$, 其中 $N:\mathbb{F}_{q^m}\to\mathbb{F}_q$ 为范映射 $N(\alpha)=\alpha^{\frac{q^m-1}{q-1}}$. 于是对 $c\in\mathbb{F}_p$, $\chi_m^{-j}(c)=\chi^{-j}(N(c))=\chi^{-j}(c^m)=(\chi^{-j}(c))^m$. 而由高斯和的提升定理, $-G(\chi_m^j)=(-G(\chi^j))^m$, 其中

$$G(\chi_m^j)=\sum_{x\in\mathbb{F}_{q^m}^*}\chi_m^j(x)\zeta_p^{T_m(x)}$$

为 $\mathbb{F}_{q^m}$ 上的高斯和, $T_m:\mathbb{F}_{q^m}\to\mathbb{F}_p$ 为迹函数, 从而可算出 C 上射影 $\mathbb{F}_{q^m}$-点的总数为

$$\begin{aligned}N_m&=1+q^m+\sum_{c=1}^{p-1}\sum_{j=1}^{d-1}(\chi_m^{-j}(c)G(\chi_m^j))\\&=1+q^m-\sum_{c=1}^{p-1}\sum_{j=1}^{d-1}(-\chi^{-j}(c)G(\chi^j))^m.\end{aligned}$$

由此给出曲线 C 的 zeta 函数为

$$\begin{aligned}Z_C(U)&=\frac{L(U)}{(1-U)(1-qU)},\\L(U)&=\prod_{c=1}^{p-1}\prod_{j=1}^{d-1}(1+\chi^{-j}(c)G(\chi^j)U)=\prod_{c=1}^{p-1}\prod_{j=1}^{d-1}(1-w_{c,j}U),\end{aligned}$$

其中 $w_{c,j}=-\chi^{-j}(c)G(\chi^j)$ $(1\leqslant j\leqslant d-1, 1\leqslant c\leqslant p-1)$ 的绝对值为 $\sqrt{q}$, 即曲线 C 满足韦伊猜想, 并且由多项式 $L(U)$ 的次数为 $(d-1)(p-1)$, 我们又算出曲线 C 的亏格为 $\frac{1}{2}(d-1)(p-1)$.

习题 6.3

1. (1) 计算 $\mathbb{F}_2$ 上曲线 $C:Y^2+Y=X^5+X+1$ 的 zeta 函数 $Z_C(U)$.

(2) 对每个正整数 m, 给出方程 $Y^2+Y=X^5+X+1$ 在 $\mathbb{F}_{2^m}$ 中的解数公式.

2. 对于定义在 $\mathbb{F}_4$ 上的曲线 $C: X^3+Y^3=1$, 计算 C 的 zeta 函数 $Z_C(U)$. 对于每个 $m \geqslant 1$, 计算函数域 $K_m=\mathbb{F}_{4^m}(x,y)$ $(x^3+y^3=1)$ 的零次除子类数.

3. 对于定义在 $\mathbb{F}_3$ 上的椭圆曲线 $C: Y^2=X^3-X$, 计算它的 zeta 函数 $Z_C(U)$. 并对每个正整数 m, 计算曲线 C 的射影 $\mathbb{F}_{3^m}$-点的个数 N_m.

注记 关于有限域上的高斯和以及雅可比和, 可参见专著 [8a].

6.4 椭圆曲线

定义在 $\mathbb{F}_q$ 上亏格为 0 的曲线即是有理曲线, 它双有理等价于射影直线, zeta 函数为 $\frac{1}{(1-U)(1-qU)}$, 函数域为 $\mathbb{F}_q(x)$. 下一步便是考虑亏格为 1 的曲线. 这种曲线具有丰富的算术、代数和几何理论. 我们在本节主要讲述: 这种曲线的所有射影 $\mathbb{F}_q$-点组成的集合, 以一种合理的方式构成具有丰富内容的 (有限) 交换群.

定义 6.4.1 定义在 $\mathbb{F}_q$ 上的亏格为 1 的不可约非奇异射影曲线叫作椭圆曲线.

首先我们用黎曼–罗赫定理给出椭圆曲线一个好的几何模型.

定理 6.4.2 设 K 是以 $\mathbb{F}_q$ 为常数域亏格为 1 的函数域, 则它一定是下列椭圆曲线 E 的函数域 $K=\mathbb{F}_q(C)$, 其中

$$E: Y^2+a_1XY+a_3Y=X^3+a_2X^2+a_4X+a_6 \quad (a_i \in \mathbb{F}_q).$$

如果 $2 \nmid q$, 则曲线还可简化为

$$E: Y^2=X^3+a_2X^2+a_4X+a_6,$$

其中 $X^3+a_2X^2+a_4X+a_6$ 为 $\mathbb{F}_q[X]$ 中的无平方因子多项式. 又若 $(6,q)=1$, 则曲线还可简化为

$$E: Y^2=X^3+aX+b \quad (a,b \in \mathbb{F}_q,\ 4a^3+27b^2 \neq 0).$$

换句话说, 定义在 $\mathbb{F}_q$ 上的椭圆曲线在 $\mathbb{F}_q$ 上均双有理等价于上述方程所定义的曲线 E.

证明 对于亏格为 1 的函数域 K(常数域为 $\mathbb{F}_q$), zeta 函数为

$$Z_K(U) = 1 + a_1U + \cdots = \frac{1 - cU + qU^2}{(1-U)(1-qU)} = 1 + (1+q-c)U + \cdots,$$

其中 $c = w + \bar{w} \in \mathbb{Z}$, $|w| = \sqrt{q}$, $a_1 = 1 + q - c$ 是域 K 中 1 次素除子的个数. 由于 $a_1 \geqslant 1 + q - 2\sqrt{q} = (\sqrt{q}-1)^2 > 0$, 可知 $a_1 \geqslant 1$, 即域 K 中必存在 1 次素除子 P. 现在取 W 为 K 的一个微分除子, 则 $\deg W = 2g - 2 = 0$. 从而当 $n \geqslant 1$ 时, 由黎曼–罗赫定理, $\mathbb{F}_q$-向量空间 $L(nP)$ 的维数为 $l(nP) = \deg(nP) + 1 - g = n$. 我们有

$$L(0) \subseteq L(P) \subset L(2P) \subset \cdots$$

$L(0) = \mathbb{F}_q$, 1 为此向量空间的基.

由 $l(P) = 1$, 可知仍有 $L(P) = \mathbb{F}_q$. 这表明 K 中不存在有理函数 α, 使得它只有一个极点, 并且是 1 阶极点.

由 $l(2P) = 2$, 可知 $L(2P)$ 有 $\mathbb{F}_q$-基 $\{1, x\}$, 其中 $V_P(x) \geqslant -2$, 并且 x 没有 P 以外的其他极点素除子. 由上面所述可知 $V_P(x) = -2$.

由 $l(3P) = 3$, 可知 $L(3P)$ 有基 $\{1, x, y\}$, 其中 $V_P(y) = -3$.

进而 $l(4P) = 4$, 而 $1, x, y, x^2$ 均属于 $L(4P)$, 并且它们的 P-adic 指数赋值分别为不同的整数 $0, 2, 3, 4$, 可知它们在 $\mathbb{F}_q$ 上是线性无关的, 从而它们是 $L(4P)$ 的一组 $\mathbb{F}_q$-基.

再有 $l(5P) = 5$, 如上做类似推理, 可知 $\{1, x, y, x^2, xy\}$ 是 $L(5P)$ 的一组基.

最后考虑 $l(6P) = 6$, 而 $1, x, y, x^2, xy, x^3, y^2$ 这 7 个元素均属于 $L(6P)$, 从而它们是 $\mathbb{F}_q$-线性相关的. 于是有不全为 0 的 $b_i \in \mathbb{F}_q$, 使得

$$b_1 + b_2x + b_3y + b_4x^2 + b_5xy + b_6x^3 + b_7y^2 = 0.$$

由非阿基米德性质, 上式左边诸项至少有两项的 P-adic 指数赋值相等, 而 $1, x, y, x^2$, xy, x^3, y^2 的 P-adic 指数赋值依次为 $0, -2, -3, -4, -5, -6$ 和 -6. 可知 $b_6 \neq 0$, $b_7 \neq 0$. 将上式除以 b_7, 得到我们所需要的一条定义在 $\mathbb{F}_q$ 上的曲线

$$C: f(X,Y)=Y^2+c_1XY+c_3Y-(c_0X^3+c_2X^2+c_4X+c_6)=0$$
$$(c_i\in\mathbb{F}_q, c_0\neq 0),$$

多项式 $f(X,Y)$ 在 $\mathbb{F}_q[X,Y]$ 中不可约. 因为若 $f(X,Y)=g(X,Y)h(X,Y)$, 其中 $g(X,Y)$ 和 $h(X,Y)$ 是 $\mathbb{F}_q[X,Y]$ 中次数为 1 或 2 的多项式. 由 $f(x,y)=0$ 可知 $g(x,y)=0$ 或者 $h(x,y)=0$. 但是 g 和 h 所包含的次数 $\leqslant 2$ 的单项式 $1,x,y,x^2,y^2$ 和 xy 具有彼此不同的 P-adic 指数赋值, 可知 $g(X,Y)\equiv 0$ 或者 $h(X,Y)\equiv 0$, 这导致矛盾 $f(X,Y)\equiv 0$. 于是 C 是定义于 $\mathbb{F}_q$ 上的不可约曲线, 而 K 包含曲线 C 的函数域 $\mathbb{F}_q(C)=\mathbb{F}_q(x,y)$ $(f(x,y)=0)$. 再由 x 的极点除子为 $2P$, 于是

$$2=\deg\left(\operatorname{div}(x)_-\right)=\left[K:\mathbb{F}_q(x)\right],$$

而 $[\mathbb{F}_q(x,y):\mathbb{F}_q(x)]=2$. 这就表明 $K=\mathbb{F}_q(x,y)=\mathbb{F}_q(C)$, 即 K 是曲线 C 的函数域. 做变换 $Y=c_0^2Y'$, $X=c_0X'$ (这是双有理变换), $f(X,Y)$ 化为 $f'(X',Y')$, 其中 X'^3 的系数为 1. 于是得到和 C 双有理等价的椭圆曲线

$$E: Y^2+a_1XY+a_3Y=X^3+a_2X^2+a_4X+a_6 \quad (a_i\in\mathbb{F}_q),$$

而 $K=\mathbb{F}_q(E)$.

进而若 $2\nmid q$, 即在 $\mathbb{F}_q$ 中 $2\neq 0$, 通过 $Y'=Y+\frac{a_0}{2}X$, $X'=X$ 可消去 a_1XY 项, 再通过 $Y''=Y'+\frac{a_3}{2}$, $X''=X'$ 又可消去 Y' 项, 从而 E 在 $\mathbb{F}_q$ 上双有理等价于不可约曲线

$$E': Y^2=X^3+a_2X^2+a_4X+a_6 \quad (a_i\in\mathbb{F}_q).$$

又若 $(6,q)=1$, 即在 $\mathbb{F}_q$ 中 3 也不为 0, 做变换 $Y'=Y$, $X'=X+\frac{a_2}{3}$ 可消去 a_2X^2 项, 成为

$$E'': Y^2=X^3+aX+b \quad (a,b\in\mathbb{F}_q),$$

$K=\mathbb{F}_q(E'')$. 如果 $g(x)=x^3+ax+b$ 在 Ω_q 中有重根, 请读者证明曲线 E'' 双有理等价于 2 次曲线, 即亏格为 0, 这和 $g(K)=1$ 相矛盾. 因此 $g(x)$ 没有重根, 即 $g(X)$ 和 $g'(X)=3X^2+a$ 没有公共根. 不难看出这相当于

$4a^3+27b^2\neq 0$. 证毕. ∎

再回到椭圆曲线 E 的 zeta 函数 ($K=\mathbb{F}_q(E)$).

$$Z_c(U)=Z_K(U)=\frac{L(U)}{(1-U)(1-qU)},\quad L(U)=1-c_1U+qU^2.$$

域 K 的零次除子类数

$$h(K)=\left|C^0(K)\right|=L(1)=1-c_1+q=N_1,$$

其中 $N_1=|E(\mathbb{F}_q)|$, 也就是说, E 上全体射影 $\mathbb{F}_q$-点组成的集合 $E(\mathbb{F}_q)$ 和 K 的零次除子类群 $C^0(K)=\frac{D^0(K)}{P(K)}$ 有同样多个元素. 但是 $C^0(K)$ 为有限交换群, 对于每个一一映射 $\varphi: E(\mathbb{F}_q)\to C^0(K)$, 我们都可把 $C^0(K)$ 的群结构通过 φ 给出的对应关系移植到集合 $E(\mathbb{F}_q)$ 上, 从而使 $E(\mathbb{F}_q)$ 成为和 $C^0(K)$ 同构的有限交换群. 方法是: 对于 $E(\mathbb{F}_q)$ 中的点 A_1 和 A_2, 如果 $\varphi(A_1)$ 和 $\varphi(A_2)$ 在群 $C^0(K)$ 中的和 $\varphi(A_1)+\varphi(A_2)$ 为 B, 则定义 A_1 和 A_2 在 $E(\mathbb{F}_q)$ 中的和 $A_1\oplus A_2$ 为 $\varphi^{-1}(B)$. 即 $A_1\oplus A_2=A_3$ 当且仅当 $\varphi(A_1)+\varphi(A_2)=\varphi(A_3)$. 这样的一一映射 φ 有很多个. 但是下面给出的 φ 具有丰富的数学内涵.

定理 6.4.3 设 E 是定义在 $\mathbb{F}_q$ 上的椭圆曲线, $K=\mathbb{F}_q(E)$ 为 E 的函数域, $E(\mathbb{F}_q)$ 为 E 上全体射影 $\mathbb{F}_q$-点组成的集合. 取一个点 $P_0\in E(\mathbb{F}_q)$, 并且 $E(\mathbb{F}_q)$ 中的点等同于 K 的 1 次素除子. 则映射

$$\varphi: E(\mathbb{F}_q)\to C^0(K),\quad \varphi(P)=[P-P_0]$$

是一一对应. 这里 $[P-P_0]$ 为零次除子 $P-P_0\in D^0(K)$ 的除子类.

证明 由于 $|E(\mathbb{F}_q)|=|C^0(K)|$, 我们只需证明 φ 是单射. 设 P_1 和 P_2 为 K 的 1 次素除子, $\varphi(P_1)=\varphi(P_2)$, 即 $[P_1-P_0]=[P_2-P_0]$, 则 $P_1-P_0\sim P_2-P_0$, 于是 $P_1\sim P_2$. 如果 $P_1\neq P_2$, 则 P_1-P_2 是主除子, 即 $\operatorname{div}(\alpha)=P_1-P_2\neq 0\,(\alpha\in K^*)$, 于是 $\operatorname{div}(\alpha)_+=P_1$, $1=\deg\operatorname{div}(\alpha)_+=[K:\mathbb{F}_q(\alpha)]$, 即 $K=\mathbb{F}_q(\alpha)$, $g(K)=0$, 这和 $g(K)=1$ 相矛盾. 这证明了当 $\varphi(P_1)=\varphi(P_2)$ 时, $P_1=P_2$, 即 φ 为单射. 证毕. ∎

今后 φ 均指是由定理 6.4.3 中给出的映射. 由 φ 给出的 $E(\mathbb{F}_q)$ 有限交换群结构, 加法和减法运算分别表示成 $\oplus$ 和 $\ominus$. 即对于 $P,Q\in E(\mathbb{F}_q)$, 定义

$$P \oplus Q = \varphi^{-1}(\varphi(P) + \varphi(Q)), \quad P \ominus Q = \varphi^{-1}(\varphi(P) - \varphi(Q)).$$

特别地, 若 $P \oplus Q = R \in E(\mathbb{F}_q)$, 则

$$[R - P_0] = [P - P_0] + [Q - P_0] = [P + Q - 2P_0].$$

所以 $P \oplus Q$ 就是满足 $P + Q - P_0 \sim P'$ 的唯一素除子 P' (看成 $E(\mathbb{F}_q)$ 中的点).

综合上述, 我们得到下面的结果.

定理 6.4.4 设 E 是定义于 $\mathbb{F}_q$ 上的椭圆曲线. 取 $P_0 \in E(\mathbb{F}_q)$, 则对于 $E(\mathbb{F}_q)$ 中任意两个点 P 和 Q, 存在唯一的点 P' 使得 $[P' + P_0] = [P + Q]$ (这里 P', P_0, P, Q 看成 $K = \mathbb{F}_q(E)$ 的 1 次素除子). 定义 $P \oplus Q = P'$. 则集合 $E(\mathbb{F}_q)$ 对于运算 $\oplus$ 形成交换群, 并且它同构于 K 的零次除子类群. 进而 P_0 是群 $(E(\mathbb{F}_q), \oplus)$ 中的零元素.

以下设 $(6, q) = 1$, 这时可设椭圆曲线为

$$E: Y^2 = X^3 + aX + b \quad (a, b \in \mathbb{F}_q,\ 4a^3 + 27b^2 \neq 0). \tag{6.10}$$

在实数域情形, 这条曲线的形状大致如下图所示. 我们取 E 上唯一的无穷远点 $(T_0 : T_1 : T_2) = (0 : 0 : 1)$ 作为零元素 P_0, 表示成 ∞. 这时群 $E(\mathbb{F}_q)$ 上的运算 $\oplus$ 有如下的几何描述方式.

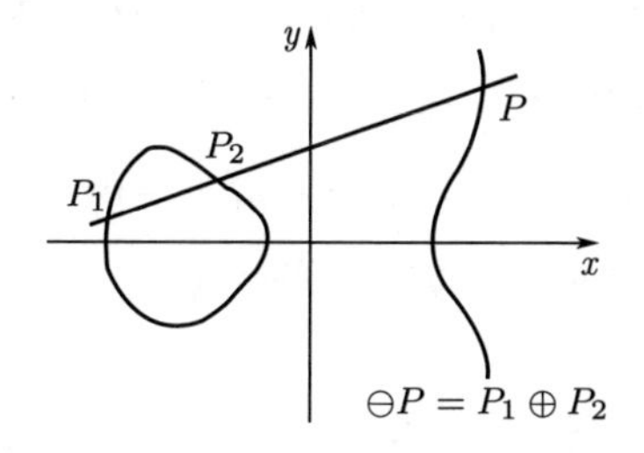

引理 6.4.5 设 E 是由 (6.10) 式定义的 $\mathbb{F}_q$ 上的椭圆曲线, $(6, q) = 1$, $E(\mathbb{F}_q)$ 是以无穷远点 ∞ 为零元素的群. 则对于 P_1, P_2 和 $P \in E(\mathbb{F}_q)$, $P_1 \oplus P_2 \oplus P = \infty$ 当且仅当点 P_1, P_2 和 P 是曲线 E 和某条射影直线 l 的三个交点.

证明 若 l 是无穷远直线, 则它和 $E=E(\mathbb{F}_q)$ 的三个交点均为零元素 ∞, 从而结论正确. 下设 l 为仿射直线

$$l: Y+\alpha X+\beta=0 \quad (\alpha, \beta \in \mathbb{F}_q),$$

令 $h=h(x,y)=y+\alpha x+\beta \in K=\mathbb{F}_q(E)$. 则 $V_\infty(h)=V_\infty(y)=-3$. 由于 $\infty=(0:0:1)$ 不是 l 上唯一的无穷远点 $(0:1:-\alpha)$, 可知 l 和 E 的三个交点均不为 ∞ (它们是 $Y^2=X^3+aX+b$ 和 $Y+\alpha X+\beta=0$ 的三个公共解 (X,Y)). 若其中两个点 P_1 和 P_2 的坐标属于 $\mathbb{F}_q$, 即它们为 E 的仿射 $\mathbb{F}_q$-点, 则另一个交点 P 也是如此. 从而 h 只有零点素除子 P_1, P_2 和 P_3, 于是 $\mathrm{div}(h)=P_1+P_2+P_3-3\infty$, 即 $[P_1-\infty]+[P_2-\infty]+[P-\infty]=0$. 这表明 $P_1 \oplus P_2 \oplus P=\infty$. 最后设仿射直线 l 为 $X=\alpha$ $(\alpha \in \mathbb{F}_q)$. 这时 l 和 E 有两个仿射交点 P_1 和 P_2 为 $(X,Y)=(\alpha, \pm\beta)$, 其中 $\beta^2=\alpha^3+a\alpha+b$, 另一个交点为 ∞. 再由 $V_\infty(x-\alpha)=-2$ 可知 $\mathrm{div}(x-\alpha)=P_1+P_2-2\infty$. 因此 $[P_1-\infty]+[P_2-\infty]=0$, 从而 $P_1 \oplus P_2 \oplus \infty=P_1 \oplus P_2=\infty$. 证毕. ▮

现在可以给出群 $E(\mathbb{F}_q)$ 中加法运算 $\oplus$ 的解析表达式.

定理 6.4.6 设 $(6,q)=1$, E 是由 (6.10) 式定义的 $\mathbb{F}_q$ 上的椭圆曲线, $E(\mathbb{F}_q)$ 是以 $\infty=(0:0:1)$ 为零元素的群. 则对于 $P_1, P_2 \in E(\mathbb{F}_q)$, $P_3=P_1 \oplus P_2$, 我们有

(1) 若 $P_1=\infty$, 则 $P_3=P_2$. 若 $P_2=\infty$, 则 $P_3=P_1$.

(2) 若 $P_1=(x_1,y_1)$ 和 $P_2=(x_2,y_2)$ 为 E 的仿射 $\mathbb{F}_q$-点.

(2.1) $P_3=\infty$ 当且仅当 $x_1=x_2$ 并且 $y_1=-y_2$.

(2.2) 设 $x_1 \neq x_2$ 或者 $y_1 \neq -y_2$, 则 $P_3=(x_3,y_3) \neq \infty$, 并且当 $P_1 \neq P_2$ 时, $x_2 \neq x_1$, 而

$$x_3=\left(\frac{y_2-y_1}{x_2-x_1}\right)^2-x_1-x_2, \quad y_3=-y_1-\left(\frac{y_2-y_1}{x_2-x_1}\right)(x_3-x_1), \tag{6.11}$$

而当 $P_1=P_2$ 时 (即 $x_1=x_2$, $y_1=y_2$), $y_1 \neq 0$, 而

$$x_3=\frac{(3x_1^2+a)^2}{4y_1^2}-2x_1, \quad y_3=-\frac{(3x_1^2+a)(x_3-x_1)}{2y_1}-y_1. \tag{6.12}$$

证明 由 ∞ 为零元素可知 (6.10) 式显然成立. 由引理 6.4.5 可知结论

(2.1) 成立, 这是因为 E 上的三个点 ∞, $(X,Y)=(a,\pm b)$ 在一条直线上.

现证 (2.2). 设 $P_1=(x_1,y_1)$, $P_2=(x_2,y_2)$ 和 $P_3=P_1\oplus P_2$ 均为 E 的仿射 $\mathbb{F}_q$-点. 如果 $P_1\neq P_2$, 由 (2.1) 知 $x_1\neq x_2$. 过 P_1 和 P_2 的直线为

$$l: Y-y_1=\left(\frac{y_2-y_1}{x_2-x_1}\right)(X-x_1),$$

于是 $Y=\left(\frac{y_2-y_1}{x_2-x_1}\right)(X-x_1)+y_1$. 代入 E 的方程 $Y^2=X^3+aX+b$, 可知 l 和 E 的交点 $P=(x,y)$ 的 x 坐标满足

$$X^3-\left(\frac{y_2-y_1}{x_2-x_1}\right)^2X^2+AX+B=0 \quad (A,B\in\mathbb{F}_q).$$

此方程有两个解 x_1 和 x_2 (因为 P_1, P_2 的 x 坐标满足此方程), 从而第三个解为 $x=\left(\frac{y_2-y_1}{x_2-x_1}\right)^2-x_1-x_2$, 而 $y-y_1=\left(\frac{y_2-y_1}{x_2-x_1}\right)(x-x_1)$. 由于 $(x_3,y_3)=P_3=\ominus P=(x,-y)$, 可知 $x_3=x$ 和 $y_3=-y$ 即为 (6.11) 中的表达式.

若 $P_1=P_2$, 这时 $x_1=x_2$, $y_1=y_2\neq 0$. $P_1\oplus P_2\oplus P=\infty$, 其中 $P=(x,y)$ 为 $\ominus P_3=(x_3,-y_3)$, 它是曲线 E 和过点 $P_1=(x_1,y_1)$ 的切线 l 的交点. 对于 $f(X,Y)=Y^2-(X^3+aX+b)$, 我们有

$$\frac{\partial f}{\partial X}=-\left(3X^2+a\right), \quad \frac{\partial f}{\partial Y}=2Y.$$

所以切线 l 的方程为

$$l:\left(3x_1^2+a\right)(X-x_1)-2y_1(Y-y_1)=0,\ 即\ Y-y_1=\frac{3x_1^2+a}{2y_1}(X-x_1).$$

代入 $X^2-(X^3+aX+b)=0$ 得到 $X^3-\left(\frac{3x_1^2+a}{2y_1}\right)^2X^2+\cdots=0$, 它的三个根为 x_1, x_2, x_3, 于是 $x_3=\left(\frac{3x_1^2+a_1}{2y_1}\right)^2-x_1-x_2$, 而 $y_3=-y=-\left(y_1+\frac{3x_1^2+a}{2y_1}(x_3-x_1)\right)$, 这就是公式 (6.12). ▮

注记 定理 6.4.6 考虑的是定义在有限域上的椭圆曲线, 但是不难发现, 其中所给出的加法公式 (6.11) 和 (6.12) 在任何特征不为 2 和 3 的域 K 上都是可以运算的. 也就是说, 对于任何这样的域 K 和定义在 K 上的椭圆曲线

$$E: Y^2=X^3+aX+b \quad \left(a,b\in K, \quad 4a^3+27b^2\neq 0\right),$$

以 $E(K)$ 表示 E 上射影 K-点组成的集合, 则用定理 6.4.6 定义的加法运算

使 $E(K)$ 成为交换群, 零元素是 E 上唯一的无穷远点 $\infty=(0:0:1)$. 在数论中, 人们关注 K 为代数数域的情形, 这时 $E(K)$ 可能是无限交换群, 但是已经证明它一定是有限生成交换群. 研究这个群的结构是近代数论的重要课题之一. 1994 年怀尔斯证明了费马猜想, 最后的关键工具就是椭圆曲线理论的近代和现代发展的一系列重要成果. 另一方面, 20 世纪 70 年代在密码学界出现的公钥体制中, 有限域上的椭圆曲线由定理 6.4.6 给出的加法运算提供出目前最好的公钥体制, 并在信息安全许多领域得到了实际应用. 这种应用提出许多新鲜的研究问题, 为数论和代数几何的理论研究注入了新的活力.

习题 6.4

1. 设 $C: Y^2=g(x)$, $g(X)=X^4+b_1X^3+b_2X^2+b_3X+b_4$ 为 $\mathbb{F}_q[X]$ 中的无平方因子多项式, 则 C 是定义在 $\mathbb{F}_q$ 上的椭圆曲线, 即 $g(C)=1$. 根据定理 6.4.2, 当 $2\nmid q$ 时, 它应当双有理等价于椭圆曲线 $E: Y^2=h(X)$, 其中 $h(X)$ 是 $\mathbb{F}_q[X]$ 中的 3 次多项式. 试给出一个双有理变换, 它把曲线 C 变成曲线 E.

2. 对于定义于 $\mathbb{F}_5$ 上的椭圆曲线 $E: Y^2=X(X-1)(X-2)$, 确定有限交换群 $E(\mathbb{F}_5)$ 的结构 (其中无穷远点为零元素).

第二部分　应 用 举 例

第七章 代数几何码

7.1 什么是纠错码?

有限域上代数曲线在通信中最早被用于纠正在信道传输中信息产生的错误, 这是纯粹数学应用到实际领域的精彩例子. 本节中我们简要地介绍纠错码的基本概念和基本数学问题. 详细知识可见 [2].

定义 7.1.1 有限域 $\mathbb{F}_q$ 上码长为 n 的一个纠错码是指 $\mathbb{F}_q^n$ 的一个子集合 C, $K=|C|\geqslant 2$. C 中的向量叫作码字, K 为码字个数.

为了描述 C 的纠错能力, 还需要一个重要概念: 码 C 的最小距离 $d=d(C)$.

对于 $\mathbb{F}_q$ 上 n 维向量 $\mathbb{F}_q^n$ 中的任意两个向量 $a=(a_1,\cdots,a_n)$, $b=(b_1,\cdots,b_n)\in\mathbb{F}_q^n$, 定义 a 的汉明重量 $W_H(a)$ 为非零分量 a_i 的个数, 而 a 和 b 的汉明距离 $d_H(a,b)$ 为它们的 "相异位" 个数, 即

$$W_H(a)=\#\{i:1\leqslant i\leqslant n, a_i\neq 0\},$$

$$d_H(a,b)=\#\{i:1\leqslant i\leqslant n, a_i\neq b_i\}\quad(=W_H(a-b)).$$

这里定义的汉明距离满足数学上关于距离所要求的三个条件, 即对于 $a,b,c\in\mathbb{F}_q^n$,

(1) (非负性) $d_H(a,b)\geqslant 0$, 并且 $d_H(a,b)=0$ 当且仅当 $a=b$.

(2) (对称性) $d_H(a,b)=d_H(b,a)$.

(3) (三角不等式) $d_H(a,c)\leqslant d_H(a,b)+d_H(b,c)$.

对于每个纠错码 C (即为 $\mathbb{F}_q^n$ 的子集合, $K=|C|\geqslant 2$), C 的最小 (汉明) 距离 $d(C)$ 定义为 C 中任意两个不同码字之间汉明距离的最小值, 即

$$d=d(C)=\min\{d_H(c,c'):c,c'\in C, c\neq c'\}.$$

纠错码表示为 $(n,K,d)_q$, 其中 n 为码长, K 为码字个数, $d=d(C)$ 为 C 的最小距离, 它们和 q 为一个纠错码的基本参数, 在不引起混淆时, 也会略去 q. 下面结果是纠错码的基础.

引理 7.1.2　设 C 为 $(n,K,d)_q$ 纠错码. 则它可以检查每个码字中出现的 $\leqslant d-1$ 位的错误, 也可纠正 $\leqslant \left[\frac{d-1}{2}\right]$ 位的错误.

证明　我们有 K 个信息, C 中 K 个码字分别代表这 K 个信息, 经信号传给收方. 设码字 $c\in C$ 在传输中, 在 n 位中出现 l 位错, $1\leqslant l\leqslant d-1$. 则收方得到的是 $\mathbb{F}_q^n$ 中的一个向量 $y=c+\varepsilon$, ε 是错误向量. y 和 c 恰有 l 位不同, 相当于 $W_H(\varepsilon)=d_H(c,y)=l$. 由于 $l\geqslant 1$ 可知 $\varepsilon\neq 0$ (零向量), 即 y 不为码字 c. 又由于对 C 中所有其他码字 c', $d_H(c,c')\geqslant d$, 而 $d_H(c,y)=l\leqslant d-1$, 可知 y 也不是 c'. 这表明收方得到的 y 不是任何码字, 从而发现传输中出现错误.

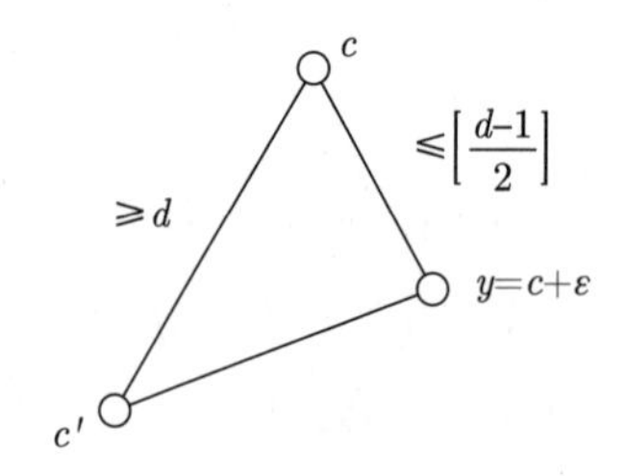

如果 c 在传输中出现 $\leqslant \left[\frac{d-1}{2}\right]$ 位错误, 则收方收到向量 $y=c+\varepsilon$, $W_H(\varepsilon)\leqslant\left[\frac{d-1}{2}\right]$. 于是 $d_H(y,c)=W_H(\varepsilon)\leqslant\left[\frac{d-1}{2}\right]$, 而对码 C 中的其他码字 $c'(\neq c)$, $d_H(c,c')\geqslant d$. 由三角不等式可知 $d_H(y,c')\geqslant d_H(c,c')-d_H(y,c)\geqslant d-\left[\frac{d-1}{2}\right]>\left[\frac{d-1}{2}\right]$. 这表明收方得到 y 之后计算它和所有码字的距离, 其中只有 c 和 y 的距离最小. 从而把 y 译成 c 便纠正了错误. ▮

纠错码理论的基本数学问题为

(A) 构作好的纠错码. 所谓好的码是指码字个数 K 大, 从而可传输的信息多. 码长 n 小, 每个信息要用 n 位数字传输, n 小则省时间. 最小距离 d 大, 纠错能力强.

令 $k=\log_q K$, 则纠错码的基本参数也可表示成 $[n,k,d]_q$, 在不引起混淆时, 也略去 d 或 q, k 叫信息位数. 称 $\frac{k}{n}$ 为效率 (rate), 因为若不考虑纠错, K 个信息每个用 k 位传输即可. 现在为了纠错, 把信息编成 n 位, 从而具有纠错功能. 希望 $\frac{k}{n}$ 大, 即效率高.

(B) 有实用的纠错编码和纠错译码算法, 从而能得到实际应用. 给了一个纠错码 C, 把发方的 K 个原始信息一一地映成 C 中的 K 个码字, 这叫作纠错编码. 通常这是比较容易实现的. 另一方面, 在收方处要把收到的向量 $y=c+\varepsilon$ 译成正确的码字 c, 这叫纠错译码. 回到引理 7.1.2 的证明, 那里的纠错方法是在每次收到 y 之后, 都要算 y 和所有码字 $c\in C$ 的距离, 以找到和 y 最近的那个码字. 这样的算法过于耗时, 是不实用的.

为了得到好的纠错码, 我们要利用数学工具. 对于好的纠错码, 要给出好的译码算法, 也需要深入研究此纠错码的各种数学性质. 首先, 如何判别一个纠错码是好的? 即它的参数 n, K (或者 $k=\log_q K$) 和 d 都能好到何种程度? 这些参数之间是相互制约的. 比如说, 给了 q 和 n, 在 $\mathbb{F}_q^n$ 中共有 q^n 个向量. 我们要在其中选取 K 个 $(2\leqslant K\leqslant q^n)$, 作为码字, 使得任何两个不同码字之间的汉明距离都 $\geqslant d$. 当 K 小时, 我们可以取 d 很大. 如当 $K=2$ 时, 取两个码字 $a=(1,\cdots,1)$ 和 $0=(0,\cdots,0)\in\mathbb{F}_q^n$, 此码 $C=\{a,0\}$ 的最小距离 $d=d_H(a,0)=n$ 达到最大可能的值. 而当 K 很大时, 在 $\mathbb{F}_q^n$ 中取很多码字, 码字彼此的距离就不可能都很大. 这表明在纠错码的基本参数之间有各种不等式, 称作纠错码的 "界". 这些不等式当中某个成为等式 (即达到某个界) 的码都是好的纠错码.

现在我们给出纠错码的一些界.

定理 7.1.3 设存在参数为 $(n,K,d)_q$ 的纠错码, $k=\log_q K$, $2\leqslant K\leqslant q^n$, $1\leqslant d\leqslant n$.

(1) (汉明界或球填充界) 如果 $d=2l+1$ $(l\geqslant 1)$, 则

$$K\leqslant\frac{q^n}{V(l)},\ \text{其中}\ V(l)=\sum_{i=0}^{l}\binom{n}{i}(q-1)^i.$$

达到此界的码 $\left(\text{即 } K=\dfrac{q^n}{V(l)}\right)$ 叫作**汉明码**或**完全码** (perfect code).

(2) (Singleton 界) $n \geqslant k+d-1$.

达到此界的码 ($n=k+d-1$) 叫作 MDS 码 (maximal distance separable code 极大距离可分码).

证明 (1) $\mathbb{F}_q^n$ 中以向量 $v=(v_1,\cdots,v_n)\in\mathbb{F}_q^n$ 为球心, l 为半径的闭球为

$$B(v,l)=\{x\in\mathbb{F}_q^n : d_H(x,v)\leqslant l\}.$$

向量 $x=(x_1,\cdots,x_n)$ 和 v 的汉明距离为 i, 是指 x 和 v 的相异位 (即 $x_\lambda\neq v_\lambda$ 的) 共有 i 个. n 位中取 i 位共有 $\binom{n}{i}$ 种方法. 取定这 i 位之后, 这些位上 x 的分量值和 v 的相应分量值不同, 从而有 $q-1$ 种取法. 而其余 $n-1$ 位上 x 的分量值就是 v 的相应分量值. 这表明: 在 $\mathbb{F}_q^n$ 中和 v 距离为 i 的向量个数是 $\binom{n}{i}(q-1)^i$, 所以球 $B(v,l)$ 的体积 (即其中向量的个数) 为

$$|B(v,l)|=\sum_{i=0}^{l}\binom{n}{i}(q-1)^i=V(l),$$

它和球心 v 的选取无关. 现在设 C 中的 K 个码字为 $c_1,\cdots,c_K$. 考虑以这些码字为球心, 半径为 l 的 K 个球 $B(c_\lambda,l)$ $(1\leqslant\lambda\leqslant K)$. 由于不同码字 c_λ 和 c_μ $(1\leqslant\lambda\neq\mu\leqslant K)$ 之间的距离 $d_H(c_\lambda,c_\mu)\geqslant d=2l+1$, 根据三角不等式可知这 K 个球彼此不相交, 从而总体积 $K\cdot V(l)$ 不超过整个空间 $\mathbb{F}_q^n$ 中向量的个数 q^n, 即 $K\cdot V(l)\leqslant q^n$, 从而 $K\leqslant q^n/V(l)$.

(2) 设 C 是参数为 $(n,K,d)_q$ 的纠错码. 对每个 $a\in\mathbb{F}_q$, 当 $n\geqslant 2$ 时, 令

$$C_a=\{(c_1,\cdots,c_{n-1})\in\mathbb{F}_q^{n-1}:(c_1,\cdots,c_{n-1},a)\in C\},$$

即 C 中末位为 a 的那些码字去掉 a 之后得到 $n-1$ 位向量所构成的集合. 当 $d=1$ 时, 易知 $n\geqslant k=d+k-1=k$ 成立. 以下设 $d\geqslant 2$. 这时不难看出, q 个集合 $C_a(a\in\mathbb{F}_q)$ 是彼此不相交的, 而它们的并集中元素的个数等于 C 中码字的个数 K. 这就表明存在 $a\in\mathbb{F}_q$ 使得 $|C_a|\geqslant K/q$. C_a 为 $\mathbb{F}_q^{n-1}$ 的子集合, 码长为 $n-1$, 最小距离仍为 d, 即 C_a 的参数为 $(n-1,\geqslant K/q,d)_q$. 继续下去, 便得到一个纠错码 C', 其参数为 $(d,K',d)_q$, 其中 $K'\geqslant K/q^{n-d}$. 这个码 C' 的码长 d 等于最小距离 d, 可知所有码字的第 1 位均彼此不同, 即码字个数 $K'\leqslant q$. 于是 $K/q^{n-d}\leqslant K'\leqslant q$, $K\leqslant q^{n-d+1}$, $k\leqslant n-d+1$, 这就是

$n \geqslant k+d-1$. ▮

例 1 (重复码) 8 个信息可以编成 $\mathbb{F}_2^3$ 中 8 个长为 3 的向量传输, 为了纠错, 将每个信息 $a=(a_1a_2a_3)\in\mathbb{F}_2^3$ 重复 3 次, 用长为 9 的向量 $c=(aaa)=(a_1a_2a_3a_1a_2a_3a_1a_2a_3)\in\mathbb{F}_2^9$, 这叫纠错编码, 纠错码为

$$C=\{c=(aaa):a\in\mathbb{F}_2^3\}.$$

不难看出这个码的最小距离为 3, 从而参数为 $(9,8,3)_2$, $(K=8,k=\log_2 K=3)$. 于是可以纠正 1 位的错. 如果码字 c 在传输中至多出现 1 位错误, 那么收到 $y=c+\varepsilon$ 之后 $(W_H(\varepsilon)\leqslant 1)$, $y=(y_1,y_2,y_3)$ 的三部分 $y_1,y_2,y_3\in\mathbb{F}_2^3$ 当中至少有二者相同. 如果三者均相同, 则 $y=c$ 为码字 $(W_H(\varepsilon)=0,\varepsilon=0)$, 传输时不发生错误. 若第三部分和另二者不同, 则第三部分有一位错. 将它改成和另二者一样即可纠正错误. 这就是此重复码的纠错译码算法.

例 2 考虑 $\mathbb{F}_2^7$ 中如下 16 个向量组成的纠错码 C

(0010111) (1101000)

(1001011) (0110100)

(1100101) (0011010)

(1110010) (0001101)

(0111001) (1000110)

(1011100) (0100011)

(0101110) (1010001)

(0000000) (1111111)

请读者验证, 其中任何两个不同码字的汉明距离均 $\geqslant 3$, 并且全零码字 0 和码字 (1101000) 的汉明距离为 3. 于是此码 C 的最小距离为 3. 即参数为 $(n,K,d)_3=(7,16,3)_3$, $k=\log_2 K=4$. 这是完全码, 因为它达到汉明界:

$$\sum_{i=0}^{1}\binom{n}{i}(q-1)^i=\sum_{i=0}^{1}\binom{7}{i}=1+7=8,\quad \frac{q^n}{K}=\frac{2^7}{2^4}=2^3=8.$$

从而这是一个好的纠错码. 将它和例 1 的重复码相比较: 重复码中把长为 $k=3$ 的信息编成长为 $n=9$ 的码字传送, 效率为 $\frac{k}{n}=\frac{1}{3}$. 而例 2 中的效率为 $\frac{k}{n}=\frac{4}{7}$ 大于 $\frac{1}{3}$. 它们的纠错能力相同, 即最小距离均为 3. 最后, 重复码只能传 $K=8$ 个信息, 而例 2 中的完全码可传 $K=16$ 个信息. 所以重复码不是好码.

例 2 中码 C 的构作方式为: 取一个码字 $c=(0010111)$, 将它循环移位得到 7 个码字, 加上全零码字便是左边的 8 个码字. 再将这 8 个码字取补, 即 1 变成 0 而 0 变成 1 (如 c 的补为 $\bar{c}=(1101000)$), 便给出右边 8 个码字. 取 $c=(0010111)$ 是有学问的. 从数学角度看, 一个纠错码即是在 $\mathbb{F}_q^n$ 的 q^n 个向量中取出 K 个来, 使得这 K 个码字彼此都相距很远. 这纯粹是一个组合问题. 为了使用更有效的数学工具, 我们将子集合 C 加上进一步的代数结构, 最自然的是考虑 C 为 $\mathbb{F}_q$ 上 n 维向量空间 $\mathbb{F}_q^n$ 的向量子空间, 这就是下节的线性码, 对于这种码可以使用线性代数工具.

7.2 线性码

定义 7.2.1 码长为 n 的 q 元线性码 C 是 $\mathbb{F}_q^n$ 的 $\mathbb{F}_q$-向量子空间.

线性码只是纠错码的一部分. 但是人们发现许多好的码都是线性码, 所以线性码是值得研究的. 这种码有诸多的好处.

定理 7.2.2 若 C 为 $\mathbb{F}_q^n$ 中的线性码, 则向量空间 C 在 $\mathbb{F}_q$ 上的维数就是信息位数 $k=\log_q K$, 并且码 C 的最小距离为

$$d=\min\{W_H(c): c\in C, c\neq 0\} \quad (\geqslant 1).$$

证明 设 C 在 $\mathbb{F}_q$ 上的维数为 l, 则 C 有一组 $\mathbb{F}_q$-基 $\{v_1,\cdots,v_l\}$. 从而 C 中的每个码字唯一地表示成

$$C=a_1v_1+\cdots+a_lv_l \quad (a_i\in\mathbb{F}_q),$$

每个 $a_i(1\leqslant i\leqslant l)$ 独立地取 $\mathbb{F}_q$ 中的 q 个元素, 可知 C 中的码字个数为 $K=q^l$. 于是信息位数 $k=\log_q K$ 就是维数 l.

码 C 的最小距离 d 为所有 $d_H(c,c')$ 的最小值, 其中 c 和 c' 是 C 中的任意两个不同码字. 由于 C 是线性码, 当 $c,c'\in C$ 时, $c-c'$ 也属于 C. 而当 $c\neq c'$ 时 $c-c'$ 是非零码字, 并且 $d_H(c,c')=W_H(c-c')$. 另一方面, 对每个非零码字 c, $W_H(c)=d_H(0,c)$, 其中零向量属于 C. 从而 $W_H(c)$ 也是 C 中的两个不同码字 0 和 c 之间的汉明距离. 这就表明 C 中的不同码字之间汉明距离的最小值 d 和 C 中的非零码字汉明重量的最小值是一样的. 证毕. ∎

要确定一个纠错码 C 的最小距离, 需要计算 C 中的所有不同码字对的汉明距离 (这有 $\binom{K}{2}=K(K-1)/2$ 种可能). 而对于线性码, 只需考虑所有非零码字的汉明重量即可 (这只有 $K-1$ 个可能).

对于上节的例 2, 可以验证码 C 是以 $\{(1000110),(0100011),(0011010),(1111111)\}$ 为基的 $\mathbb{F}_2^7$ 中的 4 维线性码, 其中 15 个非零码字汉明重量的最小值为 3, 即 C 的最小距离为 3.

现在我们继续使用线性代数工具.

定义 7.2.3 设 C 为 $\mathbb{F}_q^n$ 中的线性码, 取 C 的一组 $\mathbb{F}_q$-基 $v_1,\cdots,v_k$, $k=\dim_{\mathbb{F}_q}C$ 为信息位数. 称

$$G=\begin{bmatrix}v_1\\ \vdots\\ v_k\end{bmatrix}$$

为线性码 C 的一个生成矩阵. 于是 C 中的每个码字唯一地表示成

$$c=a_1v_1+\cdots+a_kv_k=(a_1,\cdots,a_k)G\quad(a_1,\cdots,a_k\in\mathbb{F}_q).$$

线性码 C 的生成矩阵不是唯一的, 因为 C 的基不唯一. 元素属于 $\mathbb{F}_q$ 的一个 k 行 n 列矩阵是 C 的生成矩阵, 当且仅当它的 k 个行向量均属于 C 并且该矩阵的秩为 k (这相当于 k 个行向量在 $\mathbb{F}_q$ 上是线性无关的). 考虑映射

$$\varphi:\mathbb{F}_q^k\to\mathbb{F}_q^n,\quad \varphi(a)=aG\quad(a=(a_1,\cdots,a_k)\in\mathbb{F}_q^k),$$

这是 $\mathbb{F}_q$-线性的单射, 像 $\mathrm{Im}(\varphi)=\varphi(\mathbb{F}_q^k)$ 就是线性码 C. 从而 φ 就是纠错编码, φ 把 $\mathbb{F}_q^k$ 中的 q^k 个信息编成 C 中的 q^k 个不同的码, 码长由 k 增大到 n.

定义 7.2.4 线性码 C 是 $\mathbb{F}_q^n$ 中一个 k 维 $\mathbb{F}_q$-向量空间. 熟知它也是一个齐次线性方程组

$$\begin{gathered}u_{11}x_1+\cdots+u_{1n}x_n=0,\\ u_{21}x_1+\cdots+u_{2n}x_n=0,\\ \cdots\cdots\\ u_{n-k,1}x_1+\cdots+u_{n-k,n}x_n=0\end{gathered}$$

的解空间, 即 $c=(c_1,\cdots,c_n)\in\mathbb{F}_q^n$ 是 C 中的码字, 当且仅当 c 是此方程组的解, 即

$$Hc^{\mathrm{T}}=0^{\mathrm{T}}\quad(\text{长为 } n-k \text{ 的列向量}),$$

其中

$$H=\begin{bmatrix}u_1\\ \vdots\\ u_{n-k}\end{bmatrix},\quad u_i=(u_{i1},u_{i2},\cdots,u_{in})\quad(1\leqslant i\leqslant n-k)$$

是 $n-k$ 个 $\mathbb{F}_q$-线性无关的向量.

于是, 对于 $\boldsymbol{\alpha}=(\alpha_1,\cdots,\alpha_n)\in\mathbb{F}_q^n$, $\boldsymbol{\alpha}$ 是 C 中的码字当且仅当 $H\boldsymbol{\alpha}^{\mathrm{T}}=\mathbf{0}^{\mathrm{T}}$, 即收方得到 a 之后可检查它是否为码字. 称 H 为线性码 C 的**校验矩阵**.

校验矩阵不是唯一的. 对于 $\mathbb{F}_q$ 上的一个 $n-k$ 行 n 列的矩阵 H, 则

H 是参数为 $[n,k]_q$ 的线性码 C 的校验矩阵

$\Leftrightarrow$ H 的秩为 $n-k$ 并且对每个 $c\in C$, $Hc^{\mathrm{T}}=\mathbf{0}^{\mathrm{T}}$

$\Leftrightarrow$ H 的秩为 $n-k$ 并且 $Hv_i^{\mathrm{T}}=\mathbf{0}^{\mathrm{T}}$ $(1\leqslant i\leqslant k)$, 其中 $\{v_1,\cdots,v_k\}$ 为 C 的一组基

$\Leftrightarrow$ H 的秩为 $n-k$ 并且 $HG^{\mathrm{T}}=\mathbf{0}_{n-k,k}$, 其中 G 是 C 的一个生成矩阵.

线性码的校验矩阵不仅可检查一个向量是否为码字, 而且还可决定该线性码的最小距离.

引理 7.2.5 设 $\mathbb{F}_q$ 上参数为 $[n,k,d]_q$ 的线性码 C 的校验矩阵为 $H=[w_1,\cdots,w_n]$, 其中 $w_i=\begin{bmatrix}w_{1i}\\ w_{2i}\\ \vdots\\ w_{n-k,i}\end{bmatrix}$ 为 $n-k$ 维列向量. 则线性码 C 的最小距离为 d 当且

仅当矩阵 H 的任意 $d-1$ 列都 $\mathbb{F}_q$-线性无关, 并且存在 d 列是 $\mathbb{F}_q$-线性相关的.

证明 对于 C 中的每个码字 $c=(c_1,\cdots,c_n)\in C$,

$$\mathbf{0}^{\mathrm{T}}=Hc^{\mathrm{T}}=[w_1,\cdots,w_n]\begin{bmatrix}c_1\\ \vdots\\ c_n\end{bmatrix}=c_1w_1+\cdots+c_nw_n\quad(c_i\in\mathbb{F}_q).$$

令 $w_H(c)=l$, 即 c 有 l 个分量 $c_{i_\lambda}(1\leqslant\lambda\leqslant l)$ 不为 0 而其余分量均为 0, 则上式给出

$$c_{i_1}w_{i_1}+\cdots+c_{i_l}w_{i_l}=\mathbf{0}^{\mathrm{T}},$$

即 H 中 l 行 $w_{i_1},\cdots,w_{i_l}$ 是 $\mathbb{F}_q$-线性相关的. 于是便知:

$d(C)=d\Leftrightarrow$ 对 C 中每个非零的码字 c, $w_H(c)>d-1$, 并且存在汉明重量为 d 的码字

$\Leftrightarrow H$ 中任意 $d-1$ 列均线性无关, 并且存在 d 列是线性相关的. ∎

根据引理 7.2.5 可以通过校验矩阵来构作给定的最小距离的线性码. 对于给定的码长 n 和信息位数 k, 为了得到 $\mathbb{F}_q$ 上最小距离 $\geqslant d$ 的线性码, 我们要寻求长为 $n-k$ 的 n 个向量 $w_i\in\mathbb{F}_q^{n-k}$ $(1\leqslant i\leqslant n)$, 使得这 n 个向量任意 $d-1$ 列均 $\mathbb{F}_q$-线性无关. 当 d 较大时, 我们需要采用好的数学思想.

现在我们证明: 在线性码中存在好的纠错码, 即参数可以达到汉明界 (完全码) 和 Singleton 界 (MDS 码).

设 $m\geqslant 2$, $\mathbb{F}_q^m$ 中共有 q^m-1 个非零向量. 两个非零向量 $a=(a_0,\cdots,a_{m-1})$ 和 $b=(b_0,\cdots,b_{m-1})$ 叫作射影等价的, 是指存在 $\alpha\in\mathbb{F}_q^*=\mathbb{F}_q\setminus\{0\}$, 使得 $a=\alpha b$, 即 $a_i=\alpha b_i$ $(0\leqslant i\leqslant m-1)$. 这是等价关系, 非零向量 $a=(a_0,\cdots,a_{m-1})$ 所在的等价类表示成 $(a_0:a_1:\cdots:a_{m-1})$ 叫作射影点, 共有 $n=\frac{q^m-1}{q-1}$ 个射影点, 它们构成的集合叫作 $\mathbb{F}_q$ 上一个 $m-1$ 维的射影空间, 表示成 $\mathbb{P}^{m-1}(\mathbb{F}_q)$. 当 $m=3$ 时就是第四章所讲的射影平面.

定理 7.2.6 (q 元汉明码) 设 $m\geqslant 2$, 设射影空间 $\mathbb{P}^{m-1}(\mathbb{F}_q)$ 中 $n=\frac{q^m-1}{q-1}$ 个射影点为 $u'_\lambda=(u_{0\lambda}:u_{1\lambda}:\cdots:u_{m-1,\lambda})$ $(1\leqslant\lambda\leqslant n)$. 令

$$H=(u_1u_2\cdots u_n),\quad u_\lambda=(u_{0\lambda},u_{1\lambda},\cdots,u_{m-1,\lambda})^{\mathrm{T}}\quad(\mathbb{F}_q^m\text{ 中的列向量}),$$

则以 H 为校验矩阵的线性码 C 的参数为 $[n,k,d]_q=\left[\frac{q^m-1}{q-1},\frac{q^m-1}{q-1}-m,3\right]_q$. 这是完全码, 也称为**汉明码**.

证明 H 是 m 行 n 列矩阵, 由 m 个不同的射影点 $(1:0:\cdots:0),(0:1:0:\cdots:0),\cdots,(0:0:\cdots:0:1)$ 给出的 H 中的 m 列是线性无关的, 因此 H 的秩为 m. 从而线性码 C 的维数为 $k=n-m$, 码长为 $n=\frac{q^m-1}{q-1}$. 由于 H 的不同列向量代表不同的射影点, 故任意两列都线性无关, 由引理 7.2.5 知 C 的最小距离 $d\geqslant 3$. 进而, 任意两不同列之和是非零向量, 它必和 H 中的另外一列相差一个常数倍 (因为 H 中的 n 个列向量已代表了所有射影点). 这表明 H 中有 3 列是线性相关的. 于是 $d=3$. 最后, C 中的码字个数为 $K=q^k=q^{n-m}$. 而 $\mathbb{F}_q^n$ 中半径为 $\frac{d-1}{2}=1$ 的球中向量的个数为

$$\sum_{i=0}^{1}\binom{n}{i}(q-1)^i=1+n(q-1)=1+\frac{q^m-1}{q-1}(q-1)=q^m=\frac{q^n}{K}.$$

即码 C 达到汉明界, 从而是完全码. ∎

注记 在 20 世纪 70 年代, 利用初等数论技巧, 人们证明了: 完全码的参数除了 $\left[\frac{q^m-1}{q-1},\frac{q^m-1}{q-1}-m,3\right]_q$ (q 为任意素数幂) 之外, 仅还有两个参数 $[n,k,d]_q=[23,12,7]_2$ (2 元 Golay 码) 和 $[11,6,5]_3$ (3 元 Golay 码). Golay 码是线性码, 而对于参数 $\left[\frac{q^m-1}{q-1},\frac{q^m-1}{q-1}-m,3\right]_q$, 除了定理 7.2.6 中的汉明线性码之外, 还有许多非线性码.

例 1 取 $q=2$, $m=3$, 射影平面 $\mathbb{P}^2(\mathbb{F}_2)$ 共有 7 个射影点

$$(1:0:0),(0:1:0),(0:0:1),(1:1:0),(0:1:1),(1:1:1),(1:0:1),$$

以

$$H=\begin{bmatrix}1&0&0&1&0&1&1\\0&1&0&1&1&1&0\\0&0&1&0&1&1&1\end{bmatrix}=[I_3P],$$

其中 $P=\begin{bmatrix}1&0&1&1\\1&1&1&0\\0&1&1&1\end{bmatrix}$, 为检验矩阵的 2 元汉明码 C 有参数 $[n,k,d]_2=$

$[7,4,3]_2$, 这是完全码. 它的生成矩阵为

$$G=[P^{\mathrm{T}}I_4]=\begin{bmatrix}1&1&0&1&0&0&0\\0&1&1&0&1&0&0\\1&1&1&0&0&1&0\\1&0&1&0&0&0&1\end{bmatrix}.$$

因为 G 的秩为 4, 并且 $HG^{\mathrm{T}}=\mathbf{0}$. G 中 4 个行向量线性无关, 它们的所有线性组合给出 16 个码字, 就是第 7.1 节例 2 中所列的码字.

例 2 取 $q=3$, $m=2$, 射影直线 $\mathbb{P}^{m-1}(\mathbb{F}_3)=\mathbb{P}^1(\mathbb{F}_3)$ 中共有 $q+1=4$ 个点 $(1:0),(0:1),(1:1)$ 和 $(1:2)$. 以

$$H=\begin{bmatrix}1&0&1&1\\0&1&1&2\end{bmatrix}=[I_2,P],$$

其中 $P=\begin{pmatrix}1&1\\1&2\end{pmatrix}$, 为校验矩阵的 3 元线性码 C 有参数 $[n,k,d]_3=[4,2,3]_3$. 码 C 的生成矩阵为

$$G=[-P^{\mathrm{T}}I_2]=\begin{bmatrix}2&2&1&0\\2&1&0&1\end{bmatrix}.$$

这是由于 G 的秩为 2, 并且 $HG^{\mathrm{T}}=[I_2P]\begin{bmatrix}-P\\I_2\end{bmatrix}=-P+P=0$. 由 G 的两个行向量在 $\mathbb{F}_3$ 上的线性组合给出码 C 的 9 个码字. C 既是完全码也是 MDS 码.

定理 7.2.7 (多项式码) 设 $1\leqslant k\leqslant n$, $a_1,\cdots,a_n$ 为 $\mathbb{F}_q$ 中 n 个不同的元素 (于是 $n\leqslant q$), 对每个多项式 $f(x)\in\mathbb{F}_q[x]$, 令 $c_f=(f(a_1),\cdots,f(a_n))\in\mathbb{F}_q^n$. 则 $\mathbb{F}_q^n$ 的子集合

$$C=\{c_f:f\in\mathbb{F}_q[x],\deg f(x)\leqslant k-1\}$$

是参数为 $[n,k,d]_q$ 的线性码, 其中 $d=n-k+1$, 从而是 MDS 码.

证明 多项式集合 $V=\{f(x)\in\mathbb{F}_q[x]:\deg f(x)\leqslant k-1\}$ 是 $\mathbb{F}_q$ 上的 k 维向量空间, $\{1,x,x^2,\cdots,x^{k-1}\}$ 是它的一组 $\mathbb{F}_q$-基. 考虑映射

$$\varphi : V \to \mathbb{F}_q^n, \quad \varphi(f) = c_f,$$

这是 $\mathbb{F}_q$-线性映射. 则 $\mathrm{Im}(\varphi) = \varphi(V) = C$ 为线性码. 现证 φ 是单射. 如果 $f \in V$, $\varphi(f) = 0$ (零向量), 则 $f(a_1) = \cdots = f(a_n) = 0$, 即 $f(x)$ 有 n 个不同的根. 但是 $\deg f(x) \leqslant k-1 \leqslant n-1$, 从而 $f(x) = 0$. 这就表明 φ 是单射. 于是 $C = \mathrm{Im}(\varphi)$ 在 $\mathbb{F}_q$ 上的维数 (信息位数) 等于 V 的维数 k. 进而, 设有 $f(x) \in V$, 使得 $W_H(c_f) \leqslant n-k$. 则 $c_f = (f(a_1), \cdots, f(a_n))$ 至少有 k 个分量为 0, 即 $f(x)$ 至少有 k 个不同的根. 由 $\deg f(x) \leqslant k-1$ 又推出 $f \equiv 0$, 从而 c_f 为零向量. 这表明 C 中任何非零码字的汉明重量均大于 $n-k$. 于是 $d \geqslant n-k+1$. 但是由 Singleton 界 $d \leqslant n-k+1$, 从而 $d = n-k+1$, 即 C 是 MDS 线性码. ∎

注记 (1) 由于 $\{1, x, \cdots, x^{k-1}\}$ 是 V 的一组基而 φ 是单同态, 可知

$$C_{x^i} = (a_1^i, a_2^i, \cdots, a_n^i) \quad (0 \leqslant i \leqslant k-1)$$

为线性码 C 的一组基, 即矩阵

$$G = \begin{bmatrix} C_1 \\ C_x \\ \vdots \\ C_{x^{k-1}} \end{bmatrix} = \begin{bmatrix} 1 & 1 & \cdots & 1 \\ a_1 & a_2 & & a_n \\ \vdots & \vdots & & \vdots \\ a_1^{k-1} & a_2^{k-2} & \cdots & a_n^{k-2} \end{bmatrix}$$

是线性码 C 的一个生成矩阵.

(2) 定理中构作的 MDS 码, 码长 $n \leqslant q$. 当 q 很小时码长小是一个缺点. 人们猜想对于 q 元 MDS 码, 其码长 $n \leqslant q+1$. 下节用代数几何码可以对任何 k $(1 \leqslant k \leqslant n)$ 均可构作出参数为 $[q+1, k]_q$ 的 MDS 码. 并且若不要求是 MDS 码, 可以构作出码长 n 大于 $q+1$ 的好码.

7.3 代数几何码

20 世纪 70 年代末, 苏联数学家 Goppa 从代数几何学角度审视上节所述的多项式码, 利用黎曼–罗赫定理, 把此码做了极大的推广, 构作出代数几何

码, 在纠错码理论方面是一个突破性成果.

先回忆一下黎曼–罗赫定理. 设 $C: f(X,Y)=0$ 是定义于 $\mathbb{F}_q$ 上的一条不可约的平面代数曲线, $K=\mathbb{F}_q(C)=\mathbb{F}_q(x,y)$ $(f(x,y)=0)$ 是 C 的函数域. 对于 K 上的每个除子 A, 定义黎曼–罗赫空间

$$L(A)=\{\alpha\in K^*:\operatorname{div}(\alpha)\geqslant -A\}\cup\{0\},$$

这里 $\operatorname{div}(\alpha)\geqslant -A$ 是指对 K 的每个素除子 P, $V_P(\alpha)\geqslant -V_P(A)$. $L(A)$ 是 $\mathbb{F}_q$ 上的有限维向量空间, 它的维数表示成 $l(A)=\dim_{\mathbb{F}_q}L(A)$. 黎曼–罗赫定理是说:

$$l(A)=\deg A+1-g+l(W-A),$$

这里 $g=g(K)=g(C)$ $(\geqslant 0)$ 是函数域 K (或曲线 C) 的亏格, W 是域 K 的一个微分除子. 已知 $l(W)=g$, $\deg W=2g-2$. 当 $\deg A>2g-2$ 时, $\deg(W-A)<0$, 可知 $L(W-A)=\{0\}$, 即 $l(W-A)=0$, 从而

$$\text{当 } \deg A>2g-2 \text{ 时,}\quad l(A)=\deg A+1-g.$$

取 K 为有理函数域 $\mathbb{F}_q(x)$, 它对应于射影直线, 亏格 $g=0$. $\mathbb{F}_q(x)$ 中的一次素除子即为 q 个有限素除子 $p=x-a$ $(a\in\mathbb{F}_q)$ 和一个无限素除子 ∞, 分别对应于射影直线上的 $q+1$ 个点 $a(a\in\mathbb{F}_q)$ 和无穷远点. 对于 $\mathbb{F}_q(x)$ 中的每个非零有理函数 α 和一次有限素除子 $p=x-a$ $(a\in\mathbb{F}_q)$,

$$V_p(\alpha)=l\Leftrightarrow \alpha=(x-a)^l\cdot\frac{g(x)}{f(x)}\quad (g(x),f(x)\in\mathbb{F}_q[x],(x-a)\nmid f(x)g(x)),$$

而对于无限素除子 ∞, $V_\infty\left(\frac{1}{x}\right)=1$, 从而若 $\alpha=\frac{g(x)}{f(x)}\neq 0$, $g(x),f(x)\in\mathbb{F}_q[x]$, 则 $V_\infty(\alpha)=\deg f(x)-\deg g(x)$.

现在重新审视定理 7.2.7 中的多项式码. 我们定义了向量空间

$$V=\{f(x)\in\mathbb{F}_q[x]:\deg f(x)\leqslant k-1\}\cup\{0\}.$$

但是,

$f(x)$ 为次数 $\leqslant k-1$ 的多项式 $\Leftrightarrow$ 对每个有限素除子 P, $V_P(f)\geqslant 0$ 并且 $V_\infty(f)\geqslant -(k-1)$.

这就表明 V 就是黎曼–罗赫空间 $L((k-1)\infty)$. 现在用黎曼–罗赫定理来证明定理 7.2.7. 首先证 $\mathbb{F}_q$-线性映射

$$\varphi : L((k-1)\infty) = V \to \mathbb{F}_q^n, \quad \varphi(f) = c_f = (f(a_1), \cdots, f(a_n))$$

是单射, 这里 $a_1, \cdots, a_n$ 为 $\mathbb{F}_q$ 中 n 个不同的元素. 设 $f(x) \in V$, 即 $f(x)$ 为 $\mathbb{F}_q[x]$ 中次数 $\leqslant k-1$ 的多项式. 我们有 n 个一次 (有限) 素除子 $P_i = x - a_i$ $(1 \leqslant i \leqslant n)$. 如果 $f \in \ker(\varphi)$, 即 $f(a_i) = 0$, 从而 $(x-a_i)|f(x)$ $(1 \leqslant i \leqslant n)$. 则 $V_{P_i}(f) \geqslant 1$ (即 a_i 为 $f(x)$ 的零点) $(1 \leqslant i \leqslant n)$. 这表明 $f \in L((k-1)\infty - A)$, 其中 $A = P_1 + \cdots + P_n$. 但是 $\deg((k-1)\infty - A) = k-1-n < 0$ (已设 $1 \leqslant k \leqslant n-1$), 因此 $L((k-1)\infty - A) = \{0\}$, 即 $f \equiv 0$. 这就表明 φ 是单射, 从而像空间 $C = \mathrm{Im}(\varphi)$ 的维数等于 V 的维数 k.

进而设码字 c_f 的汉明重量为 l. 则 c_f 有 $n-l$ 个分量 $f(a_i)$ 为 0. 不妨设 $f(a_1) = \cdots = f(a_{n-l}) = 0$. 这表明 $V_{P_i}(f) \geqslant 1$ $(1 \leqslant i \leqslant n-l)$. 于是 $f \in L((k-1)\infty - P_1 - \cdots - P_{n-l})$. 但是 $\deg((k-1)\infty - P_1 - \cdots - P_{n-l}) = k-1-(n-l) = k+l-1-n$. 当 $l < n-k+1$ 时又得到 $L((k-1)\infty - P_1 - \cdots - P_{n-l}) = \{0\}$, 即 $f \equiv 0$, c_f 为零码字. 所以 C 中每个非零码字的汉明重量均 $\geqslant n-k+1$. 于是 C 的最小距离 $d \geqslant n-k+1$. 再由 Singleton 界可知 $d = n-k+1$.

这个证明的第一个好处是可以把码长 n 由 q 增大为 $q+1$, 因为域 $\mathbb{F}_q(x)$ 中除了 q 个一次有限素除子之外, 还有一个一次无限素除子 ∞, 其中对于 $t = \frac{1}{x}$, $V_\infty(t) = 1$. 对于有限素除子 $P = x-a$ $(a \in \mathbb{F}_q)$, $\mathbb{F}_q(x)$ 中的非零有理函数均可表示成 $\alpha(x) = (x-a)^l \frac{g(x)}{f(x)}$, 其中 $g(x), f(x) \in \mathbb{F}_q[x]$, $(x-a) \nmid f(x)g(x)$, $V_P(\alpha) = l$. 如果 $l < 0$, P 是 α 的极点; 如果 $l \geqslant 0$, 则 $\alpha(a) \in \mathbb{F}_q$. 我们把 $\alpha(a)$ 叫作 $\alpha(x)$ 在一次素除子 P 处的取值, 表示成 $\alpha(P)$. 当 $l > 0$ 时, $\alpha(P) = \alpha(a) = 0$, P 是 $\alpha(x)$ 的 l 阶零点; 当 $l = 0$ 时, $\alpha(P) = \alpha(a) = \frac{g(a)}{f(a)} \neq 0$.

对于 $P = \infty$, 每个非零有理函数可表示成

$$\begin{aligned} \alpha(x) &= \frac{g(x)}{f(x)}, \\ g(x) &= g_0 x^n + g_1 x^{n-1} + \cdots + g_n \in \mathbb{F}_q[x], \end{aligned}$$

$$f(x) = f_0x^m + f_1x^{m-1} + \cdots + f_m \in \mathbb{F}_q[x],$$

其中 $g_0f_0 \neq 0$, 即 $\deg g(x) = n$, $\deg f(x) = m$, 代入 $x = \frac{1}{t}$ 得到

$$\alpha = \alpha(t) = \frac{g(1/t)}{f(1/t)} = t^{m-n}\frac{G(t)}{F(t)},$$

$$G(t) = g_0 + g_1t + \cdots + g_nt^n,$$

$$F(t) = f_0 + f_1t + \cdots + f_mt^m,$$

无限素除子 ∞ 对应于射影直线上的无穷远点. 而 $x = \infty$ 相当于 $t = 0$. 从而当 $m - n < 0$ 时, 素除子 ∞ 为 α 的 $n - m$ 阶极点; 当 $m - n > 0$ 时, ∞ 为 α 的 $m - n$ 阶零点, $\alpha(\infty) = 0$; 最后当 $m - n = 0$ (即 $\deg f = \deg g$) 时, α 在素除子 ∞ (或无穷远点 ∞) 的值为

$$\alpha(\infty) = \left.\frac{G(t)}{F(t)}\right|_{t=0} = \frac{G(0)}{F(0)} = \frac{g_0}{f_0} \neq 0.$$

定理 7.3.1 设 $P_1, \cdots, P_n$ 是有理函数域 $K = \mathbb{F}_q(x)$ 中 n 个不同的一次素除子, G 是 K 中的一个除子, $\deg G = k - 1$, $2 \leqslant k \leqslant n$, 并且 $V_{P_i}(G) = 0$ $(1 \leqslant i \leqslant n)$. 则

$$C = \{c_\alpha = (\alpha(P_1), \cdots, \alpha(P_n)) \in \mathbb{F}_q^n : \alpha = \alpha(x) \in L(G)\}$$

为 $\mathbb{F}_q^n$ 中的线性码, 参数为 $[n, k, d]_q$, 其中 $d = n - k + 1$, 从而为 MDS 码.

证明 考虑 $\mathbb{F}_q$-线性映射

$$\varphi : L(G) \to \mathbb{F}_q^n, \quad \varphi(\alpha) = c_\alpha,$$

则 $\mathrm{Im}(\varphi) = C$. 如果 $\alpha \in L(G)$, $0 = \varphi(\alpha) = c_\alpha = (\alpha(P_1), \cdots, \alpha(P_n))$, 则 $\alpha(P_i) = 0$, $V_{P_i}(\alpha) \geqslant 1$ $(1 \leqslant i \leqslant n)$, 于是 $\alpha \in L(G-A)$, 其中 $A = P_1 + \cdots + P_n$. 但是 $\deg(G - A) = k - 1 - n < 0$, 可知 $\alpha = 0$, 这表明 φ 是单射. 因此 C 的信息位数为 $\dim_{\mathbb{F}_q} C = \dim_{\mathbb{F}_q} L(G) = l(G) = \deg G + 1 = k$. 进而若有 $\alpha \in L(W_H(c_\alpha)) \leqslant n - k$, 则 c_α 至少有 k 个分量 $\alpha(P_i)$ 为 0. 不妨设 $\alpha(P_1) = \cdots = \alpha(P_k) = 0$, 则 $\alpha \in L(G - B)$, $B = P_1 + \cdots + P_k$. 由 $\deg(G - B) = k - 1 - k < 0$, 可知 $\alpha = 0$, $c_\alpha = 0$. 这表明 C 中每个非零

码字的汉明重量均 $\geqslant n-k+1$. 于是 $d\geqslant n-k+1$. 再由 Singleton 界可知 $d=n-k+1$. ▌

例 1 取 $q=5$, $k=3$, $\mathbb{F}_5(x)$ 中共有 6 个 1 次素除子: $P_i=x-i$ $(0\leqslant i\leqslant 4)$ 和 $P_5=\infty$. 取 $G=x^2+2$, $\deg G=2=k-1$. 而 $\mathbb{F}_5=\{0,1,2,3,4\}$ 中的元素均不为 G 的零点, 即 $V_{P_i}(G)=0$ $(0\leqslant i\leqslant 5)$. 由于 x^2+2 为 $\mathbb{F}_5[x]$ 中的不可约多项式, G 是 2 次有限素除子. 于是

$$
\begin{aligned}
L(G)&=\{\alpha\in\mathbb{F}_5(x):\mathrm{div}(\alpha)\geqslant -G\}\cup\{0\}\\
&=\{\alpha\in\mathbb{F}_5(x):V_G(\alpha)\geqslant -1,\text{并且对于 }\mathbb{F}_q(x)\text{ 的所有素除子 }P\neq G,\\
&\qquad V_P(\alpha)\geqslant 0\}\cup\{0\}.
\end{aligned}
$$

由于当 $0\neq\alpha\in L(G)$ 时, α 只在 G 处可能有 1 阶极点, 因此 $\alpha=\frac{g(x)}{x^2+2}$, $g(x)\in\mathbb{F}_5[x]$. 这时, 对于 $\mathbb{F}_5[x]$ 的每个有限素除子 $P\neq G$, 均有 $V_P(\alpha)\geqslant 0$. 最后要求 $V_\infty(\alpha)\geqslant 0$. 由于 $V_\infty(\alpha)=\deg(x^2+2)-\deg g(x)$, 从而相当于 $\deg g(x)\leqslant 2$. 因此 $l(G)=k=3$, 而 $\left\{f_1(x)=\frac{1}{x^2+2},f_2(x)=\frac{x}{x^2+2},f_3(x)=\frac{x^2}{x^2+2}\right\}$ 是向量空间 $L(G)$ 的一组 $\mathbb{F}_5$-基. 对应的代数几何码 C 有基 c_{f_1},c_{f_2} 和 c_{f_3}, 其中

$$
c_{f_1}=(f_1(0),f_1(1),\cdots,f_1(4),f_1(\infty))=\left(\frac{1}{2},\frac{1}{3},1,1,\frac{1}{3},0\right)=(3,2,1,1,2,0).
$$

类似地求出

$$
c_{f_2}=(0,2,2,3,3,0),\quad c_{f_3}=(0,2,4,4,2,1),
$$

从而码 C 有如下的生成矩阵

$$
\begin{bmatrix}
3 & 2 & 1 & 1 & 2 & 0\\
0 & 2 & 2 & 3 & 3 & 0\\
0 & 2 & 4 & 4 & 2 & 1
\end{bmatrix}.
$$

而基本参数为 $[n,k,d]_5=[6,3,4]_5$.

现在把结果推广到任意函数域上. 设 K 是以 $\mathbb{F}_q$ 为常数域的函数域, 它是 $\mathbb{F}_q(x)$ 的有限次扩域. 如果 $C:f(X,Y)=0$ 是定义在 $\mathbb{F}_q$ 上的不可约曲线, 它的函数域为 $K=\mathbb{F}_q(C)=\mathbb{F}_q(x,y)$, 其中 $f(x,y)=0$. 我们把仿射曲线 C 的射影化也表示成 C. 当 C 是绝对不可约非奇异射影曲线时, 域 K 的一

次有限素除子 P 对应于仿射曲线 $f(X,Y)=0$ 上的 $\mathbb{F}_q$-点 $(a,b)\in\mathbb{F}_q^2$, 其中 $f(a,b)=0$. 而一次无限素除子对应于曲线 C 上的无穷远点 (坐标属于 $\mathbb{F}_q$).

设一次有限素除子 P 对应于曲线 C 上的仿射点 (a,b). 对于每个 $0\neq\alpha(x,y)\in K$, $V_P(\alpha)=l$. 若 $l\geqslant 1$, 则 P (以及点 (a,b)) 是 $\alpha(x,y)$ 的 l 阶零点, $\alpha(P)=\alpha(a,b)=0$; 若 $l=0$, 则 $\alpha(P)=\alpha(a,b)\in\mathbb{F}_q^*$; 若 $l<0$, 则 P (以及点 (a,b)) 是 $\alpha(x,y)$ 的 $-l$ 阶极点, $\alpha(P)=\alpha(a,b)=\infty$. 对于一次无限素除子有类似的情形.

定理 7.3.2 (代数几何码) 设 K 是以 $\mathbb{F}_q$ 为常数域的函数域, $g=g(K)$ 为域 K 的亏格. $P_1,\cdots,P_n$ 是 K 中 n 个不同的一次素除子, $D=P_1+\cdots+P_n$. 又取 G 为 K 的一个除子, 并且 $V_{P_i}(G)=0$ $(1\leqslant i\leqslant n)$, $\deg G<n$. 则

$$C=C(D,G)=\{c_f=(f(P_1),\cdots,f(P_n))\in\mathbb{F}_q^n : f\in L(G)\}$$

是参数为 $[n,k,d]_q$ 的线性码, 称之为代数几何码, 其中 $k\geqslant\deg G+1-g$, $d\geqslant n-\deg G$. 又若 $\deg G>2g-2$, 则 $k=\deg G+1-g$.

证明 考虑 $\mathbb{F}_q$-线性映射

$$\varphi : L(G)\to\mathbb{F}_q^n,\quad \varphi(\alpha)=c_\alpha=(\alpha(P_1),\cdots,\alpha(P_n)).$$

如果 $\alpha\in L(G)$, $\varphi(\alpha)=c_\alpha=0$, 则 $\alpha(P_i)=0$ 从而 $V_{P_i}(\alpha)\geqslant 1$ $(1\leqslant i\leqslant n)$. 于是 $\alpha\in L(G-D)$. 由 $\deg(G-D)=\deg G-n<0$ 可知 $L(G-D)=\{0\}$, 从而 $\alpha=0$. 这表明 φ 是单射. 于是

$$\begin{aligned}k&=\dim_{\mathbb{F}_q}C=\dim_{\mathbb{F}_q}L(G)=l(G)\\&=\deg G+1-g+l(W-G)\quad\text{(黎曼–罗赫定理)}\\&\geqslant\deg G+1-g,\end{aligned}$$

其中 W 是域 K 的一个微分除子. 由于 $\deg W=2g-2$, 从而当 $\deg G>2g-2$ 时, $\deg(W-G)=\deg W-\deg G<0$, 于是 $l(W-G)=0$. 这时 $k=\deg G+1-g$.

设 $\alpha\in L(G)$, c_α 的汉明重量 $W_H(c_\alpha)\leqslant n-\deg G-1$, 则 c_α 至少有 $\deg G+1$ 个分量 $\alpha(P_i)$ 为 0, 不妨设 $\alpha(P_i)=0$ $(1\leqslant i\leqslant l, l=\deg G+1)$,

则 $V_{P_i}(\alpha) \geqslant 1$ $(1 \leqslant i \leqslant l)$, 于是 $\alpha \in L(G-A)$, $A = P_1 + \cdots + P_l$. 但是 $\deg(G-A) = \deg G - l = \deg G - (\deg G + 1) < 0$, 可知 $\alpha = 0$, 从而 c_α 为全零码字. 这表明 C 中每个非零码字的汉明重量均 $\geqslant n - \deg G$, 从而 C 的最小重量 $d \geqslant n - \deg G$. ∎

例 2 设 E 是定义于 $\mathbb{F}_q$ 上的一条椭圆曲线, $K = \mathbb{F}_q(E)$, 则 $g(K) = 1$, E 是绝对不可约非奇异射影曲线. 取 $P_1, \cdots, P_n$ 为 K 的 n 个不同的 1 次素除子 (即 E 上 n 个不同的射影 $\mathbb{F}_q$-点), $D = P_1 + \cdots + P_n$, 取 K 的一个除子 G 使得 $1 \leqslant \deg G < n$, $V_{P_i}(G) = 0$ $(1 \leqslant i \leqslant n)$. 由定理 7.3.2, 和 $\deg G \geqslant 1 > 0 = 2g-2$, 可知代数几何码 $C(D,G)$ 的参数为 $[n,k,d]_q$, 其中 $k = \deg G + 1 - g = \deg G$, 而 $d \geqslant n - \deg G = n - k$. 再由 Singleton 界可知 d 只有两种可能: $n-k$ 和 $n-k+1$. 另一方面, K 中 1 次素除子的个数 N_1 (即 E 上射影 $\mathbb{F}_q$-点个数) 有韦伊估计 $|N_1 - (q+1)| \leqslant 2\sqrt{q}$, 即 $q+1-2\sqrt{q} \leqslant N_1 \leqslant q+1+2\sqrt{q}$. 从而 $C(D,G)$ 的码长 n 可以大于 $q+1$.

例 3 考虑定义在 $\mathbb{F}_2$ 上的曲线 $C: Y^2+Y+1 = X^5$. 这是绝对不可约曲线, 亏格为 $g=2$. 它只有一个无穷远点 $Q = (T_0:T_1:T_2) = (0:0:1)$. 对于 $f(X,Y) = X^5+Y^2+Y+1$, $\frac{\partial f(X,Y)}{\partial Y} = 1$, 可知 C 是非奇异仿射曲线. 令 $q = 2^4$, 则 C 的仿射 $\mathbb{F}_q$-点个数 N 等于 $K = \mathbb{F}_q(C) = \mathbb{F}_q(x,y)$ $(y^2+y+1 = x^5)$ 中 1 次有限素除子的个数.

事实上, $N = 32$. 这是因为对于 $x=0$, $y^2+y+1=0$ 有两个解 $w, w^2 \in \mathbb{F}_4 \subseteq \mathbb{F}_q$. 对于 $\mathbb{F}_q^*$ 中的每个非零元素 $b, b^{q-1} = b^{15} = 1$, 于是 $b^5 \in \mathbb{F}_4$. 而 $y^2+y+1+b^5 = 0$ 为 y 的二次方程, 系数属于 $\mathbb{F}_4$, 从而它在 $\mathbb{F}_4$ 的二次扩域 $\mathbb{F}_{16}$ 中有两个不同的解 $y = b'$ 和 $b'+1$. 这就表明曲线 C 的仿射 $\mathbb{F}_q$-点的个数为 $N = 2 \times 16 = 32$, 并且这些解可以表示成 $(x,y) = (b,b')$ 和 $(b,b'+1)$, 其中 $b \in \mathbb{F}_q$, 而 b' 是 $y^2+y+1 = b^5$ 在 $\mathbb{F}_{16}$ 中的一个解, 即 $b'^2+b'+1 = b^5$.

另一方面, 我们要证 K 中只有一个无限素除子 Q, 并且 Q 是 1 次素除子. 注意 $K = \mathbb{F}_q(x,y)$ 是 $\mathbb{F}_q(x)$ 的二次扩域. 令 $t = \frac{1}{x}$, O'_K 是 K 中对 $\mathbb{F}_q[t]$ 整的全部元素构成的环. $\mathbb{F}_q(x)$ 中有唯一的 (1 次) 无限素除子 ∞, $V_\infty(t) = 1$, 从而 $V_\infty(x) = -1$. 而 Q 是 ∞ 到 K 的扩充. 从而 $V_Q(x) = eV_\infty(x) = -e$, e

是 Q 的分歧指数, $e|[K:\mathbb{F}_q[x]]=2$, 即 $e=1$ 或 2. 由 $y^2+y+1=x^5$ 和 $V_Q(x)<0$ 可知 $V_Q(y)<0$. 从而

$$5V_Q(x)=V_Q(x^5)=V_Q(y^2+y+1)=V_Q(y^2)=2V_Q(y),$$

于是 $V_Q(x)$ 为偶数, 即 $e=2$, $V_Q(x)=-2$, $V_Q(y)=-5$. 并且 $\mathbb{F}_q[t]$ 中的素理想 (t) 在 O'_K 中分歧: $tO'_K=Q^e=Q^2$, 这就表明 K 只有一个无限素除子 Q, 并且 $\deg Q=1$.

现在设 $3\leqslant m\leqslant 31$, $P_1,\cdots,P_{32}$ 为 K 中的全部 1 次有限素除子, $D=P_1+\cdots+P_{32}$, $G=mQ$. 考虑 $\mathbb{F}_q=\mathbb{F}_{16}$ 上的代数几何码

$$C_m=C(D,G)=\{c_f=(f(P_1),\cdots,f(P_{32}))\in\mathbb{F}_q^{32}:f\in L(mQ)\},$$

由 $m\geqslant 3$, $\deg G=m>2g-2=2$, 因此 $L(mQ)$ 的维数 $l(mQ)=\deg(mQ)+1-g=m-1$. 从而线性码的参数为 $[n,k_m,d_m]_{16}=[32,m-1,d_m]_{16}$, 由定理 7.3.2 知 $d_m\geqslant n-\deg(mQ)=32-m$. 下面通过仔细分析, 对于 $m\neq 29$ 和 $m\neq 31$, 可确定线性码 C_m 的最小距离 d_m.

先考虑 $m=3$ 的情形. 这时 $L(G)$ 的维数为 $m-1=2$. 由 $V_Q(x)=-2$ 可知 $x\in L(G)=L(3Q)$, 从而 $\{1,x\}$ 是向量空间 $L(3Q)$ 的一组 $\mathbb{F}_q$-基, 即 $L(3Q)$ 中的每个函数唯一表示成 $f(x)=ax+b$ $(a,b\in\mathbb{F}_q)$. 对于每个 1 次有限素除子 $P=(x,y)=(\alpha,\beta)$ $(\beta,\alpha\in\mathbb{F}_q,\beta^2+\beta+1=\alpha^5)$, $f(P)=f(\alpha)=a\alpha+b$. 如果 $a=0$, 则 $c_f=(f(P_1),\cdots,f(P_{32}))=(b,\cdots,b)$. 当 $b=0$ 时, 这是全零码字; 而当 $b\neq 0$ 时, $W_H(c_f)=32$. 现在设 $a\neq 0$, 则对于 $P=(x,y)=(\alpha,\beta)$, $f(P)=0$ 当且仅当 $\alpha=ba^{-1}$. 但是恰好有两个 1 次有限素除子 P, 使得 $x=ba^{-1}$. 这表明 $f(P_i)$ $(1\leqslant i\leqslant 32)$ 中恰好有两个为 0. 于是 $W_H(c_f)=30$. 综合上述便知 $d_3=30$.

现在设 $4\leqslant m\leqslant 31$. 如前所述, 对于每个 $b\in\mathbb{F}_{16}$, 均有两个 1 次有限素除子 P 和 P' 使得它们对应的曲线 C 上仿射 $\mathbb{F}_{16}$-点 (x,y) 的 x 为 b, 即 $(x,y)=(b,b')$ 和 $(b,b'+1)$, 其中 $b'\in\mathbb{F}_{16}$ 满足 $b'^2+b'+1=b^5$. 另一方面, 对于每个 $a\in\mathbb{F}_{16}^*$, 若存在 $b\in\mathbb{F}_{16}^*$ 使得 $b^5=a$, 则方程 $x^5=a$ 在 $\mathbb{F}_{16}$ 中恰有 5 个解, 这是因为当 $\mathbb{F}_{16}^*=\langle\theta\rangle$ 时 (θ 为 $\mathbb{F}_{16}$ 的本原元素, 阶为 15), 若 $x^5=a$ 有解

$b \in \mathbb{F}_{16}$, 则全部解为 $x = b\theta^{3\lambda}$ $(0 \leqslant \lambda \leqslant 4)$. 比如对于 $a = 1$, $y^2 + y + 1 = a = 1$ 有解 $b = 0$ 和 $b' = 1$, 可知曲线 C 上有 $\mathbb{F}_{16}$-点 $(x, y) = (\theta^{3\lambda}, 0)$ 和 $(\theta^{3\lambda}, 1)$ $(0 \leqslant \lambda \leqslant 4)$, 它对应域 K 的 10 个 1 次有限素除子.

首先考虑 m 为偶数的情形, $m = 2l$, $2 \leqslant l \leqslant 15$. 我们取 $\mathbb{F}_{16}$ 中 l 个不同的元素 $\{b_1, \cdots, b_l\}$ (注意 $l \leqslant 15 < q = 16$). 考虑函数 $f(x) = \prod\limits_{i=1}^{l}(x - b_l)$. 由于 $f(x)$ 为 x 的多项式, 可知对 K 的每个有限素除子 P, $V_P(f(x)) \geqslant 0$. 对于 K 中唯一的无限素除子 Q, $V_Q(f(x)) = \sum\limits_{i=1}^{l} V_Q(x - b_i) = \sum\limits_{i=1}^{l} V_Q(x) = -2l = -m$, 于是 $f(x) \in L(mQ)$. 由于对每个 $i(1 \leqslant i \leqslant l)$, K 恰有 2 个仿射 $\mathbb{F}_{16}$-点 (x, y) 使得 $x = b_i$. 所以 $x - b_i$ 恰在两个 1 次有限素除子处为 0. 由于 $b_i(1 \leqslant i \leqslant l)$ 彼此不同, 由此给出的 $2l = m$ 个有限素除子是彼此不同的, 即码字 c_f 恰好有 m 个零分量. 这表明 $d_m \leqslant W_H(c_f) = 32 - m$, 又由 $d_m \geqslant 32 - m$ 可知 $d_m = 32 - m$.

再设 $m = 2l + 1$ 为奇数, $2 \leqslant l \leqslant 13$. 取上述 5 个 1 次有限素除子 $P_1, \cdots, P_5$, 对应于仿射点 $(x, y) = (\theta^{3\lambda}, 0)$ $(0 \leqslant \lambda \leqslant 4)$. 除了 x 这 5 个坐标值 $\theta^{3\lambda}$ $(0 \leqslant \lambda \leqslant 4)$ 之外, $\mathbb{F}_{16}$ 中还有 11 个元素. 令 $s = \frac{1}{2}(m - 5) = l - 2$, 则 $s \leqslant 11$. 在 $\mathbb{F}_{16}$ 中除了 $B = \{\theta^{3\lambda} : 0 \leqslant \lambda \leqslant 4\}$ 之外可取 s 个元素 $A = \{a_1, \cdots, a_s\}$. 考虑 $f(x, y) = y\prod\limits_{i=1}^{s}(x - a_i) \in K$. 由 $V_Q(f) = V_Q(y) + \sum\limits_{i=1}^{s} V_Q(x - a_i) = -(5 + 2s) = -m$ 可知 $f(x, y) \in L(mQ)$. 每个 $x - a_i$ 以 2 个 1 次有限素除子为零点, y 以 $P_1, \cdots, P_5$ 为零点. 于是 c_f 恰有 $5 + 2s = m$ 个零分量, 即 $W_H(c_f) = 32 - m$. 于是 $d_m = 32 - m$.

对于 $m = 29$, 码 C_{29} 的码长 $n = 32$, 维数 $k_{29} = 28$, 最小距离 $d_{29} \geqslant 32 - m = 3$. 由汉明界可知 $d_{29} \leqslant 4$. 从而 d_{29} 为 3 或 4. 同样对 $m = 31$, $k_{31} = 30$, d_{31} 为 1 或 2.

20 世纪 70 年代末由 Gappa 发明的代数几何码是纯粹数学用于代数编码理论的一个精彩例子, 被誉为一个 “不可预见” 的数学应用结果. 取不同的函数域 K (或代数曲线), K 中不同的一次素除子 $P_i(1 \leqslant i \leqslant n)$ 和除子 G, 可构作参数 n 和 k 很灵活并且 d 很大的代数几何码 $C(D, G)(D = P_1 + \cdots + P_n)$. 其中一个突出的理论结果是用代数几何码构作出一系列线性码, 参数突破了

GV 界. 我们在第 7.1 节给出的汉明界和 Singleton 界等, 均是纠错码存在的必要性条件. 另一方面, 早在 20 世纪 50 年代, Gilbert 和 Varshamov 独立地给出了如下的充分性条件.

定理 7.3.3 (GV 界) 设 $3 \leqslant d \leqslant n$, $1 \leqslant k \leqslant n-2$. 如果

$$q^{n-k} > \sum_{i=0}^{d-2} \binom{n-1}{i} (q-1)^i,$$

则存在参数 $[n,k,d']_q$ 的线性码, 其中 d' 至少为 d.

证明 根据引理 7.2.5, 我们需要在 $\mathbb{F}_q^{n-k}$ 中找到 n 个向量, 使得其中任意 $d-1$ 个向量都是 $\mathbb{F}_q$-线性无关的. 我们先取 $\mathbb{F}_q^{n-k}$ 中的一个非零向量 u_1, 再取一个 u_2, 使得 u_1 和 u_2 线性无关 (注意 $n-k \geqslant 2$). 一般地, 如果 $2 \leqslant j \leqslant n$, 已选取 $\mathbb{F}_q^{n-k}$ 中的 $u_1, \cdots, u_{j-1}$, 使得其中任 $d-1$ 个向量均线性无关, 则它们中任意 $\leqslant d-2$ 个向量的线性组合的向量个数不超过

$$\sum_{i=0}^{d-2} \binom{j-1}{i} (q-1)^i \leqslant \sum_{i=0}^{d-2} \binom{n-1}{i} (q-1)^i.$$

由假设知上式右边小于 $\mathbb{F}_q^{n-k}$ 中的向量个数 q^{n-k}. 所以存在 $u_j \in \mathbb{F}_q^{n-k}$ 不是 $u_1, \cdots, u_{j-1}$ 中任意 $d-2$ 个的线性组合, 即只要 $j \leqslant n$, 均有 $u_1, \cdots, u_j$ 当中任意 $d-1$ 个都是线性无关的. 这个程序一直可做到 $j=n$ 的时候. 这就表明在 $\mathbb{F}_q^{n-k}$ 中可找出 n 个向量, 使得它们中任意 $d-1$ 个均线性无关. 证毕. ∎

这是一个非构造性的证明, 并没有给出明显的构作方法, 特别是对于固定的 q, 如何给出无穷多 q 元线性码满足上述条件. 确切地说, 给了固定的素数幂 q, 考虑一族参数为 $[n_i, k_i, d_i]_q$ $(i = 1, 2, \cdots)$ 的线性码, 其中当 $i \to \infty$ 时, $n_i \to \infty$, 并且存在极限

$$\delta = \lim_{i\to\infty} \frac{d_i}{n_i}, \quad R = \lim_{i\to\infty} \frac{k_i}{n_i}.$$

对于每个固定的 δ, $0 < \delta < 1$, 以 $\alpha_q(\delta)$ 表示上述线性码族存在的最大 R 值. 由上述定理的 GV 界, 可以得到如下结果, 称作渐近 GV 界:

$$\text{对于 } 0 \leqslant \delta \leqslant \frac{q-1}{q}, \quad \alpha_q(\delta) \geqslant R_{\mathrm{GV}}(q,\delta) = 1 - H_q(\delta),$$

其中 $H_q(\delta) = \delta \log_q(q-1) - \delta \log_q \delta - (1-\delta) \log_q(1-\delta)$.

注意当 δ 由 0 增到 $\frac{q-1}{q}$ 时, $H_q(\delta)$ 由 0 增到 1.

这个渐近 GV 界在 20 世纪 50 年代初被数学家计算出, 但直到 20 世纪 70 年代, 尽管用线性代数 (线性码)、近世代数 (循环码) 以及组合数学等各种工具得到许多好的线性码, 但是一直未明显构作出线性码族, 使得 $\alpha_q(\delta)$ 达到渐近 GV 界 $R_{\mathrm{GV}}(q, \delta)$. 在代数几何码发明后不久, 1982 年三位代数几何学家用模曲线 (和近代数论中的模形式理论有关) 构作了代数几何码族, 对于所有 $q \geqslant 49$ 的情形, 这些码族的 $\alpha_q(\delta)$ 均超过了 $R_{\mathrm{GV}}(q, \delta)$. 这是纠错码理论的重大突破. 后来, 人们又采用较为初等的方法找到一批代数曲线, 由它们构作的代数几何码族渐近地达到 GV 界. 与此同时, 人们也一直在不断改进代数几何码的纠错译码算法, 使它能得到实际应用.

第八章 信息处理

在第七章中, 我们把原始信息编成更长的码字后进行传输, 目的是用来纠正信息传输过程中信道产生的错误, 这是信息处理的一种方式. 事实上, 还有不少其他目的需要对原始信息加以处理, 比如在大数据时代, 为了降低数据的存贮量, 我们需要把信息进行压缩, 而在提取时, 要使压缩的信息能够恢复成原来的样子. 再如一些文件 (如名人字画) 为了防止盗版要加上防伪标志 (如印章、指纹). 本章介绍这方面的两个例子, 着重介绍代数曲线的应用.

8.1 Hash 函数

1979 年, Carter 和 Wegman 发明的 Hash 函数 (杂凑函数) 就是为了压缩信息和恢复性提取, 后来发现它能应用于信息科学的更多领域.

定义 8.1.1 设 A 和 B 分别是 n 元和 m 元集合, $2 \leqslant m \leqslant n$. 一个 $(H;n,m)$ Hash 函数族 $\mathcal{H}$ 是指由 H 个映射 $h: A \to B$ 构成的集合. 对于 $2 \leqslant w \leqslant m$, 这个函数族 $\mathcal{H}$ 叫作 (n,m,w) 完备的 Hash 函数族 (perfect Hash family), 简记为 $\mathrm{PHF}(H;n,m,w)$, 是指对 A 的任何一个 w 元子集 X, $\mathcal{H}$ 中均存在一个 Hash 函数 $h: A \to B$, 使得 h 在 X 上的限制 $h|_X : X \to B$ 是单射.

例如取 $\mathcal{H}$ 为所有 m^n 个映射 $A \to B$ 组成的集合, 易知对任何 $w, 2 \leqslant w \leqslant m$, $\mathcal{H}$ 均为 $\mathrm{PHF}(m^n;n,m;w)$.

由定义可知, 若 $\mathcal{H}$ 为 $\mathrm{PHF}(H;n,m,w)$, 将 $\mathcal{H}$ 增加任意一个新的映射 $h: A \to B$ 之后, 成为 $\mathrm{PHF}(H+1;n,m,w)$. 我们关心的是对给定的 n, m 和 w $(2 \leqslant w \leqslant m \leqslant n)$, 存在 $\mathrm{PHF}(H;n,m,w)$ 的最小 H 值, 我们把它表示成 $H(n,m,w)$. 也就是说, 存在由 $H(n,m,w)$ 个函数 $h: A \to B$ 组成的 (n,m,w) 完备 Hash 函数族, 但是任何由 $H(n,m,w)-1$ 个函数 $h: A \to B$

组成的函数族对于 w 都不是完备的.

例 1 我们证明当 $r \geqslant 2$ 时, $H(r^3, r^2, 3) = 3$. 设 R 是 r 元集合. 令 $n = r^3$, $m = r^2$, 取 $A = R^3, B = R^2$. 考虑如下的函数 $h_1, h_2, h_3 : A \to B$, 其中对 $a, b, c \in R$,

$$h_1(a,b,c) = (a,b), \quad h_2(a,b,c) = (a,c), \quad h_3(a,b,c) = (b,c).$$

它们均把三位的信息压缩成两位的信息.

现在设 $P = (a,b,c)$, $P' = (a',b',c')$ 和 $P'' = (a'',b'',c'')$ 是 A 中的任意三个不同元素. 则子集合 $S = \{P, P', P''\}$ 在映射 $h_i (1 \leqslant i \leqslant 3)$ 之下的像为

$$\begin{aligned} h_1(S) &= \{(a,b), (a',b'), (a'',b'')\}, \\ h_2(S) &= \{(a,c), (a',c'), (a'',c'')\}, \\ h_3(S) &= \{(b,c), (b',c'), (b'',c'')\}. \end{aligned}$$

我们证明: 必有 $i (1 \leqslant i \leqslant 3)$, 使得 h_i 限制在 S 上是单射, 即 $|h_i(S)| = 3$. 这是因为: 若 $|h_1(S)| \leqslant 2$, 则 $(a,b), (a',b')$ 和 (a'',b'') 必有两者相等. 不妨设 $(a,b) = (a',b')$, 即 $a = a', b = b'$. 由 $P \neq P'$ 可知 $c \neq c'$. 这时

$$h_2(S) = \{(a,c), (a,c'), (a'',c'')\}, \quad h_3(S) = \{(b,c), (b,c'), (b'',c'')\},$$

其中 $(a,c) \neq (a,c'), (b,c) \neq (b,c')$. 若 $a'' \neq a$, 则 $|h_2(S)| = 3$. 否则, 若 $|h_3(S)| \leqslant 2$, 则 $(b'',c'') = (b,c)$ 或 (b,c'), 即 $b'' = b$ 并且 $c'' \in \{c, c'\}$, 这时 $P = (a,b,c), P' = (a,b,c'), P'' = (a,b,c'')$, 其中 $P'' = P$ 或 P', 与假设 P, P', P'' 彼此不同相矛盾. 故 $|h_3(S)| = 3$. 这就表示必有某个 $i (1 \leqslant i \leqslant 3)$ 使 h_i 在 S 上的限制为单射. 这表明 $\{h_1, h_2, h_3\}$ 是完备的 Hash 函数族, 从而 $H(r^3, r^2, 3) \leqslant 3$.

进而证明 $H(r^3, r^2, 3) > 2$. 即要证明: 对于任何两个映射 $f, g : A \to B$, A 中均有 3 元子集 $S = \{P, P', P''\}$, 使得 $|f(S)| \leqslant 2$, 并且 $|g(S)| \leqslant 2$.

对每个 $b \in B$, 记 $f^{-1}(b) = \{a \in A | f(a) = b\}$, 去掉其中的空集之后, 它们形成 A 的一个划分 (partition). 记 $S_1, \cdots, S_t$ 为其中的 1 元子集合, 剩下的 $T_1, \cdots, T_l$ 为其中元素 $\geqslant 2$ 个的子集合. 它们彼此不相交且并集合为 A. 令 T 为 $T_j (1 \leqslant j \leqslant l)$ 的并集.

由 $|B|=r^2$ 可知 $t\leqslant r^2-1$, $|T|=|A|-\sum\limits_{i=1}^{t}|S_i|=r^3-t\geqslant r^3-r^2+1\geqslant 2$. 对于 T 中的每个元素 a, 均有 $a'\in T$, $a'\neq a$, 使得 $f(a')=f(a)$ (即 a 和 a' 属于同一个 T_j). 类似地, 对于函数 g, 也有 A 的一个子集合 T', $|T'|\geqslant r^3-r^2+1$, 使得对每个 $b\in T'$, 存在 $b'\in T'$, $b'\neq b$, $g(b)=g(b')$. 由于 $|T|+|T'|\geqslant 2r^3-2r^2+2>r^3=|A|$, 可知存在 $a_1\in T\cap T'$. 于是有 $a_2\in T$, $a_3\in T'$, $a_1\neq a_2$, $a_1\neq a_3$, 使得 $f(a_1)=f(a_2)$, $g(a_1)=g(a_3)$. 当 $a_2\neq a_3$ 时, $S=\{a_1,a_2,a_3\}$ 是 A 的 3 元子集, $|f(S)|=|\{f(a_1),f(a_3)\}|\leqslant 2$, $|g(S)|=|\{g(a_1),g(a_2)\}|\leqslant 2$. 若 $a_2=a_3$, 则 $g(a_1)=g(a_3)=g(a_2)$. 任取 $a_4\in A\setminus\{a_1,a_2\}$, $S=\{a_1,a_2,a_4\}$ 为 A 的 3 元子集, $|f(S)|=|\{f(a_1),f(a_4)\}|\leqslant 2$, $|g(S)|=|\{g(a_1),g(a_4)\}|\leqslant 2$. 这就证明了 $H(r^3,r^2,3)>2$. 于是当 $r\geqslant 2$ 时, $H(r^3,r^2,3)=3$.

由此例子可体会到, 完备 Hash 函数族问题是一个组合学问题. 当 n,m,w 较大时, 一般来说, 确定 $H(n,m,w)$ 的值是一个困难的问题. 退一步则考虑它的下界. 1984 年, 用组合概率方法人们证明了: 对于任何固定的 $2\leqslant w\leqslant m$, 有下界 $H(n,m,w)=O(\log n)$, 即存在和 n 无关的常数 c, 使得对所有 $n\geqslant m$, $H(n,m,w)\leqslant c\log n$. 但是证明是非构造性的.

采用组合设计、纠错码和其他组合手段, 人们给出构作完备 Hash 函数族的许多方法和结果. 但一直到 2001 年, 王华雄和邢朝平 [29] 采用函数域的方法, 明显地构作出了完备 Hash 函数族, 使 $H(n,m,w)$ 达到下界 $O(\log n)$. 现在介绍他们的构作方法.

设 K 是以 $\mathbb{F}_q$ 为常数域的函数域, $g=g(K)$ 为域 K 的亏格, P 是 K 的 1 次素除子, G 为 K 的一个除子, 并且 $V_P(G)=0$. 于是对每个 $f\in L(G)$, $f(P)\in\mathbb{F}_q$ (即 P 不是 f 的极点). 从而有映射

$$h_P: L(G)\to\mathbb{F}_q,\quad h_P(f)=f(P).$$

引理 8.1.2 如果 $\deg G\geqslant 2g+1$, P 和 Q 是 K 中两个不同的 1 次素除子, $V_P(G)=V_Q(G)=0$. 则 h_P 和 h_Q 是 $L(G)$ 到 $\mathbb{F}_q$ 的不同映射.

证明 $\deg(G-P-Q)\geqslant 2g-1$, 从而 $l(G-P-Q)=\deg(G-P-Q)+1-g=\deg G-1-g$. 类似地可知 $l(G-P)=\deg G-g$. 这表明

$L(G-P-Q) \subsetneq L(G-P)$. 于是有 $f \in L(G-P) \setminus L(G-P-Q)$, 即 $f \in L(G)$, $f(P)=0$, $f(Q) \neq 0$. 这表明 $h_P \neq h_Q$. ∎

定理 8.1.3 设 K 是以 $\mathbb{F}_q$ 为常数域的函数域, $g=g(K), P_1, \cdots, P_H$ 为 K 中 H 个不同的 1 次素除子, G 为 K 的一个除子, $\deg G \geqslant 2g+1$, $V_{P_i}(G)=0$ $(1 \leqslant i \leqslant H)$. 则对于每个 $w, 2 \leqslant w \leqslant q$, 当 $H > \binom{w}{2} \deg G$ 时, 存在完备 Hash 函数族 $\mathrm{PHF}(H; q^{\deg G+1-g}, q, w)$.

证明 记 $S=\{P_1, \cdots, P_H\}$, $\mathcal{H}=\{h_P : L(G) \to \mathbb{F}_q | P \in S\}$. 由引理 8.1.2 可知 $\mathcal{H}$ 中的 H 个函数 $h_P(P \in S)$ 是两两不同的, 即 $|\mathcal{H}|=H$. 而 $n=|L(G)|=q^{l(G)}=q^{\deg G+1-g}$, $m=|\mathbb{F}_q|=q$.

对于 $L(G)$ 中的任何 w 元子集 X, 我们证明均存在 $R \in S$, 使得 $h_R : X \to \mathbb{F}_q$ 为单射. 为证此, 记 $D_X=\{(f-g)^2 | f, g \in X, f \neq g\}$. 则 $|D_X| \leqslant \binom{w}{2}$. D_X 中函数 $(f-g)^2$ 的零点即为 $f-g$ 的零点. 由于 $0 \neq f-g \in L(G)$ 并且对每个 $P \in S$, $V_P(G)=0$, 可知 $f-g$ 在 S 中的零点个数 $\leqslant \deg G$. 这就表明:

$$\#\{P \in S : P \text{ 是 } D_X \text{ 中某个 } (f-g)^2 \text{ 的零点}\} \leqslant \binom{w}{2} \deg G.$$

由假设 $H=|\mathcal{H}| > \binom{w}{2} \deg G$, 这表明存在 $R \in S$, 使得 R 不是 D_X 中任何 $(f-g)^2$ 的零点. 现在证明 $h_R : X \to \mathbb{F}_q$ 是单射. 对于 X 中的两个不同元素 f, g, $(f-g)^2 \in D_X$. 从而 R 不是 $f-g$ 的零点, 即 $f(R) \neq g(R)$. 这表明 $h_R(f) \neq h_R(g)$. 证毕. ∎

取 $H=\binom{w}{2} \deg G+1$, 由 $n=q^{\deg G+1-g}$ 可知对于固定的 q, H 达到下界 $O(\log n)$. 但是在此定理中 n 和 m 都是素数幂, 并且 H 不超过 K 中 1 次素除子的个数. 王华雄和邢朝平 [29] 在定理 8.1.3 中采用适当的函数域和其中的除子, 再加上一些组合学技巧, 对于任意固定正整数 m 和 w, $2 \leqslant w \leqslant m$, 均具体构作了出完备 Hash 函数族 $\mathrm{PHF}(H_n; n, m, w)$ $(n \to \infty)$ 满足下界 $H_n=O(\log n)$.

在信息安全领域还采用另一种 Hash 函数族, 它用于信息安全中构作认证码 (见第九章).

定义 8.1.4 设 $2 \leqslant m \leqslant n$, $|A|=n$, $|B|=m$, $\mathcal{H}$ 是由 $H(>1)$ 个不同的函

数 $h: A \to B$ 构成的 Hash 函数族. 对于 $\varepsilon > 0$, 称 $\mathcal{H}$ 是 ε-几乎强均匀的 (ε-almost strongly universal), 简记作 ε-ASU Hash 函数族, 是指满足以下两个条件:

(1) 对每个 $a \in A, b \in B$, $\#\{h \in \mathcal{H} | h(a) = b\} = \frac{H}{m}$.

(2) 对于 $a_1, a_2 \in A$, $a_1 \neq a_2$ 和 $b_1, b_2 \in B$, $\#\{h \in \mathcal{H} | h(a_1) = b_1, h(a_2) = b_2\} \leqslant \varepsilon \frac{H}{m}$.

对每个 $a \in A$, 共有 H 个像元素 $h(a) (h \in \mathcal{H})$, 条件 (1) 是说: 在这 H 个像元素当中, B 中的每个元素均出现 H/m 次. 而条件 (2) 是说: 对于 H/m 个满足 $h(a_1) = b_1$ 的 Hash 函数 $h \in \mathcal{H}$, 对每个 $a_2 \in A, a_2 \neq a_1, b_2 \in B$, 其中又满足 $h(a_2) = b_2$ 的 h 的比例不超过 ε. 注意 (固定 a_1, b_1, a_2)

$$\#\{h \in \mathcal{H} | h(a_1) = b_1, h(a_2) = b_2\} = \varepsilon(b_2) \frac{H}{m},$$

则

$$\sum_{b \in B} \varepsilon(b) \frac{H}{m} = \sum_{b \in B} \sum_{\substack{h \in \mathcal{H} \\ h(a_1) = b_1 \\ h(a_2) = b}} 1 = \sum_{\substack{h \in \mathcal{H} \\ h(a_1) = b_1}} 1 = \frac{H}{m},$$

$$\sum_{b \in B} \varepsilon(b) \frac{H}{m} \leqslant \sum_{b \in B} \varepsilon \frac{H}{m} = \varepsilon H.$$

这表明 $\varepsilon \geqslant \frac{1}{m}$. 并且当 $\varepsilon = \frac{1}{m}$ 时, 所有 $\varepsilon(b)$ 均为 $\frac{1}{m}$.

现在介绍如何用函数域构作 ε-ASU Hash 函数族.

设 K 是以 $\mathbb{F}_q$ 为常数域的函数域, $g = g(K)$, S 是 K 的 1 次素除子集合, $|S| \geqslant 1$. 取 D 为 K 的一个除子, $D \geqslant 0$ (即对 K 的每个素除子 $P, V_P(D) \geqslant 0$), 并且对每个 $P \in S, V_P(D) = 0$. 设 R 是 S 中一个固定的 (1 次) 素除子, $G = D - R$.

对于每个 $(P, a) \in S \times \mathbb{F}_q$, 定义映射

$$h_{(P,a)}: L(G) \to \mathbb{F}_q, \quad f \mapsto f(P) + a.$$

引理 8.1.5 在上述假定之下, 又设 $\deg G \geqslant 2g + 1$. 令

$$\mathcal{H} = \{h_{(P,a)}: L(G) \to \mathbb{F}_q | (P, a) \in S \times \mathbb{F}_q\},$$

则 $|\mathcal{H}| = |S \times \mathbb{F}_q| = q \cdot |S|$. 换句话说, 若 $h_{(P,a)}$ 和 $h_{(Q,b)}$ 是由 $L(G)$ 到 $\mathbb{F}_q$ 的同一个映射, 则 $(P,a) = (Q,b)$.

证明 设 $(P,a),(Q,b) \in S \times \mathbb{F}_q$, $h_{(P,a)} = h_{(Q,b)}$. 则对每个 $f \in L(G)$, $f(P) + a = f(Q) + b$. 可取 $f \equiv 0$ (即恒为 0 的函数) 属于 $L(G)$. 因此 $a = b$. 从而对每个 $f \in L(G)$, $f(P) = f(Q)$.

将 $\mathbb{F}_q$ 中的元素 c 看成 K 中恒为 c 的函数. 由 $G = D - R$, $V_R(G) = -1$ 可知 $\mathbb{F}_q \cap L(G) = \{0\}$. 但是 $\mathbb{F}_q \subseteq L(D)$, 而 $l(D) = \deg D + 1 - g = l(G) + 1$. 从而 $L(D) = L(G) \oplus \mathbb{F}_q$ (直和). 由于已证对每个 $f \in L(G)$, $f(P) = f(Q)$. 再由引理 8.1.2 可知 $P = Q$, 即 $(P,a) = (Q,b)$. ∎

定理 8.1.6 在上述假定之下 (包括假定 $\deg G \geqslant 2g+1$), 集合

$$\mathcal{H} = \{h_{(P,a)} : L(G) \to \mathbb{F}_q | (P,a) \in S \times \mathbb{F}_q\}$$

为 ε-ASU Hash 函数族 $(H; n, m)$, 其中

$$H = q \cdot |S|, \quad n = |L(G)| = q^{l(G)} (l(G) = \deg D - g), \quad m = q, \quad \varepsilon = \frac{\deg D}{|S|}.$$

证明 $n = |L(G)| = q^{l(G)}$. 由 $\deg G \geqslant 2g+1$, 可知 $l(G) = \deg G + 1 - g = \deg D - g$, 而 $m = |\mathbb{F}_q| = q$. 剩下只需确定 ε. 设 $f_1, f_2 \in L(G)$, $f_1 \neq f_2$, $b_1, b_2 \in \mathbb{F}_q$. 令

$$\begin{aligned} k &= \#\{h_{(P,a)} \in \mathcal{H} | b_1 = h_{(P,a)}(f_1)(= f_1(P) + a), b_2 = h_{(P,a)}(f_2)(= f_2(P) + a)\} \\ &= \#\{(P,a) \in S \times \mathbb{F}_q | (f_1 - f_2 - b_1 + b_2)(P) = 0, f_2(P) + a = b_2\}, \end{aligned}$$

由于 $f_1 - f_2 \in L(G) \backslash \{0\}$, $b_1 - b_2 \in \mathbb{F}_q$, 可知 $0 \neq f_1 - f_2 - b_1 + b_2 \in L(G) \oplus \mathbb{F}_q = L(D)$. 由于 $f_1 - f_2 - b_1 + b_2$ 为 $L(D)$ 中的非零函数, 它在 S 中的零点除子 P 的个数 $\leqslant \deg D$, 而对每个 P, $a = b_2 - f_2(P)$. 从而 $k \leqslant \deg D = \frac{\deg D}{|S|} \cdot \frac{H}{m}$, 即可取 $\varepsilon = \frac{\deg D}{|S|}$. ∎

例 2 设 $K = \mathbb{F}_q(x)$, 则 $g(K) = 0$. K 中有 q 个 1 次有限素除子和一个 1 次无限素除子 ∞.

(A) 设 $2 \leqslant d \leqslant q$, S 为 q 个 1 次有限素除子构成的集合, $D = d\infty$. 则

$\deg D = d \geqslant 2 = 2g+2$, 由定理 8.1.6 给出 ε-ASU Hash 函数族 (H, n, m), 其中

$$H = q \cdot |S| = q^2, \quad n = q^d, \quad m = q, \quad \varepsilon = \frac{\deg D}{|S|} = \frac{d}{q}.$$

(B) 设 $2 \leqslant d \leqslant q$, S 为 K 中的全部 $q+1$ 个 1 次素除子构成的集合. 熟知 $\mathbb{F}_q[x]$ 中存在 d 次首 1 不可约多项式, 它对应 K 的一个 d 次素除子 D. 由定理 8.1.6 给出 ε-ASU Hash 函数族 (H, n, m), 其中

$$H = q(q+1), \quad n = q^d, \quad m = q, \quad \varepsilon = \frac{d}{q+1}.$$

采用亏格 $g \geqslant 1$ 的函数域, 可得到参数更为灵活的 ε-ASU Hash 函数族.

8.2 防伪码

1998 年, D. Boneh 和 J. Shaw [26a] 给出了一种数字指纹方案. 设想 $S_1, \cdots, S_N$ 是 N 个不同的指纹集合. 管理中心取 $S_1 \times \cdots \times S_N$ 的一个子集合 C 作为使用的指纹序列. 每个指纹序列有形式 $c = (c^{(1)}, \cdots, c^{(N)})$, 其中 $c^{(j)} \in S_j$. 设 $|C| = M$, 管理中心把 M 份重要文件 $D_1, \cdots, D_M$ 分别交给用户 $u_1, \cdots, u_M$, 同时把 C 中的指纹序列 $c_1, \cdots, c_M$ 分别分配给用户 $u_1, \cdots, u_M$, 其中 $c_i = (c_i^{(1)}, \cdots, c_i^{(N)})$ $(1 \leqslant i \leqslant M)$. 用户 u_i 根据分发来的指纹序列 c_i 才能认领交给他的文件 D_i.

设想其中有 m 个用户, 不妨设为 $u_1, \cdots, u_m$ $(m \leqslant M)$ 想合伙盗取新的文件. 试图利用发给他们的指纹序列 $c_1, \cdots, c_m$ 产生一个新的指纹序列 c_i (对某个 $i \geqslant m+1$), 从而可盗走文件 D_i. 产生的方式为: 对每个 λ, $1 \leqslant \lambda \leqslant N$, 在 $c_1^{(\lambda)}, c_2^{(\lambda)}, \cdots, c_m^{(\lambda)}$ (即这 m 个用户指纹序列 $c_1, \cdots, c_m$ 的第 λ 部分) 当中选一个作为 V_λ, 希望 $V = (V_1, \cdots, V_N)$ 是一个新的指纹序列, 即 $V = c_i$ (对某个 $i \geqslant m+1$). 所以管理中心要适当地选取所用的指纹集合 c, 使得任意 m 个用户合伙, 用上述方式得不到 c 中新的指纹序列. 这就导致下面的定义. 为简单起见, 这里将 $S_1, \cdots, S_N$ 取成同样的集合 S.

定义 8.2.1 设 S 为 q 元集合, $N \geqslant 2$, 对每个 $i, 1 \leqslant i \leqslant N$, 定义到第 i 坐

标的投射

$$\pi_i : S^N \to S, \quad (a_1, \cdots, a_N) \longmapsto a_i.$$

对于 S^N 的一个子集合 A, 定义 A 的衍生集合为

$$D(A) = \{V = (V_1, \cdots, V_N) \in S^N | \text{对每个 } i, 1 \leqslant i \leqslant N,$$
$$\text{有 } a = (a_1, \cdots, a_N) \in A, \text{ 使得 } V_i = \pi_i(a)(= a_i)\},$$

显然 $A \subseteq D(A)$.

设 $m \geqslant 2$, S^N 中的一个子集合 C 叫作 q 元 m-防伪码 (frameproof code), 简记为 q 元 m-FPC(N, M), 是指 $|C| = M > m$, 并且对于 C 中的每个 m 元子集 A, $D(A) \cap C = A$.

对于固定的 $m, N \geqslant 2$, 令 $M_g(N, m)$ 为 M 的最大值, 使得存在 C 为 q 元 m-FPC(N, M). 注意, 若 C 是 q 元 m-FPC(N, M), 则 C 的每个 M' 元子集均是 q 元 m-FPC(N, M'). 我们希望 $M_q(N, m)$ 愈大愈好.

对于固定的 q 和 m, 已知有如下的渐近上界

$$D_q(m) \xlongequal{\text{定义}} \varlimsup_{N \to \infty} \frac{\log_q M_q(N, m)}{N} \leqslant \frac{1}{m}.$$

问题是: 这个上界好到何种程度? 利用防伪码的各种构作方法, 可以得到 $D_q(m)$ 的一些下界. 首先介绍 Cohen 和 Enchera 于 2000 年采用线性纠错码构作防伪码的方法.

定理 8.2.2 设 q 为素数幂. 则每个 $[N, k, d]_q$ 线性码 C 均是 q 元防伪码 m-FPC(N, q^k), 其中 $m = \left[\frac{N-1}{N-d}\right]$.

证明 取 C 的一个 m 元子集 A. 如果 $D(A) \cap C \neq A$, 取一个码字 $x \in D(A) \cap C$, $x \notin A$. 由 $|A| = m$ 和 $x \in D(A)$, 可知有码字 $y \in A$, 使得 x 和 y 至少有 $\lceil \frac{N}{m} \rceil$ 个相同位 (设 $A = \{c_1, \cdots, c_m\}$, x 有 n_i 位取自 $c_i (1 \leqslant i \leqslant m)$, 则 $n_1 + \cdots + n_m = N$, 从而至少有一个 $n_i \geqslant \lceil \frac{N}{m} \rceil$. 取 $y = c_i$ 即可). 于是 $W_H(y - x) \leqslant N - \lceil \frac{N}{m} \rceil \leqslant N - \frac{N}{m}$. 但是 $x \neq y$ (因为 $x \notin A$, $y \in A$), 可知 $d \leqslant W_H(y - x) \leqslant N - \frac{N}{m}$. 于是 $m \geqslant \frac{N}{N-d}$, 这和 $m = \left[\frac{N-1}{N-d}\right]$ 矛盾. 这表明对 C 的每个 m 元子集 A, 均满足 $D(A) \cap C = A$. ∎

利用防伪码和线性纠错码的上述联系, 邢朝平采用代数几何码给出了 $D_q(m)$ 的一些下界, 其中包括:

定理 8.2.3 ([21]) 设 $q=p^l$ 为素数幂.

(1) 当 $2|l$ 时, 对每个 $m\geqslant 2$, $D_q(m)\geqslant \frac{1}{m}-\frac{1}{\sqrt{q}-1}$;

当 $3|l$ 时, 对每个 $m\geqslant 2$, $D_q(m)\geqslant \frac{1}{m}-\frac{q^{1/3}+2}{2(q^{2/3}-1)}$.

(2) 对于任何 $l\geqslant 1$, 当 $m\geqslant 2$ 时, $D_q(m)\geqslant \frac{1}{m}-\frac{96}{\log_2 q}$.

加上前面的上界 $D_q(m)\leqslant \frac{1}{m}$, 可知对于固定的 m, 当 q 充分大时, $D_q(m)$ 和 $\frac{1}{m}$ 相差不大, 即当 $N\to\infty$ 时, $M_q(N,m)\approx q^{N/m}$.

现在介绍用函数域直接构作防伪码的一种方法, 它是代数几何码构作方式的一种推广.

仍设 K 是以 $\mathbb{F}_q$ 为常数域的函数域, $P_1,\cdots,P_N$ 为 K 中 N 个不同的 1 次素除子, $A=P_1+\cdots+P_N$. 设 D 是 K 中的除子, $D\geqslant 0$, $L(D-A)=\{0\}$.

令 t_i 是 P_i 的一个局部参数, 即 $t_i\in K$, $V_{P_i}(t_i)=1$ $(1\leqslant i\leqslant N)$. 令 $V_{P_i}(D)=V_i(\geqslant 0)$ $(1\leqslant i\leqslant N)$. 则对于 $f\in L(D)$, $V_{P_i}(f)\geqslant -V_i$. 从而对于函数 $t_i^{V_i}f$, $V_{P_i}(t_i^{V_i}f)\geqslant 0$, 于是 $(t_i^{V_i}f)(P_i)\in\mathbb{F}_q$. 我们有 $\mathbb{F}_q$-线性映射

$$\phi: L(D)\to\mathbb{F}_q^N,\quad f\mapsto ((t_1^{V_1}f)(P_1),\cdots,(t_N^{V_N}f)(P_N)),$$

像集合是 $\mathbb{F}_q^N$ 的一个 $\mathbb{F}_q$-向量子空间, 这是通常代数几何码 (V_i 均为 0 的情形) 的推广, 这个 $\mathbb{F}_q$ 上线性码记为 $C(A,D)_L$. 由假设 $L(D-A)=\{0\}$ 可知 ϕ 是单射, 从而线性码 $C(A,D)_L$ 的维数 k 等于 $l(D)(=\dim L(D))$.

定理 8.2.4 设 K 是以 $\mathbb{F}_q$ 为常数域的函数域, $P_1,\cdots,P_N$ 为 K 中 N 个不同的 1 次素除子, $A=P_1+\cdots+P_N$. D 为 K 中的除子, $D\geqslant 0$, $\deg D<N$. 设 $c\geqslant 2$, 并且 $L(cD-A)=\{0\}$. 则线性码 $C(A,D)_L$ 是防伪码 c-FPC$(N,q^{l(D)})$.

证明 对于 $f\in L(D)$, t_i, V_i $(1\leqslant i\leqslant N)$ 定义如上. 我们有码字

$$c_f=\phi(f)=((t_1^{V_1}f)(P_1),\cdots,(t_N^{V_N}f)(P_N))\in\mathbb{F}_q^N.$$

记 $C=C(A,D)_L$ 为全体码字集合. 设 $A=\{c_{f_1},\cdots,c_{f_r}\}$ 是码 C 的一个子集合, $r=|A|\leqslant c$. 如果某个 $h\in L(D)$, 使得 $c_h\in D(A)\cap C$, 我们要证明

$c_h \in A$. 由 $D(A)$ 的定义可知对每个 i, $1 \leqslant i \leqslant N$, c_h 的第 i 位必为某个 c_{f_j} 的第 i 位. 因此

$$\prod_{j=1}^{r} \pi_i(c_{f_j} - c_h) = 0.$$

这相当于 $\prod_{j=1}^{r}(t_i^{V_i} f_j - t_i^{V_i} h)(P_i) = 0$, 即 $V_{P_i}\left(\prod_{j=1}^{r}(t_i^{V_i} f_j - t_i^{V_i} h)\right) \geqslant 1$. 这又相当于 $\prod_{j=1}^{r}(f_j - h) \in L(rD - A) \subseteq L(cD - A) = \{0\}$. 从而 $\prod_{j=1}^{r}(f_j - h) = 0$, 因此 $h = f_j$ (对某个 j, $1 \leqslant j \leqslant r$). 这表明 $c_h = c_{f_j} \in A$. 证毕. ∎

由上述定理构作的防伪码 c-FPC$(N, q^{l(D)})$, 其性能和线性码 $C(A, D)_L$ 的最小距离没有直接联系 (对比定理 8.2.2 中由线性码构作的防伪码, 其性能 $m = \left[\frac{N-1}{N-d}\right]$ 和最小距离 d 有直接关系). 定理 8.2.3 的关键是要寻求 K 中的一个除子 $D \geqslant 0$, 使得 $L(cD - A) = \{0\}$. 利用函数域的 zeta 函数和 K 的零次除子类群的性质, 可以给出寻求这样除子 $D \geqslant 0$ 的一个充分条件. 由此得到性能好的防伪码和 $D_q(c)$ 的好的下界. 详见书 [7] 中的第 2.2 节, 这里从略.

8.3 局部修复码

设 C 是 $\mathbb{F}_q$ 上参数为 (n, K, d) 的纠错码, 则它有纠正 $\left[\frac{d-1}{2}\right]$ 位错误的能力. 也就是说, 若码字 $c = (c_1, \cdots, c_n) \in C$ 有 l 位 $c_{i_1}, \cdots, c_{i_l}$ 在信道传输时出现错误, 收到 $c' = (c'_1, \cdots, c'_n)$, 其中当 $i \neq i_1, \cdots, i_l$ 时 $c'_i = c_i$ (无错). 则当 $l \leqslant \left[\frac{d-1}{2}\right]$ 时, 我们可以发现有错, 并且由 c' 中无错的 $n - l$ 位可以知道哪几位有错, 而且还可把错误改正过来, 即发现在 $i = i_1, \cdots, i_l$ 处 c'_i 有错, 并且可把 c'_i 恢复成 c_i.

2012 年, P. V. Kumar 等人考虑实际中常发生的另一种出错情形, 即码字 $c = (c_1, \cdots, c_n)$ 在信道中传输时产生 "擦除错", 即有 l 位 $i = i_1, \cdots, i_l$ 处 c_i 模糊不清, 收到 $c' = (c'_1, \cdots, c'_n)$, 在 $i = i_1, \cdots, i_l$ 处 c'_i 记为 x. 而在其余位 $i \neq i_1, \cdots, i_l$ 处 $c'_i = c_i$ (无错). 对于这种错误模式, 我们知道码字出错的位置 $i_1, \cdots, i_l$. 我们希望对于 $\{1, \cdots, n\}$ 这 n 位的每种可能的 l 位, 即

$I=\{i_1,\cdots,i_l\}$ 是 $\{1,2,\cdots,n\}$ 的任意 l 元子集合, 都存在一个 r 元子集合 $J=\{j_1,\cdots,j_r\}\subseteq\{1,\cdots,n\}\setminus I$, 使得码字 c 的每位 c_i $(i=i_1,\cdots,i_l)$ (收到为 $c_i'=x$) 均可由收到无误的 r 位 $\{c_j|j\in J\}$ 计算出来. 集合 J 叫作 I 的局部修复集. 而 r 叫作局部修复度 (locality). 希望正整数 $r=|J|$ 尽量小. 即希望用码字较少数传输正确的分量值算出所有 l 个模糊不清的分量. 这种码称作局部修复码.

十多年来, 局部修复码受到人们广泛的关注, 并且还有许多推广的方案 (比如说对 $\{1,\cdots,n\}$ 的每个 l 元子集合 I, 可以考虑有多个局部修复集, 以便当某个局部修复集上也有模糊位时, 采用另一个局部集进行修复). 研究局部修复度 r 的界限, 构作好的局部修复码是研究者的关注点. 为简单起见, 我们只考虑 $l=1$ 的情形, 即在码字传输时, 只有一位发生擦除错误. 对码字 $c=(c_1,\cdots,c_n)$ 的每一位 $i(1\leqslant i\leqslant n)$, 均有 r 位的局部修复集 $J_i\subseteq\{1,\cdots,n\}\setminus\{i\}$, 使得由 C 中 r 位 $c_j(j\in J_i)$ 可算出 (恢复) c_i.

为了给出局部修复码确切的数学定义, 需要进一步阐明何时一个 r 元子集 $J\subseteq\{1,2,\cdots,n\}\setminus\{i\}$ 是第 i 位的局部修复集.

引理 8.3.1 设 $C\subseteq\mathbb{F}_q^n$ 是码长为 n 的 q 元码, $1\leqslant i\leqslant n$, $J\subseteq\{1,\cdots,n\}\setminus\{i\}$. 对每个 $\alpha\in\mathbb{F}_q$, 令

$$C_J(i,\alpha)=\{c_J=(c_j)_{j\in J}|c=(c_1,\cdots,c_n)\in C,c_i=\alpha\}.$$

则 J 是码 C 第 i 位的局部修复集当且仅当对 $\mathbb{F}_q$ 中的任意两个不同元素 α 和 β, $C_J(i,\alpha)$ 和 $C_J(i,\beta)$ 均不相交.

证明 每个 $C_J(i,\alpha)$ 都是 $\mathbb{F}_q^r$ 的子集合 $(r=|J|)$, 可能是空集, 即 C 中可能不存在码字 c 使得 $c_i=\alpha$.

如果对于 $\alpha,\beta\in\mathbb{F}_q$, $\alpha\neq\beta$, $C_J(i,\alpha)$ 和 $C_J(i,\beta)$ 有公共元素 $a=(a_j)_{j\in J}$. 这表明 C 中有两个码字 $c=(c_1,\cdots,c_n)$ 和 $c'=(c_1'\cdots,c_n')$, 使得 $c_J=c_J'=a$, 但是 $c_i=\alpha\neq\beta=c_i'$ (从而 c 和 c' 是不同的码字). 换句话说, 当收到 $c_J=c_J'=a$ 时, 不能用 a 修复码字第 i 位, 因为 $c_i=\alpha$ 和 $c_i'=\beta$ 均有可能. 反之, 若当 $\alpha\neq\beta$ 时 $C_J(i,\alpha)$ 和 $C_J(i,\beta)$ 均不相交, 则 $\{C_J(i,\alpha)|\alpha\in\mathbb{F}_q\}$

是 $\mathbb{F}_q^r$ 中彼此不相交的一些集合. 我们可定义一个函数 $\varphi: \mathbb{F}_q^r \to \mathbb{F}_q$, 其中当 $a \in C_J(i,\alpha)(\neq \varnothing)$ 时, 只有一个 $\alpha \in \mathbb{F}_q$ 满足此条件, 定义 $\varphi(a) = \alpha$, 而当 $a \in \mathbb{F}_q^r$ 不属于任何 $C_J(i,\alpha)(\alpha \in \mathbb{F}_q)$ 时, $\varphi(a)$ 可定义 $\mathbb{F}_q$ 中的任何元素. 这时, 收到码字 C 中的 c_J, 则存在唯一的 $\alpha \in \mathbb{F}_q$, 使 $c_J \in C_J(i,\alpha)$. 于是由 c_J 可算出码字 c 的第 i 位 $c_i = \varphi(c_J) = \alpha$. 证毕 ∎

定义 8.3.2 $C \subseteq \mathbb{F}_q^n$ 称作具有局部修复度 $r(\geqslant 1)$ 的局部修复码 (locally repairable code), 是指对每个 $i \in \{1,\cdots,n\}$ 均存在 $\{1,\cdots,n\} \setminus \{i\}$ 的子集 J_i, $|J_i| \leqslant r$, 使得对 $\mathbb{F}_q$ 中任意两个不同的元素 α, β, $C_{J_i}(i,\alpha) \cap C_{J_i}(i,\beta) = \varnothing$.

本节只讨论线性码的情形. 若 C 是 $\mathbb{F}_q$ 上参数为 $[n,k,d]$ 的线性码, 如果作为局部修复码它的局部修复度为 r, 可以证明这些参数之间有如下关系, 叫作局部修复码的 Singleton 界:

$$d \leqslant n - k - \left\lceil \frac{k}{r} \right\rceil + 2 \quad (\text{通常的 Singleton 界为 } d \leqslant n-k+1).$$

达到此界的线性码 C 叫作*最佳局部修复码*. 目前已有许多构作这种码的方法, 包括用函数域的构作方法 (见 [14–18, 22–28]). 在举例之前先回忆线性码中的一些基本概念. 对于 $\mathbb{F}_q$ 上参数为 $[n,k,d]$ 的线性码 C, 它是 $\mathbb{F}_q^n$ 中的 k 维 $\mathbb{F}_q$-向量子空间. 设 $V_1,\cdots,V_k$ 为 C 的一组基, 则 k 行 n 列元素属于 $\mathbb{F}_q$ 并且秩为 k 的矩阵

$$G = \begin{bmatrix} V_1 \\ \vdots \\ V_k \end{bmatrix}$$

叫作线性码 C 的*生成矩阵*, 因为 C 是 (编码) 线性空间单同态

$$\mathbb{F}_q^k \to \mathbb{F}_q^n, \quad (a_1,\cdots,a_k) \mapsto (a_1,\cdots,a_k)G = a_1V_1 + \cdots + a_kV_k$$

的像空间. 另一方面, 存在 $n-k$ 行 n 列元素属于 $\mathbb{F}_q$ 并且秩为 $n-k$ 的矩阵

$$H = \begin{bmatrix} W_1 \\ \vdots \\ W_{n-k} \end{bmatrix},$$

使得对于 $c=(c_1,\cdots,c_n)\in\mathbb{F}_q^n$, $c\in C$ 当且仅当 $Hc^T=0\in\mathbb{F}_q^{n-k}$ (即 $c_1,\cdots,c_n$ 是以 H 为系数阵的齐次线性方程组的解). H 叫作线性码 C 的校验矩阵. 若将 H 表示成 $H=[u_1,\cdots,u_n]$, 其中 u_i 为 $\mathbb{F}_q^{n-k}$ 中的列向量, 则 $Hc^T=\sum\limits_{i=1}^{n}c_iu_i$.

用 H 可决定码 C 的最小距离 d: $u_1,\cdots,u_n$ 中任何 $d-1$ 个不同列向量均 $\mathbb{F}_q$-线性无关, 并且存在 d 个列向量线性相关.

对于 $a=(a_1,\cdots,a_n)$ 和 $b=(b_1,\cdots,b_n)\in\mathbb{F}_q^n$, 它们的内积定义为 $(a,b)=ab^T=\sum\limits_{i=1}^{n}a_ib_i\in\mathbb{F}_q$. 则对于上述线性码 C, $\mathbb{F}_q^n$ 中的子集合

$$\begin{aligned}C^{\perp}&=\{c'\in\mathbb{F}_q^n|\ \text{对}\ C\ \text{中的每个码字}\ c,\ (c,c')=0\}\\&=\{c'\in\mathbb{F}_q^n|(c',V_i)=0\ (1\leqslant i\leqslant n)\}\end{aligned}$$

也是 $\mathbb{F}_q^n$ 的 $\mathbb{F}_q$-子空间, 维数为 $n-k$, 从而也是 $\mathbb{F}_q$ 上的线性码, 叫作 C 的对偶码. G 和 H 分别为线性码 $C^{\perp}$ 的校验矩阵和生成矩阵. 于是 $(C^{\perp})^{\perp}=C$.

有了以上准备, 现在可以讨论线性码的局部修复性.

对于 $\mathbb{F}_q^n$ 中的向量 $a=(a_1,\cdots,a_n)$, 记 $\mathrm{Supp}(a)=\{i|1\leqslant i\leqslant n,a_i\neq 0\}$, 叫作向量 a 的支撑集 (support), 即 a 的所有非零分量所在位置的集合.

引理 8.3.3 设 C 是 $\mathbb{F}_q$ 上参数为 $[n,k,d]$ 的线性码, $d\geqslant 2$. 则

(1) 对每个 i, $1\leqslant i\leqslant n$, $\{1,\cdots,n\}\setminus\{i\}$ 中的每个 $n-d+1$ 元子集均是码 C 第 i 位的局部修复集. 从而 C 是局部修复度 $r=n-d+1$ 的局部修复码.

(2) 若 $C^{\perp}$ 中存在非零码字 c', 则对任何 $i\in\mathrm{Supp}(c')$, $\mathrm{Supp}(c')\setminus\{i\}$ 均是码 C 第 i 位的局部修复集. 特别对于 C 的校验矩阵的每个行向量 W, 对于 $\mathrm{Supp}(W)$ 中的每个 i, $\mathrm{Supp}(W)\setminus\{i\}$ 都是第 i 位的局部修复集.

证明 (1) 设 J 是 $\{1,\cdots,n\}\setminus\{i\}$ 的一个 $n-d+1$ 元子集. 如果 J 不是第 i 位的局部修复集, 则存在 $\alpha,\beta\in\mathbb{F}_q$, $\alpha\neq\beta$, 使得 $C_J(i,\alpha)$ 和 $C_J(i,\beta)$ 有公共元 $a\in\mathbb{F}_q^{n-d+1}$, 即有 $c=(c_1,\cdots,c_n)$, $c'=(c_1',\cdots,c_n')\in C$, 使得 $c_J=c_J'=a$, $c_i=\alpha$, $c_i'=\beta$. 考虑 $b=c-c'\in C$, 则 $b_J=c_J-c_J'$ 为 $\mathbb{F}_q^{n-d+1}$ 中的全 0 向量, $b_i=c_i-c_i'=\alpha-\beta\neq 0$. 于是 b 是 C 中的非零码字, 它的汉明重量 $W_H(b)\leqslant n-(n-d+1)=d-1$. 这和 C 的最小距离为 d 相矛盾. 从

而 $\{1,\cdots,n\}\setminus\{i\}$ 的每个 $n-d+1$ 元子集均为第 i 位的局部修复集.

(2) 对于每个码字 $c\in C$, $0=(c,c')=\sum\limits_{j\in\mathrm{Supp}(c')}c_jc'_j$. 并且对每个 $j\in\mathrm{Supp}(c')$, $c'_j\neq 0$. 所以对每个 $i\in\mathrm{Supp}(c')$, $c_ic'_i=-\sum\limits_{\substack{j\in\mathrm{Supp}(c')\\ j\neq i}}c'_jc_j$, $c'_i\neq 0$. 从而 c_i 均可由 $\{c_j|_{j\neq i}j\in\mathrm{Supp}(c')\}$ 的 $\mathbb{F}_q$-线性组合计算出来 (系数 c'_j 由 c' 给出). 这就表明 $\mathrm{Supp}(c')\setminus\{i\}$ 为码 C 第 i 位的局部修复集. 最后一个论断是由于 C 的校验阵每个行向量均是 $C^{\perp}$ 中的码字. ▮

例 1 对于 $\mathbb{F}_q$ 上每个线性 MDS 码 C, 参数为 $[n,k,d]$, $d\geqslant 2$, $n=k+d-1$. 熟知对偶码 $C^{\perp}$ 也是 MDS 线性码, 参数为 $[n,n-k,d^{\perp}]$, $d^{\perp}=n-(n-k)+1=k+1$. 并且熟知对任何 $i(1\leqslant i\leqslant n)$, $C^{\perp}$ 中均有码字 $c'=(c'_1,\cdots,c'_n)$ 使得 $i\in\mathrm{Supp}(c')$, $|\mathrm{Supp}(c')|=k+1$. 由引理 8.3.3(2) 可知 C 是局部修复度 $r=k$ 的局部修复码. 或者由引理 8.3.3(1) 也可知 C 的局部修复度可为 $n-d+1=(k+d-1)-d+1=k$. 另一方面, 由 Singleton 界 $d\leqslant n-k-\lceil\frac{k}{r}\rceil+2=d+1-\lceil\frac{k}{r}\rceil$ 可知 $\lceil\frac{k}{r}\rceil\leqslant 1$. 从而局部修复度不能小于 k. 这表明所有 MDS 线性码都是最佳局部修复码. 缺点是码长太小: 当 q 为偶数时, $n\leqslant q+2$, 而当 q 为奇素数幂时, 猜想 $n\leqslant q+1$.

现在介绍 [15] 中用函数域构作的局部修复码. 它们具有更为灵活的参数和较小的局部修复度 r.

以下设 K 是以 $\mathbb{F}_q$ 为常数域的函数域, $g=g(K)\geqslant 1$ 为域 K 的亏格. 固定 K 的一个 1 次素除子 ∞. 由黎曼–罗赫定理知 $L(n\infty)$ 的维数 $l(n\infty)$ 有关系 $(n=0,1,\cdots,2g-1)$:

$$1=l(0\cdot\infty)\leqslant l(\infty)\leqslant l(2\infty)\leqslant\cdots\leqslant l((2g-1)\infty)=2g-1+1-g=g.$$

这就表明存在正整数序列 $0=n_1<n_2<\cdots<n_g\leqslant 2g-1$ (叫 Weierstrass gap 序列), 使得

$$L(0\cdot\infty)=L(\infty)=\cdots=L((n_2-1)\infty), \text{维数均为}\,1, \text{基为}\,\{f_1\};$$
$$L(n_2\infty)=L((n_2+1)\infty)=\cdots=L((n_3-1)\infty), \text{维数均为}\,2, \text{基为}\,\{f_1,f_2\};$$

……

$L(n_g\infty)=L((n_g+1)\infty)=\cdots=L((2g-1)\infty)$, 维数均为 g, 基为 $\{f_1,f_2,\cdots,f_g\}$. 由 $f_1\in L(0)$ 可知 $f_1=a$ ($\mathbb{F}_q^*$ 中常值 a 的函数), 从而 $V_\infty(f_1)=0=n_1$, $\mathrm{div}(f_1)_-=0$. 由 $f_2\in L(n_2\infty)$ 知 $V_\infty(f_2)\geqslant -n_2$. 由 $f_2\notin L((n_2-1)\infty)$ 知 $V_\infty(f_2)\leqslant -(n_2-1)$. 于是 $V_\infty(f_2)=-n_2$. $\mathrm{div}(f_2)_-=n_2\cdot\infty$ 类似地知 $V_\infty(f_j)=n_j(1\leqslant j\leqslant g)$. 即 $L((2g-1)\infty)$ 的一组基 $\{f_1,\cdots,f_g\}$ 满足 $V_\infty(f_j)=n_j$ $(1\leqslant j\leqslant g)$, 并且 $\mathrm{div}(f_j)_-=n_j\cdot\infty$ (极点除子).

取 π 为对 1 次素除子 ∞ 的局部参数, 即 $V_\infty(\pi)=1$. 则 f_j 有 π-adic 展开:

$$f_j=\pi^{-2g+1}\sum_{i=0}^{\infty}c_{ij}\pi^i,$$

其中 $c_{ij}\in\mathbb{F}_q$. 事实上, 由 $V_\infty(f_j)=-n_j$, 可知当 $0\leqslant i\leqslant 2g-2-n_j$ 时 $c_{ij}=0$, 而对 $i=2g-1-n_j$, $c_{ij}\neq 0$.

对于 $t\geqslant 0$, 考虑下面在 $\mathbb{F}_q$ 上的 $2g+t$ 行 g 列矩阵

$$A=\begin{bmatrix} c_{01} & c_{02} & \cdots & c_{0g}\\ c_{11} & c_{12} & & c_{1g}\\ \vdots & \vdots & & \vdots\\ c_{2g-1+t,1} & c_{2g-1+t,2} & \cdots & c_{2g-1+t,g}\end{bmatrix}.$$

引理 8.3.4 *A 的秩为 g (满秩). 事实上, A 的前 $2g$ 行的秩为 g.*

证明 设 A 的前 $2g$ 行为矩阵 $[V_1,\cdots,V_g]$, V_j 为 $\mathbb{F}_q^{2g}$ 中的列向量. 如果它们线性相关, 即 $\sum\limits_{j=1}^{g}\lambda_jV_j=0$ ($\lambda_j\in\mathbb{F}_q$, 不全为 0), 则 $\sum\limits_{j=1}^{g}\lambda_jc_{ij}=0$ $(0\leqslant i\leqslant 2g-1)$. 于是

$$\begin{aligned}\sum_{j=1}^{g}\lambda_jf_j&=\pi^{-2g+1}\sum_{j=1}^{g}\lambda_j\sum_{i=0}^{\infty}c_{ij}\pi^i=\pi^{-2g+1}\sum_{i=0}^{\infty}\pi^i\sum_{j=1}^{g}\lambda_jc_{ij}\\&=\pi^{-2g+1}\sum_{i=2g}^{\infty}c_i\pi^i,\quad \text{其中 } c_i=\sum_{j=1}^{g}\lambda_jc_{ij},\end{aligned}$$

这表明 $V_\infty\left(\sum\limits_{j=1}^{g}\lambda_jf_j\right)\geqslant 1$. 但是 $V_\infty(f_j)(1\leqslant j\leqslant g)$ 是彼此不同的小于

或等于 0 的整数. 由于 $\lambda_j(1 \leqslant j \leqslant g)$ 不全为 0, 因此 $V_\infty\left(\sum_{j=1}^{g}\lambda_j f_j\right) = \min\{V_\infty(f_j)|\lambda_j \neq 0\} \leqslant 0$. 这就导致矛盾. 因此矩阵 A 的前 $2g$ 列是 $\mathbb{F}_q$-线性无关的. 证毕. ∎

现在固定 $r \geqslant 1$, 令 $\{P_{ij}|1 \leqslant i \leqslant m, 1 \leqslant j \leqslant r\}$ 为 K 中 mr 个不同的 1 次素除子, 并且均不为 ∞ (从而要求 K 中 1 次素除子的个数 $\geqslant mr+1$). 则 $L((2g-1)\infty + P_{ij})$ 的维数为 $g+1$, 将 $L((2g-1)\infty)$ 的基 $\{f_1, \cdots, f_g\}$ 扩充为 $L((2g-1)\infty + P_{ij})$ 的基 $\{f_1, \cdots, f_g, g_{ij}\}$, 则 $V_{P_{ij}}(g_{ij}) = -1$ $(1 \leqslant i \leqslant m, 1 \leqslant j \leqslant r)$.

设 $g_{ij} = \pi^{-2g+1}\sum_{l=0}^{\infty} b_{lij}\pi^l$ $(b_{lij} \in \mathbb{F}_q)$. 由引理 8.3.4, 矩阵 A 前 $2g$ 行的秩为 g, 为符号简单起见, 不妨设 A 的前 g 行构成的方阵

$$A_1 = \begin{bmatrix} c_{01} & c_{02} & \cdots & c_{0g} \\ c_{11} & c_{12} & & c_{1g} \\ \vdots & \vdots & & \vdots \\ c_{g-1,1} & c_{g-1,2} & \cdots & c_{g-1,g} \end{bmatrix}$$

的秩为 g, 即 A_1 为 $\mathbb{F}_q$ 上的可逆方阵. 于是线性方程组

$$A_1 \begin{bmatrix} x_1 \\ \vdots \\ x_g \end{bmatrix} = \begin{bmatrix} b_{0ij} \\ \vdots \\ b_{g-1,ij} \end{bmatrix}$$

有唯一解 $(x_1, \cdots, x_g) = (\alpha_{1ij}, \cdots, \alpha_{gij}) \in \mathbb{F}_q^g$, 即 $\sum_{w=1}^{g} c_{lw}\alpha_{wij} = b_{lij}$ $(0 \leqslant l \leqslant g-1)$.

令 $f_{ij} = g_{ij} - \sum_{w=1}^{g}\alpha_{wij}f_w$, 则

$$\begin{aligned} f_{ij} &= \pi^{-2g+1}\sum_{l=0}^{\infty} b_{lij}\pi^l - \sum_{w=1}^{g}\alpha_{wij}f_w \\ &= \pi^{-2g+1}\left(\sum_{l=0}^{\infty} b_{lij}\pi^l - \sum_{w=1}^{g}\alpha_{wij}\sum_{l=0}^{\infty} c_{lw}\pi^l\right) \end{aligned}$$

$$= \pi^{-2g+1} \sum_{l=0}^{\infty} \pi^l \left(b_{lij} - \sum_{w=1}^{g} c_{lw} \alpha_{wij} \right)$$

$$= \pi^{-2g+1} \sum_{l=g}^{\infty} a_{lij} \pi^l,$$

其中对于 $l \geqslant g$,

$$a_{lij} = b_{lij} - \sum_{w=1}^{g} \alpha_{wij} c_{lw}.$$

引理 8.3.5 对于 $1 \leqslant i \leqslant m,\ 1 \leqslant j \leqslant r$.

(1) $f_{ij} \in L((2g-1)\infty + P_{ij}),\ V_{P_{ij}}(f_{ij}) = -1$.

(2) 若 $(u,v) \neq (i,j)$, 则 $V_{P_{ij}}(f_{uv}) \geqslant 0$.

(3) $\{f_{ij} | 1 \leqslant i \leqslant m, 1 \leqslant j \leqslant r\}$ 是 $\mathbb{F}_q$-线性无关的.

证明 (1) $f_{ij} = g_{ij} - \sum\limits_{w=1}^{g} \alpha_{wij} f_w \in L((2g-1)\infty + P_{ij}),\ V_{P_{ij}}(g_{ij}) = -1$. 由 $f_w \in L((2g-1)\infty)$ 知 $V_{P_{ij}}(f_w) \geqslant 0\ (1 \leqslant w \leqslant g)$. 再由非阿基米德性质便知 $V_{P_{ij}}(f_{ij}) = -1$.

(2) 这是由于 $f_{ij} \in L((2g-1)\infty + P_{ij})$, 而 $P_{ij} \neq P_{uv}$.

(3) 设 $\{f_{ij} | 1 \leqslant i \leqslant m, 1 \leqslant j \leqslant r\}$ 是 $\mathbb{F}_q$-线性相关的, 即

$$\sum_{i=1}^{m} \sum_{j=1}^{r} \lambda_{ij} f_{ij} = 0 \quad (\lambda_{ij} \in \mathbb{F}_q,\ \text{且对某个}\ (i_0, j_0), \lambda_{i_0 j_0} \neq 0).$$

由 (1), (2) 和非阿基米德性质, $V_{P_{i_0 j_0}}\left(\sum\limits_{i=1}^{m} \sum\limits_{j=1}^{r} \lambda_{ij} f_{ij} \right) = V_{P_{i_0 j_0}}(f_{i_0 j_0}) = -1$. 这和 $\sum\limits_{i,j} \lambda_{ij} f_{ij} = 0$ 矛盾. 证毕. ▮

现在对 $1 \leqslant i \leqslant m$, 取 $\alpha_i \in \mathbb{F}_q^*$, $\alpha_i \neq 1$ (从而要求 $q \geqslant 3$). 令 $f_{i,r+1} = \alpha_i f_{i1}$. 定义矩阵 ($g+t$ 行 $r+1$ 列)

$$D_i = \begin{bmatrix} a_{gi1} & \cdots & a_{gir} & \alpha_i a_{gi1} \\ a_{g+1,i1} & \cdots & a_{g+1,ir} & \alpha_i a_{g+1,i1} \\ \vdots & & \vdots & \vdots \\ a_{2g-1+t,i1} & & a_{2g-1+t,ir} & \alpha_i a_{2g-1+t,i1} \end{bmatrix}$$

(第 j 列为 f_{ij} 的局部展开系数)($1 \leqslant j \leqslant r+1$).

最后, 令

$$H=\begin{bmatrix} 1\cdots1 & & & \\ & 1\cdots1 & & \\ & & \ddots & \\ & & & 1\cdots1 \\ D_1 & D_2 & \cdots & D_m \end{bmatrix},$$

这是 $g+t+m$ 行 $m(r+1)$ 列矩阵, 前 m 行分别各有连续 $r+1$ 个元素为 1, 其余为 0.

定理 8.3.6 设 $q\geqslant 3$, C 是以 H 为校验矩阵的线性码. 则 C 是参数为 $[n,k,d]_q$ 并且局部修复度为 r 的局部修复码, 其中

$$n=m(r+1),\quad k\geqslant n-\frac{n}{r+1}-g-t,\quad d\geqslant t+1.$$

证明 码长显然为 $n=m(r+1)$ (H 的列数). 由于 H 的秩小于行数 $g+t+m$, 于是 $k=n-\operatorname{rank}(H)\geqslant n-m-g-t=n-\frac{n}{r+1}-g-t$. 进而, H 的前 m 行向量的支撑集为彼此不相交的 $r+1$ 元集合, 其并集为码字的 $n=m(r+1)$ 个坐标. 由引理 8.3.3 可知码 C 的局部修复度为 r. 剩下只需证明 $d\geqslant t+1$, 即要证 H 的任意 t 个不同的列均 $\mathbb{F}_q$-线性无关.

取矩阵 H 的 t 列 $\{h_{ij}|1\leqslant i\leqslant m, j\in S_i\}$, 其中 S_i 为 $\{1,2,\cdots,r+1\}$ 的子集合, $\sum\limits_{i=1}^{m}|S_i|=t$. 设它们 $\mathbb{F}_q$-线性相关, 即 $\sum\limits_{i=1}^{m}\sum\limits_{j\in S_i}\lambda_{ij}h_{ij}=0$, 其中 $\lambda_{ij}\in\mathbb{F}_q$, 不全为 0. 令

$$I=\{1\leqslant i\leqslant m||S_i|\geqslant 2\},$$

则当 $i\notin I$ 时, $|S_i|\leqslant 1$. 而

$$\sum_{i\in I}\sum_{j\in S_i}\lambda_{ij}h_{ij}=-\sum_{i\notin I}\sum_{j\in S_i}\lambda_{ij}h_{ij}. \tag{8.1}$$

我们先证明

(A) (8.1) 式右边的 λ_{ij} 均为 0.

如果不然, 即有 $i_0\notin I$, $S_{i_0}=\{j_0\}$, $\lambda_{i_0j_0}\neq 0$. 则 (8.1) 式右边和式列向量的第 i_0 位为 $-\lambda_{i_0j_0}$, 而左边和式列向量的第 i_0 位为 0. 矛盾. 证毕.

由 (A) 给出 (8.1) 式右边为零向量, 即 $\sum\limits_{i\in I}\sum\limits_{j\in S_i}\lambda_{ij}h_{ij}=0$. 由此可知 $\sum\limits_{i\in I}\sum\limits_{j\in S_i}\lambda_{ij}a_{lij}=0$ (对于 $g\leqslant l\leqslant 2g-1+t$). 从而

$$\begin{aligned}\sum_{i\in I}\sum_{j\in S_i}\lambda_{ij}f_{ij}&=\pi^{-2g+1}\sum_{l=g}^{\infty}\left(\sum_{i\in I}\sum_{j\in S_i}\lambda_{ij}a_{lij}\right)\pi^l\\&=\pi^{-2g+1}\sum_{l=2g+t}^{\infty}\left(\sum_{i\in I}\sum_{j\in S_i}\lambda_{ij}a_{lij}\right)\pi^l,\end{aligned}$$

这给出 $V_\infty\left(\sum\limits_{i\in I}\sum\limits_{j\in S_i}\lambda_{ij}f_{ij}\right)\geqslant 1+t$. 从而

$$\sum_{i\in I}\sum_{j\in S_i}\lambda_{ij}f_{ij}\in L\left(-(1+t)\cdot\infty+\sum_{i\in I}\sum_{j\in S_i}P_{ij}\right). \tag{8.2}$$

但是 $\deg\left(-(1+t)\infty+\sum\limits_{i\in I}\sum\limits_{j\in S_i}P_{ij}\right)=-(1+t)+\sum\limits_{i\in I}|S_i|\leqslant-(1+t)+t=-1$. 于是 (8.2) 式右边的空间为 $\{0\}$, 即得到

$$\sum_{i\in I}\sum_{j\in S_i}\lambda_{ij}f_{ij}=0. \tag{8.3}$$

我们要证 (8.3) 式左边所有 λ_{ij} 均为 0. 于是由 (A) 知所有 λ_{ij} 均为 0, 这和假设矛盾. 先证

(B) 如果不存在 $i\in I$ 使得 1 和 $r+1$ 均属于 S_i. 这时对每个 $i\in I$, f_{i1} 和 $f_{i,r+1}=\alpha_i f_{i1}$ $(\alpha_i\neq 0)$ 在 (8.3) 式左边至多出现 1 个. 由引理 8.3.5(3) 即知 (8.3) 式左边所有 λ_{ij} 均为 0.

(C) 设有 $u\in I$, 使得 1 和 $r+1$ 均属于 S_u, 则由 (8.3) 式给出

$$-\sum_{i\in I\setminus\{u\}}\sum_{j\in S_i}\lambda_{ij}f_{ij}=\sum_{j\in S_u}\lambda_{uj}f_{uj}=(\lambda_{u,1}+\alpha_u\lambda_{u,r+1})f_{u1}+\sum_{j\in S_u\setminus\{1,r+1\}}\lambda_{uj}f_{uj}. \tag{8.4}$$

(C1) 若有 $j_0\in S_u\setminus\{1,r+1\}$ 使 $\lambda_{u,j_0}\neq 0$. 由引理 8.3.5, (8.4) 式左边的 $V_{P_{u,j_0}}$ 值 $\geqslant 0$, 而 (8.4) 式右边的 $V_{P_{u,j_0}}$ 值 $=-1$. 矛盾.

(C2) 剩下情形是对所有 $j\in S_u\setminus\{1,r+1\}$, λ_{uj} 均为 0.

如果 $\lambda_{u1}+\alpha_u\lambda_{u,r+1}\neq 0$, 由引理 8.3.5, (8.4) 式左边的 $V_{P_{u1}}$ 值 $\geqslant 0$, 但

是 (8.4) 式右边和式的 $V_{P_{u1}}$ 值 $=-1$, 又导致矛盾.

最后, 若 $\lambda_{u,1}+\alpha_u\lambda_{u,r+1}=0$. 由校验阵 H 的诸列为 $\{h_{ij}\}$ 以及 H 前 m 个行向量的特殊选取, 可知 $0=\sum\limits_{j\in S_u}\lambda_{u,j}=\lambda_{u1}+\lambda_{u,r+1}$. 再由 $\alpha_u\neq 1$ 即知 $0=\lambda_{u,1}=\lambda_{u,r+1}$. 即对每个 $j\in S_u$, $\lambda_{uj}=0$.

以上证明了对所有 $i\in I$, $j\in S_i$, λ_{ij} 均为 0. 这和 $\{f_{ij}|i\in I, j\in S_i\}$ 的线性相关假设矛盾. 于是 $d\geqslant t+1$. 证毕. ▮

和前人用代数曲线构作局部修复码的工作相比, 上述构造采用了更精细的技术, 使用了函数 P-adic 局部展开的各项系数构作线性码的校验阵. 其目的不仅使码的参数更为灵活, 而且利用一些极大曲线族, 可以给出性能良好的局部修复码, 改进参数的渐近性能. 详情参见 [15].

第九章 信息安全

我们在第七章讲述的纠错码, 是解决信息传输的可靠性问题. 另一个重要的通信问题是信息传输的安全性. 将所传输的信息 (叫作明文) 采用密码进行加密, 传输加密后的密文. 收方根据双方约定的加密方式将密文解密成明文. 几千年来人类发明了各种花样的加密方式. 在二战期间, 交战国都有数学家参与信息加密的工作. 美国数学家 Shannon 在 1948 年和 1949 年的两篇文章中, 提出了熵的概念, 给出信息论的数学描述, 建立了信息论, 使信息加密成为科学——密码学. 20 世纪 50 年代以来, 由于通信技术不断革新和广泛应用, 信息安全在理论和工程上一直有新的进展. 本章我们试图沿历史的路径, 着重介绍函数域理论在密码学和信息安全领域中的应用.

9.1 线性复杂度

20 世纪 50 年代以来, 数字通信技术取得了很大进步. 发方要把某些原始信息 (数据、图像、声音 $\cdots\cdots$) 传给收方, 要先把这些信息编成数字信号序列 $a=(a_0,a_1,a_2,\cdots)$, 其中 a_i 均属于某个固定的有限集合 S, 这叫*信源编码*, a 叫作*明文*. 为了使明文不被第三方窃取, 发方和收方在一个密钥空间 K 中约定取一条密钥序列 $k=(k_0,k_1,k_2,\cdots)$, $k_i\in S$. 通常取 S 为有限域 $\mathbb{F}_q$, 发方把加密的 $a'=a+k=(a_0+k_0,a_1+k_1,\cdots)$ (叫作*密文*) 由信道传出, 收方接收到序列 a' 之后, 减去约定的密钥序列 k, 便恢复明文 $a=a'-k$. 密钥空间 K 要有充分多的密钥, 使第三方不易猜出所使用的密钥. 为了安全起见, 通信双方还要定期更换密钥. 密钥序列还需要具备良好的 "伪随机" 性质, 以抵抗各种攻击方式. 这种加密体制叫作*序列密码*或者*流密码体制*.

在 20 世纪 60 年代, 采用移位寄存器来生成密钥序列. 一个 n 级的移位寄存器有两个功能: 移位输出和计算后一位的值 (见下图). 其工作情形为:

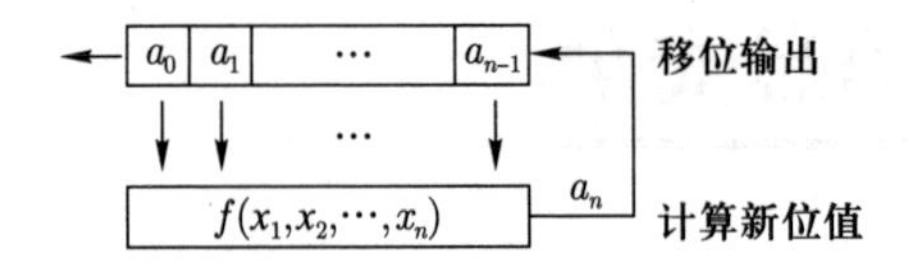

(1) **在时刻** $t=0$: 输入初始状态 $S_0=(a_0,a_1,\cdots,a_{n-1})\in\mathbb{F}_q^n$. 在计算部分采用 $f(x_1,\cdots,x_n):\mathbb{F}_q^n\to\mathbb{F}_q$, 叫作反馈函数.

将初始状态 S_0 输入到计算部分, 计算 $a_n=f(S_0)=f(a_0,a_1,\cdots,a_{n-1})\in\mathbb{F}_q$.

(2) **在时刻** $t=1$: 将 a_0 输出, $a_1,\cdots,a_{n-1}$ 向左移位, 空出的最右位填上 a_n, 从而状态变为 $S_1=(a_1,\cdots,a_n)$.

再将 S_1 输入到计算部分, 计算 $a_{n+2}=f(S_1)=f(a_1,a_2,\cdots,a_n)\in\mathbb{F}_q$. 如此下去, **在时刻** t 将状态 $S_{t-1}=(a_{t-1},a_t,\cdots,a_{t+n-2})$ 的 a_{t-1} 输出, 其余位向左移, 空出位填上 $a_{t+n-1}=f\left(S_{t-1}\right)=f\left(a_{t-1},a_t,\cdots,a_{t+n-2}\right)\in\mathbb{F}_q$. 从而状态变为 $S_t=(a_t,a_{t+1},\cdots,a_{t+n-1})$.

再将 S_t 输入到计算部分, 计算 $a_{t+n}=f\left(S_t\right)=f\left(a_t,a_{t+1},\cdots,a_{t+n-1}\right)\in\mathbb{F}_q$. 用 $SR_n(f)$ 表示以 $f\left(x_1,\cdots,x_n\right)$ 为反馈函数的移存寄存器, 对于每个初始状态 $S_0=(a_0,\cdots,a_{n-1})\in\mathbb{F}_q^n$, 它都产生一个序列 $a=(a_0,a_1,a_2,\cdots,a_n,\cdots)$, 其中

$$a_{i+n}=f\left(a_i,a_{i+1},\cdots,a_{i+n-1}\right)\quad(i=0,1,\cdots).$$

初始状态有 q^n 个. 从而每个 $\mathbb{F}_q$ 上的 n 级移位寄存器均可产生 q^n 个不同的序列. 进而, 由于 n 元反馈函数 $f(x_1,\cdots,x_n):\mathbb{F}_q^n\to\mathbb{F}_q$ 共有 q^{q^n} 个. 从而 $\mathbb{F}_q$ 上一共有 q^{q^n} 个不同的 n 级移位寄存器. 可以证明: 每个映射 $f(x_1,\cdots,x_n)$ 都可以表示成系数属于 $\mathbb{F}_q$ 关于 $x_1,\cdots,x_n$ 的多项式, 即 $f(x_1,\cdots,x_n)\in\mathbb{F}_q[x_1,\cdots,x_n]$. 从而计算 $a_{t+n}=f\left(a_t,a_{t+1},\cdots,a_{t+n-1}\right)$ 只需移位寄存器执行有限域 $\mathbb{F}_q$ 上的加减乘法运算. 在这些移位寄存器中挑选出可以产生伪随机性能好的序列, 用来作为流密码体制的密钥.

对于较大的级数 n, 我们有 q^{q^n} 个 n 级移位寄存器, 每个移位寄存器都可生成 q^n 个移位寄存器序列. 这些序列基本上是周期序列.

定义 9.1.1 q 元序列 $a=(a_0,a_1,\cdots,a_n,\cdots)$ $(a_i\in\mathbb{F}_q)$ 叫作拟周期序列, 是指存在 $l\geqslant 0$, $m\geqslant 1$, 使得当 $i\geqslant l$ 时, $a_{m+i}=a_i$. 换句话说, 序列从 a_l 开始便周期地重复: $(a_l,a_{l+1},\cdots)=(a_l,a_{l+1},\cdots,a_{l+m-1},a_l,a_{l+1},\cdots,a_{l+m-1},\cdots)$. m 叫作序列 a 的一个周期. 如果 $l=0$, 即序列从 a_0 开始便周期地重复, 称 a 为周期序列.

引理 9.1.2 $\mathbb{F}_q$ 上 n 级移位寄存器序列一定是拟周期序列, 并且周期 $\leqslant q^n$.

证明 由于 $\mathbb{F}_q^n$ 中有 q^n 个向量, 所以在连续 q^n+1 个状态 $S_0,S_1,\cdots,S_{q^n}$ 当中必有两个相同, 即有 $0\leqslant i<j\leqslant q^n$, 使得 $S_i=(a_i,a_{i+1},\cdots,a_{i+n-1})$ 等于 $S_j=(a_j,a_{j+1},\cdots,a_{j+n-1})$. 于是 $a_{i+n}=f(a_i,a_{i+1},\cdots,a_{i+n-1})=f(a_j,a_{j+1},\cdots,a_{j+n-1})=a_{j+n}$. 依次下去, 便知对每个 $l\geqslant 0$, 均有 $a_{i+l}=a_{j+l}=a_{(j-i)+i+l}$. 从而序列是周期 $\leqslant j-i\leqslant q^n$ 的拟周期序列. ∎

不难证明, 若拟周期序列以 l_1 和 l_2 为周期, 则最大公因子 $\gcd(l_1,l_2)$ 也是该序列的周期, 从而该序列存在最小周期 l, 并且正整数 l' 为该序列的周期当且仅当 l' 是 l 的倍数.

流密码体制有两个基本数学问题. 从加密方的角度,

(Ⅰ) 对于哪些函数 $f(x_1,\cdots,x_n):\mathbb{F}_q^n\to\mathbb{F}_q$, 以 f 为反馈函数的 n 级移位寄存器生成的序列具有好的密码学性质, 从而可作为密钥使用? 这叫作序列分析问题.

从破译方的角度,

(Ⅱ) 收到一个序列的连续 m 位 $(b_1,b_2,\cdots,b_m)$ 之后, 如何求出一个函数 $f(x_1,\cdots,x_n)$, 使得以 $f(x_1,\cdots,x_n)$ 为反馈函数的 n 级移位寄存器由某个初始状态出发可以生成包含一段为 $(b_1,b_2,\cdots,b_m)$ 的序列? 进而, 如何确定其中最短的移位寄存器, 即 n 的最小值? 这叫作序列综合问题. (我们总有 m 级移位寄存器生成 $(b_1,\cdots,b_m)$, 因为可以把它作为初始状态, 而反馈函数可任意选取.)

关于序列分析, 我们只讨论一个性质: 序列的最小周期. 作为密码应用, 希望序列的最小周期愈大愈好. 但是根据引理 9.1.2, $\mathbb{F}_q$ 上 n 级移位寄存器生成的序列, 其最小周期 $\leqslant q^n$. 最小周期达到 q^n 的叫作 q 元 n 级 M 序列. 而对应的反馈函数叫作 M 序列反馈函数.

例 1 设 $q=3, n=2$, 考虑函数 $f(x_1,x_2):\mathbb{F}_3^2\to\mathbb{F}_3$, 其中

$$\begin{aligned}f(x_1,x_2)&=1+2x_1+x_2+2x_2^2+2x_1x_2^2=x_1+x_2+(1+x_1)(1+2x_2^2)\\&=\begin{cases}1+2x_1, & \text{若 } x_2=0,\\ x_1+x_2, & \text{若 } x_2=1 \text{ 或 } 2.\end{cases}\end{aligned}$$

对于 $\mathbb{F}_3$ 上以 f 为反馈函数的 2 级移位寄存器, 从任何初始状态 $(a_0,a_1)\in\mathbb{F}_3^2$ 出发均生成最小周期为 $3^2=9$ 的序列. 例如初始状态为 $(0,0)$ 时生成的序列为 $a=(001120221\ 001120221\ \cdots)$. a 是 3 元 2 级 M 序列, 而 $f(x_1,x_2)$ 是 M 序列反馈函数. a 的任意 9 个连续状态恰好是 9 个不同的状态 (即 $\mathbb{F}_3^2$ 中 9 个不同的向量). 所以从任意初始状态出发, 所得的序列是和 a 平移等价的 M 序列.

利用代数图论中的方法, 可以证明: $\mathbb{F}_q$ 上的 n 元 M 序列反馈函数共有 $q^{q^{n-1}-n+1}$ 个. 这也是生成 q 元 n 级 M 序列的移位寄存器的个数 (q 元 n 级移位寄存器的总个数为 q^{q^n}). 对于每个素数幂 q, 有很多 q 元 n 级 M 序列反馈函数. 但是当 n 较大时要把它们求出来, 并且产生的 M 序列除了周期长之外, 还要有其他良好的密码学性质, 是件困难的事情. 目前缺乏好的数学工具, 只对于某些特殊类型的移位寄存器给出部分结果. 但是对于如下一类最简单的移位寄存器, 可以用有理函数域 $\mathbb{F}_q(x)$ 作为研究工具.

定义 9.1.3 设 $n\geqslant 2$. 一个 $\mathbb{F}_q$ 上的 n 级移位寄存器叫作线性的, 是指它的反馈函数 $f(x_1,\cdots,x_n):\mathbb{F}_q^n\to\mathbb{F}_q$ 是 1 次多项式:

$$f(x_1,\cdots,x_n)=c_nx_1+c_{n-1}x_2+\cdots+c_1x_n\quad (c_i\in\mathbb{F}_q).$$

今后假定 $c_n\neq 0$. 因为当 $c_n=0$ 时, 函数 f 不依赖于 x_1, 从而它本质上相当于一个 $n-1$ 级的线性移位寄存器. 这时, 线性移位寄存器生成的序列 $a=(a_0,a_1,\cdots)$ 必是周期序列. 这是由于它为拟周期序列, 即存在 $l\geqslant 0$ 和 $m\geqslant 1$, 使得当 $i\geqslant l$ 时, $a_{i+m}=a_i$.

如果 $l \geqslant 1$, 则

$$\begin{aligned} a_{l+n-1} &= f(a_{l-1}, a_l, \cdots, a_{l+n-2}) \\ &= c_n a_{l-1} + c_{n-1} a_l + \cdots + c_1 a_{l+n-2} \\ a_{l+m+n-1} &= f(a_{l+m-1}, a_{l+m}, \cdots, a_{l+m+n-2}) \\ &= c_n a_{l+m-1} + c_{n-1} a_{l+m} + \cdots + c_1 a_{l+m+n-2} \end{aligned}$$

由于当 $i \geqslant l$ 时, $a_{i+m} = a_i$. 上面两式给出 $c_n a_{l-1} = c_n a_{l+m-1}$. 由假定 $c_n \neq 0$, 可知 $a_{l-1} = a_{l-1+m}$. 继续这个推导, 可得 $a_{l-2} = a_{l-2+m}, \cdots, a_0 = a_m$. 所以可以取 $l = 0$, 即对每个 $i \geqslant 0$, 均有 $a_{i+m} = a_i$. 这表明 a 是周期序列.

对于线性移位器如果初始状态为 $(0, 0, \cdots, 0) \in \mathbb{F}_q^n$, 则 $f(0, \cdots, 0) = 0$. 从而生成周期为 1 的全零序列. 如果初始状态 $(a_0, \cdots, a_{n-1}) \neq (0, \cdots, 0)$, 生成一个周期序列, 其中每个状态 $(a_i, a_{i+1}, \cdots, a_{i+n-1})$ 都不能是 $(0, 0, \cdots, 0)$. 非零状态共有 $q^n - 1$ 个. 所以一个 $\mathbb{F}_q$ 上的 n 级线性移位寄存器, 由非零初始状态出发, 生成的序列的最小周期 $\leqslant q^n - 1$. 如果等式成立, 则该序列叫作 q 元 n 级 m 序列. 这种序列的任意连续 $q^n - 1$ 个状态彼此不同, 恰好是每个非零状态 (即 $\mathbb{F}_q^n$ 中的每个非零向量) 各出现一次.

例 2 设 $q = 3, n = 2$. 考虑以 $f(x_1, x_2) = x_1 + x_2$ 为反馈函数的 2 级线性移位寄存器. 它以 $(a_0, a_1) \in \mathbb{F}_3^2$ 为初始状态生成序列 $a = (a_0, a_1, \cdots)$, 其中 $a_{i+2} = f(a_i, a_{i+1}) = a_i + a_{i+1}$ $(i = 0, 1, 2, \cdots)$. 取初始状态 $(a_0, a_1) = (0, 1)$, 得到周期为 $q^n - 1 = 8$ 的序列 $a = (01120221\ 01120221\ \cdots)$. 这是 3 元 2 级 m 序列.

现在介绍如何用有理函数域 $\mathbb{F}_q(t)$ 研究线性移位寄存器序列.

对于每个序列 $a = (a_0, a_1, \cdots, a_n, \cdots,)$ ($a_i \in \mathbb{F}_q$, 不必是周期序列), 对应着一个幂级数

$$a(t) = a_0 + a_1 t + a_2 t^2 + \cdots + a_n t^n + \cdots \in \mathbb{F}_q[[t]],$$

这里 $\mathbb{F}_q[[t]]$ 是域 $\mathbb{F}_q((t)) = \left\{ \sum\limits_{n=l}^{\infty} a_n t^n \middle| a_n \in \mathbb{F}_q, l \in \mathbb{Z} \right\}$ 的子环. 现在设 a 是以

$$f(x_1,\cdots,x_n)=c_nx_1+c_{n-1}x_2+\cdots+c_1x_n\quad (c_i\in\mathbb{F}_q,c_n\neq 0)$$

为反馈函数生成的序列, 初始状态为 $(a_0,a_1,\cdots,a_{n-1})\neq(0,0,\cdots,0)$. 将 $a(t)$ 乘以 $f(t)=1-c_1t-c_2t^2-\cdots-c_nt^n\in\mathbb{F}_q[t]$. 由于当 $i\geqslant 0$ 时,

$$a_{i+n}=f\left(a_i,a_{i+1},\cdots,a_{i+n-1}\right)=c_na_i+c_{n-1}a_{i+1}+\cdots+c_1a_{i+n-1},$$

便得到

$$\begin{aligned}a(t)f(t)&=\left(1-c_1t-c_2t^2-\cdots-c_nt^n\right)\left(a_0+a_1t+\cdots+a_nt^n+\cdots\right)\\&=b_0+b_1t+b_2t^2+\cdots+b_nt^n+\cdots,\end{aligned}$$

其中

$$\left.\begin{aligned}&b_0=a_0,\quad b_1=a_1-a_0c_1,\quad b_2=a_2-a_1c_1-a_0c_2,\quad\cdots,\\&b_{n-1}=a_{n-1}-a_{n-2}c_1-a_{n-3}c_2-\cdots-a_0c_{n-1}.\end{aligned}\right\}\tag{9.1}$$

而当 $i\geqslant 0$ 时

$$b_{n+i}=a_{n+i}-a_{n+i-1}c_1-a_{n+i-2}c_2-\cdots-a_ic_n=0.$$

这表明 $a(t)f(t)$ 是多项式 $b(t)=b_0+b_1t+\cdots+b_{n-1}t^{n-1}\in\mathbb{F}_q(t)$, 从而 $a(t)=\frac{b(t)}{f(t)}$ 是有理函数, 即 $a(t)$ 属于有理函数域 $\mathbb{F}_q(t)$. 分母 $f(t)=1-c_1t-\cdots-c_nt^n$ 叫作该线性移位寄存器的联结多项式. 由假定 $c_n\neq 0$ 可知 $\deg f(t)$ 等于该移位寄存器的级数 n, $f(0)=1$ (即多项式 $f(t)$ 的常数项为 1) 而 $\deg(b(t))\leqslant n-1$, 即 $a(t)=\frac{b(t)}{f(t)}$ 是真分式 (指分子多项式的次数小于分母多项式的次数).

联结多项式 $f(t)=1-c_1t-\cdots-c_nt^n$ 由线性反馈函数 $f(x_1,\cdots,x_n)=c_nx_1+\cdots+c_1x_n$ 所确定, 它是该线性移位寄存器的特性. 而分子多项式 $b(t)=b_0+b_1t+\cdots+b_{n-1}t^{n-1}$ 由序列 a 的初始状态 $(a_0,a_1,\cdots,a_{n-1})$ 所确定, 因为由 (9.1) 式可知 $b(t)$ 的系数 $b_0,\cdots,b_{n-1}$ 可由 $a_0,a_1,\cdots,a_{n-1}$ 和 $f(t)$ 的系数表达出来. 这表明, 以 $f(x_1,\cdots,x_n)$ 为反馈函数的 n 级线性移位寄存器生成的 q^n 个周期序列 a, 一一对应于以联结多项式 $f(t)$ 为分母的 q^n 个真分式 $a(t)=\frac{b(t)}{f(t)}$ ($\deg b(t)\leqslant n-1$ 的多项式共有 q^n 个), $b(t)=0$ 对应

于全零序列 a. 反之, 对于 $b(t)=b_0+b_1t+\cdots+b_{n-1}t^{n-1}\in\mathbb{F}_q[t]$, 为了确定有理函数 $\frac{b(t)}{f(t)}$ 所对应的序列 a, 只需确定 a 的初始状态 $(a_0,a_1,\cdots,a_{n-1})$. 由 (9.1) 式可知

$$a_0=b_0,\quad a_1=b_1+a_0c_1,\quad a_2=b_2+a_1c_1+a_0c_2,\cdots,$$

$$a_{n-1}=b_{n-1}+a_{n-2}c_1+a_{n-3}c_2+\cdots+a_0c_{n-1}.$$

现在介绍由 $a(t)=\frac{b(t)}{f(t)}$ 如何确定序列 a 的最小周期. 这里 $b(t),\ f(t)\in\mathbb{F}_q[t],\ f(0)=1$ 并且 $b(t)\neq 0,\ \deg b(t)<\deg f(t)$. 以 $\gcd(b(t),\ f(t))=g(t)$ 表示 $b(t)$ 和 $f(t)$ 的最大公因子, $g(0)=1$. 则 $b(t)=g(t)b'(t), f(t)=g(t)f'(t)$, $b'(t),\ f'(t)\in\mathbb{F}_q[t]$. 而 $a(t)=\frac{b'(t)}{f'(t)}$ 是既约真分式, 即 $b'(t)$ 和 $f'(t)$ 互素, 并且 $f'(0)=1$.

引理 9.1.4 (1) 设 $f(t)\in\mathbb{F}_q[t],\ f(0)=1,\ \deg f\geqslant 1$. 则存在正整数 m, 使得 $f(t)|(1-t^m)$.

(2) 对于 (1) 中的 $f(t)$, 令 $p(f)$ 表示满足 $f(t)|(1-t^m)$ 的最小正整数 m. 则对每个 $m\geqslant 1$, $f(t)|(1-t^m)$ 当且仅当 $p(f)|m$.

证明 (1) 考虑有理函数 $\frac{1}{f(t)}$, 由前述知以 $f(t)$ 为联结多项式的线性移存器生成一个周期序列 a, 使得 $a(t)=\frac{1}{f(t)}$. 设序列 a 的周期为 m, a 的前 m 位为 $a_0,a_1,\cdots,a_{m-1}$, 则

$$\begin{aligned}\frac{1}{f(t)}&=a(t)=(a_0+a_1t+\cdots+a_{m-1}t^{m-1})(1+t^m+t^{2m}+\cdots)\\&=\frac{a_0+a_1t+\cdots+a_{m-1}t^{m-1}}{1-t^m},\end{aligned}$$

于是 $f(t)(a_0+a_1t+\cdots+a_{m-1}t^{m-1})=1-t^m$. 这就表明 $f(t)|(1-t^m)$.

(2) 设 m 和 m' 是正整数, $f(t)|(1-t^m)$, $f(t)|(1-t^{m'})$, 则 $f(t)|\gcd(1-t^m,1-t^{m'})$ (最大公因子). 但是熟知这个最大公因子为 $1-t^d$, $d=\gcd(m,m')$, 于是 $f(t)|(1-t^d)$. 由此即可证明 (2) 中的结果. ∎

定义 9.1.5 设 $f(t)\in\mathbb{F}_q[t],\ f(0)=1,\ \deg f\geqslant 1$. 引理 9.1.4 中满足 $f(t)|(1-t^m)$ 的每个正整数 m 都叫作多项式 $f(t)$ 的周期, 而 $p(f)$ 叫作 $f(t)$ 的最小周期.

定理 9.1.6 设 a 是 $\mathbb{F}_q$ 上的非零周期序列, $a(t)=\frac{b(t)}{f(t)}$ 是既约真分式, 其中 $f(0)=1$. 则序列 a 的最小周期等于多项式 $f(t)$ 的最小周期 $p(f)$, 并且生成序列的线性移位寄存器的最小级数为 $\deg f(x)$. 特别地, 若 $f(t)$ 是 $\mathbb{F}_q[t]$ 中的 n 次不可约多项式. 则以 $f(t)$ 为联结多项式的 n 级线性移位寄存器生成的所有 q^n-1 个非零序列的周期均为 $p(f)$, 它们分成 $(q^n-1)/p(f)$ 个 (序列的) 平移等价类.

证明 设序列 a 的最小周期为 m , 则由引理 9.1.4 的证明可知 $a(t)=\frac{g(t)}{1-t^m}$. 于是 $\frac{b(t)}{f(t)}=\frac{g(t)}{1-t^m}$, 即 $(1-t^m)b(t)=f(t)g(t)$. 由于 $f(t)$ 和 $b(t)$ 互素, 可知 $f(t)|(1-t^m)$. 这就表明 $p(f)|m$. 另一方面, 由于 $f(t)|1-t^{p(f)}$, 则 $1-t^{p(f)}=f(t)\cdot g(t)$, $g(t)\in\mathbb{F}_q[t]$. 于是 $a(t)=\frac{b(t)g(t)}{1-t^{p(f)}}$, 它仍是真分式. 这表明 $p(f)$ 是序列 a 的一个周期, 从而 a 的最小周期 m 为 $p(f)$ 的因子. 于是 $m\leqslant p(f)$. 进而, 以 $f(t)$ 为联结多项式的 n 级线性移位寄存器 $(n=\deg f(t))$ 生成序列 a (因为 $a(t)=\frac{b(t)}{f(t)}$). 如果 a 可由 m 级线性移位寄存器生成, 则 $a(t)=\frac{b'(t)}{f'(t)}$, 其中 $\deg f'(t)=m$, $b'(t)\neq 0$ (因为 a 是非零序列) 并且 $\deg b'(t)<m$. 于是 $\frac{b(t)}{f(t)}=\frac{b'(t)}{f'(t)}$, 从而 $f(t)|b(t)f'(t)$. 由假定 $b(t)$ 和 $f(t)$ 互素, 可知 $f(t)|f'(t)$. 从而 $n=\deg f\leqslant\deg f'=m$. 这就表明 $n=\deg f$ 是生成序列 a 的线性移位寄存器的最小级数.

最后设 $f(t)$ 是 $\mathbb{F}_q[t]$ 中的 n 次不可约多项式. 则对于以 $f(t)$ 为联结多项式的线性移位寄存器生成的每个非零序列 a, $a(t)=\frac{b(t)}{f(t)}$, 其中 $b(t)\neq 0$ 并且 $\deg b(t)<\deg f(t)$. 由于 $f(t)$ 不可约, 可知 $\frac{b(t)}{f(t)}$ 是既约分式. 从而 a 的周期为 $p(f)$. 这样的非零序列共有 q^n-1 个, 每个序列的周期都是 $p(f)$, 其中每 $p(f)$ 个序列构成一个平移等价类, 从而共有 $(q^n-1)/p(f)$ 个平移等价类. 证毕. ▮

定理 9.1.6 把 q 元周期序列的最小周期归结为 $\mathbb{F}_q[t]$ 中多项式的最小周期, 自然要问: 如何确定 $\mathbb{F}_q[t]$ 中多项式 $f(t)$ 的最小周期? 由于这不是本书的重点, 我们把结果写在下面并举例说明, 证明从略.

定理 9.1.7 设 $f(t)\in\mathbb{F}_q[t]$, $\deg f(t)\geqslant 1$, $f(0)=1$, $q=p^l$, p 为素数, $l\geqslant 1$.

(1) 若 $f(t)$ 是 $\mathbb{F}_q[t]$ 中的 n 次不可约多项式. 则它的 n 个不同的根是 $\mathbb{F}_{q^n}$ 中的非零元素. 它们具有相同的阶数, 而 $p(f)$ 等于这些元素的阶.

(2) 若 $f(t)=g(t)^m$, 其中 $g(t)$ 是 $\mathbb{F}_q[t]$ 中的不可约多项式, $m\geqslant 2$. 则 $p(f)=p(g)\cdot p^s$, 其中 s 是满足 $p^{s-1}<m\leqslant p^s$ 的正整数.

(3) 若 $f(t)=g(t)h(t)$, 其中 $g(t)$ 和 $h(t)$ 是 $\mathbb{F}_q[t]$ 中互素的多项式, $g(0)=h(0)=1$. 则 $p(f)$ 等于 $p(g)$ 和 $p(h)$ 的最小公倍数. ▌

注记 (1) 对于每个 $f(t)\in\mathbb{F}_q[t]$, $\deg f\geqslant 1$, $f(0)=1$, 将 $f(t)$ 分解成 $f(t)=g_1(t)^{m_1}g_2(t)^{m_2}\cdots g_s(t)^{m_s}$, 其中 $g_1,\cdots,g_s$ 是 $\mathbb{F}_q[t]$ 中彼此不同的不可约多项式, $g_i(0)=1$ $(1\leqslant i\leqslant s)$. 由定理 9.1.7(3) 可知 $p(f)$ 是 $p(g_i^{m_i})$ $(1\leqslant i\leqslant s)$ 的最小公倍数, 而每个 $p(g_i^{m_i})$ 可由定理 9.1.7的 (2) 和 (1) 算出.

(2) 设 $f(x)$ 是 $\mathbb{F}_q[t]$ 中的 n 次本原多项式, 即 $f(x)$ 是不可约的, 并且 $f(x)$ 的根为乘法循环群 $\mathbb{F}_{q^n}^*$ 的生成元素, 即阶为 q^n-1. 由定理 9.1.7 知 $p(f)=q^n-1$, 并且以 $f(x)$ 为联结多项式的线性移位寄存器生成的非零序列的最小周期为 q^n-1. 即 $f(x)$ 是 m 序列反馈函数. 还可以证明当 n 次 $f(x)$ 不是本原多项式时, $p(f)<q^n-1$. 因此, 一个 $\mathbb{F}_q$ 上 n 级线性移位寄存器生成 q 元 n 级 m 序列当且仅当它的联结多项式是 $\mathbb{F}_q[t]$ 中的 n 次本原多项式. $\mathbb{F}_q[t]$ 中 n 次本原多项式的个数为 $\varphi(q^n-1)/n$ ($\mathbb{F}_{q^n}^*$ 中的 q^n-1 阶元素共有 $\varphi(q^n-1)$ 个, 每个本原多项式以其中的 n 个为根), 所以 q 元 n 级 m 序列共有 $\varphi(q^n-1)/n$ 个平移等价类.

例 3 $f(t)=1-t-t^2$ (或者更确切地说, 首 1 多项式 $-f(t)=-1+t+t^2$) 是 $\mathbb{F}_3[t]$ 中的 2 次本原多项式. 从而以 $f(t)$ 为联结多项式 (即以 $f(x_1,x_2)=x_1+x_2$ 为反馈函数) 的线性移位寄存器生成的非零序列为 3 元 2 级 m 序列. 这就是例 2.

例 4 设 $q=5$, 考虑 $\mathbb{F}_5$ 上以 $f(t)=(1+t+t^2)(1+t)^2$ 为联结多项式的 4 级线性移位寄存器所生成的 $5^4-1=624$ 个非零序列的最小周期. 对于其中每个非零序列 a, $a(t)=\frac{b(t)}{f(t)}$ 为真分式. 将它化为既约真分式 $a(t)=\frac{b'(t)}{f'(t)}$, 其中 $f'(t)$ 为 $f(t)$ 的因子, $f'(0)=1$, $b'(t)\neq 0$, $\deg b'(t)<\deg f'(t)$, $\gcd(b'(t), f'(t))=1$, $\deg f'(t)\geqslant 1$.

当 $f'(t)=1+t+t^2$ 时, $p(f')=3$. 另一方面, 满足上述条件 $b'(t)\neq 0$, $\deg b'(t)<2$, $\gcd(b'(t),1+t+t^2)=1$ 的 $b'(t)$ 共有 $5^2-1=24$ 个, 即有 24 个序列最小周期为 3 (8 个平移等价类).

当 $f'(t)=1+t$ 时, $p(f')=2$ (因为 $t+1$ 的根 -1 为 2 阶元素), $b'(t)$ 共有 $5-1$ 个可能性, 从而给出 4 个最小周期为 2 的序列 (2 个平移等价类).

当 $f'(t)=(1+t)^2$ 时, 由定理 9.1.7 可知 $p(f')=2\times 5=10$, 而 $b'(t)$ 共有 $5^2-5=20$ 个, 从而给出 20 个最小周期为 10 的序列 (2 个平移等价类).

类似地, 当 $f'(t)=(1+t+t^2)(1+t)$ 时, 共有 96 个最小周期为 $6=3\times 2$ 的序列 (16 个平移等价类). 最后当 $f'(t)=(1+t+t^2)(1+t)^2$ 时, 共有 480 个最小周期为 $3\times 10=30$ 的序列 (16 个平移等价类).

现在谈移位寄存器序列的综合. 第一个问题是:

(1) 给了一个 $\mathbb{F}_q$ 上的周期序列 a, 求生成 a 的最短线性移位寄存器, 也就是确定它的联结多项式.

定义 9.1.8 设 a 是 $\mathbb{F}_q$ 上非零的周期序列, 生成 a 的最短线性移位寄存器的级数叫作周期序列 a 的线性复杂度 (linear complexity), 表示成 $LC(a)$.

如果知道序列 a 的最小周期 n 和 a 的前 n 位 $(a_0,a_1,\cdots,a_{n-1})$, 则 $a(t)=\frac{a_0+a_1t+\cdots+a_{n-1}t^n}{1-t^n}$. 将分子和分母同时除以它们的最大公因子 $g(t)$, $g(0)=1$, 得到 $a(t)=\frac{b(t)}{f'(t)}$, 其中 $\frac{b(t)}{f'(t)}$ 是既约真分式, $f'(0)=1$. 从而 $LC(a)=\deg f'(t)$ (这也可以作为周期序列线性复杂度的定义), 并且生成序列 a 的最短 (级数为 $\deg f'(t)$) 线性移位寄存器的联结多项式就是 $f'(t)$.

(2) 如果知道 $\mathbb{F}_q$ 上一个周期序列 a 的线性复杂度 $LC(a)=d\geqslant 1$, 由 a 的何种信息可确定生成序列 a 的最短 (d 级) 线性移位寄存器 (的联结多项式)?

从数学角度来看, 如果知道序列 a 的连续 $2d$ 位 $a_i,a_{i+1},\cdots,a_{i+2d-1}$, 可以解决这个问题. 设联结多项式为 $f(t)=1-c_1t-c_2t^2-\cdots-c_dt^d\in\mathbb{F}_q[t]$, 其中 $c_1,\cdots,c_d$ 待定, 初始状态为 $(a_0,\cdots,a_{d-1})$, 而后 d 位给出关于 $c_1,\cdots,c_d$ 的线性方程组

$$a_{d+i} = c_d a_i + c_{d-1} a_{i+1} + \cdots + c_1 a_{i+d-1} \quad (i = 0, 1, \cdots, d-1),$$

这是 $\mathbb{F}_q$ 上 d 个未定元 $c_1, \cdots, c_d$ 的 n 个线性方程, 有解 $(c_1, \cdots, c_d) \in \mathbb{F}_q^d$. 方程组的系数为 d 阶方阵

$$M = \begin{bmatrix} a_0 & a_1 & \cdots & a_{d-1} \\ a_1 & a_2 & \cdots & a_d \\ \vdots & \vdots & & \vdots \\ a_{d-1} & a_d & \cdots & a_{2d-2} \end{bmatrix}.$$

若 M 的秩为 $r\ (\leqslant d)$, 则解 $(c_1, \cdots, c_d)$ 共有 q^{d-r} 个, 从而有 q^{d-r} 个 d 级线性移位寄存器生成序列 a.

通常作为流密码的密钥, 一个最小周期为 n 的序列 a, 希望它的线性复杂度 $LC(a) \geqslant n/2$, 才可以有效地抵抗上述线性攻击方式. 因为在这种情形下, 上述破译需要 a 的连续 $2d(\geqslant n)$ 位的值, 即需要序列 a 的全部信息.

事实上, 现在已有更好的算法解决问题 (2). 在 20 世纪 50 年代末, 人们发明了一种性能良好的纠错码, 叫作 BCH 码. 不久由 Berlekamp 和 Massey 独立地给出 BCH 码的纠错译码算法, 这种算法采用线性移位寄存器很容易实现. 随后人们又发现这个算法可以用到破译线性移位寄存器序列给出的密钥. 用这种算法由序列的连续 $2d$ 位决定生成该序列的 d 级线性移位寄存器, 比上述解方程组方法要大为方便.

现在讨论最常见的情形, 即攻击方收到序列的一段 $(a_0, a_1, \cdots, a_n)$ $(a_i \in \mathbb{F}_q)$, 并不知道整个序列 $a = (a_0, a_1, \cdots, a_n, \cdots)$ 的周期, 甚至于 a 不是周期序列, 只能假定 $a(t) = \sum\limits_{n=0}^{\infty} a_n t^n$ 是 $\mathbb{F}_q[[t]]$ 中的幂级数, 不一定为 $\mathbb{F}_q[[t]]$ 中的有理函数. 为了考查这个序列是否能抵抗线性攻击, 人们引入以下概念.

定义 9.1.9 设 $a = (a_0, \cdots, a_n, \cdots)$ 是 $\mathbb{F}_q$ 上的一个无限序列 (不是拟周期的). 对每个 $d \geqslant 1$, 以 $L_d(a)$ 表示 $\mathbb{F}_q$ 上生成序列前 d 位 $a_0, \cdots, a_{d-1}$ 的线性移位寄存器的最小级数. $L(a) = \{L_1(a), L_2(a), \cdots, L_d(a), L_{d+1}(a), \cdots\}$ 叫作序列 a 的线性复杂度清单.

显然 $L_d(a) \leqslant d$. 如果一个线性移位寄存器可生成 a 的前 d 位, 当然可生成

前 $d-1$ 位. 从而当 $d \geqslant 2$ 时, $L_{d-1}(a) \leqslant L_d(a)$, 即清单 $L(a)$ 是正整数的非降序列. 我们的问题是: 对给定的 q 元序列 a, 当 $d \to \infty$ 时 $L_d(a)$ 能增长多快? 如果 a 是周期序列, 它可由某个 m 级线性移位寄存器生成. 从而当 $d \geqslant m$ 时, $L_d(a) \leqslant m$, 即清单 $L(a) = \{L_d(a) : d \geqslant 1\}$ 是有界的. 若 a 是拟周期序列, 即存在 $l \geqslant 0$ 和 $n \geqslant 1$, 使得当 $i \geqslant l$ 时 $a_{n+i} = a_i$. 则整个序列 a 也可由 $n+l$ 级的线性移位寄存器生成, 反馈函数为 $f(x_1, \cdots, x_{n+l}) = x_{l+1}$, 因为对每个状态 $S_i = (a_i, a_{i+1}, \cdots, a_{i+n+l-1})$, $f(a_{i,}, a_{i+1}, \cdots, a_{i+n+l-1}) = a_{l+i} = a_{i+n+l}$. 于是对于拟周期序列 a, $L(a) = \{L_d(a) : d \geqslant 1\}$ 也是有界的. 所以如果当 $d \to \infty$ 时 $L_d(a) \to \infty$, a 应当是非周期序列.

设 $\mathbb{F}_q$ 上的序列 $a = (a_0, a_1, \cdots a_n, \cdots)$. 用 d 级线性移位寄存器可以生成序列 a 的前 n 位, 如果此线性移位寄存器的联结多项式为 $f(t)$, $\deg f(t) = d$, $f(0) = 1$. 则存在真分式 $\frac{b(t)}{f(t)}$, 使得 $\frac{b(t)}{f(t)} = b'_0 + b'_1 t + b'_2 t^2 + \cdots$ 的前 n 位和 $a(t) = a_0 + a_1 t + a_2 t^2 + \cdots$ 的前 n 位相同, 即

$$a(t) - \frac{b(t)}{f(t)} = c_n t^n + c_{n+1} t^{n+1} + \cdots \quad (c_i = a_i - b'_i).$$

用函数域的语言, 有理函数域 $K = \mathbb{F}_q(t) = \mathbb{F}_q(x)$ $(x = \frac{1}{t})$ 有无限素除子 ∞, t 是它的一个局部参数 (也叫素元), 即 $V_\infty(t) = 1$, $|t|_\infty = \frac{1}{q}$. 而上式可表示成

$$V_\infty\left(a(t) - \frac{b(t)}{f(t)}\right) \geqslant n \text{ 或者写成 } \left|a(t) - \frac{b(t)}{f(t)}\right|_\infty \leqslant \frac{1}{q^n}.$$

这里 $a(t) \in \mathbb{F}_q((t))$, 而 $K_\infty = \mathbb{F}_q((t))$ 是有理函数域 $K = \mathbb{F}_q(t)$ 对于赋值 $|\cdot|_\infty$ 的拓扑完备化. n 愈大, 幂级数 $a(t)$ 和有理函数 $\frac{b(t)}{f(t)}$ 的 (∞)-adic 距离愈小. 所以线性移位寄存器序列的综合, 是用有理函数 $\frac{b(t)}{f(t)}$ 逼近一个幂级数 $a(t)$, 使得 $\deg(f(t)) = d$ 和 $\left|a(t) - \frac{b(t)}{f(t)}\right|_\infty$ 均尽量地小.

在经典的数论中, 早在 19 世纪就由德国数学家 Dirichlet 和 Minkowsky 等人开创了一个类似的研究课题, 叫作 "丢番图逼近", 即用小分母的有理数来逼近无理数. 更早的例子是祖冲之用 $\frac{3}{1}$, $\frac{22}{7}$ 和 $\frac{355}{133}$ 作为圆周率 π 的近似值. 这使我们想到, 关于有理数域中丢番图逼近的方法和结果能否移植到有理函数域中来?

在讲述有理函数域 $K=\mathbb{F}_q(t)$ 的局部化时 (第 3.3 节), 提到过 K 类比于有理数域 $\mathbb{Q}$, $\mathbb{Q}$ 对于通常绝对值给出的拓扑完备化为实数域 $\mathbb{R}$. 相应地, K 对于 $|\cdot|_\infty$ 赋值的拓扑完备化为罗朗级数域 $K_\infty=\mathbb{F}_q((t))$. 每个正实数 $\alpha\in\mathbb{R}$ 有 10 进展开

$$\alpha=a_{-l}10^l+a_{-(l-1)}10^{l-1}+\cdots+a_{-1}\cdot 10^l+$$
$$a_0+a_1\cdot 10^{-1}+a_2\cdot 10^{-2}+\cdots\quad (a_i\in\mathbb{Z}, 0\leqslant a_i\leqslant 9),$$

其中 $[\alpha]=a_{-l}10^l+\cdots+a_0$ 是 α 的整数部分, $\{\alpha\}=a_1\cdot 10^{-1}+a_2\cdot 10^{-2}+\cdots$ 是 α 的分数部分, $[\alpha]\in\mathbb{Z}$, $[\alpha]\geqslant 0$, 而 $0\leqslant|\{\alpha\}|<1$. 类似地, $\mathbb{F}_q((t))$ 中的每个非零元素可有展开式

$$\alpha(t)=a_{-l}t^{-l}+a_{-(l-1)}t^{-(l-1)}+\cdots+a_{-1}t^{-1}+a_0+a_1t+a_2t^2+\cdots\quad (a_i\in\mathbb{F}_q)$$
$$=[\alpha(t)]+\{\alpha(t)\},$$

其中 $[\alpha(t)]=a_{-l}t^{-l}+a_{-(l-1)}t^{-(l-1)}+\cdots+a_0$ 类比于实数的整数部分, 如果用 $x=t^{-1}$, 它是 x 的多项式 $[\alpha(t)]=a_0+a_{-1}x+\cdots+a_{-l}x^l\in\mathbb{F}_q[x]$, $|[\alpha(t)]|_\infty\geqslant 1$ (即 $V_\infty([\alpha(t)])\leqslant 0$), 而 $\{\alpha(t)\}=a_1t+a_2t^2+\cdots$ 类比于实数的分数部分, $|\{\alpha(t)\}|_\infty\leqslant\frac{1}{q}<1$ (即 $V_\infty(\{\alpha(t)\})\geqslant 1$).

用有理数逼近实数 α 有一种有效的方法, 即 α 的连分数或连分式展开. 这种方法可以用到函数域的情形. 首先介绍连分式的一些基本事实.

设 α 为正无理数, $\alpha=[\alpha]+\{\alpha\}$, $0<\{\alpha\}<1$. 于是

$$\alpha=[\alpha]+\frac{1}{\{\alpha\}^{-1}}=a_0+\frac{1}{\alpha_1},$$

其中 $a_0=[\alpha]\in\mathbb{Z}$, $a_0\geqslant 0$, $\alpha_1=\{\alpha\}^{-1}>1$, $\{\alpha_1\}\neq 0$.

又有

$$\alpha_1=[\alpha_1]+\{\alpha_1\}=a_1+\frac{1}{\alpha_2},$$

其中 $a_1=[\alpha_1]\in\mathbb{Z}$, $a_1\geqslant 1$, $\alpha_2=\{\alpha_1\}^{-1}>1$. 从而

$$\alpha=a_0+\frac{1}{[\alpha_1]+\{\alpha_1\}}=a+\frac{1}{a_1+\dfrac{1}{\alpha_2}}.$$

如此继续下去, 便得到正无理数 α 的连分式展开.

$$\alpha = a_0 + \cfrac{1}{a_1 + \cfrac{1}{a_2 + \cdots}}, \quad \text{记成 } \alpha = [a_0, a_1, \cdots, a_n, \cdots], a_i \in \mathbb{Z}.$$

由于 α 是无理数, 可知这是无限连分数. 当 $i \geqslant 1$ 时, $a_i \geqslant 1$.

对于每个 $m \geqslant 0$, 有限连分数 $\alpha_m = [a_0, a_1, \cdots, a_m]$ 是有理数, 叫作连分数 α 的第 m 个部分商. 例如

$$\begin{aligned}
\alpha_0 &= a_0 = \frac{a_0}{1}, \\
\alpha_1 &= a_0 + \frac{1}{a_1} = \frac{a_0 a_1 + 1}{a_1}, \\
\alpha_2 &= a_0 + \cfrac{1}{a_1 + \cfrac{1}{a_2}} = a_0 + \cfrac{1}{\cfrac{1 + a_1 a_2}{a_2}} = \frac{a_0 + a_2 + a_0 a_1 a_2}{1 + a_1 a_2}.
\end{aligned}$$

令 $\alpha_m = \frac{p_m}{q_m}$. 则有如下基本结果:

(1) 规定 $p_{-1} = 0$, $p_0 = a_0$, 则对每个 $m \geqslant 1$, $p_m = a_m p_{m-1} + p_{m-2}$.

规定 $q_{-1} = 1$, $q_0 = 1$, 则对每个 $m \geqslant 1$, $q_m = a_m q_{m-1} + q_{m-2}$.

由此可归纳证明: 对于 $m \geqslant 0$, $\frac{p_m}{q_m} - \frac{p_{m+1}}{q_{m+1}} = \frac{(-1)^{m+1}}{q_m q_{m+1}}$, 并且 p_m 和 q_m 互素.

(2)

$$\frac{p_0}{q_0} < \frac{p_2}{q_2} < \frac{p_4}{q_4} < \cdots < \alpha < \cdots < \frac{p_5}{q_5} < \frac{p_3}{q_3} < \frac{p_1}{q_1}.$$

特别地, 对每个 $m \geqslant 0$, α 在 $\frac{p_m}{q_m}$ 和 $\frac{p_{m+1}}{q_{m+1}}$ 之间, 因此

$$\left|\alpha - \frac{p_m}{q_m}\right| \leqslant \left|\frac{p_m}{q_m} - \frac{p_{m+1}}{q_{m+1}}\right| = \frac{1}{q_m q_{m+1}}.$$

当 $m \geqslant 2$ 时, $q_{m-2} \geqslant 1$, $a_m \geqslant 1$. 于是 $q_m = a_m q_{m-1} + q_{m-2} > q_{m-1}$. 这表明当 $m \to \infty$ 时, $q_m \to \infty$. 由上式可知 $\lim\limits_{m \to \infty} \frac{p_m}{q_m} = \alpha$. 从而这些部分商 $\frac{p_m}{q_m}$ $(m \geqslant 0)$ 逼近无理数 α, 并且相差有上界估计

$$\left|\alpha - \frac{p_m}{q_m}\right| \leqslant \frac{1}{q_m q_{m+1}} \leqslant \frac{1}{q_m^2}.$$

(3) 可以证明: 对于每个 $m \geqslant 1$, 在分母 b 不超过 q_m 的所有有理数 $\frac{a}{b}$

$(a, b \in \mathbb{Z}, 1 \leqslant b \leqslant q_m)$ 当中, $\frac{p_m}{q_m}$ 是和 α 距离最近的.

例如对于圆周率 $\pi = 3.14159265\cdots$, 它的连分数为 $\pi = [3, 7, 15, 1, 292, 1, 1, \cdots]$, 前 5 个部分商为

$$\frac{p_0}{q_0} = \frac{3}{1}, \quad \frac{p_1}{q_1} = \frac{22}{7}, \quad \frac{p_2}{q_2} = \frac{333}{106}, \quad \frac{p_3}{q_3} = \frac{355}{113}, \quad \frac{p_4}{q_4} = \frac{103993}{33102}.$$

于是 $\left|\pi - \frac{355}{113}\right| = \left|\pi - \frac{p_3}{q_3}\right| \leqslant \frac{1}{q_3 q_4} = \frac{1}{113 \times 33102} \leqslant 10^{-6}$. 事实上, $\frac{355}{113} = 3.1415929\cdots$ 由上述性质 (3) 可知, 在分母 $\leqslant 113$ 的所有有理数当中, 祖冲之的"密率" $\frac{355}{113}$ 和 π 的距离最小.

现在考虑函数域上的连分式展开. 对于 $\mathbb{F}_q$ 上的序列 $a = (a_0, a_1, \cdots, a_n, \cdots)$, $a(t) = \sum\limits_{i=0}^{\infty} a_i t^i \in \mathbb{F}_q[[t]]$. 我们考虑 $A(t) = ta(t)$ 的连分式.

令 $A_0(t) = 0$, $\alpha_1(t) = (ta(t))^{-1}$, 则 $-d_1 = V_\infty(\alpha_1(t)) = -V_\infty(t\alpha(t)) \leqslant -1$, $d_1 \geqslant 1$. 可知

$$\alpha_1(t) = A_1(t) + A_1'(t), \quad A_1(t) = \sum_{m=-d_1}^{0} a_m^{(1)} t^m, \quad a_{-d_1}^{(1)} \neq 0, \quad A_1'(t) = \sum_{m=1}^{\infty} a_m^{(1)} t^m.$$

于是

$$A(t) = \frac{1}{\alpha_1(t)} = A_0(t) + \frac{1}{A_1(t) + A_1'(t)}, \quad A_1'(t) \in \mathbb{F}_q[[t]],$$
$$V_\infty(A_1'(t)) = d_2 \geqslant 1.$$

接下来,

$$A_1'(t)^{-1} = \sum_{i=-d_2}^{\infty} a_i^{(2)} t^i = A_2(t) + A_2'(t), \quad a_{-d_2}^{(2)} \neq 0,$$

其中

$$A_2(t) = \sum_{i=-d_2}^{0} a_i^{(2)} t^i, \quad A_2'(t) = \sum_{i=1}^{\infty} a_i^{(2)} t^i,$$
$$A(t) = A_0(t) + \cfrac{1}{A_1(t) + \cfrac{1}{A_2(t) + A_2'(t)}}.$$

如此下去, 便得到 $A(t) = ta(t)$ 的连分式展开 $A(t) = [A_0(t) = 0, A_1(t), \cdots, A_m(t), \cdots]$, 其中对于 $m \geqslant 1$,

$$A_m(t)=\sum_{i=-d_m}^{0}a_i^{(m)}t^i,\quad d_m\geqslant 1,\quad a_{-d_m}^{(m)}\neq 0,\quad a_i^{(m)}\in\mathbb{F}_q(i\geqslant -d_m).$$

以 $\frac{p_n(t)}{q_n(t)}$ 表示部分商 $[A_0(t),A_1(t),\cdots,A_n(t)]\in\mathbb{F}_q(t)$, 则

$$\frac{p_0(t)}{q_0(t)}=0,\quad \frac{p_1(t)}{q_1(t)}=\frac{1}{A_1(t)},\quad \frac{p_2(t)}{q_2(t)}=\frac{A_2(t)}{A_1(t)A_2(t)+1},\quad \cdots.$$

这些部分商有和连分数类似的性质.

(1) $p_0(t)=0$, $p_1(t)=1$, 当 $m\geqslant 2$ 时,

$$\begin{aligned}p_m(t)&=A_m(t)p_{m-1}(t)+p_{m-2}(t)\\&=\sum_{i=-u_m}^{0}a_i^{(m)}t^i\quad\left(a_i^{(m)}\in\mathbb{F}_q,\ a_{-u_m}^{(m)}\neq 0\right),\\-u_m&=V_\infty\left(p_m(t)\right)=V_\infty\left(A_2(t)\cdots A_m(t)\right)\\&=-\left(d_2+\cdots+d_m\right),\ u_m=d_2+\cdots+d_m.\end{aligned}$$

$q_0(t)=1$, $q_1(t)=A_1(t)$, 当 $m\geqslant 2$ 时,

$$\begin{aligned}q_m(t)&=A_m(t)q_{m-1}(t)+q_{m-2}(t)\\&=\sum_{i=-W_m}^{0}b_i^{(m)}t^i\quad\left(b_i^{(m)}\in\mathbb{F}_q,\ b_{-W_m}^{(m)}\neq 0\right),\\-W_m&=V_\infty\left(q_m(t)\right)=V_\infty\left(A_1(t)A_2(t)\cdots A_m(t)\right)\\&=-\left(d_1+d_2+\cdots+d_m\right),\quad W_m=d_1+d_2+\cdots+d_m.\end{aligned}$$

(2) 对每个 $m\geqslant 0$, $\frac{p_m(t)}{q_m(t)}-\frac{p_{m+1}(t)}{q_{m+1}(t)}=\frac{(-1)^{m+1}}{q_m(t)q_{m+1}(t)}$. 从而

$$\begin{aligned}V_\infty\left(\frac{p_m(t)}{q_m(t)}-\frac{p_{m+1}(t)}{q_{m+1}(t)}\right)&=-V_\infty\left(q_m(t)q_{m+1}(t)\right)\\&=W_m+W_{m+1}\geqslant m+m+1=2m+1.\end{aligned}$$

这表明 $\left\{\frac{p_m(t)}{q_m(t)}\right\}_{m=0}^{\infty}$ 是 $\mathbb{F}_q[[t]]$ 中的 (∞)-adic 柯西序列. 进而可以证明

$$V_\infty\left(A(t)-\frac{p_m(t)}{q_m(t)}\right)=-V_\infty(q_m(t)q_{m+1}(t))=W_m+W_{m+1},\tag{9.2}$$

这表明 $\left\{\frac{p_m(t)}{q_m(t)}\right\}_{m=1}^{\infty}$ 的 (∞)-adic 极限就是 $A(t)=ta(t)$. 公式 (9.2) 还可写成

$$\left|A(t)-\frac{p_m(t)}{q_m(t)}\right|_{\infty}\leqslant\frac{1}{|q_m(t)q_{m+1}(t)|_{\infty}}.$$

这就更能看出和连分数的相似之处, 因为对于无理数 α 的连分数部分商 $\frac{p_n}{q_n}$, 我们有 $\left|\alpha-\frac{p_n}{q_n}\right|\leqslant\frac{1}{q_nq_{n+1}}$.

现在把 $A(t)=ta(t)$ 的连分式部分商 $\frac{p_n(t)}{q_n(t)}$ 转化成序列 $a(t)=\sum\limits_{i=0}^{\infty}a_it^i$ 的线性复杂度语言. 由

$$p_m(t)=\sum_{i=-u_m}^{0}a_i^{(m)}t^i,\quad q_m=\sum_{i=-W_m}^{0}b_i^{(m)}t^i\quad\left(b_{-W_m}^{(m)}\neq 0\right),$$

$$u_m=d_2+\cdots+d_m,\quad W_m=d_1+u_m,$$

可知

$$\frac{p_m(t)}{q_m(t)}=t^{-u_m}\sum_{i=0}^{u_m}a_{i-u_m}^{(m)}t^i\Bigg/t^{-W_m}\sum_{i=0}^{W_m}b_{i-W_m}^{(m)}t^i=\frac{t^{d_1}g_m(t)}{f_m(t)}.$$

于是由 (9.2) 式,

$$V_{\infty}\left(A(t)-\frac{t^{d_1}g_m(t)}{f_m(t)}\right)=W_m+W_{m+1},$$

其中 $A(t)=ta(t)$, $g_m(t)=\sum\limits_{i=0}^{u_m}a_{i-u_m}^{(m)}t^i\in\mathbb{F}_q[t]$, $f_m(t)=\sum\limits_{i=0}^{W_m}b_{i-W_m}^{(m)}t^i\in\mathbb{F}_q[t]$. 即 $V_{\infty}\left(a(t)-\frac{t^{d_1-1}g_m(t)}{f_m(t)}\right)=W_m+W_{m+1}-1\geqslant 2W_m$, 而 $f_m(0)=b_{-W_m}^{(m)}\neq 0$. $t^{d_1-1}g_m(t)\in\mathbb{F}_q[t]$, $\deg(t^{d_1-1}g_m(t))\leqslant d_1-1+u_m=W_m-1$. 这就表明以 $(b_{-W_m}^{(m)})^{-1}f_m(t)$ 为联结多项式的 W_m 级线性移位寄存器可以生成序列 $a=(a_0,a_1,\cdots)$ 的前 $W_m+W_{m+1}-1(\geqslant 2W_m)$ 位. 即给出如下结果:

定理 9.1.10 设 $a=(a_0,a_1,\cdots,a_n,\cdots)$ 是 $\mathbb{F}_q$ 上的序列, 则存在一批 W_m 级线性移位寄存器 (当 $m\to\infty$ 时 $W_m\to\infty$), 使得它可生成序列的前 $2W_m$ 位. ∎

定义 9.1.11 对于 $\mathbb{F}_q$ 上的序列 $a=(a_0,\cdots,a_n,\cdots)$, $m\geqslant 1$, 以 $L_m(a)$ 表示可以生成 a 的前 m 位的线性移位寄存器的最小级数.

定理 9.1.10 表明 $L_{2W_m}(a) \leqslant W_m$. 注意 $L_m(a) \leqslant L_{m+1}(a)$. 称 $\{L_m(a)\}_{m=1}^{\infty}$ 为序列 a 的线性复杂度清单. 下面结果表明, 由 $A(t) = ta(t)$ 连分式展开的部分商可完全确定 a 的线性复杂度清单. 证明见书 [5] 第 7.1 节.

定理 9.1.12 设 $a = (a_0, a_1, \cdots, a_n, \cdots)$ 为 $\mathbb{F}_q$ 上的非周期序列 (即 $a(t) \notin \mathbb{F}_q(t)$). $A(t) = ta(t)$ 的连分式展开为 $[A_0(t) = 0, A_1(t), \cdots, A_m(t), \cdots]$, 其中当 $m \geqslant 1$ 时,

$$A_m(t) = \sum_{i=-d_m}^{0} c_i^{(m)} t^i, \quad d_m \geqslant 1, \quad c_{-d_m}^{(m)} \neq 0.$$

则

(1) 当 $1 \leqslant m \leqslant d_1 - 1$ 时, 规定 $L_m(a) = 0$ (注意由 $A_1(t)$ 的表达式可知 $(a_0, \cdots, a_{d_1-1}) = (0, \cdots, 0)$, $a_{d_1} \neq 0$), 而

$$\begin{aligned}&\{L_{d_1}(a), L_{d_1+1}(a), \cdots, L_m(a), \cdots\}\\ =&\{\underbrace{d_1, \cdots, d_1}_{d_1+d_2\text{ 个}}, \underbrace{d_1+d_2, \cdots, d_1+d_2}_{d_2+d_3\text{ 个}}, \cdots, \underbrace{(d_1+\cdots+d_l), \cdots, (d_1+\cdots+d_l)}_{d_l+d_{l+1}\text{ 个}}, \cdots\}.\end{aligned}$$

换句话说, 设 $W_j = d_1 + \cdots + d_j$. 则当 $W_{j-1} + W_j \leqslant m \leqslant W_j + W_{j+1}$ 时, $L_m(a) = W_j$.

(2) 极限 $\lim\limits_{m\to\infty} \frac{L_m(a)}{m}$ 存在, 并且等于 $\frac{1}{2}$. ▮

如果 $a = (a_1, \cdots, a_n, \cdots)$ 是拟周期序列, 即存在 $l \geqslant 0$ 和 $n \geqslant 1$, 使得当 $t \geqslant l$ 时, $a_{t+n} = a_t$. 则

$$\begin{aligned}A(t) = ta(t) &= \sum_{i=1}^{l-1} a_i t^i + t^l \left(a_l + a_{l+1}t + \cdots + a_{l+n-1}t^{n-1}\right)\left(1 + t^n + t^{2n} + \cdots\right)\\ &= \sum_{i=1}^{l-1} a_i t^i + t^l \frac{a_l + a_{l+1}t + \cdots + a_{l+n-1}t^{n-1}}{1-t^n} \equiv \frac{g(t)}{1-t^n} \in \mathbb{F}_q(t),\end{aligned}$$

其中 $g(t) \in \mathbb{F}_q[t]$, $\deg g(t) \leqslant n+l-1$. 从而以 $f(t) = 1 - t^n + 0 \cdot t^{n+1} + \cdots + 0 \cdot t^{n+l}$ 为联结多项式的 $n+l$ 级线性移位寄存器, 由 $(a_1, \cdots, a_{n+l-1})$ 为初始状态即可生成整个序列 a. 所以对每个 $m \geqslant 1$, $L_m(a) \leqslant n+l$ 为常数上界, $\lim\limits_{m\to\infty} \frac{L_m(a)}{m} = 0$. $A(t)$ 的连分式展开是有限的, 即 $A(t) = [A_0(t), A_1(t), \cdots, A_s(t)]$.

如果 a 是非周期序列, 则 $a(t) \notin \mathbb{F}_q(t)$. $A(t)=ta(t)$ 的连分式展开是无限的. 由定理 9.1.12 知 $\lim\limits_{m\to\infty}\frac{L_m(a)}{m}=\frac{1}{2}$, 即当 m 充分大时, 生成 a 的前 m 位的最短线性移位寄存器的级数差不多为 $\frac{m}{2}$.

1986 年, Rueppel 在 [27a] 一书中, 为密钥序列抵抗线性攻击方式, 提出了如下的概念.

定义 9.1.13 设 d 为正整数. $\mathbb{F}_q$ 上的序列 a 叫作 d-完美 (perfect) 序列, 是指对每个 $m \geqslant 1$, $|2L_m(a)-m| \leqslant d$, 即 $\frac{m-d}{2} \leqslant L_m(a) \leqslant \frac{m+d}{2}$.

由上所述可知, d-完美序列 a 必是非周期序列, 即 $a(t)=\sum\limits_{i=0}^{\infty}a_it^i \notin \mathbb{F}_q(t)$. 下面结果表明: d-完美序列也可以用 $ta(t)$ 的连分式展开来刻画.

定理 9.1.14 ([5], 第 7.1 节) 设 $a=(a_0,a_1,\cdots,a_n,\cdots)$ 是 $\mathbb{F}_q$ 上的非周期序列, $ta(t)$ 的连分式展开为 $[A_0(t)=0,A_1(t),\cdots,A_m(t),\cdots]$, 其中当 $m \geqslant 1$ 时,

$$V_\infty(A_m(t))=-d_m, \quad d_m \geqslant 1,$$

即

$$A_m(t)=\sum_{\lambda=-d_m}^{0} c_\lambda^{(m)}t^\lambda \quad \left(c_\lambda^{(m)}\in\mathbb{F}_q,\ c_{-d_m}^{(m)}\neq 0\right).$$

则 a 是 d-完美序列当且仅当对每个 $m \geqslant 1$, $d_m \leqslant d$.

证明 $\Leftarrow$: 设对每个 $m \geqslant 1$, $d_m \leqslant d$. 由定理 9.1.12 知对每个 $m \geqslant 1$, $L_m(a)=W_j$, 其中

$$W_j=d_1+\cdots+d_j \text{ (规定 } W_0=-1), \quad \text{而 } j \text{ 满足}$$
$$W_{j-1}+W_j \leqslant m \leqslant W_j+W_{j+1}-1 \ (j \geqslant 0).$$

这条件也相当于 $2W_j-d_j \leqslant m \leqslant 2W_j+d_{j+1}-1$, 即 $1-d_{j+1} \leqslant 2W_j-m = 2L_m(a)-m \leqslant d_j$. 再由假定 $d_j \leqslant d$, $d_{j+1} \leqslant d$ 给出 $|2L_m(a)-m| \leqslant d$, 即 a 是 d-完美序列.

$\Rightarrow$: 设 a 是 d-完美序列, 即对每个 $m \geqslant 1$, $|2L_m(a)-m| \leqslant d$. 特别取 $m=2W_j-d_j$, 由定理 9.1.12 知 $L_m(a)=W_j$. 于是 $|2W_j-(2W_j-d_j)| \leqslant d$,

即对每个 $j \geqslant 1$, $d_j \leqslant d$. ▮

例 5 考虑 $\mathbb{F}_2$ 上的序列 $a = (a_0, a_1, \cdots, a_n, \cdots)$, 其中

$$a_n = \begin{cases} 1, & \text{若 } n = 2^\lambda - 2, \ \lambda = 1, 2, 3, \cdots, \\ 0, & \text{否则}, \end{cases}$$

即 $a(t) = \sum\limits_{n=0}^{\infty} a_n t^n = \sum\limits_{\lambda=1}^{\infty} t^{2^\lambda - 2}$, $A(t) = ta(t) = \sum\limits_{\lambda=1}^{\infty} t^{2^\lambda - 1}$, $V_\infty(A(t)) = 1$. 由于有限域为 $\mathbb{F}_2$, 从而

$$A(t)^2 = \sum_{\lambda=1}^{\infty} (t^{2^\lambda - 1})^2 = \sum_{\lambda=1}^{\infty} t^{2^{\lambda+1} - 2} = t^{-1}(A(t) + t) = t^{-1}A(t) + 1.$$

可知 $A(t)$ 的连分式为

$$A(t) = \frac{1}{A(t)^{-1}} = \frac{1}{t^{-1} + A(t)} = [0, t^{-1}, t^{-1}, \cdots, t^{-1}, \cdots] \quad V_\infty(t^{-1}) = -1.$$

这表明二元序列 a 是 1-完美序列, 即 $\left|L_m(a) - \frac{m}{2}\right| \leqslant \frac{1}{2}$, $\frac{m-1}{2} \leqslant L_m(a) \leqslant \frac{m+1}{2}$. 也就是说: $L_{2l}(a) = l$, 而 $L_{2l+1}(a) = l$ 或 $l + 1$.

无限连分式 $[A_0(t), A_1(t), \cdots, A_n(t), \cdots]$ 叫作拟周期的, 是指序列 $\{A_0(t), A_1(t), \cdots, A_n(t), \cdots\}$ 是拟周期的, 即存在 $l \geqslant 0$ 和 $d \geqslant 1$, 使得当 $n \geqslant l$ 时, $A_{n+d}(t) = A_n(t)$. 上面例 5 中的连分式 $[0, t^{-1}, t^{-1}, \cdots, t^{-1}]$ 是拟周期的. 如果对于序列 a, $ta(t)$ 的连分式是如上所述的拟周期的, 则 a 是 d-完美序列, 其中

$$d = \max\left\{-V_\infty\left(A_n(t)\right) | 1 \leqslant n \leqslant l + d - 1\right\}.$$

对于数域的情形, 一个正无理数 α 的连分数展开是拟周期连分数, 当且仅当 α 是实二次无理数, 即 $\mathbb{Q}(\alpha)$ 是 $\mathbb{Q}$ 的二次扩张, 从而 $\mathbb{Q}(\alpha)$ 为实二次域. 类似地可以证明: 对于 $\mathbb{F}_q$ 上的非周期序列 $a = (a_0, \cdots, a_n, \cdots)$, $A(t) = ta(t)$ 的连分式展开是拟周期连分式, 当且仅当 $A(t)$ 是有理函数域 $K = \mathbb{F}(t)$ 上的二次代数元素, 即 $K(A(t)) = K(a(t))$ 是实二次函数域. "实" 的意思是指 K 中无限素除子 $\infty = (t)$ 在二次函数域 $K(A(t))$ 中分解成两个不同的 1 次素除子 ∞_1, ∞_2 的乘积, 从而 t 仍为 ∞_1 和 ∞_2 的局部参数.

在 [5] 和 [7] 中还有用函数域构作 d-完美序列的其他方法, 这里从略. 本

节介绍了密钥序列的线性复杂度, 用以刻画抵抗线性攻击方面的性质. 20 世纪 70 年代以后, 人们相继发明了攻击流密码的其他方法 (如相关攻击、差分攻击、代数攻击等), 因而要求密钥序列具有其他好的密码学性质. 这方面可见 [10].

9.2 认证码

认证码可在甲乙双方通信时防止所发出的信息被冒充或篡改. 它由 Gilbert, MacWilliams 和 Sloane 于 1974 年提出, 在 20 世纪 80 年代和 90 年代由 Simmons 和 Stinson 发展成更一般的理论. 关于认证码的知识可参见 [11].

假设甲方从信息集合 A 中取出信息 $a \in A$, 在发给乙方之前, 对信息 a 要做签名, 即在密钥集合 $\mathscr{H}$ 中取一个密钥 $h \in \mathscr{H}$, 用一个 "签名认证" 规则 $f: A \times \mathscr{H} \to B$ 计算 $f(a,h) = b$, 然后甲方发 (a,b) 给乙方, 其中 b 是甲方对信息 a 的签名. 乙方在收到 (a,b) 之后, 用双方约定好的密钥 h 和规则 f, 认证是否 $f(a,h) = b$. 若此式成立, 则乙方确认 a 是由甲方寄来的信息.

第三方截取 (a,b), 知道甲方的信息集合 A, 密钥集合 $\mathscr{H}$ 和签名集合 B, 但不知所用的密钥 h 和规则 f. 这里考虑第三方所做的两种攻击方式.

第一种是 "冒名顶替" (impersonation attack). 以下假设 $|A| = n$, $|B| = m$, $2 \leqslant m \leqslant n$, $|\mathscr{H}| = H$. 假设甲方在选取 A 中的 a 是等概率的, 即每个 a 的概率均为 $\frac{1}{n}$, 选取密钥 $h \in \mathscr{H}$ 也是等概率的, 即每个 h 的概率均是 $\frac{1}{H}$. 第三方在 A 和 B 中分别取 $a' \in A$ 和 $b' \in B$, 将 (a',b') 发给乙方. 如果乙方恰好算出 $f(a',h) = b'$, 则乙方误认为信息 a' 来自甲方, 这意味第三方欺骗成功. 从而这种冒名顶替成功的概率为

$$P(a',b') = \#\{h \in \mathscr{H} | f(a',h) = b'\}/H,$$

最大值为 $P_I = \max\{P(a',b') | a' \in A, b' \in B\}$.

第二种是 "篡改信息" (substitution attack). 第三方在截取甲方一条带签名的信息 (a,b) 之后, 发 (a',b') 给乙方 $(a' \in A', b' \in B')$, 其中 $a' \neq a$ (即 a' 是假信息). 如果乙方收到 (a',b') 后, 计算 $f(a',h)$ 恰好为 b', 则认为 b' 是

甲方的签名, 从而误认为假消息 a' 是由甲方发来的. 这意味第三方欺骗成功. 这种篡改信息欺骗成功的概率为

$$P(a',b'|a,b) = \#\{h \in \mathscr{H} | f(a,h) = b, f(a',h) = b'\} / \#\{h \in \mathscr{H} | f(a,h) = b\},$$

而最大值为 $P_S = \max\{P(a',b'|a,b)|a,a' \in A, b,b' \in B, a \neq a'\}$.

一个好的认证码希望两种攻击的成功概率最大值 P_I 和 P_S 均愈小愈好. 已知它们均有下界 $1/|B| = 1/m$. Stinson 给出认证码和正交阵列 (orthogonal array, OA) 这种组合结构的密切联系, 证明 P_I 和 P_S 均达到界 $1/m$ 相当于存在某种参数的正交阵列. 从这个角度希望 $m = |B|$ 较大. 另一方面, 用户 A 每次都要在信息 a 加上签名 b, 希望 b 的长度不要太大, 尽量减少传输 b 的时间. 若 $B = S^l$, 其中 $|S| = s$, 则 $m = |B| = s^l$ 而 b 的长度为 $l = \log_s m$, 所以又希望 m 不要太大. 上述两个对 $m = |B|$ 的要求是相互制约的, 希望能构作一些认证码具有灵活的参数供应以便在使用时有选择的余地.

目前许多构作认证码的方法都采用组合设计的思想, 这里介绍 [7, 19] 中用函数域构作认证码的想法. 首先回忆在第 8.1 节如何由函数域构作 ε-几乎强均匀的 Hash 函数族. 然后介绍如何由这种 Hash 函数族构作认证码. (定义 8.1.4) 设 $2 \leqslant m \leqslant n$, $|A| = n$, $|B| = m$. $\mathscr{H}$ 是由 $H(>1)$ 个不同的函数 $h : A \to B$ 构成的函数族. 对于 $\varepsilon > 0$, 称 $\mathscr{H}$ 是 ε-几乎强均匀的 (简记作 ε-ASU) Hash 函数族, 是指满足以下两个条件:

(1) 对每个 $a \in A, b \in B$, $\#\{h \in \mathscr{H} | h(a) = b\} = \frac{H}{m}$.

(2) 对于 a_1, $a_2 \in A$ $(a_1 \neq a_2)$ 和 b_1, $b_2 \in B$, $\#\{h \in \mathscr{H} | h(a_1) = b_1, h(a_2) = b_2\} \leqslant \varepsilon \frac{H}{m}$. 对于这种函数族, 必然 $\varepsilon \geqslant \frac{1}{m}$. 用函数域构作 ε-ASU Hash 函数族的结果为:

(定理 8.1.6) 设 K 是以 $\mathbb{F}_q$ 为常数域的函数域, $g = g(K)$, S 是 K 的 1 次素除子集合, $|S| \geqslant 1$. D 为 K 的一个除子, $D \geqslant 0$ 并且 $V_P(D) = 0$ (对每个 $P \in S$). 取 R 为 S 中一个固定的素除子 $G = D - R$. 对于每个 $(P, a) \in S \times \mathbb{F}_q$, 定义映射

$$h_{(P,a)} : L(G) \to \mathbb{F}_q, \quad f \mapsto f(P) + a.$$

如果 $\deg G \geqslant 2g+1$, 则集合 $\mathscr{H} = \{h_{(P,a)} : L(G) \to \mathbb{F}_q | (P,a) \in S \times \mathbb{F}_q\}$ 为 ε-ASU Hash 函数族, 参数为 $(H;n,m)$, 其中

$$A = L(G), \quad n = |A| = q^{l(G)} \quad (l(G) = \deg D - g),$$
$$B = \mathbb{F}_q, \quad m = q, \quad \varepsilon = \frac{\deg D}{|S|}.$$

现在由 ε-ASU Hash 函数族构作认证码.

定理 9.2.1 如果存在 ε-ASU Hash 函数族 $\mathscr{H} = \{h : A \to B\}$, 参数为 $(H;n,m)$, 则存在认证码, 其参数为 $|A| = n$, $|B| = m$, $|\mathscr{H}| = H$, $P_I = 1/m$, $P_s \leqslant \varepsilon$.

证明 定义签名函数为 (取 $\mathscr{H}$ 为密钥集合)

$$f : A \times \mathscr{H} \to B, \quad f(a,h) = h(a).$$

由 ε-ASU Hash 函数族定义的条件 (1) 知

$$\begin{aligned} P(a',b') &= \#\{h \in \mathscr{H} | f(a',h) = b'\}/H \\ &= \#\{h \in \mathscr{H} | h(a') = b'\}/H = \frac{1}{|B|} = \frac{1}{m}, \end{aligned}$$

因此 $P_I = \frac{1}{m}$. 当 $a \neq a'$ 时, 由条件 (2) 知

$$P(a',b'|a,b) = \#\{h \in \mathscr{H} | f(a',h) = b', f(a,h) = b\} \Big/ \frac{H}{m} \leqslant \varepsilon.$$

从而 $P_s \leqslant \varepsilon$. 证毕. ∎

第 8.1 节中用有理函数域 $K = \mathbb{F}_q(x)$ 构作了两类 ε-ASU Hash 函数族. 再由定理 9.2.1 给出两类认证码, 其参数分别为:

(A) $H = q^2$, $n = q^d$, $m = q$, $\varepsilon = \frac{d}{q}$ (其中 $2 \leqslant d \leqslant q$). 从而 $P_I = \frac{1}{q}$ 达到下界, 而 $P_s \leqslant \frac{d}{q}$.

(B) $H = q(q+1)$, $n = q^d$, $m = q$, $\varepsilon = \frac{d}{q+1}$ (其中 $2 \leqslant d \leqslant q$). 从而 $P_I = \frac{1}{q}$ 达到下界, 而 $P_s \leqslant \frac{d}{q+1}$.

文 [19] 中利用亏格 $g \geqslant 1$ 的函数域 (Hermite 曲线族和其他曲线族的函数域) 得到具有更灵活参数的认证码. 在某些范围内, 其性能优于前人用正交阵列、纠错码与特征和估计等方法得到的认证码.

9.3 公钥体制和椭圆曲线

9.1 节介绍的加密方式叫作私钥加密体制. 通信双方约定一种加密方式和所用的密钥, 这些都向外人保密. 到了 20 世纪 70 年代, 由于数字通信的飞速发展, 私钥体制受到严重的挑战. 一方面, 由于通信的广泛普及, 每个用户和大量的其他用户进行保密通信, 需要许多加密系统和各自不同的密钥集合. 密钥的管理、更换和保存的安全性是一个重大的问题. 另一方面, 由于保密通信的应用不断广泛深入, 由过去战争和外交等领域拓展到经济, 管理以及个人生活领域, 产生了一系列新的课题 (数字签名和认证、秘密共享、数字仲裁、零知识证明等). 为了解决这些问题, 保密通信产生了新的重要体制: 公开密钥体制, 简称公钥体制. 密码学的研究也进入了更广阔的领域: 信息安全. 本节首先简要地介绍公钥体制和它的功能, 重点介绍有限域上椭圆曲线所起的作用.

1976 年, 两个美国人 Diffie 和 Hellman 提出公开密钥体制. 他们所采用的概念叫作单向函数 (one way function). 在私钥体制中, 通信双方采用一对互逆的加密运算 E 和解密运算 D, $ED=DE=I$ (恒等运算). 发方把明文 x 作用 E , 发出密文 $y=E(x)$. 收方用 D 译出明文 $D(y)=DE(x)=I(x)=x$, $\{D,E\}$ 由双方约定, 外人接收到密文 y 很难破译出明文 x. 如果某人要和 n 个用户进行保密通信, 他需要 n 个不同的加密方式和 n 组互逆的运算 $\{E_i,D_i\}$ $(1\leqslant i\leqslant n)$, 每组 $\{E_i,D_i\}$ 都有大量密钥需要保存和更换. 所谓单向函数是指可逆函数 E, 它容易计算, 但是由 E 求逆运算 D 很困难.

在公钥体制中, n 个用户彼此通信, 选择 n 组单向函数 $\{E_i,D_i\}$, E_i 和 D_i 分别叫作用户 A_i 的公钥和私钥. 所有的公钥 E_i $(1\leqslant i\leqslant n)$ 均公开, 任何人都可查到, 而私钥 D_i 只由用户 A_i 自己保存. 换句话说, 用户 A_i 无论和多少人通信, 他只保存好自己的私钥 D_i 不被外人知道即可. 这就解决了要保存和管理大量保密密钥的问题.

这种体制的加密方式非常简单: 如果用户 A_i 把明文 x 给用户 A_j, A_i 去查用户 A_j 的公钥 E_j, 将 $y=E_j(x)$ (密文) 发出. 用户 A_j 用自己保存的私钥 D_j, 作用于 y, 便得到明文 $D_j(y)=D_jE_j(x)=I(x)=x$. 而第三方不知

用户 A_j 的私钥 D_j, 即使能查到用户 A_j 的公钥 E_j, 求出 E_j 的逆运算 D_j 非常困难.

用这种公钥体制进行数字签名和认证也很容易: 用户 A_i 把信息 x 传给用户 A_j 之前, 用 A_i 自己的私钥 D_i 作用, 传出 $D_i(x) = y$, 这就是用户 A_i 的签名. 任何人想确认信息是否是用户 A_i 发出的, 只要查出 A_i 的公钥 E_i, 作用于 y 得到信息 $E_i(y) = E_i(D_i(x)) = I(x) = x$. 这就是数字认证. 而外人无法发出信息冒充用户 A_i 的签名, 因为 A_i 以外的人只能查到 A_i 的公钥 E_i, 由它计算 A_i 的私钥 D_i 很困难.

今后我们还会介绍用公钥体制实现其他功能. 1976 年公钥体制提出之后, 引起通信界极大的兴趣. 自然地会提出的第一个问题是: 这样的单向函数是否存在? 即能否找到一批可逆函数 E, 运算 E 容易实现, 但是求逆运算 $D = E^{-1}$ 很难实现? 在 20 世纪 70 年代和 80 年代, 人们提出了大量的单向函数 E 的方案, 多数方案都陆续被否定, 即发现求 E^{-1} 的容易算法. 到 21 世纪初, 只有两种单向函数没有被攻破, 目前已在实际中得到应用. 这两种方案采用的单向函数均来自数论.

第一种方案是 1977 年由三位学者 Rivest, Shamir 和 Adleman 共同提出的 RSA 公钥方案. 它基于一个大的正整数分解成素数乘积 (大数分解问题) 是一个困难的问题. 粗糙地说, 衡量一个算法的复杂性有两个 "标杆": 指数型和多项式型. 多项式算法被认为是可以实际应用的, 而指数型算法被认为是耗时太长而无法实现的. 将一些素数乘起来得到它们的乘积是有多项式算法的. 反过来, 将一个大的正整数分解成一些素数的乘积, 至今没有多项式算法. 目前采用了许多高深的数论和代数几何工具, 也只能达到 "亚" 指数型算法. 我们后面对于大数分解问题还会做进一步讨论.

现在介绍基于大数分解的 RSA 公钥方案. 取定两个不同的素数 p 和 q, 大小均近似于 10^{100} (即 10 进制之下大约 100 位). 令 $N = pq$ (在大约 10^{200} 的数当中, 这样两个差不多大小的素数乘积最难分解). 将 N 公开.

令 $\varphi(N) = (p-1)(q-1)$ (这是初等数论中的欧拉函数).

取两个正整数 e 和 d, 满足 $ed \equiv 1 \pmod{\varphi(N)}$. 当 N 很大时, 可以证明

这样的正整数对 (e_i, d_i) $(1 \leqslant i \leqslant n)$ 可以 (在 $\bmod\ \varphi(N)$ 的意义下) 有许多.

现在需要一个初等数论结果.

引理 9.3.1 设 $N = pq$ 为两个不同素数乘积, $\varphi(N) = (p-1)(q-1)$, $ed \equiv 1 \pmod{\varphi(N)}$. 则对每个整数 x, 均有 $x^{ed} \equiv x \pmod{N}$.

证明 由假设知 $ed = 1 + l\varphi(N)(l \in \mathbb{Z})$, 需要证明 $x^{ed} \equiv x \pmod{p}$ 并且 $x^{ed} \equiv x \pmod{q}$. 如果 $p|x$, $q \nmid x$, 则 $x^{ed} \equiv 0 \equiv x \pmod{p}$, $x^{ed} \equiv x^{1+l\varphi(N)} \equiv x \cdot x^{(p-1)l(q-1)} \equiv x \cdot 1 \equiv x \pmod{q}$. 这里利用了费马小定理: 当 $q \nmid x$ 时 $x^{q-1} \equiv 1 \pmod{q}$ (事实上这是费马的一个猜想, 由欧拉证明). 同样对 $p \nmid x$, $q|x$ 情形也可证明 $x^{ed} \equiv 0 \equiv x \pmod{q}$, $x^{ed} \equiv x \pmod{p}$. 最后若 $p \nmid x$ 并且 $q \nmid x$, 则 $x^{ed} \equiv x \cdot x^{l(p-1)(q-1)} \equiv x \pmod{p}$ 和 $x^{ed} \equiv x \cdot x^{(q-1)l(p-1)} \equiv x \pmod{q}$. 证毕. ▮

现在把信息用 $\mathbb{Z}_N = \{0, 1, \cdots, N-1\}$ 中的数来表示. 加密运算为 $E(x) \equiv x^e \pmod{N}$, 解密运算为 $D(y) \equiv y^d \pmod{N}$. 由引理 9.3.1 知 $\{E, D\}$ 是一对互逆的运算. 如果有 n 个用户彼此通信, 取 n 对 $\{e_i, d_i\}$ $(1 \leqslant i \leqslant n)$ 满足 $e_i d_i \equiv 1 \pmod{\varphi(N)}$. e_i 和 d_i 分别是用户 A_i 的公钥和私钥 $(1 \leqslant i \leqslant n)$, 将 N 和所有公钥 e_i $(1 \leqslant i \leqslant n)$ 公开. 而用户 A_i 只保留自己的私钥, $E_i(x) \equiv x^{e_i} \pmod{N}$ 为用户 A_i 的加密运算. 这是单向函数, 因为它的逆运算 $D_i(y) \equiv y^{d_i} \pmod{N}$. 已知 e_i 计算 d_i 要用到 $e_i d_i \equiv 1 \pmod{(p-1)(q-1)}$. 但只有 N 公开, 要解这个同余方程需要知道同余方程的模 $(p-1)(q-1)$. 这需要将 N 进行分解 $N = pq$, 而这是困难的.

自从公元前 3 世纪欧几里得在《几何原本》中证明了正整数唯一因子分解定理以来, 人们不断寻求将大整数分解成素数乘积的方法. RSA 公钥体制提出之后, 寻求大数分解好算法的热情更为高涨, 人们试图改进大数分解算法的复杂性. 但至今仍未找到多项式算法. 设数字通信中每位数字取自 q 元集合 S 的某个元素, 如果有 N 个信息, 每个信息要用长为 $m = \log_q N$ 的元素组 $(s_1, \cdots, s_m) \in S^m$ 来表达. 所以一个算法的复杂度用它的计算量是 $\log_q N$ 的何种函数来衡量. 大数分解的多项式算法是指其计算量为 $\log_q N$ 的多项式 (如 $3 \cdot (\log_q N)^{100} + 5$). 当计算量为 $\log_q N$ 的指数函数时, 叫指数型算法.

最原始的大数分解算法是希腊人的筛法. 如果 N 不是素数, 则必有一个素因子 $p \leqslant \sqrt{N}$. 于是依次考虑素数 $2, 3, 5, \cdots$. 若素数 $p \nmid N$, 便在 2 到 N 的数中把 $p, 2p, 3p, \cdots$ 筛除掉. 如果进行到某个 $p \leqslant \sqrt{N}$, $p|N$, 则 N 有素因子 p, 再分解 N/p. 否则, 若所有素数 $p \leqslant \sqrt{N}$ 均不是 N 的素因子, 则 N 本身是素数. 这种分解算法的复杂度为 $O(N) = O\left(e^{\log N}\right)$, 即为指数型算法.

另一批大数分解的算法叫作*概率算法*. 它的想法为: 为计算 n 的因式分解, 取一些整数 N, 计算最大公因子 $\gcd(N, n)$. 如果 $l = \gcd(N, n) \neq 1$ 和 n, 就得到 n 的一个真因子 l, 从而 $n = l \cdot n/l$ 是两个均比 n 小的正整数的乘积, 如此继续下去.

问题是: 如何选取一批整数 N, 使 $1 < \gcd(N, n) < n$ 的概率最大?

假设 p 是 n 的一个素因子, 如果 $p-1$ 的素因子都不超过某个正整数 B, 并且 $p-1$ 不被素数的平方除尽, 则 $(p-1)|B!$. 或者取 k 为 $2, 3, \cdots, B$ 的最小公倍数, 则 $(p-1)|k$. 由费马小定理, 对每个整数 a, 当 $p \nmid a$ 时, $a^k \equiv 1 \pmod{p}$, 从而 $\gcd(a^k-1, n)$ 至少有素因子 p. 当 $n \nmid (a^k-1)$ 时, $\gcd(a^k-1, n)$ 就给出 n 的一个真因子. Pollard 由此给出大数分解的如下概率算法: 设要分解大整数 n.

(1) 选取一个适当的正整数 B 和整数 $k = k_B$, 使得不超过 B 的所有素数均为 k 的素因子.

(2) 随机地选取 a $(2 \leqslant a \leqslant n-1)$, 计算 $\gcd(a^k-1, n) = d$. 若 d 是 n 的真因子, 则算法把 n 分解成 d 和 n/d 之积. 若试验若干 a 不成功, 则更换 B 和 k_B 再继续试验.

数论学家 Koblitz 提出用有限域上的椭圆曲线做大数分解的算法. Pollard 的算法采用有限域 $\mathbb{F}_p$ 的乘法群 $\mathbb{F}_p^*$, 这是 $p-1$ 阶循环群 (从而有费马小定理). 而大数分解的椭圆曲线算法则采用 $\mathbb{F}_p$ 上椭圆曲线 E 的有理点群 $E(\mathbb{F}_p)$, 这是有限交换群. 首先回忆群 $(E(\mathbb{F}_p), \oplus)$ 中的运算 $\oplus$ (见第六章定理 6.4.6).

设 p 为奇素数, $\mathbb{F}_p$ 上的一条椭圆曲线为

$$E: Y^2 = X^3 + aX + b \quad (a, b \in \mathbb{F}_p,\ 4a^3 + 27b^2 \neq 0).$$

群 $E(\mathbb{F}_p)=\{P=(x,y)\in\mathbb{F}_p^2|y^2=x^3+ax+b\}\bigcup\{\infty\}$, 其中无穷远点 ∞ 是群 $E(\mathbb{F}_p)$ 中的零元素. 设 $P_1=(x_1,y_1)$ 和 $P_2=(x_2,y_2)$ 属于 $E(\mathbb{F}_p)$, 均不为 ∞. 则

(1) $P_1\oplus P_2=\infty$ 当且仅当 $x_1=x_2$ 并且 $y_1=-y_2$.

(2) 设 $x_1\neq x_2$ 或者 $y_1\neq -y_2$, 则 $P_1\oplus P_2\neq\infty$.

当 $P_1\neq P_2$ (即 $x_1\neq x_2$) 时, $P_3=P_1\oplus P_2=(x_3,y_3)$, 其中

$$x_3=\left(\frac{y_2-y_1}{x_2-x_1}\right)^2-x_1-x_2,\quad y_3=-y_1-\left(\frac{y_2-y_1}{x_2-x_1}\right)(x_3-x_1).$$

当 $P_1=P_2$ (即 $x_1=x_2,y_1=y_2$) 时, 则 $y_1\neq 0$. $P_3=P_1\oplus P_2$ (记为 $[2]P_1)=(x_3,y_3)$, 其中

$$x_3=\frac{(3x_1^2+a)^2}{4y_1^2}-2x_1,\quad y_3=-\frac{(3x_1^2+a)(x_3-x_1)}{2y_1}-y_1.$$

让我们考查一下 $\mathbb{F}_p$ 上椭圆曲线点群 $E(\mathbb{F}_p)$ 的上述运算. 对于 $E(\mathbb{F}_p)$ 中的两个点 $P_1=(x_1,y_1)$, $P_2=(x_2,y_2)$, $x_1,x_2,y_1,y_2\in\mathbb{F}_p$, 即 P_1, P_2 均不为零元素 ∞. 按上述加法运算法则计算 $P_3=P_1\oplus P_2$. 如果 $x_2\neq x_1$ 或 $x_1=x_2$ 但是 $y_1=y_2\neq 0$, 则运算时分母 x_2-x_1 或 y_1 在 $\mathbb{F}_p$ 中不为零. 从而算出 $x_3,y_3\in\mathbb{F}_p$, 即 $P_3=(x_3,y_3)\neq\infty$. 换句话说, 如果 $P_1\oplus P_2=\infty$, 必然 $p|(x_2-x_1)$ 或者 $p|y_1$, 即在做运算 $\oplus$ 时分母被 p 除尽. 另一方面, $E(\mathbb{F}_p)$ 是有限交换群. 对每个点 $P=(x,y)\in E(\mathbb{F}_p)$, $P\neq\infty$. 设它的阶为 k, 则 P, $[2]P=P\oplus P$, $[3]P=[2]P\oplus P,\cdots,[k-1]P$ 均不为 ∞, 但是 $[k]P=\infty$. 所以由 P (坐标为 x,y) 出发, 将它们看成有理数按加法 $\oplus$ 的公式运算时, 运算到 $[k]P$ 的时候得到的有理数坐标, 其分母一定被 p 整除.

基于这种考查, 1987 年 Lenstra 给出大数分解如下的椭圆曲线概率算法.

设 n 是一个大整数, 首先要判定 n 不是素数 (若 n 为素数则分解完毕). 判别一个大整数 n 是否为素数 (这叫素性判定问题), 不需要把 n 进行因子分解. 通信界一直普遍认为素性判别是容易的. 2002 年, 印度三位学者给出了素性判别的多项式算法. 以下设 n 不为素数. 我们的目标是求出 n 的一个真因子 m, 然后继续分解比 n 小的两个正整数 m 和 n/m.

(Ⅰ) 第一步是选择一个定义在 $\mathbb{Z}$ 上的椭圆曲线

$$E: Y^2 = X^3 + aX + b \quad (a, b \in \mathbb{Z}),$$

使得对 n 的每个奇素因子 p, $E \pmod p$ 都是 $\mathbb{F}_p$ 上的椭圆曲线, 即 $p \nmid (4a^3 + 27b^2)$, 并且在 E 上有点 $P = (A, B)$, $A, B \in \mathbb{Z}$.

办法是: 先随意取 $A, B \in \mathbb{Z}$, 再任取 $a \in \mathbb{Z}$, 然后令 $b = B^2 - A^3 - aA$, 使得 $\gcd(4a^3 + 27b^2, n) = 1$. 这时 $E: Y^2 = X^3 + aX + b$ 便达到上述目的. (注意若 $1 < \gcd(4a^3 + 27b^2, n) = m < n$, 则给出了 n 的一个真因子, 便达到目标.).

现在 n 必有素因子 $p < \sqrt{n}$, 并且 $E \pmod p$ 为 $\mathbb{F}_p$ 上的椭圆曲线, $E(\mathbb{F}_p)$ 是有限交换群. 由于此群的大小 $|E(\mathbb{F}_p)|$ 满足 Weil 界 $|E(\mathbb{F}_p)| \leqslant p + 1 + 2\sqrt{p}$, 从而群 $E(\mathbb{F}_p)$ 必有 k 阶元素 P, 即 $[k]P = \infty$, 其中 $k \leqslant p+1+2\sqrt{p} = O(\sqrt{n})$. 由前所述, $[k]P = \infty$, 则 $[k]P$ 在有理数域上做运算 $\oplus$ 时其分母 m 被 p 除尽, 从而 $p \mid \gcd(m, n) > 1$. 于是

(Ⅱ) 第二步, 适当选定一个数 $k \leqslant O(\sqrt{n})$. 利用 I 中的点 $P = (A, B)$, 在有理数域上依次计算 $[l]P$ $(l = 2, 3, 4, \cdots, k)$. 通常按如下次序计算:

$[2]P = P_1$, $[2^2]P = P_1 \oplus P_1$, $\cdots$, $[2^\lambda]P$ (到 $2^{\lambda+1} > k$ 时止).

$[3]P = P_1'$, $[2 \cdot 3]P = P_1' \oplus P_1'$, $\cdots$, $[2^{\lambda'} \cdot 3]P$ (到 $2^{\lambda'+1}3 > k$ 时止).

$[5]P$, $[2^2 \cdot 5]P$, $\cdots$.

$[7]P$, $[2 \cdot 7]P$, $\cdots$.

$[9]P$, $[2 \cdot 9]P$, $\cdots$.

对每个正奇数 s, 由 $[2^\lambda s]P$ 计算 $[2^{\lambda+1} s]P$ 时只需同一个加法公式 $P' \oplus P' = [2]P'$. 每次算出 $[2^\lambda \cdot s]P = \frac{\alpha}{\beta}$ (α, β 为互素的整数) 之后, 计算 $\gcd(\beta, n)$, 直到发现它是 n 的一个真因子时止.

如果不成功, 则更改椭圆曲线 E 的参数 a, b 和其上的整点 $P = (A, B)$ 再试. 如果对所取的曲线 E, 点群 $E(\mathbb{F}_p)$ 有小阶元素, 则成功的概率很大, 节省时间, 从而希望构作的椭圆曲线 $E(\mathbb{F}_p)$ 具有小阶元素. 人们对这个椭圆曲线的大数分解算法做了精细的分析和估计, 证明它是 “亚” 指数型的, 即计算复杂度为 $O(\mathrm{e}^{((1+\varepsilon)\log n \cdot \log\log n)^{1/2}})$, 指数将 $\log n$ 降到约为 $(\log n)^{1/2}$.

例 1 分解 $n = 5429$.

(Ⅰ) 取 $P = (1, 1)$, a 为整数, $b = -a$, 试验椭圆曲线

$$E : Y^2 = X^3 + aX - a,$$

这时 P 为 E 上的点. 我们还要求 $\gcd(4a^3+27b^2, n) = (4a^3+27a^2, 5429) = 1$.

(Ⅱ) 若 n 不为素数, 则有素因子 $p \leqslant \sqrt{n} \approx 73$. 而 $E(p)$ 的阶 $\leqslant p + 1 + 2\sqrt{p} < 92$. 由于 $2^6 < 92 < 2^7$, $3^4 < 92 < 3^5$, 我们取 $k = 2^6 \cdot 3^4$. 依次做 mod 5429 运算:

$[2]P$, $[2^2]P$, $\cdots$, $[2^6]P$,

$[3]P$, $[2 \cdot 3]P$, $\cdots$, $[2^6 \cdot 3]P$ (设想 $E(P)$ 有 l 阶元素, $l|k$),

……

$[3^4]P$, $[2 \cdot 3^4]P$, $\cdots$, $[2^6 \cdot 3^4]P$.

每次计算 $[2^i \cdot 3^j]P$ 得到有理数坐标的分母 M, 当 $1 < \gcd(M, 5429) < 5429$ 时, 便得到 $n = 5429$ 的一个真因子.

比如取 $a = 1$, 曲线为 $E : Y^2 = X^3 + X - 1$. 一直算到 $[2^6 \cdot 3^4]P$ 均不成功.

再取 $a = 2$, 曲线为 $E : Y^2 = X^3 + 2X - 2$. 计算到 $[3^2 \cdot 2^6]\,P$ 时分母为 M, $\gcd(M, n) = 61$, 即发现 5429 的一个因子 61 (是素因子).

若取 $a = 3$, 曲线为 $E : Y^2 = X^3 + 3X - 3$. 计算到 $[3^4 \cdot 2^6]\,P$ 会发现 5429 的另一个素因子 89. 于是 $5429 = 61 \cdot 89$.

20 世纪 80 年代以来, 采用数论和代数几何理论工具, 人们不断改进大数分解的算法, 除了上述椭圆曲线算法之外, 还有二次筛法 (利用解析数论的估计改进经典的筛法), 数域筛法 (利用代数数域的理想类群), 函数域筛法 (利用有限域上亏格 $\geqslant 2$ 函数域的零次除子类群. 对于椭圆曲线的函数域, 亏格为 1, 零次除子类群同构于椭圆曲线的点群). 利用数论和代数几何知识以及算法的改进技巧, 可以在理论上证明算法的计算量不断改进. 但是, 也有一个同样令人信服的方式, 表明一个新的大数分解算法是否比前人的好.

在跳高比赛中, 如果对于横杆的某个高度只有一人能够跳过, 他就是跳高

冠军. 于是人们也挑选一批不断增大的正整数作为大数分解算法竞赛的标杆. 常用的有以下两个序列.

第一种序列是费马数. 对于正整数 m, 若 m 有奇素数因子 p, 则 2^m+1 不是素数, 因为 $2^{m/p}+1$ 是它的因子. 费马考虑 $F_n=2^{2^n}+1$ (现在称作是费马数). 他计算了 $F_0=3, F_1=5, F_2=17, F_3=257, F_4=65537$, 发现它们均为素数. 于是他猜想对于所有 $n\geqslant 5$, F_n 也均为素数. 1732 年, 欧拉算出 $F_5=641\cdot 6700417$, 从而费马的这个猜想不对. 人们又证明了 $F_6, F_7, \cdots$, 均不为素数. 到目前为止, 除了前 5 个之外, 还没有找到新的费马素数. 于是将这批费马数作为大数分解的标杆.

F_8, F_9 和 F_{10} 分别于 20 世纪 80 年代至 90 年代被分解成功, F_9 采用了数域筛法, F_8 和 F_{10} 均采用了椭圆曲线算法. 目前已分解到 F_{11}, 它有 5 个素因子, 前两个小的素因子早已发现, 中间两个素因子也是用椭圆曲线得到的.

第二种序列是梅森 (Mersenne) 数 $M_p=2^p-1$, 其中 p 为素数. 当 $p=2,3,5,7$ 时 M_p 为素数, 而 $M_{11}=23\cdot 69$. 对于梅森数人们发明了好的素性判定算法, 相信存在无限多个梅森素数, 也相信有无限多个梅森数不是素数. 这批数也是大数分解的标杆.

以上我们介绍了 RSA 公钥体制和由此所激发的大数分解热. 现在介绍已经实用的第二种公钥体制: 离散对数体制. 它也源于初等数论, 对于每个奇素数 p, $\mathbb{F}_p^*$ 是 $p-1$ 阶循环群. 设 g 是它的一个生成元 (模 p 的一个原根), 则对每个整数 a, $1\leqslant a\leqslant p-1$, 有唯一的整数 i, $0\leqslant i\leqslant p-2$, 使得 $a\equiv g^i \pmod{p}$. 由 g 和 i 求 a 是容易的, 而由 a 和 g 求 i 对于大的素数 p (比如 $p\approx 10^{100}$) 是困难的. i 类似于求对数 $\log_g a$, 但是在模 p 同余的意义下, 称作离散对数.

目前离散对数问题没有多项式算法. 这种公钥体制已被应用到信息安全的许多方面.

我们首先介绍 1985 年 ElGamal 提出的用离散对数的数字签名方案.

用户 A 选一个大素数 p 和模 p 的一个原根 g, 再取整数 i $(0\leqslant i\leqslant p-2)$, 计算 $b\equiv g^i \pmod{p}$, $1\leqslant b\leqslant p-1$, 把 p,g,b 公开, 而 i 由用户 A 自己作为

秘密保存.

用户 A 发送信息 x ($0 \leqslant x \leqslant p-2$) 时需要签名. 办法是: 用户 A 随意选取整数 k, k 和 $p-1$ 互素. 计算

$$c \equiv g^k \pmod{p}, \quad 1 \leqslant c \leqslant p-1, \tag{9.3}$$

$$d \equiv (x - ic)k^{-1} \pmod{p-1}, \quad 0 \leqslant d \leqslant p-2, \tag{9.4}$$

则 (c, d) 就是用户 A 在信息 x 上的签名.

让我们分析一下这种签名的功能和安全程度.

(1) 任何人都可验证用户 A 签名的正确性. 因为由以上两式可知 $b^c c^d \equiv g^{ic+kd} \equiv g^x \pmod{p}$. 从而任何人得到信息 x 和签名 (c, d), 再用公开的 p 和 g, b, 可直接验证 $b^c c^d \equiv g^x \pmod{p}$ 的正确性.

(2) 在外人不知道 i 的情形下, 对于信息 x 很难伪造用户 A 的签名 (c, d). 即由 p, b, x, g 很难求出 (c, d), $1 \leqslant c \leqslant p-1$, $0 \leqslant d \leqslant p-2$, 使得 $b^c c^d \equiv g^x \pmod{p}$. 因为即使知道了 c, 由这个同余式求 d 也是离散对数问题. 如果知道了 d 求 c, 目前也没有好的算法.

(3) 用户 A 在数字签名 (c, d) 中没有把 i 泄漏出去. 因为在 $d \equiv (x-ic)k^{-1} \pmod{p-1}$ 当中只有 d, x, c 和 p 是公开的, 破译 i 需要知道 k, 而由 $c \equiv g^k \pmod{p}$ 求 k 是困难的离散对数问题.

另一方面, 这个方案中用户 A 不能用同一个 k 值对两个不同的信息 x_1 和 x_2 ($x_1 \not\equiv x_2 \pmod{p-1}$) 进行签名, 也就是说, 若用同一个 k 值对 x_1 和 x_2 的签名分别为 (c_1, d_1) 和 (c_2, d_2). 这时能以很大的概率破解用户 A 的秘密 i. 详细分析从略.

将循环群 $\mathbb{F}_p^*$ 改用其他有限交换群, 也可作为离散对数的公钥体制. 目前广泛应用有限域上椭圆曲线的有理点群. 取一个大素数 p 和 $\mathbb{F}_p$ 上的一条椭圆曲线 E, 并且群 $E(\mathbb{F}_p)$ 中具有阶数很大的点 P. 将素数 p, 曲线 E 和点 P 均公开. 对于每个正整数 e, e 和点 P 的阶 r 互素, 则有 $d \in \mathbb{Z}$ 使得 $ed \equiv 1 \pmod{r}$. e 为公钥, d 为某用户的私钥. 计算 $[e]P$ 是容易的, 但是由点 $[e]P$ 和 P 计算 e 很困难.

ElGamal 的数字签名方案也可采用椭圆曲线的方式做加密: 传输的信息被编成 $E(\mathbb{F}_p)$ 中的点. 比如说, 用点 $P=(x,y)$ 的坐标 $x\in\mathbb{F}_p$ 代表信息. 设公司有 n 个用户 A_i $(1\leqslant i\leqslant n)$. 取 $E(\mathbb{F}_p)$ 中一个阶数很大的点 B. 将素数 p, 曲线 E 和点 B 均公开. 管理中心选取 n 个正整数 a_i $(1\leqslant i\leqslant n)$. 计算 $[a_i]B=B_i$. 所有的点 B_i $(1\leqslant i\leqslant n)$ 也公开, B_i 为用户 A_i 的公钥, 而把 a_i 传给用户 A_i 作为他的私钥. 外人由 B 和 $[a_i]B$ 很难求出 A_i 的私钥 a_i.

现在用户 A_i 想把明文 P 传给用户 A_j, A_i 随机地选取一个整数 k, 计算 $P'=[k]B$ 和 $P''=P+[k]B_j$ (B 和 B_j 均是公开的), 将一对点 (P',P'') 作为用户 A_i 在信息 P 上的签名传给用户 A_j. A_j 收到 (P',P'') 之后可利用私钥 a_j 计算出明文 P:

$$P''-[a_j]P'=P+[k]B_j-[a_j][k]B=P+[k]B_j-[k]B_j=P.$$

而外人不知 A_j 的私钥 a_j, 用公钥 $B_j=[a_j]B$ 求 a_j 是困难的, 从而外人不能获取明文 P.

最后介绍如何用公钥体制解决私钥体制的密钥生成和更换问题. 用户 A 和 B 用私钥体制通信需要密钥把信息加密. 在公钥体制产生之前, 用户一方要把密钥用非常安全的信道通知给对方. 利用公钥体制则不需要传送密钥. 以椭圆曲线公钥为例, 取大素数 p 和 $\mathbb{F}_p$ 上的一条椭圆曲线 E, 并且 $E(\mathbb{F}_p)$ 中有阶数很大的点 P. 用户 A 和 B 各自在心目中想一个正整数 a 和 b. 用户 A 计算 $[a]P=P_a$ 传给 B, 用户 B 计算 $[b]P=P_b$ 传给 A. 用户 A 收到 P_b 后计算 $[a]P_b$, 用户 B 收到 P_a 后计算 $[b]P_a$, 他们算出同一个点: $[a]P_b=[ab]P=[b]P_a$. 于是就用这个点 $[ab]P$ 的信息作为密钥, 外人在信道中只收到 $P_a=[a]P$ 和 $P_b=[b]P$, 由它们很难算出用户 A 和 B 约定的密钥 $[ab]P$. 因为外人不知道 a 或 b, 由 $P_a=[a]P$ 计算 $[a]$ (点 P, p 和 E 均是公开的) 或者由 $P_b=[b]P$ 计算 b 均是困难的. 如果用户 A 和 B 想要更换密钥, 只需各自再想一对新的正整数 a' 和 b', 把上述过程重复一遍, 把公共计算值 $[a'b']P$ 作为新的密钥. 这就解决了私钥体制中密钥的生成和更换问题.

以上简要介绍了公钥体制的各种信息安全功能和有限域上椭圆曲线的应用. 为了改进算法和满足信息安全的各种要求, 需要采用椭圆曲线的许多技巧, 甚至使用了近代和现代关于椭圆曲线的理论结果, 比如在大数分解的椭圆曲线算法中, 要挑选有限域 $\mathbb{F}_p$ 上的一些椭圆曲线 E, 使群 $E(\mathbb{F}_p)$ 中具有小阶元素. 而在椭圆曲线公钥体制中, 则要求 $E(\mathbb{F}_p)$ 中有大阶元素. 这需要研究点群 $E(\mathbb{F}_p)$ 精细的群结构. 关于椭圆曲线算法的进一步发展可参见 [8] 中的有关综述文章.

9.4 秘密共享

秘密共享是信息安全的又一个重要课题. 一项重大事件需要足够多的人共同决定, 以防止个人独裁或少数人裁决. 设想有一个秘密由管理中心 A_0 在一个密钥集合 S_0 中随机取一个密钥 c_0 (叫作*主密钥*) 控制这项秘密. 密钥 c_0 的开启权利由 n 个用户 $\{A_1, \cdots, A_n\}$ $(n \geqslant 1)$ 共同管理. 希望某些用户联手可以得到主密钥 c_0 从而得到秘密, 这些用户合在一起叫作*允许集合*, 而其他方式联手则不能得到主密钥, 这些用户组成禁止集合. 办法是: 管理中心给每个用户 A_i 一个密钥集合 S_i 并且分发给用户 A_i 一个密钥 $c_i \in S_i$ $(1 \leqslant i \leqslant n)$. 希望是: 对于集合 $[n] = \{1, 2, \cdots, n\}$ 的每个子集合 I, 如果 $A_I = \{A_i | i \in I\}$ 是允许集合, 则 A_I 中用户把他们的子密钥 $c_I = \{c_i | i \in I\}$ 合在一起, 可以把主密钥 c_0 计算出来. 否则, 若 A_I 是禁止集合, 则由 c_I 不能算出主密钥. 这叫作*秘密共享方案* (secret sharing scheme, 简记为 SSS). 进一步, 如果再要求: 对用户的每个禁止集合 A_I, 由他们的子密钥集合 c_I 得不到主密钥的任何信息, 则这个秘密共享方案叫作*完全的* (perfect). 如果主密钥 c_0 在主密钥集合 S_0 (这是有限集合) 中随机地选取, 即 c_0 选取的概率为 $1/|S_0|$, 则一个完全的秘密共享方案, 即指对于每个用户禁止集合 A_I 和他们收到的每个子密钥集合 c_I, 每个主密钥 $c \in S$ 都有同样多个分发方案使得 A_I 收到 c_I, 从而由 c_I 得不到主密钥 c 的任何倾向性. 进而可以证明, 在完全的秘密共享方案中, 每个用户 A_i $(1 \leqslant i \leqslant n)$ 的子密钥集合 S_i 的大小一定要不小于主密钥集合 S_0 的大小, 即 $|S_i| \geqslant |S_0|$. 当所有的 $|S_i|$ 均为 $|S_0|$ 时, 称秘密共享方案是*理想的* (ideal). 今后对于理想的秘密共享方案, 我们不妨设 S_i $(0 \leqslant i \leqslant n)$ 均是同一

个密钥集合 S.

以 $\mathcal{A}$ 表示全部用户允许集合所构成的集族. 则 $[n]$ 的所有其他子集都是禁止集合, 全体记成 $\overline{\mathcal{A}}$. 集族 $\mathcal{A}$ 具有向上单调性质: 若 $A \in \mathcal{A}$, $A' \supset A$, 则 $A' \in \mathcal{A}$. (若用户集合 A 中用户联手可破译主密钥 c_0, 则再增加用户也可得到 c_0). 于是存在一些极小允许集合 A, 即 A 是允许集合, 但 A 的每个真子集均不是允许集合. 以 $\mathcal{A}_{\min}$ 表示全部极小允许集合所构成的集族, 则一个用户集合 A 是允许集合当且仅当 A 包含某个极小允许集合, 即

$$\mathcal{A} = \left\{A \subseteq \{A_1, \cdots, A_n\} \mid \text{存在 } A' \in \mathcal{A}_{\min} \text{ 使得 } A \supseteq A'\right\}.$$

从而为确定一个秘密共享方案的存取结构 (即确定允许集合族 $\mathcal{A}$), 只需确定 $\mathcal{A}_{\min}$ 即可. 类似地, 禁止集族 $\overline{\mathcal{A}}$ 有向下单调性质: 若 $A \in \overline{\mathcal{A}}$, $A' \subseteq A$, 则 $A' \in \overline{\mathcal{A}}$. 从而也有极大禁止集合概念, 而存取结构也可由极大禁止集合族所确定.

我们还假定每个用户 A_i $(1 \leqslant i \leqslant n)$ 都不是多余的, 即他至少包含在一个极小允许集合当中 (否则, 能否破译主密钥和用户 A_i 毫无关系).

秘密共享问题于 1979 年由 Blakley 和 Shamir 等人提出的, 并且独立地给出第一个秘密共享方案. 这个问题随后被认识到是一个应用广泛的重要信息安全课题, 目前已发展成一个重要的研究方向, 叫作安全多方计算 (一个大课题分解成一些小课题由若干小组分别执行, 每个小组或某些小组的合并都不了解大课题的目标任务). 关于这方面进一步知识可参考 [12].

现在我们举 Blakley 和 Shamir 的方案作为例子, 这是一个理想的秘密共享方案, 主密钥和子密钥集合取同一个 q 元集合 S, 而对于用户集合 $P = \{A_1, \cdots, A_n\}$ $(n \geqslant 2)$, 其极小允许集合为

$$\mathcal{A}_{\min} = \binom{P}{t} = \left\{A \subseteq P \,\middle|\, |A| = t\right\},$$

这里 $1 \leqslant t \leqslant n-1$, 而 $\binom{P}{t}$ 今后表示 P 的所有 t 元子集合所构成的集族. 换句话说:

(1) 任何 $\geqslant t$ 个用户均构成允许集合.

(2) 任何 $< t$ 个用户均构成禁止集合.

这种方案叫作 (n,t)-门限方案. 事实上, 他们的方案是理想的, 即任何 $< t$ 个用户联手均得不到主密钥的任何信息.

例 1 (Shamir (n,t)-门限秘密共享方案) 设 $1 \leqslant t < n < q$, q 为素数幂, $\{A_1, \cdots, A_n\}$ 为 n 个用户. 取 $S = \mathbb{F}_q$ 为 q 元有限域, 随机地取 $k \in \mathbb{F}_q$ 作为主密钥. 再在 $\mathbb{F}_q[x]$ 中取一个次数 $\leqslant t-1$ 的多项式

$$h(x) = a_{t-1}x^{t-1} + a_{t-2}x^{t-2} + \cdots + a_1 x + a_0 \quad (a_i \in \mathbb{F}_q),$$

其中 $a_0(= h(0)) = k$, 其他系数 a_i $(1 \leqslant i \leqslant t-1)$ 在 $\mathbb{F}_q$ 中随机选取. 管理中心取 $\mathbb{F}_q$ 中 n 个不同的非零元素 $x_1, \cdots, x_n$ (从而要规定 $n < q$), 并把 $q, x_1, \cdots, x_n$ 均公开, 管理中心计算 $y_i = h(x_i) \in S$, 并把 y_i 分发给用户 A_i $(1 \leqslant i \leqslant n)$ 作为 A_i 的子密钥. 用户 A_i 的子密钥 y_i 对其他用户保密. 这就是 Shamir 的完全秘密共享方案. 下面证明这是理想的 (n,t)-门限方案, 即要证两件事:

(1) 任何 $\geqslant t$ 个用户联手可确定主密钥 k.

设 S 为 $\{P_1, \cdots, P_n\}$ 的子集合, $|S| \geqslant t$. 为符号简单起见, 不妨设 $S = \{A_1, \cdots, A_t\}$. 他们联手后得到公开数据 x_i 和子密钥 $y_i = h(x_i)$ $(1 \leqslant i \leqslant t)$. 解线性方程组

$$h(x_i) = y_i \quad (1 \leqslant i \leqslant t),$$

即

$$a_{t-1}x_i^{t-1} + a_{t-2}x_i^{t-2} + \cdots + a_1 x_i + a_0 = y_i \quad (1 \leqslant i \leqslant t), \tag{9.5}$$

其中未定元 $a_{t-1}, a_{t-2}, \cdots, a_1, a_0$ 为多项式 $h(x)$ 的系数. 线性方程组 (9.5) 的系数方阵为

$$D = \begin{bmatrix} x_1^{t-1} & x_1^{t-2} & \cdots & x_1 & 1 \\ x_2^{t-1} & x_2^{t-2} & \cdots & x_2 & 1 \\ \vdots & \vdots & & \vdots & \vdots \\ x_t^{t-1} & x_t^{t-2} & \cdots & x_t & 1 \end{bmatrix}.$$

D 的行列式 $\det(D)$ 是范德蒙德行列式, 由于 $x_1, \cdots, x_t$ 彼此不同, 可知

$\det(D) \neq 0$, 于是方程组 (9.5) 有唯一解 $(a_0, a_1, \cdots, a_{t-1})$. 可决定出主密钥 $a_0 = k$, 即

$$k = \begin{vmatrix} x_1^{t-1} & x_1^{t-2} & \cdots & x_1 & y_1 \\ x_2^{t-1} & x_2^{t-2} & \cdots & x_2 & y_2 \\ \vdots & \vdots & & \vdots & \vdots \\ x_t^{t-1} & x_t^{t-2} & \cdots & x_t & y_t \end{vmatrix} \cdot \det(D)^{-1}.$$

(2) 任何 $< t$ 个用户联手得不到主密钥的任何信息.

不妨设用户 $P_1, \cdots, P_l$ 联手, 其中 $1 \leqslant l \leqslant t-1$. 它们给出由 l 个方程组成的线性方程组

$$y_i = h(x_i) = a_{t-1}x_i^{t-1} + a_{t-2}x_i^{t-2} + \cdots + a_1 x_i + a_0 \quad (1 \leqslant i \leqslant l).$$

对于管理中心选取的多项式 $h(x) = a_{t-1}x^{t-1} + \cdots + a_1 x + a_0$, 则对每个 $a_0 \in \mathbb{F}_q$, 上述方程组可看成以 $a_{t-1}, \cdots, a_1$ 为未定元, 对应的系数矩阵的秩为 $t-1$ (因为它的 $t-1$ 阶子方阵给出范德蒙德行列式). 从而解 $(a_{t-1}, a_{t-2}, \cdots, a_1)$ 在 $\mathbb{F}_q^{t-1}$ 中的个数为 q^{t-1-l}, 即管理中心有 q^{t-1-l} 种选取 $h(x)$ 的方式, 使得 $P_1, \cdots, P_l$ 的子密钥分别为 $y_1, \cdots, y_l$, 而主密钥为 a_0. 这表明对于每个主密钥 a_0, 管理中心都有 q^{t-1-l} 种子密钥分配方案, 使得 $P_1, \cdots, P_l$ 收到的子密钥分别为 $y_1, \cdots, y_l$, 从而 $P_1, \cdots, P_l$ 联手得不到主密钥的任何信息. 表明这是一个理想的秘密共享方案.

秘密共享的最基本问题有以下两个.

(Ⅰ) 对于用户 $\{P_1, \cdots, P_n\}$ 满足向上单调性质的任何一个子集族 $\mathcal{A}$, 是否存在完全的秘密共享方案, 使得 $\mathcal{A}$ 为此方案的允许集族? 已经证明答案是肯定的, 但是有例子表明不一定存在满足此条件的理想方案.

(Ⅱ) 寻求性能良好的秘密共享方案的具体构作方法.

所谓 “性能良好”, 指的是方案中的参数有更大的灵活性以便于实际采用. 比如用户数 n 要大, 以用于较多的用户; 对每个主密钥 k, 管理中心的子密钥分配方案要足够多; 密钥集合 S 要足够大等. 上面例子的缺点是 $n < q-1$. 当 q 很小时用户数比较少.

利用组合设计、线性码等数学工具, 密码学家已经给出构作秘密共享的各种方案. 现在介绍陈豪和 Cramer [13] 用函数域构作的秘密共享方案.

定理 9.4.1 设 K 是以有限域 $\mathbb{F}_q$ 为常数域的函数域, $g = g(K)$ 为域 K 的亏格, $P_0, \cdots, P_n$ 是 K 的 $n+1$ 个不同的 1 次素除子, D 是 K 的一个除子, $D \geqslant 0$ 并且 $V_{P_i}(D) = 0$ $(0 \leqslant i \leqslant n)$, $\deg D = 2g + t$, 其中 $1 \leqslant t \leqslant n - 2g$.

取 $S = \mathbb{F}_q$ 为主密钥和子密钥集合. 对每个主密钥 $k \in \mathbb{F}_q$, 取 $f \in L(D)$ 满足 $f(P_0) = k$ (由下面的证明可知, 这样的函数 $f \in K$ 是存在的, 并且恰有 q^{g+t} 个). 用户有 n 个, 也表示成 $P_1, \cdots, P_n$. 管理中心把 $f(P_i) = k_i \in \mathbb{F}_q$ 发给用户 P_i 作为子密钥 $(1 \leqslant i \leqslant n)$. 则

(1) 这是理想的完全秘密共享方案.

(2) 对于 $\{1, 2, \cdots, n\}$ 的每个子集合 I, 令 $D_I = \sum\limits_{i \in I} P_i$ (素除子之和), 则用户集合 $P_I = \{P_i | i \in I\}$ 是允许集合当且仅当 $L(D - D_I) = L(D - D_I - P_0)$. 特别地, 当 $|I| \geqslant 2g + t + 1$ 时, P_I 为允许集合; 而当 $|I| \leqslant t$ 时, P_I 为禁止集合.

证明 P_I 中的 $|I|$ 个用户联手, 他们给出方程组

$$f(P_i) = k_i \quad (i \in I), \tag{9.6}$$

其中 k_i 是用户 P_i 分配到的子密钥 $(i \in I)$, 而 $f \in L(D)$ 是管理中心所采用的子密钥分配函数, 满足 $f(P_0) = k$. 黎曼–罗赫空间 $L(D)$ 中满足 $h(P_i) = k_i$ $(i \in I)$ 和 $h(P_0) = k$ 的函数 h 可能不只有 f 这一个. 但是若 P_I 为允许集合, 并不需要 P_I 中用户联手一定要找到管理中心采用的函数 f, 只需要对方程组 (9.6) 的所有解 $h \in L(D)$, 都满足 $h(P_0) = k$, 即都可正确地算出主密钥. 由于 $f \in L(D)$ 满足 $f(P_i) = k_i$ $(i \in I)$ 和 $f(P_0) = k$, 从而

P_I 是允许集合 $\Leftrightarrow$ 对于 $L(D)$ 中每个满足 $h(P_i) = k_i$ $(i \in I)$ 的函数 h, 均有 $h(P_0) = k$

$\Leftrightarrow$ (令 $h' = h - f$) 对于 $L(D)$ 中每个满足 $h'(P_i) = 0$ $(i \in I)$ 的函数 (这相当于 $h' \in L(D - D_I)$), 均有 $h'(P_0) = 0$ (这相当于 $h' \in L(D - D_I - P_0)$)

$$\Leftrightarrow L(D-D_I)=L(D-D_I-P_0)$$

(注意由 $D-D_I\geqslant D-D_I-P_0$ 可知 $L(D-D_I-P_0)$ 是 $L(D-D_I)$ 的向量子空间).

进而, 设 P_I 是禁止集合, 即 $L(D-D_I-P_0)\subsetneqq L(D-D_I)$. 考虑 $\mathbb{F}_q$-线性映射

$$\varphi: L(D-D_I)\to\mathbb{F}_q,\quad \varphi(h)=h(P_0),$$

则 φ 是 $\mathbb{F}_q$-向量空间的同态, 核为 $\ker(\varphi)=L(D-D_I-P_0)$. 由于 $L(D-D_I-P_0)$ 的维数 $l(D-D_I-P_0)$ 小于 $L(D-D_I)$ 的维数 $l(D-D_I)$, 可知像空间的维数 $l(D-D_I)-l(D-D_I-P_0)\geqslant 1$, 从而 φ 是满同态, 这就表明对每个元素 $a\in\mathbb{F}_q$, 均有 $h\in L(D-D_I)$ 使得 $h(P_0)=\varphi(h)=a$. 这样的函数形成 $L(D-D_I-P_0)$ 在 $L(D-D_I)$ 中的一个陪集 $h+L(D-D_I-P_0)$. 将这个陪集中的每个函数加上 f, 就是 $L(D)$ 中满足 $h'(P_i)=k_i(i\in I)$ 和 $h'(P_0)=a$ 的所有函数. 换句话说, 对于每个 $a\in\mathbb{F}_q$, 管理中心都有 $|h+L(D-D_I-P_0)|=q^{l(D-D_I-P_0)}$ 个方式选取分配函数 $h'\in L(D)$, 使得分配给用户 P_i 的子密钥为 k_i $(i\in I)$, 而主密钥为 a. 由于 $l(D-D_I-P_0)$ 和 a 无关, 可知定理中的秘密共享方案是理想的.

最后, 若 $|I|\geqslant 2g+t+1$, $\deg(D-D_I)=2g+t-|I|\leqslant -1$, 从而 $L(D-D_I)=\{0\}$, 于是 $L(D-D_I-P_0)=\{0\}=L(D-D_I)$, 即 P_I 是允许集合. 若 $|I|\leqslant t$, 则

$$\deg(D-D_I)\geqslant 2g+t-t=2g,$$
$$\deg(D-D_I-P_0)\geqslant 2g+t-(t+1)=2g-1.$$

由黎曼–罗赫定理可知

$$l(D-D_I)=\deg(D-D_I)+1-g,$$
$$l(D-D_I-P_0)=\deg(D-D_I-P_0)+1-g=l(D-D_I)-1.$$

这表明 $L(D-D_I-P_0)\neq L(D-D_I)$, 即 P_I 是禁止集合. 证毕. ∎

注记 (1) 取函数域 K 为有理函数域 $\mathbb{F}_q(x)$, 亏格为 0. 不难看出定理中给出的构作就是例 1 中的 Shamir 门限秘密共享方案. 采用亏格 $\geqslant 1$ 的函数

域 K 的好处是 K 中可以有更多的 1 次素除子. 比如用亏格 $g=g(K)\geqslant 1$ 的极大曲线的函数域 K, K 中 1 次素除子的个数达到韦伊上界 $q+1+2g\sqrt{q}$, 当 g 很大时, 用户个数 n 可以取到 $q+2g\sqrt{q}$.

(2) 对于用户的允许集合 $P_I=\{P_i|i\in I\}$, 这些用户联手如何算出主密钥 k? 这只需事先求出 $\mathbb{F}_q$-向量空间 $L(D)$ 的一组基 $\{g_1,\cdots,g_l\}$, $l=l(D)$. 则 $L(D)$ 中的每个函数唯一表示成

$$\alpha=c_1g_1+\cdots+c_lg_l \quad (c_\lambda\in\mathbb{F}_q).$$

而条件 $\alpha(P_i)=k_i$ 相当于 $c_1g_1(P_i)+\cdots+c_lg_l(P_i)=k_i$ $(i\in I)$, 其中 $g_\lambda(P_i)$ 可由用户 P_i 算出, 从而条件 $\alpha(P_i)=k_i$ $(i\in I)$ 相当于以 $c_1,\cdots,c_l$ 为未知数的线性方程组

$$c_1g_1(P_i)+\cdots+c_lg_l(P_i)=k_i \quad (i\in I).$$

这个方程组存在解 $(c_1,\cdots,c_l)\in\mathbb{F}_q^l$, 因为对于管理中心采用的分配函数 $f=c_1'g_1+\cdots+c_l'g_l\in L(D)$, $(c_1',\cdots,c_l')$ 就是一组解. 当 P_I 是允许集合时, 由定理证明可知, 只需求出上述线性方程组的任一组解 $(c_1,\cdots,c_l)\in\mathbb{F}_q^l$, P_I 中的用户联手都可算出主密钥 $k=\alpha(P_0)=\sum\limits_{\lambda=1}^{l}c_\lambda g_\lambda(P_0)$.

(3) 由定理 9.4.1 可知, 当 $|I|\geqslant 2g+t+1$ 和 $|I|\leqslant t$ 时, P_I 分别是允许集合和禁止集合. 如果 $g\geqslant 1$ 而 $t+1\leqslant|I|\leqslant t+2g$, P_I 是允许的还是禁止的集合, 要看 $L(D-D_I)=L(D-D_I-P_0)$ 是否成立. 这依赖于 1 次素除子 P_i $(0\leqslant i\leqslant n)$ 和除子 D 的选取方式. 我们以例子说明如何确定这件事.

例 2 考虑 $\mathbb{F}_5$ 上的椭圆曲线 $E: Y^2=X^3-X$, 它的函数域为

$$K=\mathbb{F}_5(x,y), \quad y=\sqrt{x^3-x}, \quad g=g(K)=1.$$

这是有理函数域 $\mathbb{F}_5(x)$ 的二次扩域, 于是 K 中的每个元素唯一地表示成

$$f=g(x)+h(x)y, \quad g(x),h(x)\in\mathbb{F}_5(x).$$

K 的整元素环为

$$O_K=\mathbb{F}_5[x,y]=\{g(x)+h(x)y|g(x),h(x)\in\mathbb{F}_5[x]\}.$$

函数域 K 共有 8 个 1 次素除子 $P_0, P_1, \cdots, P_6$ 和 ∞, 其中 ∞ 对应曲线 E 上的无穷远点, 而 $P_0, \cdots, P_6$ 对应于 E 上如下的 $\mathbb{F}_5$-点:

$$P_0 = (x, y) = (0, 0), \quad P_1 = (1, 0), \quad P_2 = (4, 0), \quad P_3 = (2, 1),$$
$$P_4 = (2, 4), \quad P_5 = (3, 2), \quad P_6 = (3, 3).$$

$n = 6$ 个用户表示为 $\{P_1, \cdots, P_6\}$, 取 K 中的除子 $D = 3\infty$, 由 $3 = \deg D = 2g + t = 2 + t$ 可知 $t = 1$, 密钥集合取为 $\mathbb{F}_5$. 对于每个主密钥 $k \in \mathbb{F}_5$, 管理中心取 $f(x, y) \in L(3\infty)$, 使得 $k = f(P_0) = f(0, 0)$, 然后计算 $k_i = f(P_i) \in \mathbb{F}_5 (1 \leqslant i \leqslant 6)$, 把 k_i 作为子密钥分配给用户 P_i. 由定理 9.4.1 知对于 $\{1, 2, \cdots, 6\}$ 的每个非空子集 I, 当 $|I| \geqslant 4$ 和 $|I| = 1$ 时, 用户集合 $P_I = \{P_i | i \in I\}$ 分别是允许集合和禁止集合.

为了考虑 $|I| = 2$ 和 3 的情形, 我们要给出黎曼–罗赫空间 $L(3\infty)$ 的一组基. 由于

$$\begin{aligned} L(3\infty) &= \{0\} \cup \{0 \neq f \in K | \operatorname{div}(f) \geqslant -3\infty\} \\ &= \{0\} \cup \{0 \neq f \in K | V_\infty(f) \geqslant -3, \text{ 对 } K \text{ 的每个有限素除子 } P, V_P(f) \geqslant 0\} \\ &= \{0\} \cup \{0 \neq f \in K | f \in O_K \text{ 并且 } V_\infty(f) \geqslant -3\} \end{aligned}$$

我们有 $V_\infty(x) = -2$, $V_\infty(y) = -3$. 从而对于 O_K 中的元素 $f(x, y) = g(x) + h(x)y$ $(g(x), h(x) \in \mathbb{F}_5[x])$, $V_\infty(g(x)) = -2 \deg g(x)$, $V_\infty(h(x)y) = -3 - 2 \deg h(x)$. 这两个值不相等 (它们分别为偶数和奇数). 所以

$$\begin{aligned} V_\infty(f(x, y)) &= \min\{V_\infty(g(x)), V_\infty(h(x)y)\} \\ &= \min\{-2 \deg g(x), -3 - 2 \deg h(x)\}. \end{aligned}$$

于是 $V_\infty(f) \geqslant -3$ 当且仅当 $\deg g(x) \leqslant 1$ 并且 $\deg h(x) \leqslant 0$. 这就表明 $f_1 = 1$, $f_2 = x$, $f_3 = y$ 是 $\mathbb{F}_5$-向量空间 $L(3\infty)$ 的一组基, 即 $L(3\infty)$ 中的元素可唯一地表示成 $f(x, y) = a + bx + cy$ $(a, b, c \in \mathbb{F}_5)$. 记 $P_i = (x_i, y_i) \in \mathbb{F}_5^2$ $(0 \leqslant i \leqslant 6)$, 则 $f(P_i) = a + bx_i + cy_i = (u, v_i)$, 即向量 $u = (a, b, c)$ 和 $v_i = (1, x_i, y_i)$ 的内积. 于是对于 $\{1, 2, \cdots, 6\}$ 的子集合 I,

$$L(3\infty - D_I) = \{f(x,y) = a + bx + cy | a, b, c \in \mathbb{F}_5, f(P_i) = (u, v_i) = 0$$
$$(\text{对每个 } i \in I)\},$$
$$L(3\infty - D_I - P_0) = \{f(x,y) = a + bx + cy | a, b, c \in \mathbb{F}_5, f(P_i) = (u, v_i) = 0$$
$$(\text{对每个 } i \in I \text{ 和 } i = 0)\}.$$

令

$$M = \begin{bmatrix} v_0 \\ v_1 \\ v_2 \\ v_3 \\ v_4 \\ v_5 \\ v_6 \end{bmatrix} = \begin{bmatrix} 1 & x_0 & y_0 \\ 1 & x_1 & y_1 \\ \vdots & \vdots & \vdots \\ \vdots & \vdots & \vdots \\ \vdots & \vdots & \vdots \\ \vdots & \vdots & \vdots \\ 1 & x_6 & y_6 \end{bmatrix} = \begin{bmatrix} 1 & 0 & 0 \\ 1 & 1 & 0 \\ 1 & 4 & 0 \\ 1 & 2 & 1 \\ 1 & 2 & 4 \\ 1 & 3 & 2 \\ 1 & 3 & 3 \end{bmatrix},$$

则以 a, b, c 为未定元的线性齐次方程组

$$f(P_i) = (u, v_i) = a + x_i b + y_i c = 0 \quad (i \in I) \tag{9.7}$$

的系数矩阵为 M 的诸行 $\{v_i | i \in I\}$, 将它记为 M_I, 则空间 $L(3\infty - P_I)$ 的维数为

$$l(3\infty - P_I) = \text{方程组 (9.7) 的解 } (a, b, c) \in \mathbb{F}_5^3 \text{ 的解空间维数}$$
$$= 3 - \text{rank}(M_I).$$

类似地, 以 M_I' 表示由 M_I 加上一个行 v_0 所得的矩阵, 则空间 $L(3\infty - P_I - P_0)$ 的维数为

$$l(3\infty - P_I - P_0) = 3 - \text{rank}(M_I').$$

于是

$$P_I \text{ 是允许集合} \Leftrightarrow L(3\infty - P_I) = L(3\infty - P_I - P_0)$$
$$\Leftrightarrow l(3\infty - P_I) = l(3\infty - P_I - P_0)$$

$$\Leftrightarrow \operatorname{rank}(M_I) = \operatorname{rank}(M_I')$$
$$\Leftrightarrow v_0 \text{ 是 } \{v_i | i \in I\} \text{ 的 } \mathbb{F}_5\text{-线性组合}.$$

设 $|I| = 2$, 即 $I = \{i, j\}$, $1 \leqslant i < j \leqslant 6$. 不难看出, 只有当 $(i, j) = (1, 2)$ 时, $v_0 = (1, 0, 0)$ 是 v_i 和 v_j 的 $\mathbb{F}_5$-线性组合. 从而当 $|I| = 2$ 时, 只有 $\{P_1, P_2\}$ 是允许集合. 再考虑 $|I| = 3$, 即 $I = \{i, j, l\}$, $1 \leqslant i < j < l \leqslant 6$. 可以验证, $\{v_1, \cdots, v_6\}$ 当中任意三个向量都是 $\mathbb{F}_5$-线性无关的 (即它们构成的 3 阶方阵的行列式为 $\mathbb{F}_5$ 中的非零元素), 从而为整个空间 $\mathbb{F}_5^3$ 的一组基, v_0 必为它们的线性组合. 这表明 $\{P_1, \cdots, P_6\}$ 中任意三个用户均构成允许集合. 综合上述可知: 对于例 2 中的秘密共享方案, 所有允许子集为 $\{P_1, P_2\}$ 和至少有 3 个用户的子集.

比如对于允许集合 $\{P_1, P_2\}$, 利用 $v_0 = (100) = 3v_2 - 2v_1$, 用户 P_1 和 P_2 用他们的子密钥 $k_1 = f(P_1) = (u, v_1)$ 和 $k_2 = f(P_2) = (u, v_2)$ 即可算出主密钥 $k = f(P_0) = (u, v_0) = (u, 3v_2 - 2v_1) = 3k_1 - 2k_2 \in \mathbb{F}_5$.

在上述例 2 中, 用户 P_1 和 P_2 有较大的权利, 他们二人联手可获取主密钥, 否则至少需要三个用户. 这就产生了门限方案的如下推广.

定义 9.4.2 设有 n 个用户 $\{P_1, \cdots, P_n\}$ 和权集合 $W = \{w_1, \cdots, w_n\}$, 其中 w_i 为正整数, 叫作用户 P_i 的**权** (weight), t 为正整数. 一个秘密共享方案叫作以 W 为权集合的 (n, t) **加权门限秘密共享方案**, 是指对于 $\{1, 2, \cdots, n\}$ 的任何子集 I, $\{P_i | i \in I\}$ 是允许集合当且仅当 $\sum\limits_{i \in I} w_i \geqslant t$.

将定理 9.4.1 加以推广, 可以用函数域构作加权门限秘密共享方案. 对于每个权 w_i, 我们把用户 P_i 取成 K 中的 w_i 次素理想. 对于 K 中的函数 f, 如果 P_i 不是 f 的极点素除子, 则 $f(P_i)$ 的取值属于 $\mathbb{F}_{q^{w_i}}$ 中元素的一个 $\mathbb{F}_q$-等价类, 我们固定其中一个 $f(P_i) \in \mathbb{F}_{q^{w_i}}$.

定理 9.4.3 设 K 是以 $\mathbb{F}_q$ 为常数域的函数域, $g = g(K)$, P_0, P_1, $\cdots$, P_n 为 K 中不同的素除子, $\deg P_0 = 1$, $\deg P_i = w_i$ $(1 \leqslant i \leqslant n)$. $W = \{w_1, \cdots, w_n\}$ 为 n 个用户 $P_1, \cdots, P_n$ 的权集合. D 是 K 中的一个除子, $D \geqslant 0$,

$V_{P_i}(D)=0\ (0\leqslant i\leqslant n)$, 并且 $\deg D=2g+t$, 其中 $1\leqslant t\leqslant\sum_{i=1}^{n}w_i-2g$.

取 $S_0=\mathbb{F}_q$ 为主密钥集合, 对于 $1\leqslant i\leqslant n$, $S_i=\mathbb{F}_{q^{w_i}}$ 为用户 P_i 的子密钥集合. 对于每个主密钥 $k\in S_0$, 取 K 中的函数 $f\in L(D)$ 满足 $f(P_0)=k$. 管理中心把 $f(P_i)=k_i\in S_i$ 发给用户 P_i 作为子密钥 $(1\leqslant i\leqslant n)$. 则

(1) 这是理想的秘密共享方案 (当存在 $w_i\geqslant 2$ 时, 子密钥集合 $S_i=\mathbb{F}_{q^{w_i}}$ 大于主密钥空间 $S_0=\mathbb{F}_q$, 从而方案不为完全的).

(2) 对于 $\{1,2,\cdots,n\}$ 的每个子集合 I, 令 $D_I=\sum_{i\in I}P_i$ (素除子之和), 则用户集合 $P_I=\{P_i|i\in I\}$ 为允许集合当且仅当 $L(D-D_I)=L(D-D_I-P_0)$. 特别地, 当 $\deg D_I=\sum_{i\in I}w_i\geqslant 2g+t+1$ 时, P_I 为允许集合. 而当 $\deg D_I\leqslant t$ 时, P_I 为禁止集合.

(3) 若 K 为有理函数域 $\mathbb{F}_q(x)$, 则此方案是以 $W=\{w_1,\cdots,w_n\}$ 为权集合的 $(n,t+1)$ 加权门限的秘密共享方案.

证明 (1) 和 (2) 的证明和定理 9.4.1 相似, 此处从略. 若 $K=\mathbb{F}_q(x)$, 则 $g(K)=0$, 由 (2) 即得到 (3). ▮

例 3 取 $K=\mathbb{F}_5[x]$, $g=g(K)=0$, $P_0=x$ 为 1 次素除子. $P_1=x^3+x+1$ 和 $P_2=x^3+x-1$ 为 $\mathbb{F}_5[x]$ 中的 3 次不可约多项式 (3 次素除子), $P_3=x^2+x+3$, $P_4=x^2+x+4$, $P_5=x^2+2$, $P_6=x^2+3$ 为 $\mathbb{F}_5[x]$ 中的 2 次不可约多项式 (2 次素除子). 取多项式 P_i 的一个根 $a_i\in\mathbb{F}_{5^{w_i}}$, $w_i=\deg P_i$ $(0\leqslant i\leqslant 6)$. 取 $t=5$, $D=5\infty$ (∞ 为 $\mathbb{F}_5[x]$ 中的 (1 次) 无限素除子). 则

$$L(5\infty)=\{f(x)\in\mathbb{F}_5[x]|\deg f(x)\leqslant 5\},$$

它的维数是 $l(5\infty)=6$.

$\mathbb{F}_5$ 为主密钥集合, 对于主密钥 $k\in\mathbb{F}_5$, 管理中心取 $f(x)\in L(5\infty)$ 满足 $f(P_0)=f(0)=k$ (即 $f(x)=a_5x^5+a_4x^4+a_3x^3+a_2x^2+a_1x+k$, 这样的多项式共有 5^5 个, 随机选取一个). 把 $f(P_i)=f(a_i)\in\mathbb{F}_{5^{w_i}}$ 分发给用户 P_i 作为子密钥 $(1\leqslant i\leqslant 6)$. 于是权集合为 $W=\{w_1,\cdots,w_6\}=\{3,3,2,2,2,2\}$. $w_i=\deg P_i$ 为用户 P_i 的权.

由定理 9.4.3(3) 可知这是理想的以 W 为权集合的 $(n,t)=(6,6)$ 加权门限的秘密共享方案. 即对于 $\{1,2,\cdots,6\}$ 的每个子集合 I, P_I 是允许集合当且仅当 $\sum\limits_{i\in I} w_i \geqslant 6$. 这个方案和例 2 中由椭圆曲线的二次函数域给出的方案有同样的功能, 即 $\{P_1,P_2\}$ 为允许集合, 而其他允许集合为所有至少包含 3 个用户的集合.

参考文献

[1a] T. W. Hungerford. *Algebra*. Springer-Verlag, 1974. (中译本: 冯克勤, 译. 代数学. 长沙: 湖南教育出版社, 1985.)

[1] K. Ireland, M. Rosen. *A Classical Introduction to Modern Number Theory*. 2nd edition. Springer-Verlag, 1990.

[2] J.H.van Lint. *Introduction to Coding Theory*. 3rd edition. Springer-Verlag, 2000.

[3] C. J. Moreno. *Algebraic Curves over Finite Fields*. Cambridge Tracts in Math., vol. 97, Cambridge Univ. Press, 1991.

[4a] H. Stichtenoth. *Algebraic Function Fields and Codes*. Springer-Verlag, 1993.

[4] H. Stichtenoth. *Algebraic Function Fields and Curves*. 2nd edition. Springer-Verlag, 2009.

[5] H. Niederreiter, C. Xing. *Rational Points on Curves over Finite Fields: Theory and Applications*. London Math. Soc, Cambridge Univ. Press, 2001.

[6] H. Niederreiter, C. Xing. *Algebraic Geometry in Coding and Cryptography*. Princeton Univ. Press, 2009.

[7] H. Niederreiter, H. Wang, C. Xing. Function Fields over Finite Fields and Their Applications to Coding Theory and Cryptography, in *Topics in Geometry, Coding Theory and Cryptography* (eds. by A. Garcia and H. Stichtenoch), chapter 2, p. 59–104, 2007.

[8a] B. C. Berndt, R. J. Evans and K. S. Williams. *Gauss and Jocobi Sums*. Wiley-Interscience Pub., 1998.

[8] J. P. Buhler, P. Stevenhagen. *Algorithmic Number Theory: Lattice, Number Fields, Curves and Cryptography*. Cambridge Univ. Press, 2011. (中译本: 王元, 冯克勤, 张俊, 译. 算法数论: 格、数域、曲线和密码学. 北京: 高等教育出版社, 2019.)

[9] G. D. V. Salvador. *Topics in the Theory of Algebraic Function Fields*, Birkhäuser, 2006.

[10] 李超, 屈龙江, 周悦. 密码函数的安全性指标分析. 北京: 科学出版社, 2011.

[11] 裴定一. 消息认证码. 合肥: 中国科学技术大学出版社, 2009 (2020 再版).

[12] 刘木兰, 张志芳. 密钥共享体制和安全多方计算. 北京: 电子工业出版社, 2008.

[13] H. Chen, R. Cramer. Algebraic geometric secret sharing schemes and secure multiparty computation over small fields, CRYPTO 2006, LNCS 4117 (2006), 521–536.

[14] L. Jin, L. Ma, C. Xing. Construction of optimal local repairable codes via automorphism groups of rational function fields, IEEE Trans. IT-66(1)(2020), 210–221.

[15] L. Ma, C. Xing. Constructive asymptotic bounds of locally repairable codes via function fields, IEEE Trans. IT-66(9)(2020), 5395–5403.

[16] V. Guruswami, L. Jin, C. Xing. Constructions of maximally recoverable local reconstruction codes via function fields, IEEE Trans. IT-66(10)(2020), 6133–6143.

[17] X. Li, L. Ma, C. Xing. Optimal locally repairable codes via elliptic curves, IEEE Trans. IT-65(1)(2019), 108–117.

[18] X. Li, L. Ma, C. Xing. Construction of asymptotically good locally repairable codes via automorphism groups of function fields, IEEE Trans. IT-65 (11)(2019), 7087–7094.

[19] C. Xing, H. Wang, K. Y. Lam. Constructions of authentication codes from algebraic curves over finite fields, IEEE Trans. IT-46(3)(2000), 886–892.

[20] H. Chen, S. Ling, C. Xing. Access structures of elliptic secret sharing schemes, IEEE Trans. IT-54(2)(2008), 850–852.

[21] C. Xing. Asymptotic bounds on frameproof codes, IEEE Trans. IT-48(11)(2002), 2991–2995.

[22] L. Jin, Y. Luo, C. Xing. Repairing algebraic geometry codes, IEEE Trans. IT-64(2) (2018), 900–908.

[23] L. Ma, C. Xing. Constructive asymptotic bounds of locally repairable codes via function fields, IEEE Trans. IT-66(9)(2020), 5395–5403.

[24] L. Jin, L. Ma, C. Xing. Construction of optimal locally repairable codes via automorphism groups of rational function fields, IEEE Trans. IT-66(1)(2020), 210–221.

[25] V. Guruswami, L. Jin, C. Xing. Constructions of maximally recoverble locally reconstruction codes via function fields, IEEE Trans. IT-66(10)(2020), 6133–6143.

[26a] D. Boneh, J. Shaw. Collusion-secure fingerprinting for digital data, IEEE Trans. IT-44(5) (1998), 1897–1905.

[26] X. Li, L. Ma, C. Xing. Optimal locally repairable codes via elliptic curves, IEEE Trans. IT-65(1)(2019), 108–117.

[27a] R. A. Rueppel. *Analysis and Design of Stream Ciphers.* Springer-Verlag, 1986.

[27] X. Li, L. Ma, C. Xing. Construction of asymptotically good locally repairable codes via automorphism groups of function fields, IEEE Trans. IT-65(11)(2019), 7087–7094.

[28] A. Barg, I. Tamo, S. Vladut. Locally recoverable codes on algebraic curves, IEEE Trans. IT-63(8)(2017), 4928–4939.

[29] H. Wang, C. Xing. Explicit constructions of perfect hash families from algebraic curves over finite fields, J. Combin. Theory Ser. A 93 (2001), 112–124.

现代数学基础图书清单

序号	书号	书名	作者
1	9787040217179	代数和编码（第三版）	万哲先 编著
2	9787040221749	应用偏微分方程讲义	姜礼尚、孔德兴、陈志浩
3	9787040235975	实分析（第二版）	程民德、邓东皋、龙瑞麟 编著
4	9787040226171	高等概率论及其应用	胡迪鹤 著
5	9787040243079	线性代数与矩阵论（第二版）	许以超 编著
6	9787040244656	矩阵论	詹兴致
7	9787040244618	可靠性统计	茆诗松、汤银才、王玲玲 编著
8	9787040247503	泛函分析第二教程（第二版）	夏道行 等编著
9	9787040253177	无限维空间上的测度和积分 —— 抽象调和分析（第二版）	夏道行 著
10	9787040257724	奇异摄动问题中的渐近理论	倪明康、林武忠
11	9787040272611	整体微分几何初步（第三版）	沈一兵 编著
12	9787040263602	数论 I —— Fermat 的梦想和类域论	[日]加藤和也、黑川信重、斎藤毅 著
13	9787040263619	数论 II —— 岩泽理论和自守形式	[日]黑川信重、栗原将人、斎藤毅 著
14	9787040380408	微分方程与数学物理问题（中文校订版）	[瑞典]纳伊尔·伊布拉基莫夫 著
15	9787040274868	有限群表示论（第二版）	曹锡华、时俭益
16	9787040274318	实变函数论与泛函分析(上册, 第二版修订本)	夏道行 等编著
17	9787040272482	实变函数论与泛函分析(下册, 第二版修订本)	夏道行 等编著
18	9787040287073	现代极限理论及其在随机结构中的应用	苏淳、冯群强、刘杰 著
19	9787040304480	偏微分方程	孔德兴
20	9787040310696	几何与拓扑的概念导引	古志鸣 编著
21	9787040316117	控制论中的矩阵计算	徐树方 著
22	9787040316988	多项式代数	王东明 等编著
23	9787040319668	矩阵计算六讲	徐树方、钱江 著
24	9787040319583	变分学讲义	张恭庆 编著
25	9787040322811	现代极小曲面讲义	[巴西]F. Xavier、潮小李 编著
26	9787040327113	群表示论	丘维声 编著
27	9787040346756	可靠性数学引论（修订版）	曹晋华、程侃 著
28	9787040343113	复变函数专题选讲	余家荣、路见可 主编
29	9787040357387	次正常算子解析理论	夏道行
30	9787040348347	数论 —— 从同余的观点出发	蔡天新

续表

序号	书号	书名	作者
31	9787040362688	多复变函数论	萧荫堂、陈志华、钟家庆
32	9787040361681	工程数学的新方法	蒋耀林
33	9787040345254	现代芬斯勒几何初步	沈一兵、沈忠民
34	9787040364729	数论基础	潘承洞 著
35	9787040369502	Toeplitz 系统预处理方法	金小庆 著
36	9787040370379	索伯列夫空间	王明新
37	9787040372526	伽罗瓦理论 —— 天才的激情	章璞 著
38	9787040372663	李代数(第二版)	万哲先 编著
39	9787040386516	实分析中的反例	汪林
40	9787040388909	泛函分析中的反例	汪林
41	9787040373783	拓扑线性空间与算子谱理论	刘培德
42	9787040318456	旋量代数与李群、李代数	戴建生 著
43	9787040332605	格论导引	方捷
44	9787040395037	李群讲义	项武义、侯自新、孟道骥
45	9787040395020	古典几何学	项武义、王申怀、潘养廉
46	9787040404586	黎曼几何初步	伍鸿熙、沈纯理、虞言林
47	9787040410570	高等线性代数学	黎景辉、白正简、周国晖
48	9787040413052	实分析与泛函分析(续论)(上册)	匡继昌
49	9787040412857	实分析与泛函分析(续论)(下册)	匡继昌
50	9787040412239	微分动力系统	文兰
51	9787040413502	阶的估计基础	潘承洞、于秀源
52	9787040415131	非线性泛函分析(第三版)	郭大钧
53	9787040414080	代数学(上)(第二版)	莫宗坚、蓝以中、赵春来
54	9787040414202	代数学(下)(修订版)	莫宗坚、蓝以中、赵春来
55	9787040418736	代数编码与密码	许以超、马松雅 编著
56	9787040439137	数学分析中的问题和反例	汪林
57	9787040440485	椭圆型偏微分方程	刘宪高
58	9787040464832	代数数论	黎景辉
59	9787040456134	调和分析	林钦诚
60	9787040468625	紧黎曼曲面引论	伍鸿熙、吕以辇、陈志华
61	9787040476743	拟线性椭圆型方程的现代变分方法	沈尧天、王友军、李周欣

续表

序号	书号	书名	作者
62	9787040479263	非线性泛函分析	袁荣
63	9787040496369	现代调和分析及其应用讲义	苗长兴
64	9787040497595	拓扑空间与线性拓扑空间中的反例	汪林
65	9787040505498	Hilbert 空间上的广义逆算子与 Fredholm 算子	海国君、阿拉坦仓
66	9787040507249	基础代数学讲义	章璞、吴泉水
67.1	9787040507256	代数学方法（第一卷）基础架构	李文威
68	9787040522631	科学计算中的偏微分方程数值解法	张文生
69	9787040534597	非线性分析方法	张恭庆
70	9787040544893	旋量代数与李群、李代数（修订版）	戴建生
71	9787040548846	黎曼几何选讲	伍鸿熙、陈维桓
72	9787040550726	从三角形内角和谈起	虞言林
73	9787040563665	流形上的几何与分析	张伟平、冯惠涛
74	9787040562101	代数几何讲义	胥鸣伟
75	9787040580457	分形和现代分析引论	马力
76	9787040583915	微分动力系统（修订版）	文兰
77	9787040586534	无穷维 Hamilton 算子谱分析	阿拉坦仓、吴德玉、黄俊杰、侯国林
78	9787040587456	p 进数	冯克勤
79	9787040592269	调和映照讲义	丘成桐、孙理察
80	9787040603392	有限域上的代数曲线：理论和通信应用	冯克勤、刘凤梅、廖群英
81	9787040603568	代数几何（第二版）	扶磊